U0960607

高等职业教育“十四五”规划教材

动物微生物

第 2 版

杨红梅　主编

中国农业大学出版社
·北京·

内容简介

本教材以高素质技术技能人才培养为目标，以动物医学专业疾病防制方面的岗位能力需求为导向，坚持以适用、够用、实用及同质化为原则，遵循学生认知规律，以过程性知识为主、陈述性知识为辅；以实际应用知识和实践操作为主，依据教学内容的同质性和技术技能的相似性，将动物微生物学、免疫学及免疫学应用的基础知识和技能列出，进行归纳和教学设计。其内容体系分为模块、项目和任务三级结构，每一项目又设计“学习目标”“知识拓展”“考核评价”等教学组织单元，并以任务的形式展开讲述，明确学生通过学习应达到的识记、理解和应用等方面的基本要求；有些部分的相关理论知识和实践技能，可通过扫描二维码、阅读“知识拓展”“知识链接”等形式学习，为实现课程的教学目标和提高学生的学习效果奠定良好的基础。

本教材文字精练、图文并茂、通俗易懂，融入数字资源，现代职业教育特色鲜明，既可作为教师和学生开展“校企合作、工学结合”人才培养模式的特色教材，又可作为企业技术人员的培训教材，还可作为广大畜牧兽医工作者短期培训、技术服务和继续学习的参考用书。

图书在版编目(CIP)数据

动物微生物 / 杨红梅主编. --2 版. --北京：中国农业大学出版社，2023.2(2024.10 重印)
ISBN 978-7-5655-2954-2

Ⅰ.①动… Ⅱ.①杨… Ⅲ.①兽医学-微生物学-高等职业教育-教材 Ⅳ.①S852.6

中国国家版本馆 CIP 数据核字(2023)第 018826 号

书　　名 动物微生物　第 2 版
作　　者 杨红梅　主编

策划编辑 康昊婷　　**责任编辑** 康昊婷
封面设计 李尘工作室　郑　川
出版发行 中国农业大学出版社
社　　址 北京市海淀区圆明园西路 2 号　　**邮政编码** 100193
电　　话 发行部 010-62733489，1190　　读者服务部 010-62732336
编辑部 010-62732617，2618　　出　版　部 010-62733440
网　　址 http://www.caupress.cn　　**E-mail** cbsszs@cau.edu.cn
经　　销 新华书店
印　　刷 运河(唐山)印务有限公司
版　　次 2023 年 2 月第 2 版　2024 年 10 月第 3 次印刷
规　　格 185 mm×260 mm　16 开本　18.75 印张　480 千字
定　　价 55.00 元

编审人员

主　编　杨红梅（甘肃畜牧工程职业技术学院）

副主编　向金梅（湖北生物科技职业学院）
李幽幽（四川水利职业技术学院）
赵雪娇（郑州城建职业学院）
陈　福（贵州农业职业学院）
鲍　娟（遵义职业技术学院）

参　编（以姓氏笔画排序）
刘娣琴（甘肃畜牧工程职业技术学院）
张国权（甘肃畜牧工程职业技术学院）
唐文雅（甘肃畜牧工程职业技术学院）
吴好叶（黔东南民族职业学院）

审　稿　王治仓（甘肃畜牧工程职业技术学院）
贾志江（甘肃畜牧工程职业技术学院）
张进隆（甘肃畜牧工程职业技术学院）

前言

为认真贯彻落实《国家职业教育改革实施方案》(简称“职教二十条”)、《关于推动现代职业教育高质量发展意见》《中华人民共和国职业教育法》《“十四五”职业教育规划教材建设实施方案》等文件精神，坚持党的领导，坚持正确办学方向，坚持立德树人，优化类型定位，加快构建现代职业教育体系，建设技能型社会，弘扬工匠精神，培养更多高素质技术技能人才、能工巧匠、大国工匠，为全面建设社会主义现代化国家提供有力人才和技能支撑。切实做到专业设置与产业需求对接、课程内容与职业标准对接、教学过程与生产过程对接、毕业证书与职业资格证书对接、职业教育与终身学习对接；切实做到德技并修，知行合一，突出教学过程的实践性和职业性，我们组织了教学经验、生产实践经历丰富的校企结合的团队，依据教育部《高等职业学校专业教学标准(试行)》，在充分调研的基础上，编写了这本实用性和适合性兼顾的《动物微生物》教材。

党的二十大报告指出，培养造就大批德才兼备的高素质人才，是国家和民族长远发展大计。本教材以培养高素质复合型技术技能人才为目标，以畜牧兽医类专业群的岗位能力需求为导向，坚持以适度、够用、实用及同质化原则，遵循学生认知规律，以模块→项目→任务为主线，以“学习目标”“学习内容”“知识拓展”“考核评价”等教学组织单元，并以任务的形式展开讲述，明确学生通过学习应达到的识记、理解和应用等方面的基本要求。其中，识记是指学习后应当记住的内容，包括概念、原则、方法等，这是最底层的要求；理解是在识记的基础上，全面把握基本概念、基本原则、基本方法，并能以自己的语言阐述，能够说明与相关问题的区别及联系，这是较高层次的要求；应用是指能够运用所学的知识分析、解决涉及动物生产实践中的一般问题，包括简单应用和综合应用。有些项目的相关理论知识或实践技能，可通过扫描二维码、阅读“知识拓展”“知识链接”等形式学习，为实现课程的教学目标和提高学生学习效果奠定基础。动物微生物课程是畜牧兽医类专业的重要专业基础课程，与动物生化、动物解剖生理、动物药理等专业基础课联系紧密，学生通过本课程的理论和实践操作技能学习，既可以强化相关专业基础课，也可以为后期系统学习动物传染病、兽用生物制品技术、动物防疫与检疫等课程打下坚实基础。

本教材有机融入“岗课赛证”融通的综合育人理念，着力构建书证衔接育人模式，每个项目在设置“学习目标”“学习内容”等常规教学组织单元的同时，又以执业兽医资格考试相关高频知识点和核心技能点作为学习指引，结合考核指标等形式，多维度用力，促使学生达成本课程所涉及的知识、能力、素质等方面的教学目标。

本教材内容渗透了畜牧兽医类专业方面的行业标准、技术规范和执业兽医资格考试相关高频知识点，文字精练，图文并茂，通俗易懂，并以二维码的形式提供了丰富的教学信息资源，编写体例新颖，职教特色明显，既可作为教师和学生开展“校企合作、工学结合”人才培养模式的特色教材，又可作为企业技术人员的培训教材，还可作为广大畜牧兽医工作者短期培训、技术服务和继续教育学习的参考用书。

《动物微生物》的编写分工为：模块一中的项目一、项目二、项目五由杨红梅编写，模块一中的项目三由鲍娟编写，绪论、模块二中的项目一由李幽幽、吴好叶编写，模块二中的项目三由唐文雅编写，模块二中的项目二由陈福编写，模块二中的项目四由刘娣琴编写，模块一中的项目四、项目六由赵雪娇编写，模块三中的项目一由向金梅编写，模块三中的项目二由张国权编写。全书由杨红梅统稿，特别感谢李幽幽老师提供的教学视频。

承蒙甘肃畜牧工程职业技术学院的王治仓教授、贾志江教授和张进隆教授对本教材进行了认真的审定，并提出了宝贵的意见，编写过程中得到编写人员所在学校的大力支持，在此一并表示感谢。作者参考的著作及有关材料，不再一一述及，谨对所有参考文献作者表示衷心的感谢！

由于编者初次尝试“专业建设项目成果”系列教材的开发，时间仓促，水平有限，书中错误和不妥之处在所难免，敬请同行、专家批评指正。

编　者

2023 年 11 月

目 录

模块二　免疫学基础及检验技术

模块三 免疫学和微生物的应用

绪论

一、课程简介

“动物微生物”是兽医专业、防疫与检疫专业、畜牧兽医专业、兽药生产与营销专业、生物技术专业、公共卫生管理专业重要的专业基础课，是在微生物基础知识和免疫学基础知识的基础上，研究动物病原微生物本身与动物机体之间的相互作用，以及病原微生物和畜禽疾病、人畜共患病之间的关系，运用微生物和免疫学的基础知识和基本技能来预防、控制和扑灭畜禽疾病和人畜共患病，它包括微生物基础知识和技术、免疫学基础知识和技术、免疫学和微生物的应用三大部分。

“动物微生物”主要阐明微生物和免疫学的基础知识、诊断技术，为动物疫病的诊断和防制提供理论根据和防制指南。动物疫病防制在现代动物生产中起着重要作用，是决定动物是否健康生长的关键因素。提高动物生产性能，除加强饲养管理外，在很大程度上取决于预防疫病。动物疫病预防控制工作不仅是经营养殖业成败的关键，而且与人类生活、健康关系密不可分。

学习“动物微生物”的最终目的是要掌握动物微生物和免疫学的基础知识、基本技能，以达到动物疫病的预防控制、降低动物疫病的发生、充分提高动物生产性能和确保人类及畜禽健康的目的。

二、课程性质

“动物微生物”是兽医专业、防疫与检疫专业、畜牧兽医专业及其相关专业的专业基础课，具有较强的理论性和实践性。一方面，它介绍了微生物和免疫学的基础知识、技术以及应用，基于畜牧兽医行业的职业活动和岗位需求，培养学生对动物疫病预防控制的专业能力，同时注重学生思想道德、职业道德、创新创业能力的培养。另一方面，作为专业课，它所阐述的基本理论与和操作技术具有更多的疫病诊断和防制的指导意义，能为其他专业课程的学习和毕业后从事畜牧兽医工作奠定扎实的理论基础。

三、课程内容

本课程内容编写是以高素质技术技能人才培养为目标，以畜牧兽医行业动物疾病防制方面的岗位能力需求为导向，坚持以适度、够用、实用同质化为原则，遵循学生认知规律，以过程性知识为主、陈述性知识为辅。本课程内容编排尽量按照学习过程中学生认知心理顺序，与专业所对应的典型职业工作顺序，或对实际的动物疫病防制分类序化知识，将陈述性知识与过程性知识整合、理论知识与实践知识整合，意味着适度、够用、实用的陈述性知识总量没有变化，而是这类知识在课程中的排序方式发生了变化，课程内容不再是静态学科体系显性理论知识的复制与再现，而是着眼于动态行动体系隐性知识的生成与构建，更符合职业教育课程开发的创新理念。

本课程内容以实际应用知识和实践操作为主，删去了实践中应用性不强的理论知识，将动物疫病防制的相关知识和关键技能列出，依据教学内容的同质性和技术技能的相似性，进行归类和教学设计，划分为三大模块、十二项目即：

模块一　微生物基础及检验技术

项目一　微生物概述及实验室生物安全

项目二　细菌

项目三　病毒

项目四　其他微生物

项目五　微生物与外界环境

项目六　病原微生物与传染

模块二　免疫学基础及检验技术

项目一　非特异性免疫

项目二　特异性免疫

项目三　变态反应

项目四　血清学试验

模块三　免疫学和微生物的应用

项目一　免疫学的应用

项目二　微生物的其他应用

每一项目又设“学习目标”“学习内容”“知识拓展”“考核评价”等教学组织单元，并以任务的形式展开叙述，明确学生通过学习应达到的识记、理解和应用等方面的基本要求；有些项目的相关理论知识或实践技能，可通过扫描二维码、技能训练、知识拓展或知识链接等形式学习。

四、课程目标

掌握动物微生物和免疫学的基本知识和技能，能够有效地防制和正确诊断动物传染病，并将微生物和免疫学的知识和技能运用到生产实践中，解决养殖生产中的实际问题，使读者达到以下目标。

①掌握微生物的基本知识和检验技术，培养无菌操作的理念和素质，明确病原微生物与外

界环境、传染的关系，并运用到生产实践中。

②掌握免疫的基本知识和检验技术，能够在生产实践中灵活应用免疫知识和技能操作。

③熟悉主要病原微生物的生物学特性、抵抗力、致病性及微生物学诊断方法。

④运用相应的动物微生物和免疫学知识、技术技能防制和诊断动物疫病，充分发挥养殖者的智慧，提供高品质的动物产品。

⑤建立动物疫病免疫和发生档案，为提高养殖场经济效益、预防疫病传播提供一定的技术支撑。

视频 0-1　绪论　　　**视频 0-2　动物微生物的研究进展**

模块一　微生物基础及检验技术

项目一　微生物概述及实验室生物安全

项目二　细菌

项目三　病毒

项目四　其他微生物

项目五　微生物与外界环境

项目六　病原微生物与传染

项目一
微生物概述及实验室生物安全

【学习目标】

了解微生物的作用、发展史,熟悉微生物的概念、分类、特点,熟悉生物安全及其要求分类。

任务一　微生物概述

一、微生物的概念

生物种类繁多,简单地可分为植物、动物、微生物(原生生物)三类,也可分为原核生物和真核生物两大类,或更详细地分为非细胞生物、原核生物和真核生物。

微生物是指存在于自然界和动植物体的一群体积微小、结构简单,通常借助光学显微镜或电子显微镜才能看到的微小生物。单一的个体通常肉眼难辨,但生长后形成的菌落(即群体)肉眼可见,比如墙壁、面包、桃子等上形成的霉点就是单个霉菌生长后形成的菌落。

二、微生物的分类

(一)根据微生物形态结构及组成不同

可将微生物分为细菌、真菌、放线菌、螺旋体、支原体(霉形体)、衣原体、立克次氏体和病毒八大类(简称"三菌四体一病毒")。

(二)根据微生物的结构特点

(1)非细胞型微生物。这类微生物体积最小,结构简单,必须在电子显微镜下才能看到,不具备细胞结构,必须在活的细胞内才能增殖。比如病毒。

(2)原核细胞型微生物。没有真正细胞核的细胞型微生物。仅有核质,无核膜和核仁,缺乏完整的细胞器。比如细菌、放线菌、螺旋体、支原体、衣原体和立克次氏体。

(3)真核细胞型微生物。胞核的分化程度较高,有核膜、核仁和染色体,胞浆内有完整的细胞器。比如真菌。

三、微生物的特点

(1)体积微小,结构简单。大多数体积微小,单一个体肉眼难辨,通常以 μm、nm 作为测量其大小的单位,比如球菌的直径一般为 0.8~1.2 μm,目前最小的细菌直径为 50 nm,最大的细菌直径为 0.1~0.3 mm,病毒的直径一般为 80~100 nm。结构简单,有的具有单个细胞结构(比如细菌、放线菌、支原体、衣原体等),有的没有细胞结构(比如病毒)。

(2)营养多样,代谢旺盛。微生物与外界环境的接触面大,有利于微生物通过体表吸收营养和排泄废物,微生物的食谱非常广泛,凡是动植物能利用的营养,微生物都能利用,动植物不能利用的物质,甚至剧毒的物质,微生物照样可以视为美味佳肴。微生物能迅速与外界进行物质交换,代谢活动异常旺盛。科学研究发现,微生物细胞的代谢异常旺盛,每小时转化的物质可达自身重量的成千上万倍,这是同等重量的高等动植物所望尘莫及的。比如发酵乳糖的细菌在 1 h 内可分解其自身重量 1 000~10 000 倍的乳糖,产朊假丝酵母合成蛋白质的能力比大豆强 100 倍。

(3)生长旺盛,繁殖迅速。在生物界,微生物生长繁殖速度极快,其中以无性二分裂方式繁殖的速度尤为突出。大多数细菌每 20~30 min 可繁殖一代,比如大肠杆菌 18 min 繁殖一代,乳酸杆菌 38 min 繁殖一代。

(4)种类繁多,分布广泛。微生物在自然界是一个十分庞杂的生物类群,迄今为止,我们所知道的微生物约有 15 万种,现在仍然以每年发现几百个至上千个新种的趋势在增加。微生物具有各种生活方式和营养类型,大多数是以有机物为营养物质,还有些是寄生类型。微生物在自然界的分布极为广泛,土壤、水域、大气、动植物体都有微生物存在,几乎到处都有微生物的存在,特别是土壤是微生物的大本营。即使在极端的环境条件,比如高山、深海、冰川、沙漠等高等生物不能存在的地方,也有微生物存在。

(5)适应性强,容易变异。微生物对环境条件尤其是恶劣的“极端环境”具有惊人的适应力,比如多数细菌能耐 −196~0 ℃的低温;在海洋深处的某些嗜硫细菌可在 250~300 ℃的高温条件下正常生长;一些嗜盐细菌甚至能在饱和盐水中正常生活;产芽孢细菌和真菌孢子在干燥条件下能保藏几十年、几百年,甚至上千年。耐酸碱、耐缺氧、耐毒物、抗辐射、抗静水压等特性在微生物中也极为常见。微生物个体微小,与外界环境的接触面积大,容易受到环境条件的影响而发生形态、结构、菌落、毒力、耐药性等的变异。

四、微生物的作用

微生物与人类和动植物的生产、生活、生存息息相关。多数微生物对人类和动植物的生命活动是有益的,甚至是必需的。有很多食品(比如酱油、醋、味精、酒、酸奶、奶酪、蘑菇)、工业品(比如皮革、纺织、石化)、药品(比如抗生素、疫苗、维生素、生态农药)依赖微生物制造;微生物在矿产探测与开采、废物处理(比如水净化、沼气发酵)等各种领域中也发挥重要作用。微生物是自然界唯一认知的固氮者(比如大豆根瘤菌)与动植物残体降解者(比如纤维素的降解),同时位于常见生物链的首末两端,从而完成碳、氮、硫、磷等物质在大循环中的衔接。如果没有微生物,众多生物就失去必需的营养来源、植物的纤维质残体就无法分解而无限堆积,就没有自然界当前的繁荣与秩序或人类的产生与延续。实际上,人体和动物体的外表面(比如皮肤)和内表面(比如肠道)生活着很多正常、有益的菌群。比如反刍动物的瘤胃内有大量微生物(细菌、真菌、原虫），细菌分解纤维素、合成蛋白质等，厌氧真菌能产生多种酶、合成胆碱和蛋白质等，原虫（纤毛虫、鞭毛虫）能分解纤维素、蛋白质等、产生各种酶。

少数微生物及其代谢产物对人类和动植物有致病作用。除引起动植物发病能造成直接的经济损失外，有些还会影响人类的健康，甚至某些传染病的发生能影响到国际贸易、国际信誉。凡是能够引起人类和动植物发病的微生物称为病原微生物（pathogenic microorganism）或病原（pathogen）。引起人类发病的病原微生物，比如流行已经完全得到控制或消灭的天花病毒（引起天花）和脊髓灰质炎病毒（导致小儿麻痹症）；志贺氏菌、痢疾杆菌、大肠埃希氏杆菌等引起痢疾；以及近年来引起严重急性呼吸道综合征，又名萨斯、也俗称非典型肺炎的萨斯冠状病毒（SARSV）等。引起人和动物发病的痘病毒、口蹄疫病毒、禽流感病毒、炭疽杆菌、葡萄球菌、布鲁氏菌、结核分枝杆菌等。引起动物发病的新城疫病毒、猪瘟病毒、蓝舌病病毒、羊梭状芽孢杆菌等。有些病原微生物长期生活在人和动植物体内，在正常情况下不致病，但在特定条件下能引起人和动植物发病称为条件病原微生物，比如大肠杆菌、巴氏杆菌等。

五、微生物学的发展简史

微生物存在于自然界，人类在从事生产活动的早期就已经感受到了微生物的存在，并在不知不觉中利用它们。比如在出土的商代甲骨文中就有关于酒的记载，4 000 多年以前当时的埃及人也已学会烘制面包和酿制果酒。公元 6 世纪，我国贾思勰在其巨著《齐民要术》中详细记载了制曲、酿酒、制酱和酿醋等工艺。我国少数民族的牧民，世世代代做“酸奶子”，而且知道做前要先煮（灭菌），冷后接种上一点老底，实际上就是接种微生物。在认识微生物与疾病的关系上，也有不少记载。《左传》记载，春秋时期鲁襄公十七年（公元前 566 年）“十一月甲午，国人契狗……”，很明显，人们已经知道疯狗咬人后人会得病，故契狗以防之。公元 9 世纪到 10 世纪，我国已发明用鼻苗种痘法（用棉花蘸取痘疮浆液塞入接种儿童的鼻孔中，或将痘痂研细吹入鼻内）。至少在 100 多年前，在甘肃夏河等地就应用了“灌花”（我国少数民族很早就用来预防牛瘟的方法，即灌服稀释的病牛血）以预防牛瘟。我国明末（1641 年）医生吴又可已经提出“戾气”学说，认为传染病的病因是一种看不见的“戾气”，其传播途径以口、鼻为主。人们对微生物有了些初步的了解和应用，但作为一门科学，应当从显微镜发明之后，认识微生物世界开始。微生物学的发展可概括为三个阶段。

（一）形态学时期

1683 年，荷兰人吕文·虎克（Antony Van Leeuwen-hoek，1632—1723），用自制的放大倍数为 200 倍以上的显微镜，清楚地观察并记录了污水及牙垢中球状、杆状、螺旋状的各种微小生物，首次揭示了一个崭新的生物世界——微生物界，也打开了研究微生物的门户，使微生物学进入了形态学时期。在这一时期，借助显微镜观察了多种微生物，并对其进行了简单的形态学描述。这个时期延续了将近 200 年，是因为“自然发生论”在当时占统治地位，自然发生论的核心是“生物可以无中生有，破布中可以生出老鼠来”。到 1861 年，法国学者巴斯德（Louis Pasteur，1822—1895）用一个简单的曲颈瓶实验证明了自然发生论的荒谬。他用一个颈细长而弯曲的瓶子，内盛肉汤，经灭菌后久置不坏；因为弯曲的瓶颈使得空气可以进入瓶内，但微生物不能通过弯曲的长颈而进入瓶内，只能附着在瓶颈低弯处及外口处。如果将瓶内液体与低弯处接触后就有微生物生长。巴斯德最终证明了微生物并非来自肉汤本身，而是来自空气中微生物的“种子”。他打破了“自然发生论”的枷锁，使人们认识到研究微生物的价值，加上当时显微镜制造技术的提高、无机化学和有机化学的迅速发展，以及人们在生产和疾病控制等方面的需求，推动微生物学进入了生理学和免疫学时期。

(二)生理学及免疫学时期

这一时期大约从1870年持续到1920年。在此时期，微生物学发展为一门独立的科学，在理论、技术、应用等方面都取得了不少成就。这个阶段，巴斯德做出了突出贡献：一是他通过实验证明了有机物的发酵与腐败是由不同的微生物引起的，从而证明了各种微生物之间不仅存在形态上的差异，而且在生理特性上也各有不同；二是动物的炭疽、狂犬病等是由相应的微生物引起，微生物的毒力可以致弱以预防传染病之用，并做了微生物毒力致弱途径的示范性试验，比如狂犬病疫苗就是病毒通过兔体致弱制成，这是现代多种弱毒疫苗研制的基础。巴斯德是微生物学、生理学、免疫学的主要奠基人。继巴斯德之后，德国医生柯赫(Robert Koch，1843—1910)创造了细菌的染色法、固体培养基分离培养细菌、实验性动物感染等，在微生物的研究技术上做出了很大贡献，可以说他是微生物研究方法的奠基者。1892年，俄国学者伊凡诺夫斯基(1864—1920)首先发现了烟草花叶病毒，从而为病毒学的建立奠定了基础。

在微生物生理学建立并发展的同时，免疫学开始兴起。我国明朝已应用人痘预防天花，这是世界上免疫学应用的首创。18世纪末，英国医生琴纳(Edward Jenner，1749—1823)创制的牛痘疫苗和巴斯德创制的炭疽、狂犬病等疫苗为传染病的预防开辟了广阔的前景。人们对于抗感染免疫本质的认识，是从19世纪开始的。以俄国梅契尼科夫(1845—1916)为代表的学派，提出了细胞免疫学说；以德国学者欧立希(Paul Ehrlich，1854—1915)为代表的学派提出了体液免疫学说，两大学派发生了长期的争论，而他们是从不同角度片面强调了免疫的部分现象，直到20世纪初才完全确认细胞免疫与体液免疫都是机体免疫的组成部分，两者是相辅相成、相互协调、共同发挥免疫作用的。

(三)近代及现代微生物学时期

进入20世纪以后，微生物学在理论研究、技术创新及实际应用等方面取得了重要进展。随着生物化学、分子生物学等学科的发展，核酸和蛋白质分子的深入研究，揭开了生物遗传的奥秘，也使微生物学研究进入了分子水平，而微生物基因表达和调控方面知识的不断积累，则迎来了真正意义上的遗传工程时代。对免疫球蛋白的类型、形成以及细胞免疫和体液免疫的认识有了飞跃式发展，对组织移植、免疫耐受的研究，进一步揭示了体内免疫反应的本质，证实了抗原抗体反应已不仅仅局限于抗感染免疫过程，而且扩展到非传染性疾病和整个生物学的领域。同时，这些理论在疾病的防控方面都发挥了重大的作用。

电子显微镜的发明、同位素示踪原子的应用、细胞培养、分子杂交、核磁共振等技术的应用，使微生物结构和成分的研究提高到亚细胞水平，对其功能及其生命活动的规律加深了理解；分子克隆技术、PCR (polymerase chain reaction，聚合酶链式反应)及电子计算机技术的综合应用，在微生物的鉴定、检测、致病与免疫等方面带来了革命性的变化。相关学科理论与技术的提高，促进了微生物学和免疫学理论与技术的广泛应用。分子生物学的兴起和迅速发展，加上电子技术、核磁共振等技术的进步，使微生物学的研究进入分子水平，使微生物的检验和诊断技术更先进、更快速。

现代微生物学已成为生物科学的一个重要分支，其本身也延伸出不同的新的分支学科，比如微生物遗传学、免疫学和病毒学等。随着科学的发展，各领域理论和技术的相互渗透，微生物学的发展将会出现更多的新气象。

动物微生物作为微生物学的重要分支，其发展与微生物学的发展是同步的，也进入分子生物学的研究阶段，并在许多方面已取得显著成果，其中有些研究成果在畜牧业生产中发挥了重要作用。比如我国首次在全世界推出了最快能在 4 h 内同时检测出禽流感 H5、H7、H9 亚型病毒的新型检测试剂盒；猪链球菌通用荧光 PCR 快速检测技术、猪链球菌 2 型荧光 PCR 检测技术将传统细菌分离方法的 3～7 d 检测时间缩短为 1.5 h。可以预见，动物微生物的发展和应用前景将会更加广阔。

任务二 兽医实验室的生物安全

一、实验室生物安全和一般要求

（一）实验室生物安全

（1）生物安全。它是指生物性的传染媒介通过直接感染和间接破坏环境而导致对人类、动物及植物的真实或潜在的危险。

（2）实验室生物安全。它是指用以防止发生病原体或毒素无意中暴露及意外释放的防护原则、技术以及实践。

实验室生物安全实质上具有三层含义：其一主要是指防止病原微生物等及其他有害生物或物质传入实验室，此种生物安全英文为“biosecurity”；其二主要是指防止病原微生物等传出实验室，此种生物安全英文为“biosafety”；其三主要是指实验室人员的自身安全防护，biosecurity 及 biosafety 都包括此意。兽医微生物实验室主要从事病原微生物的检验及相关研究，我国政府对病原微生物实验室生物安全颁布了管理条例。

兽医实验室是指一切从事动物病原微生物和寄生虫教学、研究与使用以及兽医临床诊疗和疫病检疫检测的实验室。分为两类：生物安全实验室和生物安全动物实验室。生物安全实验室是指对病原微生物进行试验操作时所产生的生物危害具有物理防护能力的兽医实验室，适用于兽医微生物的临床检验检测、分离培养、鉴定以及各种生物制剂的研究等工作。生物安全动物实验室是指对病原微生物的动物生物学试验研究时所产生的生物危害具有物理防护能力的兽医实验室。也适用于动物传染病临床诊断、治疗、预防研究等工作。

（二）兽医微生物实验室生物安全的一般要求

（1）生物安全的潜在危险在于处理临床样本，样本的气溶胶往往最易污染实验室，并造成人员感染。所有送检样本都应视为有传染性并做相应处理。不允许用嘴吸取液体，应采用相应器械。

（2）涉及有害物质的实验室的人员应具备防范生物危害的知识，人员的数量及流动应予以控制。实验室人员必须穿戴安全防护服，甚至面罩、防护眼镜等。这些用品用后应做灭菌处理。要有良好的卫生习惯，尤其注意洗手。实验室内不允许吃喝、涂抹化妆品及装隐形眼镜。实验室工作人员必须接种有关疫苗。

（3）对所有污染材料及水，包括样本、试验器材、动物等必须规定明确的消毒程序，并予以实施。推荐使用含氯 5.25%的消毒剂或其他消毒剂。

(4)最主要的防护并非设施,而是工作人员本身,造成事故的最常见原因主要是由于工作人员缺乏有关知识、训练和粗心大意。

(5)只有经培训的人员才能处理动物,操作时动物应予麻醉或镇静,避免伤害人及动物。

(6)实验室中处理的微生物提取物,特别是 DNA,亦可造成污染,必须注意。

二、兽医微生物实验室的生物安全分类

凡涉及微生物及其提取物或基因工程产物操作的实验室,根据对病原微生物不同种类的生物安全要求,对实验室的设计、设施也有所不同。目前,国际公认的微生物实验室分为生物安全(biosafety level,BSL)1~4 级。其中 BSL-1 最低,BSL-4 最高。BSL-1~4 俗称 P1~4。

(一)BSL-1 实验室

可从事已知不会对健康成人造成危害但对实验室工作人员和环境可能有微弱危害性的、有明确特征的微生物的实验室工作。实验室与建筑物中的通道一般不隔开,一般在实验台上操作,不要求使用或经常使用专用封闭设备。

(二)BSL-2 实验室

与 BSL-1 相似,适用于那些对人及环境可能有中度危害的微生物的实验室工作。其不同点在于:工作人员要经过操作病原因子的专门培训,并由能胜任的专业人员进行指导和管理;工作时限制外人进入实验室;某些产生传染性气溶胶或溅出物的工作要在生物安全柜或其他封闭设备内进行;对污染的锐器采取高度防护措施。凡从事微生物基因的操作,均需在 BSL-2 实验室进行。

(三)BSL-3 实验室

供处理危险病原体使用,适用于可以通过吸入途径引起严重的或致死性疾病的病原体的实验室工作,比如从事高致病性禽流感、口蹄疫和艾滋病等研究或检测的实验室。BSL-3 实验室的实验人员在处理病原体方面要经专门培训,并由有关专家进行监督管理。传染性材料的所有操作均要在生物安全柜或其他物理防护设施内进行,工作人员要穿适宜的防护服和装备。BSL-3 实验室要经过专业的设计和建造。

(四)BSL-4 实验室

有造成气溶胶感染和危及生命的病原微生物,比如埃博拉病毒、尼帕病毒等研究的实验室,必须达到 BSL-4 的安全水平。BSL-4 实验室对防止微生物扩散到环境中有特殊的工程和设计要求。每一名实验室工作人员在处理病原微生物方面均要有特殊的和全面的培训;要具有法定资格的科学家监督管理。实验室主任要严格控制进入实验室的人员。实验室应是独立的建筑物或是建筑物内的隔离区。要实施特殊的实验室安全工作细则。在此种实验室的工作区内,所有的工作都要限制在Ⅱ级生物安全柜内或者是安全柜与一套由生命维持系统供气的正压个人工作服联合使用。

三、动物病原微生物分类

根据病原微生物的传染性、感染人和(或)动物个体或群体的危害程度,世界动物卫生组织(OIE)将病原微生物分为一类、二类、三类、四类。其中一类动物病原为可导致地方性流行,但

不列入官方控制计划的病原微生物。二类动物病原为外来的或导致地方性流行的，并列入官方控制计划但实验室扩散风险低的致病微生物。三类动物病原为外来的或导致地方性流行的、并列入官方控制计划的、实验室释放有中等危险的病原微生物。四类动物病原为外来的或地方性流行的并列入官方控制的、实验室释放存在高危险性的病原微生物。

我国农业部于2005年颁布的动物病原微生物分类名录，其中一类病原微生物危害最大，四类最小，少数寄生虫也列在分类名录中。

（一）第一类病原微生物

第一类病原微生物是指能够引起人类或者动物非常严重疾病的微生物，以及我国尚未发现或者已经宣布消灭的病原微生物。比如口蹄疫病毒、高致病性禽流感病毒、猪水疱病病毒、非洲猪瘟病毒、非洲马瘟病毒、牛瘟病毒、小反刍兽疫病毒、牛传染性胸膜肺炎丝状支原体、牛海绵状脑病病原、痒病病原。

（二）第二类病原微生物

第二类病原微生物是指能够引起人类或者动物严重疾病，比较容易直接或者间接在人与人、动物与人、动物与动物间传播的微生物。比如猪瘟病毒、鸡新城疫病毒、狂犬病病毒、绵羊痘/山羊痘病毒、蓝舌病病毒、兔病毒性出血症病毒、炭疽芽孢杆菌、布鲁氏菌。

（三）第三类病原微生物

第三类病原微生物是指能够引起人类或者动物疾病，但一般情况下对人、动物或者环境不构成严重危害，传播风险有限，实验室感染后很少引起严重疾病，并且具备有效治疗和预防措施的微生物。

多种动物共患病病原微生物：低致病性流感病毒、伪狂犬病病毒、破伤风梭菌、气肿疽梭菌、结核分枝杆菌、副结核分枝杆菌、致病性大肠杆菌、沙门菌、巴氏杆菌、致病性链球菌、李氏杆菌、产气荚膜梭菌、嗜水气单胞菌、肉毒梭状芽孢杆菌、腐败梭菌和其他致病性梭菌、鹦鹉热衣原体、放线菌、钩端螺旋体。

猪病病原微生物：日本脑炎病毒、猪繁殖与呼吸综合征病毒、猪细小病毒、猪圆环病毒、猪流行性腹泻病毒、猪传染性胃肠炎病毒、猪丹毒杆菌、猪支气管败血波氏杆菌、猪胸膜肺炎放线杆菌、副猪嗜血杆菌、猪肺炎支原体、猪密螺旋体。

禽病病原微生物：鸭瘟病毒、鸭病毒性肝炎病毒、小鹅瘟病毒、鸡传染性法氏囊病病毒、鸡马立克氏病病毒、禽白血病/肉瘤病毒、禽网状内皮组织增殖病病毒、鸡传染性贫血病毒、鸡传染性喉气管炎病毒、鸡传染性支气管炎病毒、鸡减蛋综合征病毒、禽痘病毒、鸡病毒性关节炎病毒、禽传染性脑脊髓炎病毒、副鸡嗜血杆菌、鸡毒支原体、鸡球虫。

牛病病原微生物：牛恶性卡他热病毒、牛白血病病毒、牛流行热病毒、牛传染性鼻气管炎病毒、牛病毒腹泻/黏膜病病毒、牛生殖器弯曲杆菌、日本血吸虫。

绵羊和山羊病病原微生物：山羊关节炎/脑脊髓炎病毒、梅迪/维斯纳病病毒、传染性脓疱皮炎病毒。

马病病原微生物：马传染性贫血病毒、马动脉炎病毒、马病毒性流产病毒、马鼻炎病毒、鼻疽假单胞菌、类鼻疽假单胞菌、假皮疽组织胞浆菌、溃疡性淋巴管炎假结核棒状杆菌。

兔病病原微生物：兔黏液瘤病病毒、野兔热土拉杆菌、兔支气管败血波氏杆菌、兔球虫。

水生动物病病原微生物：流行性造血器官坏死病毒、传染性造血器官坏死病毒、马苏大麻哈鱼病毒、病毒性出血性败血症病毒、锦鲤疱疹病毒、斑点叉尾鮰病毒、病毒性脑病和视网膜病毒、传染性胰脏坏死病毒、真鲷虹彩病毒、白鲟虹彩病毒、中肠腺坏死杆状病毒、传染性皮下和造血器官坏死病毒、核多角体杆状病毒、虾产卵死亡综合征病毒、鳖鳃腺炎病毒、Taura 综合征病毒、对虾白斑综合征病毒、黄头病病毒、草鱼出血病毒、鲤春病毒血症病毒、鲍球形病毒、鲑鱼传染性贫血病毒。

蜜蜂病病原微生物：美洲幼虫腐臭病幼虫杆菌、欧洲幼虫腐臭病蜂房蜜蜂球菌、白垩病蜂球囊菌、蜜蜂微孢子虫、跗线螨、雅氏大蜂螨。

其他动物病病原微生物：犬瘟热病毒、犬细小病毒、犬腺病毒、犬冠状病毒、犬副流感病毒、猫泛白细胞减少综合征病毒、水貂阿留申病病毒、水貂病毒性肠炎病毒。

（四）第四类病原微生物

第四类动物病原微生物是指危险性小、致病力低、实验室感染概率小的兽用生物制品、疫苗生产用的各种弱毒病原微生物以及不属于第一、第二、第三类的各种低毒力的病原微生物，在通常情况下不会引起人类或者动物疾病的微生物。

第一类、第二类病原微生物统称为高致病性病原微生物。

【知识拓展】

实验室生物安全防护

一、实验室生物安全防护总则

（1）兽医实验室生物安全防护内容包括安全设备、个体防护装置和措施（一级防护），实验室的特殊设计和建设要求（二级防护），严格的管理制度和标准化的操作程序与规程。

（2）兽医实验室除了防范病原体对实验室工作人员的感染外，还必须采取相应措施防止病原体的逃逸。

（3）对每一特定实验室，应制定有关生物安全防护综合措施，编写各实验室的生物安全管理手册，并有专人负责生物安全工作。

（4）生物安全水平根据微生物的危害程度和防护要求分为 4 个等级，即Ⅰ、Ⅱ、Ⅲ、Ⅳ级。

（5）有关 DNA 重组操作和遗传工程的生物安全应参照《农业生物基因工程安全管理实施办法》执行。

二、实验室安全设备和个体防护

确保实验室工作人员不与病原微生物直接接触的初级屏障。

（1）实验室必须配备相应级别的生物安全设备。所有可能使病原微生物逸出或产生气溶胶的操作，必须在相应等级的生物安全控制条件下进行。

（2）实验室工作人员防护。实验室工作人员必须配备个体防护用品（防护帽、护目镜、口罩、工作服、手套等）。

（3）实验室选址、设计和建造的要求。实验室的选址、设计和建造应考虑对周围环境的影响。

①实验室必须依据所需要的防护级别和标准进行设计和建造，并满足本规范中的最低设

计要求和运行条件。

② 动物实验室除满足相应生物安全级别要求外，还应隔离，并根据其相应生物安全级别，保持与中心实验室的相应压差。

(4)实验室生物安全操作规程。

①本规范规定了不同级别的兽医实验室生物安全操作规程，必须在各实验室的生物安全管理手册中列明，并结合实际制定相应的实施方案。

②本规范对各种病原微生物均有明确的生物危害分类，各实验室应根据其操作的对象，制定相应的特殊生物安全操作规程，并列入其生物安全管理手册。

(5)一级生物安全实验室。一级生物安全实验室指按照 BSL-1 标准建造的实验室，也称基础生物实验室。在建筑物中，实验室无须与一般区域隔离。实验室人员需经一般生物专业训练。其具体标准、微生物操作、安全设备、实验室设施要求如下。

a. 标准操作。工作一般在桌面上进行，采用微生物的常规操作，工作台面至少每天消毒一次。工作区内不准吃、喝、抽烟、用手接触隐形眼镜、存放个人物品(化妆品、食品等)；严禁用嘴吸取试验液体，应该使用专用的移液管或移液器；防止皮肤损伤；所有操作均需小心，避免外溢和气溶胶的产生；所有废弃物在处理之前用公认有效的方法灭菌消毒。从实验室拿出消毒后的废弃物应放在一个牢固不漏的容器内，并按照国家或地方性法规进行处理；昆虫和啮齿类动物控制方案应参照其他有关规定进行。

b. 特殊操作。无。

c. 安全设备(初级防护屏障)。BSL-1 实验室可不配置特殊的物理防护设备；工作时应穿着实验室专用长工作服；戴乳胶手套；可佩戴防护眼镜或面罩。

d. 实验室设施(次级防护屏障)。实验室有控制进出的门；每个实验室应有一个洗手池；室内装饰便于打扫卫生，不用地毯和垫子；工作台面不漏水、耐酸碱和中等热度、抗化学物质的腐蚀；实验室内器具安放稳妥，器具之间留有一定的距离，方便清扫；实验室的窗户，必须安纱窗。

【考核评价】

某市动物疫病预防控制中心实验室，长期开展口蹄疫、禽流感、猪瘟、新城疫免疫抗体检测及布鲁氏菌病、结核病等动物疫病诊断、监测工作。请根据动物疫病预防控制中心实验室的设施、仪器设备、工作人员等情况，制定生物安全检查表。

【知识链接】

1.《伯杰氏系统细菌学手册》([美]布瑞德等主编)。

2.《动物病原微生物分类名录》(2005 年 5 月 24 日中华人民共和国农业部令第 53 号公布)。

3.《病原微生物实验室生物安全管理条例》(2004 年 11 月 12 日中华人民共和国国务院令第 424 号公布)。

4.《兽医实验室生物安全管理规范》(2003 年 10 月 15 日农业部公告第 302 号发布)。

项目二
细菌

【学习目标】

了解细菌的大小和形态结构观察的方法，掌握细菌的形态结构、细菌生理、细菌的人工培养、细菌病的诊断方法；掌握主要病原细菌；掌握常用先进仪器的使用、显微镜油镜的使用及细菌形态观察、标本片的制备及常用的染色方法、培养基的制备、细菌的分离培养、药敏试验等操作技术，培养学生的动手能力、发现问题、分析问题和解决问题的能力。

任务一　细菌的形态结构

细菌是一类具有细胞壁的单细胞原核型微生物。细菌在适宜的环境条件下具有相对恒定的形态结构和生理生化特性，了解细菌的特性，对于细菌的分类鉴定、细菌的致病性与抗原性的研究、传染病的诊断，均有非常重要的意义。

一、细菌的形态

(一)细菌的大小

细菌的体积微小，经过染色后用显微镜放大数百倍乃至数千倍才能看到。使用有一定刻度的显微测微尺来测量细菌的大小，通常以微米(μm)作为测量细菌大小的单位，以纳米(nm)作为测量细菌亚细胞结构的大小，不同种类的细菌，大小一定有差别，即使是同一种细菌在不同的生长繁殖阶段其大小也可能差别很大。一般球菌的直径为 0.5～2.0 μm；较大的杆菌长 3～10 μm，宽 1.0～1.25 μm；中等大小的杆菌长 2～3 μm，宽 0.5～1.0 μm；小杆菌长 0.7～1.5 μm，宽 0.2～0.4 μm；螺旋菌长一般为 2～20 μm，宽 0.2～0.4 μm。

测量细菌的大小，应以生长在适宜的温度和培养基中的青壮龄培养物(指对数期)为标准。在一定条件下，各种细菌的大小是相对稳定的，而且具有明显特征，可以作为鉴定细菌的依据之一。同种细菌在不同的生长环境(比如动物体内、外)、不同的培养条件下，其大小会有所变化，测量时的制片方法、染色方法及使用不同的显微镜也会对测量结果产生一定影响，因此，测定细菌大小时，各种条件和技术操作等均应一致。

(二)细菌的基本形态和排列

细菌的基本形状为球状(形)、杆状(形)、螺旋状(形),根据基本形状将细菌分为球菌、杆菌和螺旋菌。细菌的繁殖方式是简单的无性二分裂,不同细菌分裂后其菌体排列方式不同,有些细菌分裂后单个存在,有些细菌分裂后彼此仍通过原浆带相连,形成一定的排列方式。在正常情况下,细菌的形状和排列方式是相对稳定的,而且有特征性,可作为细菌分类和鉴定的依据之一。

1.球菌

菌体呈球形或近似球形。根据球菌分裂的方向和分裂后的排列状况的不同可将其分为如下几种。

(1)单球菌。细菌沿一个平面分裂,分裂后分散、单独存在(图 1-2-1)。

(2)双球菌。沿一个平面分裂,分裂后两两相连,其接触面扁平或凹入,菌体有时呈肾形,比如脑膜炎双球菌;有时呈矛头状,比如肺炎双球菌(图 1-2-2)。

(3)链球菌。沿一个平面连续多次分裂,分裂后 3 个以上的菌体呈短链或长链排列,比如猪链球菌、马腺疫链球菌(图 1-2-3)。

(4)葡萄球菌。沿多个不同方向的平面分裂,分裂后排列不规则,似葡萄串状,比如金黄色葡萄球菌(图 1-2-4)。此外,还有四联球菌和八叠球菌等。

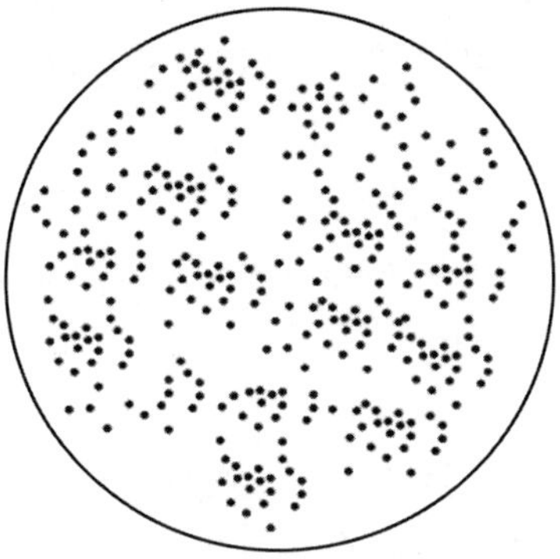

图 1-2-1　单球菌

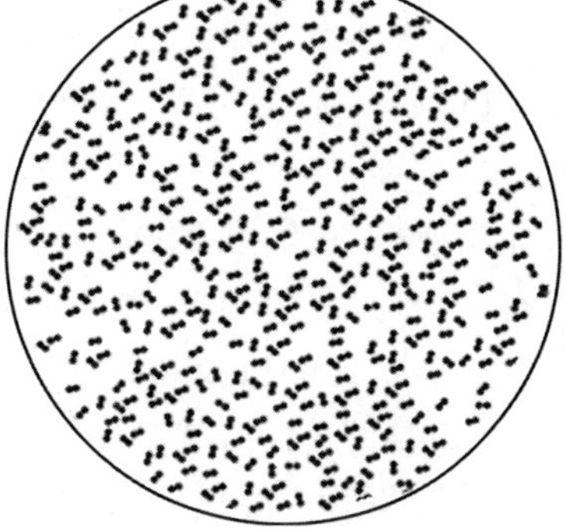

图 1-2-2　双球菌

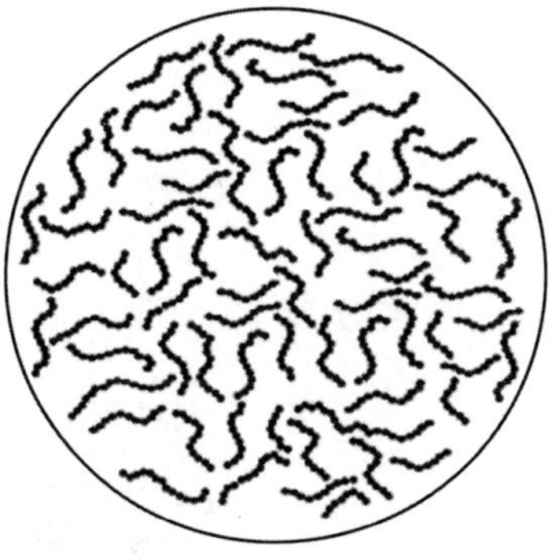

图 1-2-3　链球菌

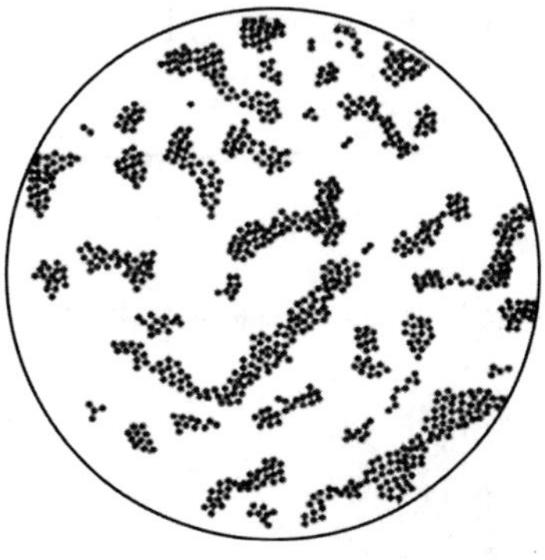

图 1-2-4　葡萄球菌

2. 杆菌

杆菌一般呈正圆柱状，也有近似卵圆形的，其大小、粗细、长短都有显著差异。菌体多数平直，少数微弯曲；菌体两端多呈钝圆，比如大肠杆菌（图 1-2-5），少数平截，比如炭疽杆菌（图 1-2-6）；有的杆菌菌体短小，两端钝圆，近似球状，称为球杆菌，比如多杀性巴氏杆菌（图 1-2-7）；有的一端较另一端膨大，使整个杆菌呈棒状，称为棒状杆菌，比如白喉杆菌；有的杆菌菌体有分枝，称分枝杆菌，比如结核分枝杆菌；也有的杆菌呈长丝状，比如坏死杆菌。

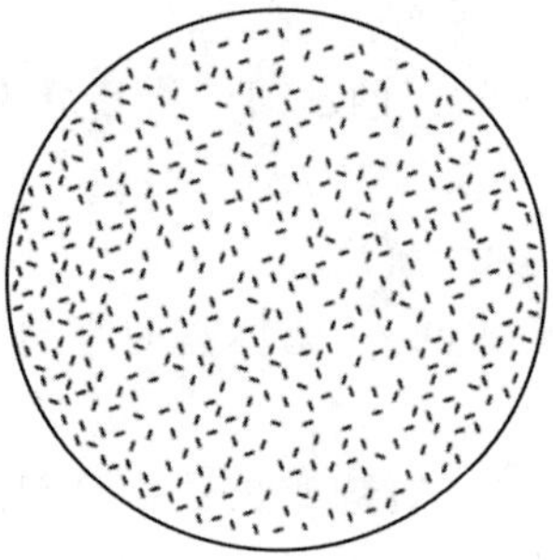

图 1-2-5　大肠杆菌

图 1-2-6　炭疽杆菌

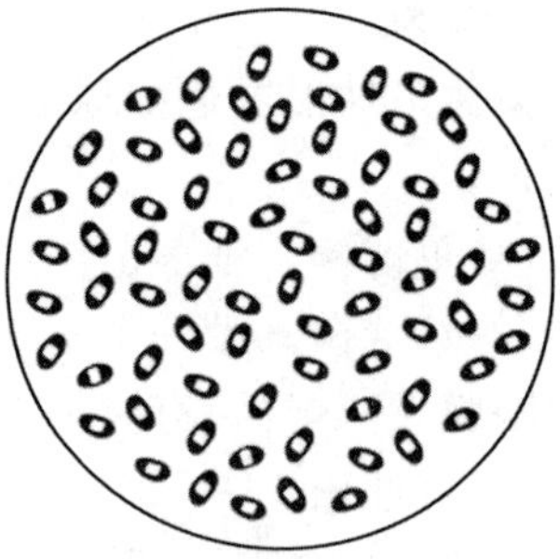

图 1-2-7　巴氏杆菌

杆菌的分裂平面与菌体长轴相垂直（横分裂），多数杆菌分裂后单个散在，称为单杆菌，比如沙门菌；也有的杆菌成对排列，称为双杆菌，比如乳酸菌；有的呈链状，称为链杆菌，比如念珠状链杆菌、炭疽杆菌。

3. 螺旋菌

菌体呈弯曲状或螺旋状，两端圆或尖突。根据弯曲程度和弯曲数，又可分为弧菌和螺菌。弧菌的菌体只有一个弯曲，呈弧状或逗点状，比如霍乱弧菌；螺菌的菌体较长，有两个或两个以上弯曲，捻转成螺旋状，比如鼠咬热螺菌。

细菌的形态（二维码 1-2-1，视频 1-2-1）与细菌的培养温度、时间和营养状况等因素有关，通常在适宜环境下细菌的形态较典型，但当环境条件改变或在老龄培养物中，会出现各种与正常形态不一样的个体，称为退化型或衰老型。这些衰老型的培养物重新处于正常的培养环境中可恢复正常形态。但也有些细菌，即使在最适宜的环境条件下，其形态也很不一致，这种现象称为细菌的多形性，比如嗜血杆菌。

二、细菌的结构

（一）细菌的基本结构

所有细菌都具有的结构称为细菌的基本结构，包括细胞壁、细胞膜、细胞质、核质（视频 1-2-2）。

二维码 1-2-1　细菌的形态

视频 1-2-1　细菌的形态

视频 1-2-2　细菌的结构

1. 细胞壁

细胞壁是位于细菌细胞最外围的一层无色透明、坚韧而有弹性的膜状结构。将细菌染色后,在光学显微镜下可看到,将细菌制成超薄切片,用电子显微镜可看到细胞壁结构。

细胞壁的化学组成,因细菌种类的不同而有差异。一般是由糖类、蛋白质和脂类镶嵌排列而成,其基础成分是肽聚糖。不同的细菌细胞壁的结构和成分有所不同,用革兰氏染色法染色,可将细菌分成革兰氏阳性菌(G^+)和革兰氏阴性菌(G^-)两大类,革兰氏阳性菌的细胞壁较厚,为 15～80 nm,其化学成分主要为肽聚糖,占细胞壁物质的 40%～95%,形成 15～30 层的聚合体。此外,还有磷壁酸、多糖和蛋白质(比如葡萄球菌的 A 蛋白、A 群链球菌的 M 蛋白)等。而分枝杆菌的细胞壁则含有多量的脂类,多数以分枝杆菌酸或蜡质的形式存在。革兰氏阴性菌的细胞壁较薄为 10～15 nm,外膜由脂多糖、磷脂、蛋白质和脂蛋白等复合构成,周质间隙是一层薄的肽聚糖,占细胞壁的 10%～20%。

(1)肽聚糖。它又称黏肽或糖肽,是细菌细胞壁特有的物质。革兰氏阳性菌细胞壁的肽聚糖是由聚糖链支架、四肽侧链和五肽交联桥三部分组成的复杂聚合物。聚糖链支架、四肽侧链和五肽交联桥共同构成十分坚韧的三维立体结构。革兰氏阴性菌的肽聚糖层很薄,由 1～2 层网状分子构成,其结构单体有与革兰氏阳性菌相同的聚糖链支架和相似的四肽侧链,但无五肽交联桥,由相邻聚糖链支架上的四肽侧链直接连接成二维结构,较为疏松。溶菌酶能水解聚糖链支架的 β-1,4 糖苷键,故能裂解肽聚糖;青霉素能抑制五肽交联桥和四肽侧链之间的连接,故能抑制革兰氏阳性菌肽聚糖的合成。

(2)磷壁酸。它是革兰氏阳性菌特有的成分,是一种由核糖醇或甘油残基经磷酸二酯键相互连接而成的多聚物。呈长链穿插于肽聚糖层中,是特异的表面抗原。它带有负电荷,能与镁离子结合,以维持细胞膜上一些酶的活性。此外,它对宿主细胞具有黏附作用,是 A 群链球菌毒力因子或为噬菌体提供特异的吸附受体。

(3)脂多糖(LPS)。为革兰氏阴性菌所特有,位于外壁层的最表面,是内毒素的主要成分,由类脂 A、核心多糖和侧链多糖三部分组成。类脂 A 是一种结合有多种长链脂肪酸的氨基葡萄糖聚二糖链,是内毒素的主要毒性成分,发挥多种生物学效应,能致动物体发热,白细胞增多,甚至休克死亡。各种革兰氏阴性菌类脂 A 的结构相似,无种属特异性。核心多糖位于类脂 A 的外层,由葡萄糖、半乳糖等组成,与类脂 A 共价连接。核心多糖具有种属特异性。侧链多糖在 LPS 的最外层,即为菌体(O)抗原,是由 3～5 个低聚糖单位重复构成的多糖链,其中单糖的种类、位置、排列和构型均不同,具有种、型特异性。此外,LPS 有吸附 Mg^{2+}、Ca^{2+} 等阳离子的作用,也是噬菌体在细菌表面的特异性吸附受体。

(4)外膜蛋白(OMP)。它是革兰氏阴性菌外膜层中镶嵌的多种蛋白质的统称。按含量及功能的重要性可将 OMP 分为主要及次要两类。主要外膜蛋白包括微孔蛋白和脂蛋白,微孔蛋白能形成跨越外膜的微小孔道,起分子筛作用,仅允许小分子的营养物质(比如双糖、氨基酸、二肽、三肽、无机盐等)通过,大分子物质不能通过,因此溶菌酶之类的物质不易作用到革兰氏阴性菌的肽聚糖。脂蛋白的作用是使外膜层与肽聚糖牢固地连接,可作为噬菌体的受体,或参与铁及其他营养物质的转运。

细胞壁的功能:坚韧而富有弹性,能维持细菌的固有形态,保护菌体耐受低渗环境。此外,细胞壁上有许多微细小孔,可阻止大分子物质通过,直径 1 nm 大小的可溶性分子能自由通过,具有相对的通透性,与细胞膜共同完成菌体内外物质的交换。此外,细胞壁与革兰氏染色特性、细菌的分裂、致病性、抗原性以及对噬菌体和抗菌药物的敏感性有关。细菌细胞壁为鞭毛运动提供可靠的支点。

2.细胞膜

细胞膜又称胞浆膜或细胞质膜，是位于细胞壁与细胞质之间的一层柔软、富有弹性的半透性生物薄膜。细胞膜的主要化学成分是磷脂和蛋白质，也有少量碳水化合物和其他物质。其结构类似于真核细胞膜的液态镶嵌结构，其结构是由磷脂双分子构成骨架，每个磷脂分子的亲水基团(头部)向外，疏水基团(尾部)向内，蛋白质结合于磷脂双分子表面或镶嵌、贯穿于双分子层，镶嵌、贯穿于双分子层的蛋白质叫内在蛋白，位于膜分子表面的叫外在蛋白或表面蛋白。镶嵌在磷脂双分子中的蛋白质是具有特殊功能的酶和载体蛋白，与细胞膜的半透性等作用有关。

细胞膜的功能：细胞膜上分布许多酶(比如ATP酶、β-半乳糖苷酶及各种合成酶等)可以选择性地进行细菌的内外物质转运、交换，维持细胞内正常渗透压，细胞膜还与细胞壁、荚膜的合成有关，是鞭毛的着生部位，并供应细菌运动所需能量。此外，细菌的细胞膜凹入细胞质形成囊状、管状或层状的间体，革兰氏阳性菌较为多见。间体的功能与真核细胞的线粒体相似，与细菌的呼吸有关，并有促进细胞分裂的作用。细胞膜受到损伤，细菌将死亡。

3.细胞质

它是一种无色透明、均质的黏稠胶体。主要成分是水、蛋白质、脂类、多糖类、核酸及少量无机盐类等。细胞质中含有许多酶系统，是细菌进行新陈代谢的主要场所。另外细胞质中还含有核糖体、异染颗粒、间体、气泡、质粒等内含物。

(1)核糖体。它又名核蛋白体，是散布在细胞质中的一种核糖核酸蛋白质小颗粒，由2/3核糖核酸和1/3蛋白质构成的小颗粒，呈小球形或不对称形，数目随生长阶段的不同而不同，生长旺盛时最多，是细菌合成蛋白质的场所，与人和动物的核糖体不同，某些药物(比如红霉素和链霉素)能干扰细菌核糖体合成蛋白质，而对人和动物的核糖体不起作用。

(2)质粒。它是在核质DNA以外，能够进行独立复制的游离的小型双股DNA分子。多为共价闭合的环状，也发现有线状，含细菌生命非必需的基因，能够控制细菌产生菌毛、毒素、耐药性和细菌素等遗传性状。质粒可随分裂传给子代菌体，也可由性菌毛在细菌间传递。质粒具有与外来DNA重组的功能，是基因工程中常用的载体。

(3)内含物。细菌等原核生物细胞内往往含有一些贮存营养物质或其他物质的颗粒样结构，称之为内含物，主要有脂肪滴、糖原、淀粉粒、气泡、液泡及异染颗粒等。异染颗粒是某些细菌细胞质中特有的一种酸性小颗粒，对碱性染料的亲和性特别强。特别是用碱性亚甲蓝染色时呈红紫色，而菌体其他部分则呈蓝色。异染颗粒的功能是贮存磷酸盐和能量。某些细菌，比如棒状杆菌的异染颗粒非常明显，常用于细菌的鉴定。有些细菌能积累右旋糖酐-70在细胞质内，一般以糖原或淀粉粒的形式存在，用碘染成红棕色的是糖原粒，染成蓝色的是淀粉粒。

细胞质的功能：是细菌合成蛋白质和核酸的场所，也是细菌进行物质代谢的场所。

4.核质

细菌没有核膜、核仁，只有核质，不能与细胞质截然分开，分布于细胞质的中心或边缘区。核质是共价闭合、环状双股DNA盘绕而成的大型DNA分子，含细菌的遗传基因，控制细菌几乎所有的遗传性状，与细菌的生长、繁殖、遗传、变异等密切相关。

(二)细菌的特殊结构

有些细菌除具有基本结构外，还有某些特殊结构。细菌特殊结构是某些细菌在特定环境下或生长的特定阶段产生的特有的结构，包括荚膜、鞭毛、菌毛和芽孢，这些结构有的与细菌的致病力有关，某些细菌的特殊结构是鉴定细菌的依据之一。

1. 荚膜

某些细菌(比如猪链球菌、炭疽杆菌等)在生活的过程中，可在细胞壁外面产生一层黏液性物质，包围整个菌体，称为荚膜。当多个细菌的荚膜融合形成一个大的胶状物，内含多个细菌时，则称为菌胶团。

细菌的荚膜的遮光性低，用普通染色方法不易着色，因此，普通染色法染色时，可见菌体周围一层无色透明圈，即为荚膜。用特殊的荚膜染色法染色，在光学显微镜下可清楚地看到荚膜。荚膜不是细菌的必须构造，除去荚膜对菌体的代谢没有影响，很多有荚膜的菌株可产生无荚膜的变异株。

荚膜的主要成分是水(约占 90%以上)，固形成分随细菌种类不同而异，多数为多糖类，比如猪链球菌；少数则是多肽，比如炭疽杆菌；也有极少数二者兼有，比如巨大芽孢杆菌。荚膜的产生具有种和型的特异性，在动物体内或营养丰富的培养基上容易形成。

荚膜的功能：荚膜能保护细菌抵抗吞噬细胞的吞噬、噬菌体的攻击，保护细胞壁免受溶菌酶、补体等杀菌物质的损伤，因此荚膜与细菌的毒力有关；荚膜能贮藏水分，有抗干燥的作用；荚膜具有抗原性，具有种和型的特异性，可用于细菌的鉴定；荚膜是营养物质的贮存和废物的排出之处。

2. 鞭毛

某些细菌表面着生的一种细长而弯曲的丝状物，称为鞭毛。多数螺菌、弧菌、杆菌和少数球菌的菌体表面都有鞭毛。鞭毛比菌体长几倍，经特殊的鞭毛染色法，使染料沉积于鞭毛表面，增大其直径，用光学显微镜可观察到。

细菌的种类不同，鞭毛的数量和着生位置不同，根据鞭毛的数量和在菌体上的位置，可将有鞭毛的细菌分为单毛菌、丛毛菌和周毛菌(图 1-2-8)。细菌是否产生鞭毛以及鞭毛的数目和着生位置，都具有种的特征，是鉴定细菌的依据。

鞭毛由鞭毛蛋白组成，具有抗原性称为鞭毛抗原或 H 抗原，不同细菌的 H 抗原具有型特异性，常作为血清学鉴定的依据之一。

鞭毛的功能：鞭毛是细菌的运动器官，鞭毛有规律地收缩，引起细菌运动。

细菌的运动具有趋向性，运动方式与鞭毛的排列方式有关，单毛菌和丛毛菌一般呈直线快速运动，周毛菌则无规律地缓慢运动或滚动(视频 1-2-3)。

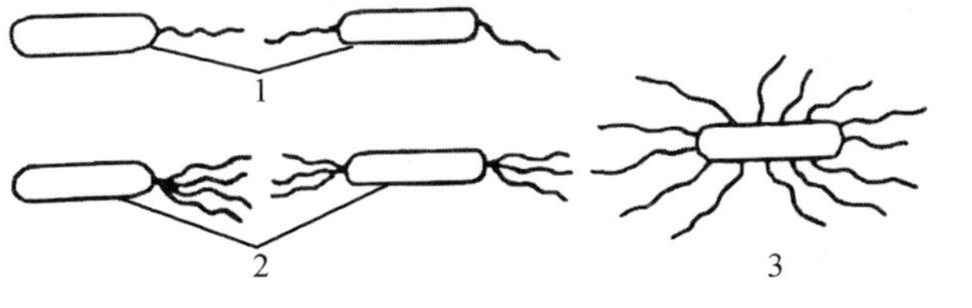

1. 单毛菌 2. 丛毛菌 3. 周毛菌

图 1-2-8 细菌的鞭毛

视频 1-2-3 有鞭毛细菌的运动

鞭毛与细菌的致病性有关，比如霍乱弧菌等通过鞭毛运动可穿过小肠黏膜表面的黏液层，黏附于肠黏膜上皮细胞，进而产生毒素引起动物和人发病。

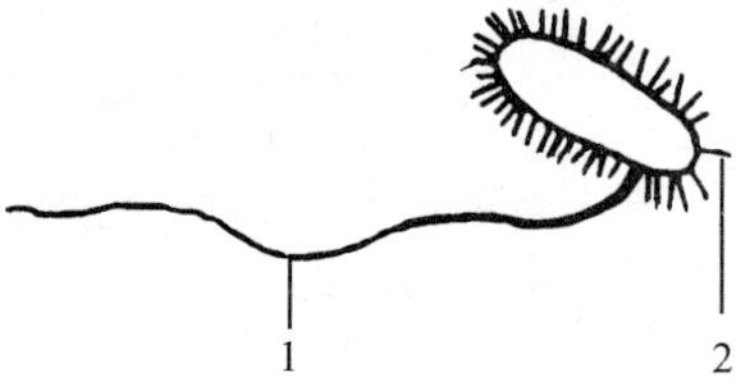

1. 鞭毛　2. 菌毛

图 1-2-9　细菌的菌毛

3. 菌毛

某些细菌的菌体表面着生的一种比鞭毛短而细的丝状物，称为菌毛或纤毛（图 1-2-9），大多数革兰氏阴性菌和少数革兰氏阳性菌着生，只能在电镜下观察到。

菌毛是一种空心的蛋白质管，具有良好的抗原性，分为普通菌毛和性菌毛。普通菌毛较细、较短，数量较多，能使菌体牢固地吸附在动物消化道、呼吸道和泌尿生殖道的黏膜上皮细胞上，以利于获取营养。对于病原菌来讲，菌毛与毒力有密切关系。性菌毛是由质粒携带的致育因子编码产生的，又称为 F 菌毛，较粗、较长，每个细菌有 1～4 条，有性菌毛的细菌为雄性菌，雄性菌和雌性菌可通过菌毛接合，发生基因转移或质粒传递。性菌毛也是噬菌体吸附在细菌表面的受体。菌毛并非细菌生命所必需。在体外培养的细菌，如果条件不适宜，未必能检测到菌毛。

4. 芽孢

某些革兰氏阳性菌在一定条件下，在菌体内形成一个折光性强、通透性低的圆形或椭圆形的休眠体，称为芽孢。形成芽孢的菌体称为芽孢体，未形成芽孢的菌体称为繁殖体。芽孢不能分裂繁殖，在适宜条件下能萌发形成一个新的繁殖体。细菌能否形成芽孢，芽孢的形状、大小以及在菌体的位置等（图 1-2-10），具有种的特性，可作为细菌分类、鉴定的依据之一。比如炭疽杆菌的芽孢为卵圆形，直径比菌体小，位于菌体中央，称为中央芽孢；肉毒梭菌的芽孢是卵圆形，但直径比菌体大，使整个菌体呈梭形，位置在菌体偏端，称为偏端芽孢；破伤风梭菌的芽孢为圆形，比菌体大，位于菌体顶端，称为顶端芽孢，呈鼓槌状。芽孢在菌体内成熟后，菌体崩解，形成游离芽孢。

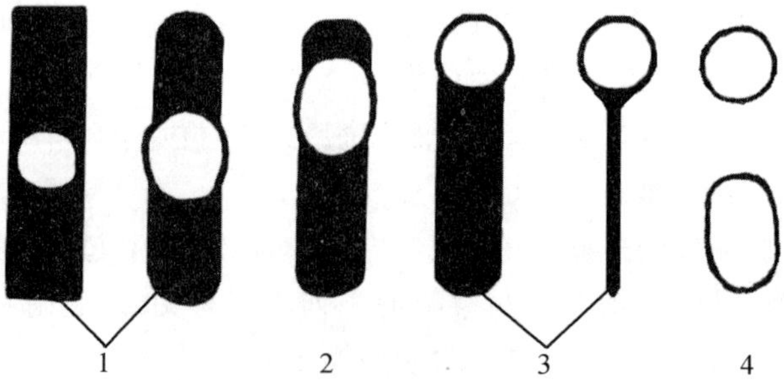

1. 中央芽孢　2. 偏端芽孢　3. 顶端芽孢　4. 游离芽孢

图 1-2-10　细菌芽孢的类型

芽孢具有较厚的芽孢壁，多层芽孢膜，结构坚实，含水量少，应用普通染色法染色时，染料不易渗入，因此不能使芽孢着色，在显微镜下观察时，呈无色的空洞状。需用特殊的芽孢染色法染色才能让芽孢着色。由于芽孢结构多层而且致密，各种理化因子不易渗透，因其含水量少，蛋白质受热不易变性，且芽孢内特有的某些物质使芽孢能耐受高温、辐射、氧化、干燥等的破坏。一般细菌繁殖体经 100 ℃ 30 min 煮沸可被杀灭，但形成芽孢后，可耐受 100 ℃数小时，比如破伤风梭菌的芽孢煮沸 1～3 h 仍然不死，炭疽杆菌芽孢在干燥条件下能存活数十年。因此在实际工作中，常用干热灭菌、高压蒸汽灭菌，以杀灭芽孢。

三、细菌形态结构的观察方法

细菌体积微小，大多数细菌仅有 0.2～20 μm 大小，而人的眼睛只能看 0.2 mm 以上的物体，因此，肉眼不能直接看到细菌，必须借助显微镜放大后才能观察到。细菌菌体无色半透明，利用光学显微镜直接检查只能看到细菌的轮廓及其运动性，必须经过染色才能用显微镜观察到细菌的形态、大小、排列、染色特性及细菌的特殊结构。如果要研究细菌的微细结构，必须借助于电子显微镜观察。随着科技的进步和微生物研究的需要，显微镜的使用，已经从使用可见光源的普通显微镜，发展到使用紫外线光源的荧光显微镜，进一步发展到使用电子流的电子显微镜，使放大倍数和分辨率大大提高，为微生物学的发展提供了保障。

(一)普通光学显微镜观察法

普通光学显微镜以可见光为光源，细菌经 100 倍的物镜和 10(或 16)倍的目镜联合放大 1 000(或 1 600)倍后，达到 0.2～2 mm，肉眼可以看见。光学显微镜是由光学部分和机械部分组成，其中光学部分包括放大系统(包括目镜和物镜)和照明系统(包括光源、遮光镜、聚光镜和滤光镜)，机械部分包括转换器、推进器、粗调节器、微调节器等。光学显微镜中有普通明视野显微镜、暗视野显微镜、相差显微镜等。最常用的是普通明视野显微镜；暗视野显微镜的结构类似于普通光学显微镜，不同的是用特殊的暗视野聚光器；相差显微镜的结构和普通光学显微镜的相似，不同的是它有其特殊结构：环状光栅、相板、轴调节望远镜和绿色滤光片；荧光显微镜的结构和主要部件是以普通光学显微镜为基础，其显微部分也是一般的复式显微系统，但其光源与滤光部分等则有所不同，其部件包括光源、滤色系统、反光镜、聚光镜、物镜、目镜、落射光装置。

1. 不染色标本检查法

细菌未染色时无色透明，直接在普通光学显微镜下，不能清楚地看到细菌的形态和结构特征，因此，不染色标本一般用于检查细菌的运动性等生理活动，是细菌活标本检查的方法，常用的有压滴法、悬滴法等。有鞭毛的细菌在镜下呈活泼有方向的运动，无鞭毛的细菌则呈不规则布朗运动。

(1)压滴法。用灭菌的接种环依次取生理盐水和细菌培养物，置于洁净的载玻片中央，使其成为均匀的菌悬液，用小镊子夹一块盖玻片轻轻覆盖在菌液上，放置盖玻片时应注意，先将盖玻片的一端接触菌液，缓缓放下，以免产生气泡。

检查时先用低倍镜找到适宜的位置，再用高倍镜或油镜观察。观察时必须缩小光圈，适当下降聚光器，以造成一个光线较弱的视野，才便于观察细菌的运动情况。检查细菌动力时需注意区分真正运动和分子运动，前者是由于细菌鞭毛引起的有方向性的位移，而后者是因水分子撞击细菌而引起的布朗运动，只在原地颤动，无鞭毛的细菌仅有此种分子运动。另外，需注意标本片制好后应尽快观察，以免水分蒸发影响观察结果。

(2)悬滴法。用灭菌的接种环取细菌液滴于洁净的盖玻片中央，另取一张凹玻片，在凹孔周边涂少许凡士林，然后将其凹面向下，快速对准盖玻片中央的菌液，并盖于盖玻片上，然后迅速翻转，用小镊子轻轻按压，使盖玻片与载玻片凹窝边缘粘紧封闭，以防水分蒸发。观察时先用低倍镜找到悬滴边缘，再换高倍镜观察(因凹玻片较厚，一般不用油镜)，可观察到细菌的运动状态。观察时应下降聚光器，缩小光圈，减少光亮，使背景较暗易于观察。

2. 染色标本检查法

细菌细胞无色半透明，需经过染色才能在光学显微镜下清楚地看到。常用的细菌染色法包括单染色法和复染色法。单染色法是指只用一种染料使菌体着色，比如亚甲蓝染色法。复染色法是指用两种或两种以上的染料染色，可使不同菌体呈现不同颜色，故又称为鉴别染色法，比如革兰氏染色法、抗酸染色法等，其中最常用的复染色法是革兰氏染色法。此外，还有细菌特殊结构的染色法，比如荚膜染色法、鞭毛染色法、芽孢染色法等。

(1)革兰氏染色法。由丹麦植物学家 Christian Gram 创建于 1884 年，以此法可将细菌分为革兰氏阳性菌(蓝紫色)和革兰氏阴性菌(红色)两大类。革兰氏染色法是利用细菌细胞壁的结构和组成的不同。细菌经初染和媒染后，在细胞表面形成结晶紫和碘的复合物，革兰氏阳性菌的细胞壁含较多的肽聚糖，脂类很少，用 95%乙醇作用后，肽聚糖收缩，结晶紫和碘的复合物不能脱出。而革兰氏阴性菌的细胞壁含有较多的脂类，肽聚糖较少，当以 95%乙醇处理时，脂类被脱去，结晶紫与碘形成的紫色复合物也随之被脱去，复染时被石炭酸复红或沙黄溶液染成红色，而未被脱色的革兰氏阳性菌仍呈现原来的蓝紫色。

(2)瑞氏染色法。瑞氏染料是亚甲蓝与酸性伊红钠盐混合而成的，当溶于甲醇后即发生分离，分解成酸性和碱性两种染料，由于细菌带负电荷，与带正电荷的碱性染料结合而呈蓝色。组织细胞的细胞核含有大量的核糖核酸镁盐，也与碱性染料结合而呈蓝色。而背景和细胞质一般为中性，易与酸性染料结合染呈红色(瑞氏染色液中一般含有甲醇，因此组织标本的瑞氏染色一般不需要固定)。

(3)抗酸染色法。抗酸染色法是鉴别分枝杆菌属的染色法。分枝杆菌属细菌其菌体中含有分枝菌酸，用普通染色法不被着色，需用强浓染液加温或长时间才能着色，但一旦着色后即使使用强酸、强碱或酒精也不能使其脱色。其原因一是细菌细胞壁含有丰富的蜡质(分枝菌酸)，它可阻止染料透入菌体内着染，但一旦染料进入菌体后就不易脱去；二是菌体表面结构完整，当染料着染后即能抗御酸类脱色，如果胞膜及胞壁破损，则失去抗酸性染色特性。分枝杆菌等抗酸菌染色后呈红色，而其他细胞及背景中的物质为蓝色。

(4)荚膜染色法。荚膜是某些细菌细胞壁外存在的一层胶状黏液性物质，与染料亲和力低，一般采用负染色的方法，使背景与菌体之间形成一透明区，将菌体衬托出来便于观察分辨，故又称衬托法染色。由于荚膜薄，且易变形，所以不能用加热法固定。比如亚甲蓝染色法，荚膜呈淡红色，菌体呈蓝色；瑞氏染色法，荚膜呈淡紫色，菌体呈蓝色。

(5)芽孢染色法。细菌的芽孢壁比细菌繁殖体的细胞壁结构复杂而且致密，通透性低，着色和脱色都比细菌繁殖体困难。因此，一般采用碱性染料并在微火上加热，或延长染色时间，使菌体和芽孢都同时染上颜色后，再用蒸馏水冲洗，脱去菌体的颜色，但保留芽孢的颜色。用另一种对比鲜明的染料使菌体着色，如此可以在显微镜下明显区分芽孢和细菌繁殖体的形态。比如复红亚甲蓝染色法，菌体呈蓝色，芽孢呈红色。孔雀绿-沙黄染色法，菌体呈红色，芽孢呈绿色。

(6)鞭毛染色法。细菌鞭毛非常纤细，超过一般光学显微镜的分辨力。因此，观察时需通过特殊的鞭毛染色法。鞭毛的染色法较多，主要是需经媒染剂处理。媒染剂的作用是促进染料分子吸附到鞭毛上，并形成沉淀，使鞭毛直径加粗，才能在光学显微镜下观察到鞭毛。比如莱氏鞭毛染色法，鞭毛呈红色。刘荣标氏鞭毛染色法，菌体和鞭毛均呈紫色。

(二)电子显微镜观察法

电子显微镜简称为电镜,以电子流为光源,放大倍数可达 250 000 倍以上,再用显微摄影技术放大 10 倍,就能得到 2 500 000 倍放大的图像(可直接看到原子)。不仅可窥知各类细胞生物详尽的细胞器、病毒的形态以及生物大分子物质的细微结构,使生命科学研究进入了分子世界。电子显微镜包括透射电镜和扫描电镜。

细菌的超薄切片经负染、冰冻蚀刻等处理后,在透射电镜下可清晰观察到细菌内部的超微结构。而经金属喷涂的细菌标本,在扫描电镜下可清楚地看到细菌表面的立体构象。电镜观察的标本片必须干燥,并在高度真空的装置中接受电子流的作用,所以电镜不能观察活动的细菌。

负染色法是透射电镜标本的处理方法,将经过戊二醛固定的标本进行超薄切片后,用磷钨酸处理,由于磷钨酸不被样品所吸附,而是沉积到样品四周,因而在电子束光源透射时,在样品周围染液沉积的地方散射电子的能力强,表现为暗区,有样品的地方散射电子的能力弱,表现为亮区,这样便能把样品的外形与表面结构清楚地衬托出来。

任务二 细菌的生理

细菌与其他生物一样,有独立的生命活动,能进行复杂的新陈代谢,从环境中摄取营养物质,用以合成菌体本身的成分或获得生命活动所需的能量,并排出代谢产物。细菌的新陈代谢包括细胞的生物合成、能量供给、运动以及多达 2 000 种化学反应表现的各种活性。不同的细菌在其生理活动的过程中呈现某些特有的生命现象,因此,细菌的生长特征、代谢产物等常作为鉴别细菌的重要依据,也是细菌病实验室诊断的基础。

一、细菌的营养

通过对细菌新陈代谢的研究,我们知道细菌利用各种化合物作为能源的能力远远大于动物细胞,而细菌对营养的需求比动物细胞更为多样,细菌可利用超常流水线式生产的方式合成大分子物质,细菌在代谢过程能合成许多不同于动物细胞的成分,比如肽聚糖、脂多糖、磷壁酸等特殊物质。

(一)细菌的化学组成

细菌的化学组成包括 70%～90%的水分和 10%～30%的固形物。水分包括与菌体其他成分结合的结合水和呈游离状态的游离水,游离水是菌体内重要的溶剂,参与一系列生化反应。固形物包括有机物和无机物,有机物包括蛋白质、核酸、糖类、脂类和其他有机物。蛋白质是构成菌体的主要成分,占固形物的 50%～80%。核酸有 RNA 和 DNA 两种,前者主要存在于胞浆和胞膜上,后者存在于核质和质粒中。糖类主要以多糖、脂多糖、黏多糖的形式存在。脂类主要包括中性脂肪、磷脂和蜡质等,存在于细胞壁、细胞质膜及胞浆内。其他有机物指各种生长因子和色素等。无机物占固形物的 2%～3%,有磷、硫、钾、钙、镁、铁、钠、氯、钴、锰等,其中磷和钾含量最多。

(二)细菌的营养类型

细菌的营养类型包括自养型与异养型,碳元素是细菌细胞各种有机物的重要组成元素,不同细菌代谢途径不同，其利用碳元素的形式也不同，因此可把细菌分为自养菌和异养菌两大类（表 1-2-1）。

表 1-2-1　自养菌和异养菌的区别

名称	自养菌	异养菌
酶系统	具有完整的酶系统	不具备完整的酶系统
碳源	二氧化碳、碳酸盐等无机含碳化合物	糖类、醇类等有机含碳化合物
氮源	硝酸钾、硝酸钠、硫酸铵等无机含氮化合物	蛋白质、蛋白胨、氨基酸等有机含氮化合物为主
能源	无机物氧化和光合作用获得，即光能和化能	有机物氧化和光线获得，即光能和化能

异养菌由于生活环境不同，又可分为腐生菌和寄生菌两类。腐生菌以无生命的有机物作为营养物质来源，比如动植物尸体、腐败食品等；寄生菌则寄生于有生命的动植物体内，靠宿主提供营养。致病菌多属异养菌。

(三)细菌的营养物质

细菌不断从外界吸收营养，来合成自身细胞成分，也为其生命活动提供能量，细菌的化学组成和营养类型决定其可利用的营养物质。细菌所需的营养物质如下。

(1)水。水是细菌体内不可缺少的主要成分，也是细菌生长必需的。水的作用：起到溶剂和运输介质的作用，营养物质的吸收与代谢产物的分泌都必须以水为介质才能完成；参与细胞内的一系列化学反应；维持蛋白质、核酸等生物大分子稳定的天然构象；细胞中大量的水有利于对细菌代谢过程中产生的热量及时吸收并散发到环境中，有效地调节细菌及其周围环境的温度。此外，水还是细菌细胞内某些结构的成分。高渗环境中细菌脱水时，其代谢受到抑制，生长速度变慢。

(2)含碳化合物。各种含碳的无机物或有机物都能被细菌吸收和利用，含碳化合物在细胞内经过一系列复杂的生化反应后成为细菌自身细胞的组成成分，同时，在生化反应过程中还为菌体提供生命活动所必需的能源，因此，含碳化合物同时也是能源物质。自养菌利用无机形式的碳合成自身成分；异养菌只能利用有机含碳化合物，比如实验室制备培养基常利用各种单糖、双糖、多糖、醇类、脂类等，氨基酸除供给氮源外，也能提供碳源。

(3)含氮化合物。氮是构成细菌蛋白质和核酸的重要元素。在自然界中，从分子氮到复杂的有机含氮化合物，都可以作为不同细菌的氮源，病原菌多以有机氮作为氮源。氨基酸或蛋白质是病原菌良好的有机氮源，是普通培养基的主要成分，纯蛋白往往需要经过降解才能被利用，比如蛋白胨等。此外，有的病原菌也可利用无机含氮化合物作为氮源，硝酸钾、硝酸钠、硫酸铵等可被少数病原菌所利用，比如绿脓杆菌、大肠杆菌等。

(4)无机盐类。细菌的生长需要多种无机盐类，根据细菌需要量的大小，需要浓度在 10^{-4}～10^{-3} mol/L 的元素为常量元素，比如磷、硫、钾、钠、镁、钙、铁等；需要浓度在 10^{-8}～10^{-6} mol/L 的元素为微量元素，比如锰、钴、锌、铜、钼等。这些无机盐类的主要功能有：构成菌体成分；作为酶的组成成分，维持酶的活性；调节渗透压等。有的无机盐类可作为自养菌的能源。

(5)生长因子。它是指细菌生长时，必需但自身又不能合成或合成量不足的微量有机化合物。各种细菌需要的生长因子的种类和数量是不同的，主要包括维生素、嘌呤、嘧啶、某些氨基酸等，少数细菌还需特殊的生长因子，比如流感嗜血杆菌需要X、V两种因子，X因子是高铁血红素，V因子是辅酶Ⅰ或辅酶Ⅱ，两者为细菌呼吸所必需。

（四）细菌摄取营养的方式

外界的各种营养物质必须被吸收进入细胞内，才能被利用。细菌的细胞壁、细胞膜及其他表面结构构成的渗透屏障，是决定营养物质吸收的重要因素，此外，营养物质本身的性质、环境条件也可影响营养物质的吸收。根据物质运输的特点，可将物质进出细胞的方式分为单纯扩散、易化扩散、主动转运和基团转位。

（1）单纯扩散。它又称简单扩散或被动扩散，是细胞内外物质最简单的一种交换方式。细胞膜两侧的物质靠浓度差进行分子扩散，不需消耗能量，也不需要载体。某些气体（O_2、CO_2）、水、乙醇及甘油等水溶性小分子以及某些离子（Na^+）等可进行单纯扩散。单纯扩散无选择性，速度较慢，细胞内外物质浓度达到一致，扩散便停止，因此不是物质运输的主要方式。

（2）易化扩散。它又称促进扩散，具有特异性，是靠浓度差进行物质的运输，不需消耗能量，但需要专一性载体蛋白。载体蛋白位于细胞膜上，糖或氨基酸等营养物质与载体蛋白结合，然后转运至细胞内。

（3）主动转运。它是细菌吸收营养的一种主要方式，物质由低浓度一侧运输到高浓度一侧，既需要消耗能量，又需要特异性的载体蛋白，被运输的物质可逆浓度差“泵”入细胞。细菌在生长过程中所需要的氨基酸和各种营养物质，主要是通过主动运输方式摄取的。

（4）基团转位。与主动运输相似，物质也由低浓度一侧运输到高浓度一侧，既需要消耗能量，又需要特异性的载体蛋白，但物质在运输的同时受到化学修饰（比如发生磷酸化），从而能源源不断输入细胞，这种方式在缺氧环境中最为常见，因此使细胞内被修饰的物质浓度大大高于细胞外的浓度。

二、细菌的生长繁殖

（一）细菌生长繁殖的条件（视频1-2-4，视频1-2-5）

（1）营养物质。包括水分、含碳化合物、含氮化合物、无机盐类和生长因子等。不同细菌对营养的需求不同，有的细菌只需基本的营养物质，而有的细菌则需要加入特殊的营养物质（比如葡萄糖、血液、血清等）才能生长繁殖，因此，制备培养基时应根据细菌的类型进行营养物质的合理搭配。

（2）温度。细菌只能在一定温度范围内进行生命活动，温度过高或过低，细菌的生命活动都会受阻甚至停止。根据细菌对温度的需求不同，可将细菌分为嗜冷菌、嗜温菌和嗜热菌三类。病原菌属于嗜温菌，在15～45 ℃都能生长，大多数病原菌最适生长温度为37 ℃左右，因此，实验室培养细菌时，常把电热恒温培养箱的温度调至37 ℃。

视频1-2-4　细菌的生长繁殖（1）

视频1-2-5　细菌的生长繁殖（2）

(3)pH。酸碱度影响细菌的生长繁殖，每种细菌有一个可适应的 pH 范围及最适生长 pH，大多数病原菌生长的适宜 pH 为 7.2～7.6，但个别偏酸，比如鼻疽假单胞菌需要的 pH 为 6.4～6.6，有的偏碱，比如霍乱弧菌需要的 pH 为 8.0～9.0、肠球菌需要的 pH 为 9.6。许多细菌在生长过程中，能使培养基变酸或变碱而影响其生长，所以往往需要在培养基内加入一定的缓冲剂。

(4)渗透压。细菌需在适宜的渗透压下才能生长繁殖。过高或过低都会导致细菌生命活动停止或死亡。比如盐腌、糖渍具有防腐作用，是因为一般细菌和霉菌在高渗条件下不能生长繁殖。因此在配制细菌悬液时要用生理盐水，而不是用高渗盐水和蒸馏水。但少数细菌能在较高的食盐浓度下生长，比如嗜盐杆菌甚至能在饱和盐水中正常生活。

(5)气体。主要是氧气或二氧化碳。在细菌培养时，氧的提供与排除要根据细菌的呼吸类型而定。大多数细菌培养时需要氧气，少数细菌培养时需要二氧化碳等其他气体。

(二)细菌的繁殖方式和速度

细菌的繁殖方式是无性二分裂。在适宜条件下，大多数细菌每 20～30 min 分裂一次，在特定条件下，以此速度繁殖 10 h，一个细菌可以繁殖 10 亿个细菌，但由于营养物质的消耗，有害产物的蓄积，细菌是不可能保持这种速度繁殖的，整个繁殖过程经历快速增长期，达到最大值后必然转入缓慢下降期。有些细菌在人工培养基上繁殖速度很慢，比如结核分枝杆菌，需 18～24 h 分裂一次。

(三)细菌的生长曲线

将一定数量的细菌接种在适宜的液体培养基中生长繁殖，培养过程中定时取样计算活细菌数，可发现细菌生长过程的规律性。以时间为横坐标，活细菌数的对数为纵坐标，可形成一条生长曲线，根据细菌生长过程中细菌总数的变化情况分为 4 个时期(图 1-2-11)。

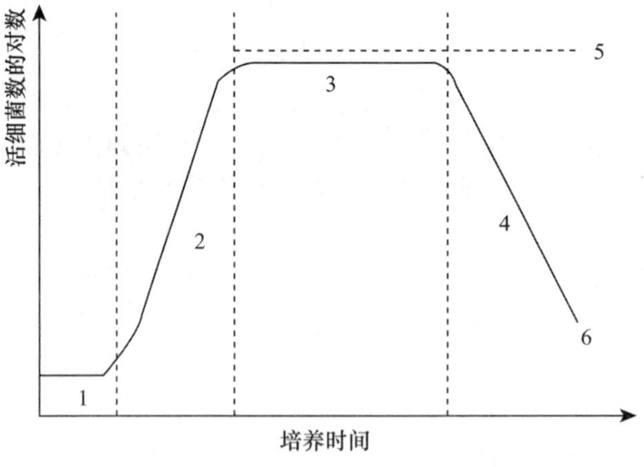

1.迟缓期 2.对数期 3.稳定期 4.衰老期 5.总菌数 6.活菌数

图 1-2-11 细菌的生长曲线

(1)迟缓期。细菌在新的培养基中的一个适应过程。这个时期，细菌数目几乎不增加，但体积增大，代谢活跃，合成并积累所需酶系统，因此产生了足够量的酶、辅酶以及一些必要的中间产物。当这些物质达到一定程度时，少数开始分裂。以大肠杆菌为例，这个时期一般为2～6 h。

(2)对数期。迟缓期后，细菌以最快的速度进行增殖，活菌数以几何级数增长，达到顶峰，活细菌数的对数与时间接近直线关系。一般这个时期的病原菌致病力最强，菌体的形态、大小及生理活性均较典型，而且对抗菌药物也较敏感。以大肠杆菌为例，这一时期为6～10 h。

(3)稳定期。随着细菌的快速增殖，培养基中营养物质也迅速被消耗，有害代谢产物大量蓄积，细菌生长速度减慢，死亡细菌数逐步上升，新增殖的活细菌数量与死亡细菌数量大致平衡。以大肠杆菌为例，这一时期约8 h。稳定期细菌的形态、大小及生理活性均较典型，所以细菌的形态和革兰氏染色反应，应以对数期到稳定期中期的细菌为标准。稳定期后期可能出现菌体形态与生理特性的改变，一些芽孢菌，可能形成芽孢，有些细菌的染色特性发生改变，革兰氏阳性菌可染成革兰氏阴性。

(4)衰老期。细菌死亡的速度超过分裂的速度，培养基中活菌数急剧下降，此期的细菌如果不移植到新的培养基，最后可能全部死亡。此期细菌菌体出现变形或自溶，细菌的形态、染色特性不典型，难以鉴定。

三、细菌的新陈代谢

(一)细菌的酶

细菌新陈代谢过程的各种复杂的生化反应，都需由酶来催化。酶是活细胞产生的功能蛋白质，具有高度的特异性。细菌的种类不同，细胞内的酶系统就不同，因而其代谢过程及代谢产物也不同。

细菌的酶有的仅存在于细胞内部发挥作用，称为胞内酶，包括一系列的呼吸酶和与蛋白质、多糖等代谢有关的酶。有的酶由细菌产生后分泌到细胞外，称为胞外酶。胞外酶能把大分子的营养物质水解成小分子的物质，便于细菌吸收，包括各种糖酶、蛋白酶、脂肪酶等水解酶。根据酶产生的条件，细菌为适应环境而产生的酶为诱导酶，比如大肠杆菌的半乳糖激酶，只有乳糖存在时才产生，当诱导物质消失，酶也不再产生。细菌必备的酶，称为固有酶，比如某些脱氢酶。有些细菌产生的酶与该菌的毒力有关，称为侵袭酶，比如透明质酸酶、溶纤维蛋白酶、胶原酶、卵磷脂酶、血浆凝固酶等。

(二)细菌的呼吸类型

细菌在菌体呼吸酶的作用下，从物质氧化过程中获得能量供自己利用的过程，称为细菌的呼吸。呼吸是氧化过程，但是氧化并不一定需要氧，以游离的氧作为受氢体或受电子体的呼吸称为需氧呼吸；以无机化合物为受氢体的呼吸称为厌氧呼吸；以各种有机化合物作为受氢体的称为发酵。根据细菌对氧的需求的不同，可分为三大类。

(1)专性需氧菌。这类细菌具有完善的呼吸酶系统，必须在有氧的条件下才能生长，比如结核分枝杆菌、霍乱弧菌等。

(2)专性厌氧菌。这类细菌不具有完善的呼吸酶系统，必须在无氧或氧浓度极低的条件下才能生长，比如破伤风梭菌、肉毒梭菌、产气荚膜梭菌等。专性厌氧菌人工培养时，必须要排除培养环境中的氧气。

(3)兼性厌氧菌。此类细菌具有更复杂的酶系统，在有氧或无氧的条件下均可生长，但在有氧条件下生长更佳。大多数细菌属此类型。

(三)细菌的新陈代谢产物

各种细菌因含有不同的酶系统,因而对营养物质的分解能力不同,代谢产物也不相同,各种代谢产物可积累于菌体内,也可分泌或排泄到环境中,有些产物能被人类利用,有些则与细菌的致病性有关,有些可作为鉴定细菌的依据。

1. 分解代谢产物

(1)糖的分解产物。不同种类的细菌以不同的途径分解糖类,但其代谢过程中均可产生丙酮酸。丙酮酸彻底分解时生成气体(二氧化碳、氢气等),通过发酵丙酮酸被分解为酸类、醇类和酮类等。不同的细菌有不同的酶,对糖的分解能力也不同,有的不分解,有的分解产酸,有的分解产酸产气。利用细菌对糖的分解产物的不同,对细菌进行鉴定的生化试验有:糖发酵试验、维-培(V-P)试验、甲基红(MR)试验等。

(2)蛋白质的分解产物。细菌种类不同,分解蛋白质、氨基酸的种类和能力也不同,因此能产生不同的中间产物。硫化氢是细菌分解含硫氨基酸的产物;吲哚(靛基质)是细菌分解色氨酸的产物;明胶是一种凝胶蛋白,有的细菌有明胶酶,使凝胶状的明胶液化,比如炭疽杆菌、破伤风梭菌;在分解蛋白质的过程中,有的能形成尿素酶,分解尿素形成氨,比如巴氏杆菌、尿素小球菌;此外,有的细菌能将硝酸盐还原为亚硝酸盐,比如葡萄球菌、炭疽杆菌。利用蛋白质的分解产物设计的鉴定细菌的生化试验有:靛基质试验、硫化氢试验、尿素分解试验、明胶液化试验、硝酸盐还原试验等。

2. 合成代谢产物

细菌通过新陈代谢不断合成菌体成分,比如糖类、脂类、核酸、蛋白质和酶类等。此外,细菌还能合成一些与人类生产实践有关的产物。

(1)热原质。它是指多数革兰氏阴性菌(比如大肠杆菌)和少数革兰氏阳性菌(比如枯草杆菌)产生的一种多糖物质,注入人和动物体内,可引起发热反应。热原质能通过细菌滤器,耐高温,耐湿热,不能被高压蒸汽灭菌法和干热法破坏,在制备注射剂和生物制品时,用吸附剂或特制石棉滤板除去液体中的大部分热原质。

(2)酶类。细菌代谢过程中产生的酶类,除满足自身代谢需要外,还能产生具有侵袭力的酶,这些酶与细菌的毒力有关,比如透明质酸酶、溶纤维蛋白酶等。

(3)毒素。细菌产生的毒素有内毒素和外毒素两种。毒素与细菌的毒力有关,通常外毒素毒力强,内毒素的毒力弱。

(4)色素。某些细菌在氧气充足、温度和 pH 适宜条件下能产生各种颜色的色素。细菌产生的色素有水溶性和脂溶性两种,比如绿脓杆菌的绿脓色素与荧光素是水溶性的,而葡萄球菌产生的色素是脂溶性的。色素在细菌鉴定中有一定的意义。

(5)抗生素。它是一种重要的合成产物,它能抑制和杀死某些微生物。生产中应用的抗生素大多数由放线菌和真菌产生,细菌产生的抗生素很少,比如多黏菌素、杆菌肽等。

(6)细菌素。它是某些细菌产生的一类具有抗菌作用的蛋白质,与抗生素的作用相似,但作用范围狭窄,仅对有近缘关系的细菌产生抑制作用。目前,发现的有大肠菌素、弧菌素、绿脓菌素和葡萄球菌素等。

(7)维生素。它是某些细菌能自行合成的生长因子,除供菌体需要外,还能分泌到菌体外。畜禽体内的正常菌群能合成 B 族维生素和维生素 K。

(四)细菌的生化试验

细菌在代谢过程中,要进行多种生物化学反应,这些反应几乎都靠各种酶系统来催化,由于不同的细菌含有不同的酶,因而对营养物质的利用和分解能力不一致,代谢产物也不尽相同,根据细菌代谢产物的不同设计的用于鉴定细菌的试验,称为细菌的生化试验。生化试验在细菌鉴定中极为重要,方法也很多,下面介绍几种常用的生化试验的原理,具体操作见模块一项目二中的任务十二。

(1)糖分解试验。不同细菌对糖的利用情况不同,代谢产物不尽相同,有的不分解糖,有的分解只产酸,有的分解既产酸又产气。分解能力也因是否有氧的存在而异,在有氧的条件下氧化,无氧条件下发酵。试验时往往将同一种细菌接种于相同的糖培养基一式两管,一管用液体石蜡等封口,进行"发酵",另一管置于有氧条件,培养后观察产酸产气情况。

(2)维-培试验。它又称 V-P 试验,由 Voges 和 Proskauer 两位学者创建。大肠杆菌和产气杆菌均能发酵葡萄糖,产酸产气,两者不能区别。但产气肠杆菌能使丙酮酸脱羧,生成中性的乙酰甲基甲醇,后者在碱性溶液中被空气中的分子氧所氧化,生成二乙酰,二乙酰与培养基中含胍基的化合物反应,生成红色的化合物,即为 V-P 试验阳性。大肠杆菌不能生成乙酰甲基甲醇,故为阴性。

(3)甲基红试验。它又称 MR 试验。在 V-P 试验中,产气肠杆菌分解葡萄糖,产生的 2 分子的丙酮酸转变为 1 分子中性的乙酰甲基甲醇,故最终的酸类较少,培养液 $pH>5.4$,以甲基红(MR)作指示剂时,溶液呈橘黄色,为阴性;大肠杆菌分解葡萄糖时,丙酮酸不转变为乙酰甲基甲醇,故培养基的酸性较强,$pH\leqslant4.5$,甲基红指示剂呈红色,为阳性。

(4)枸橼酸盐利用试验。某些细菌能利用枸橼酸盐作为唯一的碳源,能在除枸橼酸盐外不含其他碳源的培养基上生长,分解枸橼酸盐生成碳酸盐,并分解其中的铵盐生成氨,使培养基由酸性变为碱性,从而使培养基中的指示剂溴麝香草酚蓝由草绿色变为深蓝色为阳性;不能利用枸橼酸盐作为唯一碳源的细菌在该培养基上不能生长,培养基颜色不改变,为阴性。

(5)吲哚试验。它又称靛基质试验。有些细菌能分解蛋白胨水培养基中的色氨酸产生吲哚,如果在培养基中加入对二甲基氨基苯甲醛,则与吲哚结合生成红色的玫瑰吲哚,为吲哚试验阳性,否则为阴性。比如大肠杆菌、变形杆菌、霍乱弧菌等能分解色氨酸。

(6)硫化氢试验。某些细菌能分解培养基中的胱氨酸、甲硫氨酸等含硫氨基酸,产生硫化氢,与加到培养基中的醋酸铅或硫酸亚铁等反应,生成黑色的硫化铅或硫化亚铁,使培养基变黑色,为硫化氢试验阳性,比如变形杆菌。

(7)触酶试验。触酶又称接触酶或过氧化氢酶,能使过氧化氢被催化,快速分解成水和氧气。有的细菌能产生此酶,在细菌培养物上滴加过氧化氢水溶液,见到大量的气泡产生为阳性。比如乳杆菌及许多厌氧菌为阴性。

(8)氧化酶试验。氧化酶又称细胞色素酶、细胞色素氧化酶 C 或呼吸酶。该试验用于检测细菌是否含有该酶。原理是氧化酶在有分子氧或细胞色素 C 存在时,可氧化四甲基对苯二胺,出现紫色反应为阳性。比如假单胞菌、气单胞菌等为阳性。

(9)脲酶试验。脲酶又称尿素酶。细菌如果有脲酶,能分解尿素产生氨,使培养基的碱性增加,使含酚红指示剂的培养基由粉红色转为紫红色,为阳性。

扩展知识(视频 1-2-6,视频 1-2-7)

视频 1-2-6　细菌的致病性(1)

视频 1-2-7　细菌的致病性(2)

任务三　细菌的人工培养

细菌可在培养基上大量生长繁殖,根据细菌的生理需要和繁殖规律,用人工的方法为细菌提供营养物质和适宜的环境条件,使细菌在短时间内大量生长繁殖,称为细菌的人工培养。培养基是指把细菌生长繁殖所需要的各种营养物质合理地配合在一起,制成的营养基质。可促进细菌的生长繁殖、分离、纯化、鉴定、保存等。细菌人工培养的目的主要有以下几个方面:细菌的鉴定和研究;细菌性疾病的诊断和治疗;生物制品的制备;细菌毒力分析及细菌学指标的检测。

一、培养基的分类

各种细菌的营养需求不同,所以培养基的种类繁多,根据培养基的物理性状、用途等可将培养基分为多种类型(视频 1-2-8)。

视频 1-2-8　细菌培养基

(一)按培养基的物理性状分类

(1)液体培养基。它是指将细菌生长繁殖所需的各种营养物质直接溶解于水制成的培养基。液体培养基中营养物质以溶质状态存在其中,利于细菌充分接触和利用,使细菌更好地生长繁殖,故常用于生产和实验室中细菌的扩增培养。常用的液体培养基有普通肉汤培养基、肝片肉汤培养基等。

(2)半固体培养基。它是指在液体培养基中加入少量(通常为 0.3%～0.5%)琼脂粉,使培养基凝固后呈半固体状态。多用于细菌运动性观察,即细菌的动力试验,菌种的传代保存,也用于贮运细菌标本材料。

(3)固体培养基。它是指在液体培养基中加入 1%～3%的琼脂粉,使培养基凝固成固体状态。固体培养基可根据需要制成平板培养基、斜面培养基和高层培养基等。平板培养基常用于细菌的分离、菌落特征观察、药敏试验以及活菌计数等;斜面培养基常用于菌种保存;高层培养基多用于细菌的某些生化试验。常用的固体培养基有普通琼脂培养基、鲜血琼脂培养基、血清琼脂培养基、麦康凯琼脂培养基等。

(二)按培养基的用途分类

(1)基础培养基。不同细菌对营养需求不同,但大多数细菌所需的基本营养物质是相同的。含有细菌生长繁殖所需要的最基本的营养成分的培养基为基础培养基。常用的基础培养基有:普通肉汤培养基、普通琼脂培养基及蛋白胨水等。

(2)营养培养基。在基础培养基中加入其他营养物质,比如葡萄糖、血液、血清、腹水、酵母浸膏及生长因子等,用于培养营养要求较高的细菌。常用的营养培养基有:鲜血琼脂培养基、血清琼脂培养基、巧克力琼脂培养基等。

(3)鉴别培养基。利用各种细菌分解糖、蛋白质的能力及其代谢产物不同,在培养基中加入某种特殊营养成分和指示剂,以便观察细菌生长后发生的变化,从而进行细菌的鉴别。常用的鉴别培养基有:伊红亚甲蓝培养基、麦康凯琼脂培养基、三糖铁琼脂培养基、明胶培养基等。

(4)选择培养基。在培养基中加入某些化学物质。有利于需要分离细菌的生长,抑制不需要细菌的生长,用来将某种或某类细菌从混杂的细菌群体中分离出来。常用的选择培养基有:分离沙门菌、志贺氏菌等用的 SS 琼脂培养基。

(5)厌氧培养基。专性厌氧菌不能在有氧环境中生长,将培养基与空气及氧隔绝或降低培养基中的氧化还原电势,可供厌氧菌生长。常用的厌氧培养基有:肝片肉汤培养基、庖肉培养基,制备时液体表面加盖液体石蜡以隔绝空气。

(三)按培养基成分的分类

(1)天然培养基。它是指一类利用动植物或微生物包括用其提取物制成的培养基,这是一类营养成分既复杂又丰富的培养基。比如牛肉膏蛋白胨培养基。这类培养基只适用于一般实验室中的菌种培养、发酵工业中生产菌种的培养和某些发酵产物的生产等。常见的天然培养基成分有:麦芽汁、肉浸汁、鱼粉、麸皮、玉米粉、花生饼粉、玉米浆及马铃薯等。实验室中常用的天然培养基有:牛肉膏、蛋白胨及酵母膏等。

(2)合成培养基。它又称组合培养基或综合培养基,是指一类按微生物的营养要求精确设计后用多种高纯化学试剂配制成的培养基。常用的合成培养基有:高氏一号培养基、察氏培养基等。这类培养基通常仅适用于营养、代谢、生理、生化、遗传、育种、菌种鉴定或生物测定等定量要求较高的研究工作中。

(3)半合成培养基。它又称半组合培养基,是指一类主要以化学试剂配制,同时还加有某种或某些天然成分的培养基。常用的半合成培养基有:培养真菌的马铃薯蔗糖培养基等。严格地讲,凡含有未经特殊处理的琼脂的任何合成培养基,实质上都是一种半合成培养基。发酵生产和实验室中应用的大多数培养基都属于半合成培养基。

二、培养基制备的原则和要求

尽管细菌的种类繁多,所需培养基的种类也很多,但制备各种培养基的基本要求是一致的,具体如下。

(1)含有所需的营养物质。培养基必须含有细菌生长繁殖所需要的营养物质,因此,制备培养基时必须选择细菌生长繁殖所需的各种营养物质,然后制备,所用的物质称取或量取的分量必须准确。

(2) pH 在所需范围内。培养基的 pH 应在细菌生长繁殖所需的范围内,因此,在制备培养基的过程中必须要将培养基的 pH 矫正在细菌生长繁殖所需的范围内,大多数致病菌的适宜 pH 为 7.2～7.6。

(3)培养基应均质透明。均质透明的培养基便于观察细菌生长性状及生命活动所产生的变化,因此,在制备培养基的过程中必须要过滤或切渣。

(4)不含任何抑菌物质。制备培养基所用容器不应含有任何抑菌和杀菌物质,所用容器应洁净,无洗涤剂残留,最好不用铁制或铜制容器;所用的水应是蒸馏水,以获得纯的目标菌。

(5)严格灭菌。培养基和盛培养基的玻璃器皿必须彻底灭菌,否则会干扰细菌的培养性状的观察，引起疾病的误诊等。

三、制备培养基的基本程序

配料→溶化→测定和矫正 pH→除渣→分装→灭菌→无菌检验→备用（具体操作见模块一项目二的任务十）。

（1）配料。根据培养基配方，准确称取和量取各种不同的营养物质，将细菌生长繁殖所需要的营养物质合理地搭配在一起。

（2）溶化。通过加热、搅拌使固体营养物质充分溶化于蒸馏水或肉汤中。

（3）测定和矫正 pH。常用 pH 为 8.0 的精密试纸或酸度计或标准比色管法测定培养基的 pH，并用 NaOH 或 HCl 调整 pH 到适宜范围内。

（4）除渣。液体培养基通过过滤除渣，将玻璃漏斗置于漏斗架上，滤纸放在漏斗中，使滤纸与漏斗壁紧贴，然后将液体培养基倒入漏斗进行过滤，滤液要求清亮透明。固体培养基除渣，将培养基盛入搪瓷容器内，包扎后高压灭菌，待冷却凝固后倒出，用刀将底部的沉渣切除，然后将剩余的固体培养基切碎、加热、熔化，即可得到均质透明的琼脂培养基。

（5）分装。将过滤好的液体培养基和熔化的固体培养基分装于试管或三角瓶内（试管内，斜面培养基每支约 5 mL，液体培养基、半固体培养基、高层琼脂培养基每支 8～10 mL；三角瓶中装 100～150 mL），塞好棉塞或硅胶塞，用牛皮纸或报纸、棉线绳包扎好，准备灭菌。

（6）灭菌。培养基的灭菌，常用高压蒸汽灭菌器进行灭菌。一般的微生物经煮沸后即被杀死，但少数细菌和细菌的芽孢有较强的耐热性，需经高压蒸汽灭菌，温度 121.3 ℃，压力 0.105 MPa，灭菌 30 min 后，才能达到彻底灭菌的目的。

（7）无菌检验。将灭菌好的培养基置于 37 ℃的温箱内，培养 24 h，如果无细菌生长则培养基符合要求，可以使用，如果有细菌生长则培养基不符合要求，不能使用。

（8）备用。如果暂时不用，每批注明名称、分装量、制作日期等后，可将培养基置于冰箱冷藏室（4 ℃），以备用，但不能放置时间过长，一般 1～2 周。

四、细菌的培养方法

细菌的培养方法包括固体表面培养法、液体静置培养法、液体深层通气培养法、振荡培养法、透析培养法 5 种。

（1）固体表面培养法。将熔化的肉汤琼脂培养基分装于大扁瓶，灭菌后平放使其凝固，经培养观察无污染，在无菌室接入种子液，使均匀分布于表面，平放温室静止培养，收集菌苔制成菌悬浮液，用于制备抗原、灭活菌苗、冻干菌苗等。

（2）液体静置培养法。此法适用于一般菌苗生产，培养容器可用大玻瓶，也可用培养罐（或称为发酵罐），按容器的深度，装入适量培养基，一般是容器深度的 1/2～2/3 为宜。经高压蒸汽灭菌后，冷却至室温接入种子，保持适宜温度，静置培养。本培养法简便，需氧菌和兼性厌氧菌均可用，但生长菌数不高。

（3）液体深层通气培养法。深层通气培养由于能加速细菌的分裂繁殖，缩短培养时间，收获菌数较高的培养物，适于大量的培养，目前此法已成菌苗生产中的主要方法。该培养方法是在接入种子液的同时加入定量的消泡剂，先静置或小气量培养 2～3 h，然后逐渐加大通气量，直至收获。

（4）振荡培养法。它也称悬浮培养，是指把微生物或动植物的细胞接种于液体培养基中，并放置在振荡器上不停地摇动而进行的培养。它是与静置培养、表面培养相对而言的。在细菌细胞培养时，可改善与培养基成分的接触和氧的供应，繁殖比较均一，而且效率也高，特别是对霉菌的培养，不会形成菌膜，也不会形成长菌丝所形成的小球。所以在微生物工业上与振荡培养具有同样效果的搅拌培养已被广泛应用。组织培养中的滚筒法（旋转培养法）也是振荡培养法的一种。

（5）透析培养法。它是指对微生物培养用透析膜包裹，并使外部有新鲜培养液流动着的一种培养方法。用这种方法培养，微生物可不断地受到新营养的补给，同时也不断地排出废物，因此可以延长对数期的增殖，增大静止期的细胞数。另外，通过外液的培养液成分的变化，可使微生物的营养环境慢慢发生改变，同时也可隔着透析膜培养两种微生物，通过其产生物，了解它们的相互关系。

五、细菌在培养基中的生长情况

细菌在培养基中的生长情况是由细菌的生物学特性决定的，了解细菌的生长情况有助于识别和鉴定细菌。

（1）在液体培养基中的生长情况。细菌在液体培养基中生长后，液体是否浑浊或清亮，试管底是否有沉淀，液面上是否形成菌膜、菌环或无变化，液体是否变色，是否产生气体或气味等（图 1-2-12）。

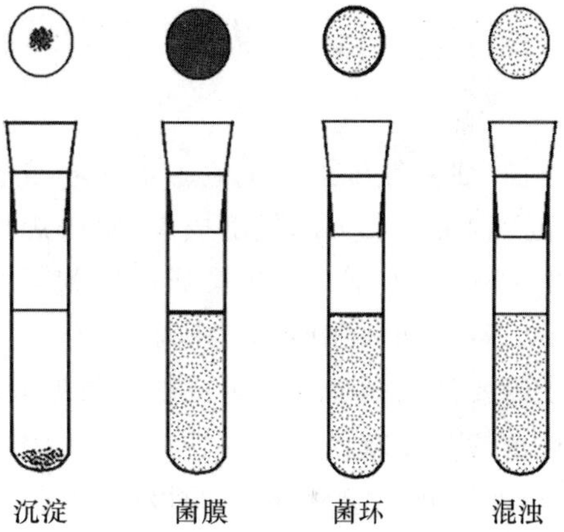

图 1-2-12　细菌在液体培养基中的生长特性

（2）在固体培养基中的生长情况。细菌接种在固体培养基上，经过一定时间的培养后，形成肉眼可见的菌落或菌苔。由单个细菌生长繁殖后形成的肉眼可见的细菌集落，称为菌落。多个菌落融合成片，则称为菌苔。各种细菌菌落的大小、形态、透明度、隆起度、硬度、湿润度、表面光滑或粗糙、有无光泽、溶血性等，因菌种不同菌落的特征不同，在细菌鉴定上有重要意义（图 1-2-13）。

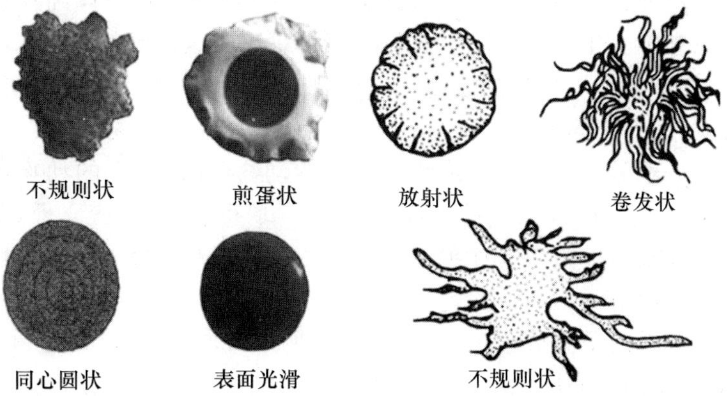

图 1-2-13　细菌在固体培养基中的生长特性

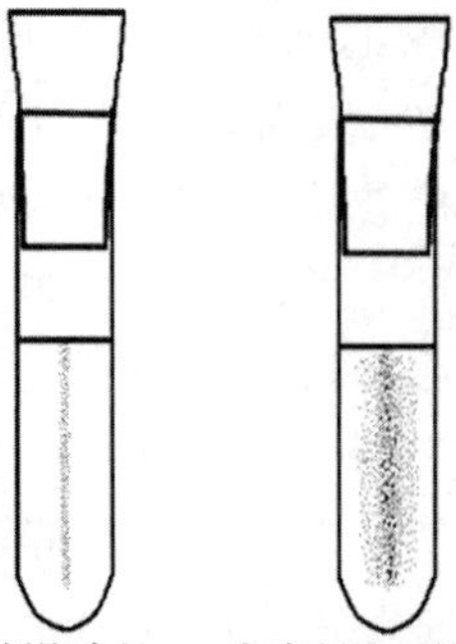

图 1-2-14 细菌在半固体培养基中的生长特性

(3)在半固体培养基上的生长情况。用穿刺接种法，将细菌接种到半固体培养基中培养，有鞭毛的细菌可以向穿刺线以外扩散生长；无鞭毛的细菌只沿穿刺线生长（图 1-2-14）。用这种方法，可以鉴别细菌有无运动性。另外，半固体培养基还常用于菌种保存。

任务四 细菌病的实验室诊断方法

目前，细菌性传染病是危害畜禽养殖业的一大类传染病，占动物传染病的 50％左右，给畜禽养殖业带来了极大的经济损失，阻碍规模化养殖业健康稳定快速的发展。因此，在动物养殖过程中，必须做好细菌性传染病的防制工作。对于发病的群体，及时而准确地做出诊断是非常重要的。畜禽细菌性传染病中除少数（比如破伤风）可根据流行病学、临床症状做出诊断外，大多数还需要借助病理变化进行初步诊断，要确诊则需在临床诊断的基础上进行实验室诊断，确定致病菌的存在或检出特异性抗体。细菌病的实验室诊断需要在正确采集病料的基础上进行，常用的诊断方法有：细菌的形态检查、细菌的分离培养、细菌的生化试验、细菌的血清学试验、动物接种试验和分子生物学等。

一、病料的采集、保存及运送

（一）病料的采集

1. 采集病料的原则

(1)采前检查。对死亡动物不可急于解剖检查和采集病料，而应仔细观察尸体外观变化，比如皮肤变化、可视黏膜变化、天然孔有无出血、尸体是否完全僵硬等。如果疑为炭疽（急性死亡、天然孔出血、尸僵不全等），严禁随意解剖（有实验条件可解剖），采取末梢血液检查排除炭疽后，方可解剖检查，并采集病料。

(2)适时采集。一般病料采集濒死或刚刚死亡的动物，如果死亡的动物，则应在动物死亡后立即采集，夏天不宜迟于 6～8 h，冬天不迟于 24 h。取得病料后，应立即送检。如果不能立刻进行检验，应立即存放于冰箱中。如果需要采血分离血清测抗体，最好采发病初期和恢复期两个时期的血液，分离血清。

(3)无菌采集。病料的采集要求进行无菌操作，所用器械、容器及其他物品均需事先灭菌。同时在采集病料时也要防止病原菌污染环境及造成人的感染。因此在尸体剖检前，首先将尸体在适当消毒液中浸泡消毒或沿腹中线用碘酊、酒精等消毒，打开胸腹腔后，应先采取病料以备细菌学检验，然后再进行病理学检查。最后将剖检的尸体焚烧，或浸入消毒液中过夜，次日取出作深埋处理。剖检场地应选择易于消毒的地面或台面，比如水泥地面等，剖检后操作者、用具及场地都要进行消毒，用具除消毒外进行灭菌处理。

(4)适宜采集。根据传染病的特点，必须采病变典型、含病原菌最多的病变组织或脏器作为病料。比如炭疽应采集血液、脾脏等，布鲁氏菌病应采集流产的胎儿胃内容物、羊水等，口蹄疫应采集水疱液或水疱皮，狂犬病应采集脑组织，猪瘟应采集血液、淋巴结、脾脏等。

(5)适量采集。采集的病料不宜过少，以免在送检过程中细菌因干燥而死亡。病料的量至少是检测量的 4 倍。

(6)按序采集。采集病料的顺序同解剖检查的顺序，即先胸腔后腹腔、先实质器官后管状器官。针对禽尸，先用清水或消毒液打湿被毛，以防羽毛飞扬而影响操作，割开大腿内侧和腹侧壁之间的疏松皮肤，把两腿向两边拉伸，使髋关节脱臼，使禽尸仰卧于解剖板(盘)上，围绕腹部切开腹部皮肤，剥离胸部和腿部皮肤，暴露胸肌和腿肌，再从腹后部开口，并沿腹壁两侧剪断腹壁组织，再向前剪断肋骨，用力掀起胸骨，暴露胸腹腔，此时可按顺序采集病料。哺乳动物尸体自下颌部起沿腹正中线到腹后部依次切开皮肤、胸壁、腹壁，暴露胸腹腔，然后进行病料采集。

(7)安全采集。病料采集者要做好个人防护工作，以免造成感染。病料采集者应穿工作服或一次性防护衣，戴上一次性防护手套，戴上口罩和眼镜。采集病料完毕时，手和所用工具等必须要进行消毒。

2.采集病料的方法

(1)液体材料的采集方法。脓汁、胸腔积液、腹水一般用灭菌的棉棒或吸管吸取放入无菌试管内，塞好胶塞，密封后外贴标签(内容应全面反映样品的全部信息，比如样品品名、来源、数量、采集地点、采样人、采样日期等)，然后送检或冷藏(二维码 1-2-2)。大、中动物从颈静脉采血，需要血液量少时，可从尾静脉或耳静脉采血；猪从前腔静脉采血，需要血液量少时，可从耳静脉采血；家禽一般从翅下静脉采血，也可从心脏采血。死亡动物从右心房采血(视频 1-2-9)。采血前用 75%的酒精棉球对采血部位消毒后，方可采血。采血前，按 10 mL 血液加入 3%～5%(常用 3.8%)枸橼酸钠溶液 1 mL 或 0.1%肝素 1 mL 或乙二胺四乙酸二钠 15～20 mg 的比例，把抗凝剂直接吸入注射器或加入真空采血管中，让采集的血液立即与抗凝剂混合。如果需分离血清，则采血后(一定不要加抗凝剂)，放在灭菌的容器中，摆成斜面，待血液凝固析出血清后，再将血清吸出，置于另一灭菌容器中送检。方便时可直接无菌操作吸取液体病料或接种于适宜的培养基。

二维码 1-2-2　病料的采取　　**视频 1-2-9　血液的采取**　　**视频 1-2-10　内脏器官的采取**

(2)实质脏器的采集方法。应在解剖尸体后立即采集(视频 1-2-10)。如果剖检过程中被检器官被污染或剖开胸腹后时间过久，应先用烧红的铁片烧烙表面，在烧烙的深部取一块实质脏器，或用酒精棉球进行消毒后切取一块实质脏器，放在灭菌平皿内或采样袋内。如果剖检现场有细菌分离培养条件，直接以烧红的烙刀烧烙脏器表面，并在烙烫部位做一切口，然后用灭菌的接种环自切口插入组织中，缓缓转动接种环，取少量组织或液体接种到适宜的培养基。

(3)肠道及内容物的采集方法。肠道需选择病变最明显的部分，将其中内容物去掉，用灭菌水轻轻冲洗后放在平皿内或采样袋内。粪便应采取新鲜的带有脓、血、黏液的部分，液态粪便应采集絮状物。有时可将胃肠的两端进行双结扎后剪下，保存送检。

(4)皮肤及羽毛的采集方法。皮肤要取病变明显且带有一部分正常皮肤的部位。被毛或羽毛要取病变明显部位，并带毛根，放入平皿内或采样袋内。

(5)胎儿。可将流产胎儿及胎盘、羊水等送往实验室，也可用吸管或注射器吸取胎儿胃内容物注入试管送检(视频 1-2-11)。

视频 1-2-11
细菌的鉴定前准备

(二)病料的保存与运送

供细菌检验的病料，如果能 1～2 d 内送到实验室，可放在有冰的保温瓶或 4～10 ℃冰箱内，也可放入灭菌液体石蜡或 30%的甘油盐水缓冲保存液中(甘油 300 mL、氯化钠 4.2 g、磷酸氢二钾 3.1 g、磷酸二氢钾 1.0 g、0.02 %酚红 1.5 mL、蒸馏水加至 1 000 mL、pH 为 7.6)。

供细菌学检验的病料应在容器或玻片上编号，同时附上送检单，注明所采动物的品种、年龄、发病情况、流行病学特点、采集时间、采集地点、畜主、病料名称、保存液和送检目的等详细资料。并附临床病例摘要(发病时间、死亡情况、临床表现、免疫和用药情况等)。送检单一式三份，一份自己存查，两份随病料送往检验单位，检验完毕后，检验单位签注检验结果，检验单位存留一份，返回一份。病料采集后，最好及时由专人送检。

二、细菌病的实验室诊断方法(视频 1-2-12)

(一)涂片染色镜检

将病料直接涂片染色镜检，有助于对细菌的初步认识，也是决定是否进行细菌分离培养的重要依据，有时通过这一环节即可确诊。比如霍乱弧菌和炭疽的诊断，有时可通过病料组织触片、染色镜检确诊。在细菌分离培养之后，将细菌培养物涂片染色，观察细菌的形态、排列及染色特性，这是鉴定分离细菌的基本方法之一，也是进一步生化鉴定、血清学鉴定的前提。

视频 1-2-12 细菌病
的实验室检测方法

染色时，可根据实际情况选择适当的染色方法，如果对病料中的细菌进行染色检查时，常选择单染色法，比如亚甲蓝染色法或瑞氏染色法，而对培养物中细菌进行染色检查时，多采用可以鉴别细菌的复染色法，比如革兰氏染色法等。

(二)细菌的分离培养

细菌的分离培养及移植是细菌学检验中最重要的环节，细菌病的诊断与防治以及对未知菌的研究，常需要进行细菌的分离培养。不同的细菌在一定培养基中生长特性不同，根据生长特性可初步确定细菌的种类。

细菌病的临床病料或培养物中常有多种细菌混杂，其中有致病菌，也有非致病菌，从采集的病料中分离出目的病原菌是细菌病诊断的重要依据，也是对病原菌进一步鉴定的前提。细菌的分离培养是指通过人工培养从杂菌中分离出目的病原菌的过程。细菌的纯培养是指挑取单个的菌落接种于另一培养基中进行培养。将分离到的病原菌进一步纯化，可为进一步的生化试验鉴定和血清学试验鉴定提供纯的细菌。此外，细菌分离培养技术也可用于细菌的计数、扩增和动力观察等。

细菌分离培养的方法很多，最常用的是平板划线接种法，另外还有倾注平板培养法、斜面接种法、穿刺接种法、液体培养基接种法等。

(三)细菌的生化试验

细菌生化试验的主要用途是鉴别细菌，对革兰氏染色反应、菌体形态以及菌落特征相同或相似细菌的鉴别具有重要意义。其中吲哚试验(indole test)、甲基红试验(methyl red test)、V-P 试验、枸橼酸盐利用试验(citrateutilization test)4 种试验常用于鉴定肠道杆菌，合称为 IMViC 试验。比如大肠杆菌对这 4 种试验的结果是＋＋－－，而产气杆菌则为－－＋＋。

(四)动物接种试验

动物接种试验也是微生物学检验中常用的技术，其主要用途是进行病原体的分离与鉴定，确定所分离病原体的致病力恢复或增强细菌的毒力，测定某些细菌的外毒素，制备疫苗或诊断用抗原，制备诊断或治疗用的免疫血清以及用于检验药物的治疗效果及毒性。动物接种试验最常用的是本动物接种和实验动物接种。

1. 实验动物

实验动物有“活试剂”或“活天平”之誉，是生物学研究的重要基础和条件之一。以病原微生物存在的情况为标准，可将动物分为无菌动物、悉生动物、无特定病原体的动物、清洁动物及普通动物，经常使用的是后三种实验动物。

(1)无菌动物(GP)。它是指不携带任何微生物的动物，即无外源菌的动物。实际上某些内源性病毒或正常病毒很难除去，因此，无菌动物事实上是一个相对概念。由于无菌动物不受任何微生物刺激和干扰，所以可用于研究动物体内外微生物区系对机体的影响以及微生态学研究；也可用于研究免疫、肿瘤、病理及传染病的净化等。由于无菌动物的培育和饲养技术很困难，所以通常以悉生动物替代。

(2)悉生动物。狭义的悉生动物是无菌动物，广义也指有目的地带有某种或某些已知微生物的动物。无菌动物带有或接种了一种微生物的动物叫单联悉生动物，带两种微生物者称双联悉生动物。依此类推，称三联或多联悉生动物。

(3)无特定病原体的动物(SPF)。它是指不存在某些特定的具有病原性或潜在的病原性微生物的动物。为了排除某些细菌(比如假单胞菌属、变形杆菌属、克雷伯菌属等)的干扰，可通过无菌动物与这些细菌以外的正常菌群相联系培育动物。

(4)清洁动物。它是指来源于剖宫产，饲养于半屏蔽系统，其体内外不能携带人畜共患病和动物主要传染的病原体的动物。

(5)普通动物。它是指在开放条件下饲养，其体内外存在着多种微生物和寄生虫，但不能携带人畜共患病病原微生物的动物。

2. 常用的实验动物接种方法

有皮内注射、皮下注射、肌肉注射、静脉注射、腹腔注射、脑内注射，具体操作方法见模块一项目三的任务九。

(五)细菌的血清学试验

血清学试验具有特异性强、检出率高、方法简易快速的特点,因此广泛应用于细菌病的诊断和细菌的鉴定。常用的血清学试验有凝集试验、沉淀试验、补体结合试验、免疫标记技术等。比如在生产实践中常用平板凝集试验进行鸡白痢和布鲁氏菌病的检疫。

(六)分子生物学方法

迅速兴起和发展起来的分子生物学技术在细菌病诊断中也广泛应用。比如,猪链球菌病采用先进的 PCR 新技术,可将检测猪链球菌的时间缩短至 1.5 h 左右。采用生物素标记牛布鲁氏菌 S19DNA 作为探针来检测布鲁氏菌病,对布鲁氏菌属 DNA 进行分子杂交,其结果全部为阳性,证实有较高的灵敏度和特异性。

任务五　常见的病原细菌

一、常见的革兰氏阳性菌(视频 1-2-13,视频 1-2-14)

(一)炭疽杆菌

炭疽杆菌(*Bacillus anthracis*)是引起各种家畜、野生动物和人类的炭疽的病原菌,危害极为严重,在兽医学和医学领域均有相当重要的地位。炭疽杆菌引起的炭疽被我国列为二类动物疫病。

视频 1-2-13　常见动物病原细菌(1)　　**视频 1-2-14　常见动物病原细菌(2)**

1. 生物学特性

(1)形态与染色。炭疽杆菌为粗大的杆菌,长 3～8 μm,宽 1～1.5 μm,菌体两端平截。在动物体内菌体单在或 3～5 个菌体形成短链,在菌体相连处有清晰的间隙,呈典型的"竹节状"。在人工培养基中形成长链。在动物体内或含有血清的培养基上形成荚膜,在有氧条件(基础培养基或外界)下形成芽孢(卵圆形,折光性很强,直径比菌体小,位于菌体中央)。本菌为革兰氏阳性,无鞭毛。

(2)培养特性和生化反应。本菌为需氧或兼性厌氧,对营养要求不高,普通琼脂培养基上经 37 ℃培养 18～24 h 后,形成灰白色、粗糙、干燥、边缘不整齐的菌落,低倍镜观察边缘呈卷发状;普通肉汤培养基中培养 24 h,肉汤澄清,试管底有白色絮状沉淀;血液琼脂平板中生长一般不溶血,个别菌株可轻微溶血;明胶培养基穿刺培养,呈倒立松树状生长,其表面渐被液化呈漏斗状。本菌能分解葡萄糖产酸不产气,不分解阿拉伯糖、木糖和甘露醇。能水解淀粉、明胶和酪蛋白。V-P 试验阳性,不产生吲哚和 H_2S,能还原硝酸盐,触酶阳性。

(3)抗原构造。已知炭疽杆菌有荚膜抗原、菌体抗原、保护性抗原和芽孢抗原 4 种主要抗原成分。

荚膜抗原。仅见于有毒菌株，与毒力有关。它是一种半抗原，可因腐败而被破坏，失去抗原性。此抗原的抗体无保护作用，但其反应较特异，依此建立各种血清学鉴定方法，比如免疫荧光抗体法有较强的特异性。

菌体抗原。它是存在于细胞壁及菌体内的一种半抗原，与细菌毒力无关，但性质稳定，即使在腐败的尸体中经过较长时间，或经加热煮沸甚至高压蒸汽处理，抗原性不被破坏。常用的Ascoli反应，加热处理抗原依据在此。此法特异性不高，其他需氧芽孢杆菌能发生交叉反应等。

保护性抗原。它是炭疽杆菌代谢过程中产生的一种胞外蛋白质抗原成分，在人工培养条件下亦可产生，为炭疽毒素的组成成分之一，具有免疫原性，能使机体产生抵抗本菌感染的保护力。

芽孢抗原。它是芽孢的外膜层含有的抗原决定簇，具有免疫原性和血清学诊断价值。

(4)抵抗力。本菌繁殖体的抵抗力不强，60 ℃经30～60 min或75 ℃经15 min即可被杀死。常用消毒剂均能在较短时间内将其杀死。对青霉素等多种抗生素及磺胺类药物高度敏感，可用于临床治疗。在未剖解的尸体中，细菌可随腐败而迅速崩解死亡。

芽孢的抵抗力特别强，在干燥状态下可长期存活。需经煮沸15～25 min，121 ℃高压蒸汽灭菌15 min或160 ℃干热1 h方被杀死。实验室干燥保存40年以上的炭疽芽孢仍有活力。干燥皮毛上附着的芽孢，也可存活10年以上。牧场一旦被芽孢污染，传染性常可保持20～30年。常用的消毒剂：新配的20%漂白粉作用48 h，0.1%升汞作用40 min或4%高锰酸钾15 min。炭疽芽孢对碘特别敏感，0.04%碘液10 min即可将其破坏。另外，次氯酸钠、环氧乙烷、过氧乙酸等都有较好的效果。

2.致病性

炭疽杆菌可引起各种家畜、野兽和人类发病，牛、绵羊、鹿的易感性强，马、骆驼、猪、山羊等次之，犬、猫、食肉兽则有相当大的抵抗力，禽类一般不感染，实验动物中，小鼠、豚鼠、家兔和仓鼠最敏感，大鼠则有抵抗力。

炭疽杆菌的毒力主要与荚膜和毒素有关。在侵入机体生长繁殖后，形成荚膜，从而增强细菌的抗吞噬能力，使之易于扩散，引起感染乃至败血症。炭疽杆菌产生的毒素有水肿毒素和致死毒素两种，直接损伤微血管的内皮细胞，增强微血管的通透性，损害肾脏功能，干扰糖代谢，血液呈高凝状态，易形成感染性休克和弥散性血管内凝血，最后导致机体死亡。

毒素由水肿因子、保护性抗原、致死因子3种亚单位构成，三者单独均无毒性作用，如果将前两种成分混合注射家兔或豚鼠皮下，可引起皮肤水肿；后两种成分混合注射，可引起肺部出血、水肿，并引起豚鼠死亡。3种成分混合注射可出现炭疽的典型中毒症状。

3.微生物学诊断

疑似炭疽病畜尸体严禁解剖。通常无菌采取末梢血液或切下一只耳朵，应立即用烙铁将创口烙焦，或用浸透0.2%升汞的棉球将其覆盖，严防污染并注意自身防护。必要时可切开肋间采取脾脏。皮肤炭疽可采取病灶水肿液或渗出物，肠炭疽可采取粪便。如果已经错剖畜尸，则可采取脾、肝等进行检验，尸体及污染物进行无害化处理，场地、器具等严格消毒。

(1)直接涂片镜检。病料涂片以碱性亚甲蓝染色、瑞氏染色或吉姆萨染色法染色镜检，如果发现有荚膜的竹节状大杆菌，即可做出初步诊断。

(2)分离培养。取新鲜病料接种于普通琼脂或血液琼脂培养基上，37 ℃培养18～24 h，观察有无典型的炭疽杆菌菌落，同时涂片做革兰氏染色镜检。污染或陈旧病料应先制成悬液，70 ℃加热 30 min，杀死非芽孢菌后再接种培养。

(3)动物感染试验。将被检病料或培养物用生理盐水制成 1∶5 乳悬液，小鼠皮下注射 0.1 mL 或豚鼠、家兔 0.2～0.3 mL。动物通常于注射后 24～36 h(小鼠)或 2～3 d(豚鼠、家兔)死于败血症，剖检可见注射部位皮下呈胶样浸润及脾脏肿大等病理变化。取血液、脏器涂片镜检，当发现竹节状有荚膜的大杆菌时，即可诊断。

(4)血清学试验。炭疽环状沉淀试验(Ascoli 氏沉淀反应)是一种最简便、快速的诊断方法，适用于各种病料、动物皮张、甚至严重腐败污染的尸体材料的检疫。但此反应的特异性不高，因而使用价值受到一定影响。还可通过间接血凝试验、协同凝集试验、串珠荧光抗体检查、琼脂扩散试验等进行确诊。

4. 防制措施

对易感家畜采取预防性免疫接种是防治炭疽的有效方法，常用疫苗有无毒炭疽芽孢苗(不适用于山羊)和Ⅱ号炭疽芽孢苗两种，接种后 14 d 产生免疫力，免疫期为一年。加强检疫，大力宣传炭疽的危害性。抗炭疽血清在疫区可用作紧急预防或治疗。治疗时，可用青霉素等多种抗生素及磺胺类药物。炭疽病畜尸体严禁剖检，应焚烧处理或深埋。污染的环境常用 10% NaOH 或 20%漂白粉彻底消毒。采病料所用器械等进行严格的消毒、灭菌处理。

(二)结核分枝杆菌

结核分枝杆菌(*Mycobacterium tuberculosis*)是人和畜禽结核病的病原菌。本菌在自然界广泛分布，主要有 3 种结核分枝杆菌，简称结核杆菌，结核分枝杆菌(人型，现在独立成种)、牛分枝杆菌(牛型)、禽分枝杆菌(禽型)，其中牛型结核分枝杆菌引起的牛结核病被我国列为二类动物疫病。

1. 生物学特性

(1)形态与染色。结核分枝杆菌为细长、直或稍弯的杆菌，单在、少数成丛，长 1.5～4.0 μm，宽 0.2～0.5 μm。牛分枝杆菌菌体短而粗，禽分枝杆菌最短，呈多形性，有杆状、球状或链球状等。在陈旧的培养基或干酪样病灶内的菌体可见分枝现象。无鞭毛和芽孢，本菌为革兰氏染色呈阳性，但革兰氏染色时不易着色，经萋-尼(Ziehl-Neelsen)氏抗酸染色后，本菌为红色，背景及其他非抗酸菌为蓝色。

(2)培养特性和生化反应。本菌为专性需氧菌，营养要求较高，最适温度为 37～37.5 ℃，禽分枝杆菌可在 42 ℃生长。3 种分枝杆菌最适 pH 为：结核分枝杆菌 7.4～8.0，牛分枝杆菌 5.9～6.9，禽分枝杆菌 7.2。常用的培养基有罗杰二氏培养基(内含蛋黄、甘油、马铃薯、无机盐及孔雀绿等)和改良罗杰二氏培养基等。在上述培养基中，结核分枝杆菌需 14～15 h 分裂一次，如果加入 5%～10%的 CO_2 或 5%甘油可刺激结核分枝杆菌的生长，但 5%甘油对牛分枝杆菌生长有抑制作用。菌落形成较慢，10～14 d 形成菌落。结核分枝杆菌生长旺盛，培养 2～3 周后，可见灰黄色，显著隆起，表面粗糙、皱缩、坚硬，不易破碎，类似菜花状的菌落；牛分枝杆菌形成细腻光滑、淡黄色或黄绿色菌落，后变为绿色。禽分枝杆菌生长迅速，形成湿润、黏稠的白色或淡黄色菌落，有时呈黄色。在液体培养基中，其表面形成厚皱的菌膜，培养液一般保持清亮。结核分枝杆菌不发酵糖类，可合成烟酸和还原硝酸盐，而牛分枝杆菌不能。结核分枝杆菌大多数触酶试验阳性，而热触酶试验阴性；非结核分枝杆菌则大多数两种试验均为阳性。热触酶试验检查方法是将浓的细菌悬液置 68 ℃水浴加温 20 min，然后再加 H_2O_2，观察是否产生气泡，有气泡者为阳性。

(3)抵抗力。对干燥、寒冷及一般消毒剂具有较强的抵抗力，但对湿热的抵抗力弱，60 ℃ 30 min 失去活力。在粪便、土壤中存活 7 个月，在水中存活 5 个月，在干痰和冷藏奶油中能存活 10 个月，常用消毒剂需要 4 h 才能被杀灭，在 70%酒精及 10%漂白粉中迅速死亡，碘化物消毒效果也十分有效，但无机酸、有机酸、碱性和季铵盐类消毒剂不能有效杀灭本菌。本菌对异烟肼、对氨基水杨酸和环丝氨酸等药物敏感。

2. 致病性

牛分枝杆菌主要引起牛结核病，其他家畜、野生反刍动物、人、灵长目动物、犬、猫等肉食动物均可感染。实验动物中豚鼠、家兔有高度敏感性，对小鼠有中等致病力，对家禽无致病性。禽分枝杆菌主要引起禽结核，也可引起猪的局限性病灶。结核分枝杆菌可使人、畜禽及野生动物发生结核病，山羊和家禽对结核分枝杆菌不敏感。牛结核分枝杆菌和人结核分枝杆菌毒力较强，禽分枝杆菌则较弱。

3. 微生物学诊断

(1)直接涂片镜检。采取痰液、脓汁、乳汁、尿液、病变结节等，将病料制成薄的涂片，乳汁以 2 000～3 000 r/min 离心 40 min，分别取脂肪层和沉淀层涂片，干燥固定后经抗酸染色，可做出初步诊断。

(2)分离培养。将经酸碱处理浓缩的病料接种于改良罗氏蛋黄培养基，37 ℃培养 5～6 周，如果生长缓慢，菌落呈干燥颗粒状乳酪色，涂片染色，抗酸性强，则多数是结核杆菌。

(3)动物感染试验。常用的实验动物是豚鼠和家兔，禽结核病料的实验动物可选鸡。将病料乳剂接种于豚鼠或鸡腹股沟皮下 1 mL，家兔耳静脉 1 mL。如果 2～3 周后发现皮肤溃疡，局部淋巴结肿胀，经 6～8 周后剖检，观察局部淋巴结、肝、肺等脏器有无结核病变，并可涂片染色及分离培养检查。

(4)变态反应诊断。本法是临床结核病检疫的主要方法。目前所用的诊断液为提纯结核菌素(PPD)，诊断方法为皮内注射和点眼法同时进行检疫。

(5)血清学试验。应用间接血凝试验、荧光抗体试验、ELISA 试剂盒等血清学诊断方法。

4. 防制措施

按规定饲养牛群不接种卡介苗，加强饲养管理，改善饲养环境，搞好消毒工作，每年春、秋两季定期用结核菌素进行结核检疫，在检疫时如果能将变态反应与 ELISA 结合进行，可提高检出率。对检出阳性的病畜应立即隔离淘汰，进行扑杀处理。特别贵重的动物可用异烟肼、对氨基水杨酸和环丝氨酸等药物治疗。人类广泛采用卡介苗给婴儿免疫接种，免疫期达 4～5 年。人的结核病应早发现，早诊断，严格隔离，彻底治疗。

(三)葡萄球菌

葡萄球菌(*Staphylococcus*)广泛分布于自然界，比如空气、水、土壤、饲料及人和动物的体表、消化道、呼吸道、泌尿道、生殖道及乳腺中，是最常见的化脓性球菌之一，80%以上的化脓性疾病由本菌引起，主要引起动物的组织、器官、创伤的感染和化脓，严重时可引起败血症或脓毒败血症。当污染食物时，可引起食物中毒。

1. 生物学特性

(1)形态与染色。葡萄球菌呈球形,排列成堆,如葡萄串状。但在脓汁或液体培养基中,常排列成双球或短链状。本菌无鞭毛,无芽孢,一般不形成荚膜,革兰氏染色呈阳性。

(2)培养特性与生化反应。本菌为需氧或兼性厌氧菌,营养要求不高,在普通培养基上生长良好,普通肉汤培养基中呈均匀混浊生长,普通琼脂平板上形成圆形、隆起、表面光滑、湿润、边缘整齐、有光泽、不透明的菌落。加入血液、血清或葡萄糖的琼脂培养基中生长更茂盛。不同型菌株能产生不同的脂溶性色素,使菌落呈不同的颜色。多数致病性葡萄球菌产生溶血素,在血液琼脂平板上形成明显溶血环,非致病性葡萄球菌则无溶血现象。葡萄球菌的生化反应常因菌株及培养条件的不同而不同,多数能分解乳糖、葡萄糖、麦芽糖、蔗糖,产酸不产气。致病菌株多能分解甘露醇,还原硝酸盐,不产生靛基质。

(3)抗原构造与分类。葡萄球菌抗原构造复杂,已发现有 30 种以上。主要为蛋白质抗原和多糖类抗原两类。蛋白质抗原主要为 A 蛋白(SPA),是大多数金黄色葡萄球菌共有的一种特异表面抗原,存在于细胞壁的表面,具有与人和各种哺乳动物血清 IgG 分子的 Fc 段牢固结合的特性,这种结合是非特异性的,已被广泛应用于免疫诊断技术。多糖类抗原可用于葡萄球菌的定型。

根据产生的色素的不同,把本菌分为金黄色、柠檬色、白色葡萄球菌。根据产生的色素和生化反应,将本菌分为金黄色葡萄球菌、表皮葡萄球菌和腐生葡萄球菌。金黄色葡萄球菌多为致病菌,表皮葡萄球菌偶尔致病,而腐生葡萄球菌一般不致病。致病的金黄色葡萄球菌能产生金黄色色素、溶血素、甘露醇分解酶及血浆凝固酶。

(4)抵抗力。葡萄球菌对外界环境的抵抗力强于其他无芽孢细菌,在干燥的脓汁中可存活 15~20 d, 80 ℃经 30 min 才被杀死,在 5%的石炭酸中 10~15 min 死亡。对碱性染料较敏感,比如 1∶(100 000~200 000)稀释的龙胆紫能抑制其生长。对青霉素、庆大霉素高度敏感,由于广泛使用抗生素,其耐药菌株不断增加。

2. 致病性

金黄色葡萄球菌可产生多种外毒素和胞外酶,致病性菌株能产生溶血毒素、杀白细胞毒素、肠毒素、血浆凝固酶(鉴别葡萄球菌有无致病性的主要指标)、表皮剥脱毒素等。所致的疾病为畜禽的化脓性疾病,比如创伤感染、脓肿和蜂窝织炎等;猪的皮炎、鸡的关节炎、牛羊乳腺炎、羊的皮炎和羔羊的败血症等。毒素性疾病有食物中毒、假膜性肠炎等。

3. 微生物学诊断

不同的病型应采取不同的病料,比如化脓性病灶中取脓汁或渗出物,败血症取血液,乳腺炎取乳汁,食物中毒取可疑食物、呕吐物及粪便等。

(1)直接涂片镜检。将采集的病料直接涂片,经亚甲蓝或瑞氏染色后镜检,根据细菌形态、排列和染色特性,可初步诊断。

(2)分离培养。将病料接种于血液琼脂平板,培养后观察其菌落特征、色素形成、有无溶血等,菌落进行涂片染色镜检。

(3)生化试验。可做甘露醇发酵试验、血浆凝固酶试验、耐热核酸酶试验,阳性者多为致病菌,必要时可做动物接种试验。

发生食物中毒时,可将从剩余食物或呕吐物中分离到的葡萄球菌接种到普通肉汤中,置

30% CO_2 培养 40 h，离心沉淀后取上清液，100 ℃ 30 min 加热后，注入幼猫静脉或腹腔内，15 min 到 2 h 内出现寒战、呕吐、腹泻等急性症状，表明有肠毒素存在。用 ELISA 或 DNA 探针可快速检出肠毒素。

4. 防制措施

加强宣传教育，注意个人卫生；对皮肤创伤应及时处理；加强饲养管理，饲喂全价饲料；药物预防。青霉素是防治葡萄球菌病的首选药物。葡萄球菌易形成耐药性，必要时可通过药敏试验来选择药物。

（四）链球菌

链球菌（*Streptococcus*）是一类常见的化脓性球菌，广泛分布于自然界、人和动物的上呼吸道、消化道及泌尿生殖道。大多数为正常菌群，不致病，少数可引起动物机体化脓性疾病、肺炎、乳腺炎、败血症等疾病。链球菌引起的链球菌病被我国列为三类动物疫病。

1. 生物学特性

(1)形态与染色。链球菌多为球形或卵圆形，呈链状排列，链的长短不一，短链由 4～8 个细菌组成，长链细菌数可达 20～30 个，在液体培养基中易形成长链，而在固体培养基中常形成短链。大多数链球菌在幼龄培养物中可见到荚膜，继续培养则荚膜消失，本菌无芽孢和鞭毛，革兰氏染色呈阳性。

(2)培养特性和生化反应。营养要求较高，需要在含有血清、血液、腹水的培养基上生长。生长温度 37 ℃，最适 pH 为 7.4。在血清肉汤中形成絮状沉淀，在鲜血琼脂板上形成灰白色、表面光滑的露滴样小菌落，不同菌株溶血不同。能分解葡萄糖，一般不分解菊糖，不能还原硝酸盐，不被胆汁溶解。

(3)抗原构造与分类。根据链球菌在血液琼脂平板上的溶血现象分成 3 类：甲型(α)溶血性链球菌，在菌落周围有 1～2 mm 宽的草绿色、半透明的不完全溶血环，其致病力不强；乙型(β)溶血性链球菌能产生强烈的链球菌溶血素，在菌落周围形成 2～4 mm 的无色、透明溶血环，其致病力强，能引起人和畜禽的多种疾病；丙型(γ)链球菌不产生溶血素，菌落周围无溶血环，亦称非溶血性链球菌。一般无致病性，常存在于乳汁和粪便中。

根据抗原构造分类：链球菌的细胞壁中含有一种多糖抗原，称为群特异性抗原（又称 C 抗原）。根据 C 抗原的不同，可将乙型溶血性链球菌分为 A、B、C、D、E、F、G、H、K、L、M、N、O、P、Q、R、S、T、U 19 个血清群。在 C 抗原外层，还有一种蛋白质成分，称为蛋白质抗原或表面抗原。蛋白质抗原又分成 M、R、T、S 4 种，具有型特异性。M 抗原主要见于黏液型菌落的链球菌表面，与 A 群链球菌的毒力密切相关。M 抗原具有抗吞噬作用，并使链球菌易于黏附在上皮细胞表面，根据 M 抗原的不同可将 A 群链球菌分为 60 多个血清型。R、T、S 抗原与致病性和毒力关系不大，但也可用于链球菌的分型。

(4)抵抗力。本菌的抵抗力不强，不耐热，60 ℃ 30 min 即被杀死。在干燥的尘埃中可存活数月。对消毒剂和抗生素均敏感，乙型溶血性链球菌对结晶紫、青霉素、四环素和磺胺类药物等都很敏感。青霉素是治疗链球菌感染的首选药物，耐药性少见。

2. 致病性

本菌可产生多种酶和外毒素，比如透明质酸酶、蛋白酶、链激酶、脱氧核糖核酸酶、核糖核酸酶、溶血毒素、红疹毒素及杀白细胞素等。溶血素有两种，溶血素 O 和 S，在血液琼脂培养基上所出现的溶血现象即为溶血性所致。红疹毒素是A群链球菌产生的一种外毒素，该毒素是蛋白质，具有抗原性，对细胞或组织有损害作用，还有内毒素样的致热作用。

致病性链球菌可通过直接接触、飞沫吸入或皮肤、黏膜等伤口侵入机体，产生多种毒素和侵袭性酶，C群的某些链球菌，常引起猪的急性或亚急性败血症、脑膜炎、关节炎及肺炎等；D群的某些链球菌可引起小猪心内膜炎、脑膜炎、关节炎及肺炎等；E群主要引起猪淋巴结脓肿；L群可致猪的败血症、脓毒败血症。我国流行的猪链球菌病是一种急性败血性传染病，病原体属C群。

3. 微生物学诊断

根据不同的病型，采集相应的病料，比如脓汁、渗出液、乳汁、血液等。

(1)直接涂片镜检。采取病料涂片，做瑞氏染色或亚甲蓝染色后，发现有链状排列的球菌可做初步诊断。

(2)分离培养。将病料接种于血液琼脂培养基上，培养后观察菌落周围溶血情况，并进一步涂片观察分离菌的形态及染色特点进行诊断。

(3)生化试验。取纯培养物分别接种于乳糖、菊糖、甘露醇、山梨醇生化培养基做糖发酵试验，37 ℃恒温箱培养 24 h，观察结果。

(4)血清学试验。可使用特异性血清，对所分离的链球菌进行血清学分群和分型。此外，还可应用荧光 PCR 检测技术进行快速诊断。

4. 防制措施

对链球菌病的预防原则与葡萄球菌病相似，注意环境卫生，家畜发生创伤时要及时处理，发生猪链球菌病的地区，可用疫苗进行预防性免疫接种。对感染本菌的家畜，及早使用足量的磺胺类药或抗生素，以减少传染源。

(五)猪丹毒杆菌

猪丹毒杆菌(*Erysipelothtix rhuriopathiae*)是猪丹毒的病原体。本菌在自然界分布广泛，存在于猪、羊、鸟类、鱼类和其他动物体表、肠道等处。猪丹毒杆菌引起的猪丹毒被我国列为三类动物疫病。

1. 生物学特性

(1)形态与染色。猪丹毒杆菌为纤细的小杆菌，两端钝圆，菌体直或略弯，长 0.8～2.5 μm，宽 0.2～0.4 μm，病料中常单在、成对(呈“V”形)、堆状或短链状排列，在白细胞内成丛存在，老龄培养或慢性病的心内膜疣状物中，多为弯曲的长丝状或中等长度的链状。本菌为革兰氏阳性菌，但老龄菌可转为阴性，无鞭毛、芽孢、荚膜。

(2)培养特性和生化反应。本菌为微需氧菌，实验室培养时兼性厌氧。最适温度 30～37 ℃，最适 pH 为 7.2～7.4。普通培养基中生长不良，在含有血液或血清的培养基上生长较好。肉汤培养基中培养，呈轻度浑浊，试管底部有少量白色黏稠沉淀，不形成菌膜及菌环。在血液琼脂平板上，经 37 ℃ 24～48 h 培养后，光滑型猪丹毒杆菌(急性猪丹毒病料中分离)可形成灰白色、湿润、光滑、透明、露珠状小菌落，并形成 α 溶血环；粗糙型猪丹毒杆菌(慢性猪丹毒病料中分离或长期人工培养)形成边缘不整齐，表面呈颗粒状，较灰暗而密集的菌落。在麦康凯培养基上不生长。明胶穿刺呈试管刷状生长，但不液化明胶。在加有 5%马血清和 1%蛋白胨水的糖培养基中可发酵葡萄糖、果糖和乳糖，产酸不产气；不发酵甘露醇、山梨醇、肌醇、鼠李糖、蔗糖、菊糖等。产生 H_2S，不产生靛基质和接触酶，不分解尿素。甲基红和 V-P 试验阴性。

(3)抗原构造。猪丹毒杆菌的抗原结构比较简单，有一种或多种不耐热的共同抗原，它们是蛋白质或蛋白质-糖-脂复合物，另外一种抗原为型特异性抗原，对热稳定，是血清型分类的基础，这些抗原由细胞壁的肽糖组成，采用高压浸出抗原和琼脂双扩散试验，可将猪丹毒杆菌分为 1～25 型。

(4)抵抗力。本菌是无芽孢杆菌中抵抗力较强的，尤其对腐败和干燥环境有较强的抵抗力。耐酸性较强，猪胃酸不能将其杀死。在干燥环境中能存活 3 周，在饮水中可存活 5 d，在污水中可存活 15 d，在深埋的尸体中可存活 9 个月。在熏制腌渍的肉品中可存活 3 个月，肉汤培养物封存于安瓿中可存活 17 年，冷冻干燥保存时间更长。但对热的抵抗力不强，70 ℃经 5～15 min 可完全杀死。对消毒剂抵抗力不强，0.5%甲醛数十分钟可杀死，用 10%的石灰乳或 0.1%过氧乙酸涂刷墙壁和喷洒猪圈是目前较好的消毒方法。本菌可耐 0.2%的苯酚，对青霉素类、四环素类药物很敏感。

2. 致病性

本菌通过消化道感染，进入血液，然后定殖在局部或引起全身感染。细菌产生的神经氨酸酶可能是毒力因子，菌株的毒力与该酶的量有相关性，酶的存在有助于菌体侵袭宿主细胞。

本菌可使 3～12 月龄的猪发生猪丹毒，3～4 周龄的羔羊发生慢性多发性关节炎，禽类也可感染，鸡与火鸡感染后呈衰弱和下痢；鸭出现败血症，并侵害输卵管。小鼠和鸽子最易感，实验感染时皮下注射 2～5 d 内呈败血症死亡。人多因皮肤创伤感染，发生“类丹毒”。

3. 微生物学诊断

(1)直接涂片镜检。急性败血性猪丹毒，无菌采取血液、肝、脾、肾、淋巴结等病料，疹块型可采取病变部位和健康部位交界处皮肤，涂片染色镜检，如果发现革兰氏染色阳性、细长、单在、成对或成丛的纤细小杆菌，特别在白细胞内成丛排列，即可初步诊断。比如慢性病例，无菌采集心内膜疣状物和肿胀部位的关节液，涂片染色镜检，可见长丝状菌体。

(2)分离培养。将病料接种于血液琼脂培养基，经 24～48 h 培养，观察到针尖状菌落，并在菌落周围呈 α 溶血，取此菌落涂片染色镜检，如果为革兰氏阳性纤细小杆菌，即可诊断。

(3)动物感染试验。采取病料制成 5～10 mL 生理盐水乳剂或从病料分离的 24 h 的肉汤培养物给小鼠皮下注射 0.2 mL，鸽子胸肌注射 1 mL，如果病料中有猪丹毒杆菌，则接种的动物于 2～5 d 内死亡。死亡后采取病料涂片染色镜检或接种于血液琼脂平板，根据菌落特征及细菌形态进行确诊。

(4)血清学诊断。可用凝集试验、协同凝集试验、免疫荧光法进行诊断。

4. 防制措施

本菌有良好的免疫原性，定期给猪进行预防性免疫接种，能有效地预防猪丹毒，常用猪丹毒氢氧化铝甲醛苗、猪瘟-猪丹毒-猪肺疫三联苗、猪丹毒弱毒冻干菌苗，免疫期为 6 个月，免疫接种前 3 d 和后 7 d，不能给猪投服抗生素类药物。平时加强饲养管理，加强检疫，搞好消毒工作。如果发现个别猪用青霉素无效时，可改用四环素肌肉注射治疗。用青霉素和猪丹毒免疫血清同时注射效果好，单独使用也有效。工作人员在工作中要做好自身防护，发现感染后应及时用抗生素进行治疗。

(六)李氏杆菌

李氏杆菌(*Listeria*)是李氏杆菌病的病原菌，各种家畜和人均可感染。主要侵害中枢神经，表现为脑膜脑炎、流产及单核白细胞增多等特征。李氏杆菌引起的李氏杆菌病被我国列为三类动物疫病。

1. 生物学特性

(1)形态与染色。本菌为小杆菌，两端钝圆，有时稍弯曲，长 0.5～2 μm，宽 0.4～0.5 μm。多散在，有时成对(呈 V 形)、成丛排列。R 型菌落的本菌呈长丝状，长达 50～100 μm。本菌为革兰氏阳性菌，有周身鞭毛，能运动，无荚膜和芽孢。

(2)培养特性和生化反应。本菌需氧或兼性厌氧，生长适宜温度为 37 ℃，pH 为 7.0～7.2。在普通琼脂培养基上均可生长，在肝浸液或血液琼脂培养基上生长更旺盛。普通肉汤培养 24 h，微混浊，以后形成灰黄色沉淀物。血液琼脂培养基上培养形成圆形、光滑、细小的菌落，周围有狭窄的 β 溶血环。明胶穿刺沿穿刺线长出分散的细小侧枝，不液化明胶。能发酵葡萄糖、水杨苷及鼠李糖，产酸不产气，对蔗糖、麦芽糖、淀粉等发酵缓慢，不发酵甘露醇、肌醇等，不还原硝酸盐，不产生硫化氢和靛基质。

(3)抵抗力。本菌对各种理化因素的抵抗力不强。液体中 60～70 ℃经 5～10 min 可杀死。2.5%石炭酸、70%酒精 5 min 可杀死。2.5%的苛性钠、2.5%的福尔马林 20 min 可杀死。对青霉素、四环素均敏感。但对维生素 B_1、杆菌肽不敏感。

2. 致病性

本菌在吞噬细胞内寄生繁殖，产生类似溶血素的外毒素。各种畜禽均可感染发病，引起神经症状，内脏器官发生细小坏死灶，而且血液中单核细胞大量增多。在自然条件下，家兔、豚鼠等啮齿动物发生脑炎和败血症，反刍兽和猪发生脑炎和脑脊髓炎，怀孕牛、羊感染后发生流产，马感染后表现脑脊髓炎症状，鸡发生全身感染和心肌坏死，人感染后表现为脑膜炎或脑膜脑炎症状。

3. 微生物学诊断

(1)直接涂片镜检。采取血液、肝、脾、肾、脑脊液和脑部病变组织做触片或涂片，染色镜检。发现散在、成对排列，革兰氏阳性小杆菌，即可初步诊断。

(2)分离培养。将病料接种于 0.5%～1%葡萄糖琼脂培养基上，或血液琼脂培养基上，37 ℃ 培养 24～48 h，挑取典型菌落进行鉴定，如果不生长，可将病料置于 4 ℃冰箱冷藏数日至 1 周，再分离培养，易于检出。

(3)动物感染试验。将病料乳剂 1∶(5～10)给家兔(或豚鼠)接种于皮下或点眼，败血症死后剖检，观察肝、脾坏死灶，并采取病料分离李氏杆菌，进行鉴定。点眼时，可看到结膜-角膜炎症状，为阳性，即为本菌。

本菌与猪丹毒杆菌有许多相似之处，应注意区分。

4. 防制措施

主要做好平时卫生防疫和饲养管理工作，应注意驱除鼠类和体外寄生虫，特别是不从疫区引进畜禽，发现病畜及时隔离治疗，消毒圈舍、用具。人平时应注意饮食卫生，防止因污染的蔬菜或乳肉蛋而感染。预防本病，目前还没有十分有效的生物制品。用广谱抗生素和磺胺类药物有一定疗效。

(七)厌氧性病原梭菌

厌氧芽孢杆菌又称梭状芽孢杆菌，多数为腐生菌，少数对人、畜致病。这类梭菌的主要特性是：厌氧菌，革兰氏染色阳性，有芽孢的大杆菌，芽孢的直径一般大于菌体的宽度，圆形或卵圆形，芽孢的形状及位置有鉴别意义。多数是由于创伤感染而引起发病，均能产生强烈的外毒素，有的产生侵袭性酶。

1. 破伤风梭菌

破伤风梭菌（*Cl. tetani*）是破伤风的病原菌，广泛分布于自然界，在土壤、人和动物的肠道及粪便中，机体因创伤感染而引起疾病。

（1）生物学特性。

形态与染色：本菌为两端钝圆、细长、直或稍弯曲的杆菌，长 2.1～18.1 μm，宽 0.5～1.7 μm，多单在，有时成双，偶有短链。无荚膜，周鞭毛，能运动，动物体内外均能形成圆形芽孢，位于菌体一端，直径比菌体宽大，似鼓槌状。本菌为革兰氏阳性，培养 48 h 后转为阴性。

培养特性和生化反应：本菌严格厌氧，最适宜生长温度 37 ℃，pH 为 7.0～7.5。对营养要求不高，在普通琼脂平板上 37 ℃培养 24 h 后，菌落中心紧密，周围疏松，边缘似羽毛状，整个菌落呈小蜘蛛状；肝片肉汤培养基中培养，液体稍混浊，微变黑，产生气体，发臭；在血液琼脂培养基上有轻度溶血。明胶液化变黑。生化反应不活泼，不发酵糖类。

抵抗力：破伤风梭菌的繁殖体抵抗力不强，但芽孢体的抵抗力非常强，在土壤中可存活几十年，能耐煮沸 40～60 min，5％石炭酸中能存活 10～15 h，对青霉素敏感，磺胺类药物对本菌有抑制作用。

（2）致病性。破伤风梭菌主要产生两种外毒素：一种为强直痉挛毒素，主要作用于神经系统，使动物出现特征性强直症状；另一种为溶血毒素，可使红细胞崩解。各种动物对破伤风毒素均有感受性，以马最易感，猪、牛、羊和犬次之，人很敏感，实验动物中以小鼠和豚鼠感受性最强。在有氧的环境中，破伤风梭菌生长繁殖受到抑制，在深而窄的创口内易形成厌氧环境，在局部大量生长繁殖，产生毒素而引起发病。

（3）微生物学诊断。破伤风具有特征性的临床症状，一般不需微生物学诊断。如果有特殊需要，可采取创伤部的分泌物或坏死组织做微生物学诊断。病畜血清中毒素检查，病畜血清或血浆 0.5 mL，皮下注射小鼠，观察是否出现破伤风症状。无菌采取创伤分泌物或坏死组织，接种于肝片肉汤培养基中 80 ℃ 30 min，以杀灭杂菌及非芽孢菌，在厌氧条件下，37 ℃培养 2 d 以上，涂片染色镜检。再将培养物 0.1 mL 接种小鼠尾根右侧皮下，观察是否发生强直痉挛。

（4）防制措施。动物受伤后用 3％过氧化氢（H_2O_2）及时对伤口清洗，再用生理盐水清洗，必要时扩创；动物做大小手术时要严格消毒；大面积受伤或动物做大手术之前注射破伤风抗毒素。主动免疫预防可用明矾沉淀破伤风类毒素，注射后 1 个月产生免疫力，免疫期 1 年，第二年再注射 1 次，则免疫力可持续 4 年。紧急预防接种或治疗破伤风病畜时，可用破伤风抗毒素血清，其免疫力仅能维持 14～21 d。家畜一旦感染发病，及时清创扩创，加强护理，早期足量注射抗破伤风血清，并结合中西药对症治疗，可收到良好效果。

2. 产气荚膜梭菌

产气荚膜梭菌又称魏氏梭菌（*Cl. perfringens*），在自然界分布极广，土壤、污水、饲料、食物、粪便以及人畜肠道等都有本菌存在，可引起人类和动物的多种严重性的疾病。产气荚膜梭菌引起的产气荚膜梭菌病被我国列为三类动物疫病。

（1）生物学特性。

形态与染色：产气荚膜梭菌为两端钝圆的粗大杆菌，大小为（0.6～2.4）μm×（1.3～19.0） μm，单在或成双，芽孢呈椭圆形，直径不比菌体大，偏端芽孢，但在一般条件下罕见形成芽孢，必须在无糖培养基中才能形成芽孢，多数菌株可形成荚膜。本菌为革兰氏阳性，无鞭毛，不运动。

培养特性和生化反应：本菌对厌氧要求并不严，在普通琼脂培养基上形成灰白色、不透明、表面光滑、边缘整齐的菌落，有些菌落中间有突起，外周有放射状条纹，边缘呈锯齿状，外观似"勋章"样。在血液琼脂培养基上，多数菌株有双层溶血环，内环透明，外环淡绿。在牛乳培养基中，能分解乳糖产酸，并使酪蛋白凝固，产生大量气体，冲开凝固的酪蛋白，称为"暴烈发酵"，是本菌的特点之一。液化明胶，产生硫化氢。能分解葡萄糖、麦芽糖、蔗糖及乳糖，产酸产气，不发酵甘露醇及水杨苷。

(2)致病性。产气荚膜梭菌经消化道或伤口侵入机体，产生致死毒素、坏死毒素和溶血毒素等多种外毒素，还产生卵磷脂酶、纤维蛋白酶、透明质酸酶和胶原酶等，引起局部组织的分解、坏死、产气、水肿和全身中毒。产气荚膜梭菌的外毒素有α、β、γ、ε、ι、δ、η、θ、κ、μ和ν 11种。根据产生外毒素的不同，可将本菌分成A、B、C、D、E 5型。每型菌产生一种重要毒素，一种或数种次要毒素。A型菌主要产生α毒素，B、E型主要产生β毒素、D型产生ε毒素。α毒素最为重要，具有坏死、溶血和致死作用，β毒素有坏死和致死作用。

产气荚膜梭菌能引起人、畜多种疾病，A型菌主要引起人气性坏疽和食物中毒，B型菌主要引起羔羊痢疾，C型菌主要引起绵羊猝狙，D型菌引起羔羊、绵羊、山羊、牛以及灰鼠的肠毒血症，E型菌可引起犊牛、羔羊肠毒血症，但很少发生。实验动物以豚鼠、小鼠、鸽和幼猫最易感。

(3)微生物学诊断。

直接涂片镜检：新鲜病料(肝、肾等组织)涂片染色镜检，如果发现革兰氏阳性、粗大、钝圆、单在、不易见芽孢有荚膜的细菌，即可初步诊断。

分离培养：新鲜病料接种于肝片肉汤培养基、葡萄糖血液琼脂培养基、牛乳培养基等，厌氧培养，发现有本菌生长特征，涂片染色镜检，如果发现本菌的形态特征，可诊断为本病。

毒素检查：取回肠内容物或培养物，生理盐水适当稀释，离心沉淀，取上清液0.1～0.3 mL，给小鼠注射，如果小鼠死亡，即证明待检病料中含有毒素，并可进一步以各型定型血清作中和试验，判定毒素型别。

(4)防制措施。预防羔羊痢疾、猝狙、肠毒血症以及仔猪肠毒血症，可用羊快疫(腐败梭菌引起)-猝狙-肠毒血症三联菌苗，或用羊快疫-猝狙-肠毒血症-羔羊痢疾-羊黑疫五联菌苗免疫接种，注射后14 d产生免疫力，免疫期6个月以上。治疗本病，早期可用多价抗毒素血清，并结合抗生素和磺胺类药物，有较好的疗效。有创伤或伤口感染，必须及时处理伤口，彻底清理消毒，必要时进行治疗。

3. 肉毒梭菌

肉毒梭菌(*Cl. botulinum*)是一种腐生菌，广泛分布于土壤、海洋和湖泊的沉积物、哺乳动物和鱼等动物的肠道、饲料和食品中。此菌不能在活的机体内生长繁殖，即使进入人畜消化道，也随粪便排出。当有适宜营养且获得厌氧环境时，可生长繁殖并产生肉毒毒素，人畜食入含此毒素的食品、饲料或其他物品，即可发生中毒，出现神经症状，病死率很高。

(1)生物学特性。

形态与染色：肉毒梭菌多呈直杆状，单在或成双，芽孢椭圆形，大于菌体宽度，位于偏端，使菌体呈汤匙状或网球拍状。本菌革兰氏染色为阳性，周鞭毛，能运动。

培养特性和生化试验：本菌专性厌氧生长，在血液琼脂平板上菌落较大且不规则，有β溶血现象。在庖肉培养基中，能消化肉渣，使之变黑并有腐败恶臭。能液化明胶，能产生硫化氢，不形成靛基质。能分解葡萄糖、麦芽糖及果糖，产酸产气。

抵抗力：肉毒梭菌的芽孢抵抗力很强，干热 180 ℃ 5～15 min，湿热 100 ℃ 5 h，高压蒸汽灭菌 121.3 ℃ 30 min，才能杀死芽孢。肉毒毒素对酸的抵抗力强，正常胃液于 24 h 内不能将其破坏，但不耐热，煮沸 1 min 或 75～85 ℃ 10～15 min 即被破坏。

(2)致病性。肉毒梭菌可产生毒性极强的肉毒毒素，该毒素是目前已知毒素中毒性最强的一种，1 mg 纯化结晶的肉毒毒素能杀死 2 000 万只小鼠，对人的致死量小于 1 μg。根据毒素抗原性的不同，目前可分为 A、B、$C_α$、$C_β$、D、E、F、G 8 个型，各型毒素之间抗原性不同，其毒素只能被相应型别的抗毒素所中和。

在自然条件下，家畜对肉毒毒素很敏感，其中马、骡的中毒多由 B 型或 D 型毒素引起；牛的由 C、D 型毒素引起；羊和禽类的由 C 型毒素引起；猪的主要由 A、B 型毒素引起。人的由 A、B、E、F 型毒素引起。家畜中毒后，出现特征性临诊症状，引起运动肌麻痹，从眼部开始，表现为斜视，继而咽部肌肉麻痹，咀嚼、吞咽困难，膈肌麻痹，呼吸困难，心力衰竭而死亡。

(3)微生物学诊断。

毒素检查：取饲料或胃肠内容物用生理盐水制成悬液，沉淀后取上清液注入小鼠腹腔，1～2 d 后观察发病情况，有流涎、眼睑下垂、四肢麻痹，呼吸困难等症状，最后死亡。

厌氧分离培养：利用本菌芽孢耐热性强的特性，接种检验材料悬液于庖肉培养基，80 ℃加热 30 min，置 30 ℃增菌产毒培养 5～10 d，对上清液进行毒素检测。再移植于血液琼脂培养基中 35 ℃厌氧培养 48 h，挑取可疑菌落，涂片染色镜检，并接种庖肉培养基，30 ℃培养 5 d，进行毒素检测及培养特性检查，以确定分离菌的型别。

反向间接血凝：用 A-F 型混合肉毒梭菌诊断血清致敏红细胞，进行反向间接血凝，可直接检出罐头等中的毒素；也可做琼脂扩散试验，用抑制血清来测毒素。

(4)防制措施。在动物肉毒梭菌中毒多发地区，可用明矾沉淀类毒素做预防性免疫接种，有效免疫期可持续 6～12 个月，也可用氢氧化铝或明矾菌苗接种。预防肉毒梭菌食物中毒，主要是要加强食品卫生管理和监督，定期进行食品安全检查。人、畜一旦出现肉毒毒素中毒症状后，可立即用多价抗毒素血清进行治疗。如果毒素型别已确定，则应用同型抗毒素血清。

二、常见的革兰氏阴性菌

(一)布鲁氏菌

布鲁氏菌(*Brucella*)是多种动物和人布鲁氏菌病的病原菌，主要引起牛、羊、猪、骆驼、鹿等动物和人共患的全身性传染病，主要侵害生殖系统的器官。不仅危害畜牧生产，而且严重危害人类健康，引起不孕不育、流产、睾丸炎和多种组织的局部病灶，因此在医学和兽医学领域都非常重视。布鲁氏菌引起的布鲁氏菌病被我国列为二类动物疫病。

1. 生物学特性

(1)形态与染色。本菌呈球形、球杆形、短杆形，新分离菌趋向球形。大小为(0.5～0.7) μm×(0.6～1.5) μm，多单在，少数成双、呈短链或小堆状。无芽孢、荚膜，无鞭毛，不运动。本菌革兰氏染色为阴性，吉姆萨染色呈紫色。但常用的染色方法：科兹洛夫斯基染色法染色后，布鲁氏菌呈红色，其他菌呈绿色；改良萋-尼氏染色法染色后，布鲁氏菌呈红色，其他菌呈蓝色。

(2)培养特性与生化反应。本菌为专性需氧菌，对营养要求较高，在含有肝浸液、血液、血清及葡萄糖等的培养基上生长良好，其中牛型流产布鲁氏菌、马耳他布鲁氏菌、羊布鲁氏菌初次培养时须在含 5%～10% CO_2 环境中培养，才能生长。其他型菌培养时不需 CO_2，在 37 ℃、pH 为 6.6～7.4 发育最佳。但在人工培养基上接种几次后，能适应大气环境。本菌生长缓慢，初次培养 5～10 d 才能看到菌落。血清肝汤琼脂培养 2～3 d 后，形成湿润、闪光、无色、圆形、隆起、边缘整齐的小菌落。血液琼脂培养基培养 2～3 d 后，形成灰白色，不溶血的小菌落。肝片肉汤培养基中培养 2～3 d 后，轻微均匀混浊，继而产生灰白色的黏稠沉淀物，但不形成菌膜。

(3)抗原构造与分类。羊布鲁氏菌菌体抗原(M 抗原)和牛布鲁氏菌菌体抗原(A 抗原)，两种抗原在各型菌株中含量各有不同，比如羊布鲁氏菌的 M 与 A 之比为 20∶1，牛布鲁氏菌的 A 与 M 之比为 20∶1，猪布鲁氏菌 A 与 M 之比为 2∶1。布鲁氏菌根据生物学特性、抗原构造等，可分成 6 个种，19 个生物型。分别是羊布鲁氏菌、马耳他布鲁氏菌、牛布鲁氏菌、猪布鲁氏菌、犬布鲁氏菌、沙林鼠布鲁氏菌和绵羊布鲁氏菌。

(4)抵抗力。布鲁氏菌在自然界中抵抗力较强。污染的土壤中可存活 20～40 d，水中可存活 1～4 个月，皮毛上存活 2～4 个月，鲜乳中 8 d，病畜肉制品中存活 40 d，粪便中 120 d，流产胎儿中至少 75 d，子宫渗出物中 200 d。在直射阳光下可存活 4 h。但对湿热的抵抗力不强，60 ℃加热 30 min 或 75 ℃加热 5 min 即被杀死，煮沸立即死亡。布鲁氏菌对消毒剂的抵抗力不强，2%石炭酸、来苏儿、火碱溶液或 0.1%升汞，可于 1 h 内杀死本菌；5%新鲜石灰乳 2 h 或 1%～2%福尔马林 3 h 可将其杀死，0.5%氯己定或 0.01%度米芬、消毒净或新洁尔灭，5 min 内可杀死本菌。

2. 致病性

本菌可产生毒性较强的内毒素。羊布鲁氏菌内毒素毒力最强，猪布鲁氏菌次之，牛布鲁氏菌较弱。在自然条件下，除羊、牛、猪对本菌敏感外，还可传染马、骡、水牛、骆驼、鹿、犬和猫等。通过皮肤、消化道、呼吸道、眼结膜等途径传播，引起母畜流产，公畜睾丸炎、关节炎等。本菌感染多为慢性，症状多不明显，致死率低，但较长时间经乳、粪、尿和子宫分泌物排菌，传染人畜，危害较大。实验动物中豚鼠最敏感，家兔、小鼠有抵抗力。人对布鲁氏菌易感，羊布鲁氏菌对人的致病力最大，猪布鲁氏菌和牛布鲁氏菌对人也有较强的致病性，表现长期发热(波浪热)、关节炎、睾丸炎等。

3. 微生物学诊断

(1)直接涂片镜检。无菌采取流产胎儿的胃内容物、肺、肝和脾以及流产胎盘和羊水等作为病料，直接涂片，做革兰氏和科兹洛夫斯基染色镜检。如果发现革兰氏阴性、科兹洛夫斯基染色法为红色的球状杆菌或短小杆菌，即可做出初步的疑似诊断。

(2)分离培养。根据布鲁氏菌的培养特性，选择适宜的培养基。无污染病料可直接划线接种于适宜的培养基；污染病料，应接种到加有放线菌酮 0.1 mg/mL、杆菌肽 25 IU/mL、多黏菌素 B 6 IU/mL 和加有色素的选择性琼脂培养基。初次培养应在含 5%～10% CO_2 环境中，37 ℃培养，每 3 d 观察 1 次，如果有细菌生长，做进一步鉴定；如果无细菌生长，可继续培养至 30 d，仍无细菌生长，可确定为阴性。

(3)动物感染试验。将病料乳剂腹腔或皮下注射感染豚鼠，每只 1～2 mL，每隔 7～10 d

采血检查血清抗体，如果凝集价 1∶50 以上，则有感染可能。也可在接种后 5 周左右扑杀豚鼠，观察病变后，做分离培养。

(4)血清学诊断。动物在感染布鲁氏菌 7～15 d 可出现抗体，检测血清中的抗体是布鲁氏菌病诊断和检疫的主要手段。最常用的方法是平板凝集试验、虎红平板凝集试验、试管凝集试验和乳汁环状试验，也可进行琼脂扩散试验、补体结合试验、间接血凝试验、酶联免疫吸附试验等进行诊断。

(5)变态反应诊断。皮肤变态反应，一般在感染布鲁氏菌 20～25 d 后，常可出现变态反应阳性，并且持续时间较长，我国通常用注射布鲁氏菌水解素来诊断绵羊和山羊的布鲁氏菌病，但此法不宜作为早期诊断，对慢性病例检出率较高。

4. 防制措施

预防性免疫接种：羊型 5 号(M_5)弱毒活菌苗，对牛、山羊、绵羊和鹿布鲁氏菌病的预防效果较好(怀孕动物不能用)，免疫方法为皮下注射或气雾免疫，羊的免疫期可达 18 个月，牛、鹿均为 12 个月；猪型 2 号(S_2)弱毒活菌苗，毒力弱，生物性状稳定，免疫原性好，对猪、绵羊、山羊、牦牛、牛等都有较好的免疫效果，可接种任何年龄的动物，甚至可以接种怀孕动物而不引起流产，免疫方法有口服(饮水)、气雾和皮下注射(羊也可做肌肉注射)等，猪的免疫期为 12 个月，牛和羊均为 24 个月。

加强检疫和淘汰病畜：对羊、牛和猪用血清学方法进行定期检疫，至少一年一次，凡检出的阳性家畜均应立即屠宰。疫区至少在一年内停止向外调运牛、羊、猪。畜产品均应在原地存放和消毒，暂不外运。

搞好消毒工作：包括平时定期消毒和发病后随时消毒，发病时，被病畜的流产物污染的场地、用具、圈舍及尚未食用的奶制品均应进行严格的消毒处理。

加强宣传教育：对居民及职业人群进行布鲁氏菌病的危害、临床表现及防治知识的宣传教育。

(二)大肠杆菌

大肠杆菌(*Escherichia coli*)是人和动物肠道的正常菌群，一般不致病，并能合成 B 族维生素和维生素 K，产生大肠杆菌素，抑制致病性大肠杆菌生长，对机体有利。但致病性大肠杆菌能引起人和畜禽发生大肠杆菌病，主要引起腹泻、败血症或毒血症。幼龄动物更易感染发病，成年动物通常呈隐性感染。致病性大肠杆菌引起的大肠杆菌病被我国列为三类动物疫病。

1. 生物学特性

(1)形态与染色。大肠杆菌是中等大小、两端钝圆的短杆菌，大小为(0.4～0.7) μm×(2～3) μm，散在或成对存在，无芽孢，革兰氏染色为阴性，大多数菌株有周身鞭毛和菌毛，能运动。

(2)培养特性和生化反应。本菌为兼性厌氧菌。对营养的要求不高，在普通琼脂培养基上形成中等大小的光滑型菌落；在肉汤中呈均匀混浊生长，试管底有黏性沉淀物，液面管壁有菌环。有些致病菌株在绵羊血琼脂培养基上呈 β 溶血；在伊红亚甲蓝琼脂培养基上形成紫黑色带金属光泽的菌落；在麦康凯琼脂培养基上 37 ℃培养 18～24 h 后形成红色菌落分解乳糖产酸；在远藤氏培养基上形成红色带金属光泽的菌落。在 SS 琼脂培养基上一般不生长或生长很差，生长者呈红色。大肠杆菌能分解葡萄糖、乳糖、麦芽糖、甘露醇产酸产气，靛基质试验阳性，MR 试验阳性，V-P 试验阴性，不能利用枸橼酸盐，不产生硫化氢。

(3)抗原类型。大肠杆菌具有 O 抗原、K 抗原表面抗原和 H 抗原 3 种主要抗原。目前 O 抗原有 173 种，H 抗原 64 种，K 抗原 103 种。K 抗原位于细胞壁外层，根据 K 抗原的物理性质又可分为 L、A 和 B 3 种主要型别，根据大肠杆菌抗原鉴定，表示大肠杆菌血清型的方式是 O138：K88(B)：H12。

(4)抵抗力。大肠杆菌的抵抗力较其他肠道杆菌强，加热 60 ℃ 15 min 仍有部分细菌存活。在自然界生存力较强，土壤、水中可存活数周至数月。对常用消毒剂较敏感，3%的来苏儿、5%的石炭酸等均可迅速杀死本菌。胆盐和煌绿等对大肠杆菌具有抑制作用。

2. 致病性

大多数大肠杆菌在正常条件下是不致病的共栖菌，存在于人和动物的肠道内，在特定条件下可致大肠杆菌病。但少数大肠杆菌是病原性大肠杆菌，在正常情况下，极少存在于健康机体内。根据毒力因子与发病机制的不同，可将病原性大肠杆菌分为 5 类：产肠毒素大肠杆菌(ETEC)、产类志贺毒素大肠杆菌(SLTEC)、肠致病性大肠杆菌(EPEC)、败血性大肠杆菌(SEPEC)及尿道致病性大肠杆菌(UPEC)，其中研究的最清楚的是前两种。

产肠毒素大肠杆菌是一类引起人和幼畜(初生仔猪、犊牛、羔羊及断奶仔猪)腹泻最常见的病原性大肠杆菌，其致病力主要由黏附毒性菌毛和肠毒素两类毒力因子构成，二者密切相关且缺一不可。初生幼畜被 ETEC 感染后常因剧烈水样腹泻和迅速脱水死亡，发病率和病死率均很高。

产类志贺毒素大肠杆菌是一类在体内或体外生长时可产生类志贺毒素(SLT)的病原性大肠杆菌。在动物，SLTEC 可引起仔猪的水肿病，以头部、肠系膜和胃壁浆液性水肿为特征，常伴有共济失调、麻痹或惊厥等神经症状，发病率低，但病死率高。

3. 微生物学诊断

(1)直接涂片镜检。对败血症病例可无菌操作采集其病变的内脏组织，涂片染色镜检，发现细菌具有本菌形态特征，可初步诊断。

(2)分离培养。无菌采取新鲜病料，可直接在血液琼脂或麦康凯培养基上划线分离培养。对幼畜腹泻及仔猪水肿病例，应取其各段小肠内容物或黏膜刮取物以及相应肠段的肠系膜淋巴结，分别在麦康凯培养基和血液琼脂培养基上分离培养。挑取麦康凯培养基上的红色菌落或血液琼脂培养基上呈 β 溶血(仔猪黄痢与仔猪水肿病)的典型菌落几个，分别转种三糖铁(TSI)培养基和普通琼脂斜面培养基做初步生化鉴定和纯培养。将 TSI 琼脂反应符合大肠杆菌的生长物或其相应的普通斜面纯培养物做 O 抗原鉴定，与此同时进行大肠杆菌常规生化试验的鉴定，以确定分离株是否为大肠杆菌。在此基础上，通过对毒力因子的检测便可确定其属于哪类致病性大肠杆菌。

4. 防制措施

预防本病要做到加强饲养管理，搞好卫生消毒工作，尽量避免或防止各种应激因素的发生，初生幼畜提倡吃初乳，也可用微生态制剂(比如促菌生、乳康生、调利生等)预防本病。饲料中添加适宜抗生素进行药物预防和早期治疗。抗菌药物可减轻患病畜禽疫情或暂时控制疫情发展，但停药后常可复发。所以最好选用经药物敏感试验确定为高效的抗菌药物进行治疗，方能取得良好效果。目前常用仔猪大肠杆菌病 K88-LTB 双价基因工程活疫苗、K88-K99 双价基因工程疫苗、大肠杆菌 K88-K99-987P 三价灭活苗等预防仔猪大肠杆菌病。

（三）沙门菌

沙门菌（*Salmonella*）是一群肠道致病菌，种类繁多，目前已发现 2 000 多个血清型，且不断有新的血清型发现。它们主要寄生于人类及各种温血动物肠道，有些专对人致病，有些专对动物致病，也有些对人和动物都能致病。临床上常见的有鸡白痢沙门菌、肠炎沙门菌、猪霍乱沙门菌、猪伤寒沙门菌、马流产沙门菌及鼠伤寒沙门菌等。沙门菌引起的沙门菌病被我国列为三类动物疫病。

1. 生物学特性

(1)形态与染色。沙门菌的形态与大肠杆菌相似，除鸡白痢和鸡伤寒沙门菌外，其余均有周鞭毛，多数有菌毛，吸附于红细胞表面，能凝集红细胞。本菌为革兰氏阴性菌，无芽孢。

(2)培养特性和生化反应。本菌为兼性厌氧菌，在普通培养基上均生长，在含有胆盐的培养基中生长更好，胆盐能抑制革兰氏阳性菌的生长，在含有乳糖、胆盐和中性红指示剂的麦康凯琼脂平板上或 SS 琼脂平板上形成无色半透明、中等大小、表面光滑、边缘整齐的菌落，可与大肠杆菌等发酵乳糖的肠道菌加以区别。沙门菌不发酵乳糖和蔗糖，能发酵葡萄糖、麦芽糖和甘露醇产酸产气，V-P 试验阴性，不水解尿素，不产生靛基质，有的产生硫化氢。

(3)抗原类型。沙门菌抗原结构复杂，可分为 O 抗原、H 抗原和毒力 Vi 抗原 3 种。O 抗原为细胞壁的脂多糖，能耐热 100 ℃达数小时，也不被 75%酒精或 0.1%石炭酸所破坏。菌体抗原有许多组成成分，以阿拉伯数字 1、2、3、4 等代表。每种菌常有数种 O 抗原，有些抗原是几种菌共有的，将具有共同抗原的沙门菌归属一组，这样可以把沙门菌分为 A、B、C、D、E 等 34 组，对动物致病的大多数在 A～E 内。H 抗原为蛋白质，对热不稳定，65 ℃ 15 min 或纯酒精处理后即被破坏。H 抗原有两种：第 1 相和第 2 相，前者用 a、b、c、d 等表示，称为特异相；后者用 1、2、3、4 等表示，是几种沙门菌共有的称非特异相。具有第 1 相和第 2 相抗原的细菌称为双相菌，仅有其中一相抗原者称为单相菌。伤寒与丙型副伤寒沙门菌的某些菌株有 Vi 抗原，存在于 O 抗原的外层，它能阻碍 O 抗原与相应抗体的特异性结合。

(4)抵抗力。本菌的抵抗力中等，与大肠杆菌相似，沙门菌在水中能存活 2～3 周，在粪便中可活 1～2 个月。对热的抵抗力不强，60 ℃ 15 min 即可杀死，5%石炭酸、0.1%升汞、3%的来苏儿 10～20 min 内即被杀死。不同的是亚硒酸盐、煌绿等染料对本菌的抑制作用小于大肠杆菌，故常用其制备选择培养基，有利于分离粪便中的沙门菌。

2. 致病性

沙门菌属的细菌均有致病性，致病的毒力因子有多种，其中主要的有脂多糖、肠毒素、细胞毒素及毒力基因等，具有极其广泛的动物宿主。感染动物后常导致严重的疾病，并成为人类沙门菌病的传染源之一，沙门菌病是一种重要的人、畜共患病。本菌最常侵害幼龄和青年动物，使之发生败血症、胃肠炎及其他组织局部炎症。对成年动物则往往引起散发性或局限性沙门菌病。鼠伤寒沙门菌引起各种畜禽、犬、猫及实验动物的副伤寒，表现胃肠炎或败血症，也可引起人类的食物中毒。肠炎沙门菌主要引起畜禽的胃肠炎及人类肠炎和食物中毒。鸡白痢沙门菌引起雏鸡急性败血症，多侵害 20 日龄以内的幼雏，日龄较大的雏鸡可表现白痢，发病率和死亡率均高；对成年鸡主要感染生殖器官，呈慢性局部炎症或隐性感染，该菌可通过种蛋垂直传播。猪霍乱沙门菌主要引起幼猪和架子猪的败血症以及肠炎。马流产沙门菌使怀孕母马流产间或继发子宫炎，对公马致鬐甲瘘或睾丸炎。

3. 微生物学诊断

(1)直接涂片镜检。无菌采集病尸的实质性器官,直接涂片染色镜检,发现两端钝圆中等大小的较纤细的杆菌,无荚膜和芽孢,结合临床症状和病变可初步诊断为沙门菌病。

(2)分离培养。对未污染的被检组织可直接在普通琼脂、血液琼脂或鉴别培养基上划线分离,但已污染的被检材料,比如饮水、粪便、饲料、肠内容物和已败坏组织等,因含杂菌数远超过沙门菌,故需要增菌培养后再进行分离。

常用的增菌培养基有亮绿-胆盐-四硫黄酸钠肉汤、四硫黄酸盐增菌液、亚硒酸盐增菌液以及亮绿-胱氨酸-亚硒酸氢钠增菌液,这些培养基能抑制其他杂菌的生长而有利于沙门菌大量繁殖。鉴别培养基常用麦康凯、伊红亚甲蓝、SS 和 HE 等琼脂培养基,绝大多数沙门菌因不发酵乳糖,所以在这类培养基上形成的菌落颜色与大肠杆菌的不同。挑取鉴别培养基上的几个可疑菌落分别纯培养,并同时分别接种三糖铁琼脂和尿素琼脂,37 ℃培养 24 h。如果此两项反应结果均符合沙门菌者,则取其三糖铁琼脂的培养物或与其相应菌落的培养物作沙门菌常规生化项目和沙门菌 O 抗原群的进一步鉴定试验。

(3)动物感染试验。将分离菌在肉汤培养基中进行 24 h 培养后,皮下注射接种于小鼠,12 h 后如果小鼠出现沙门菌病的主要症状,72～96 h 内死亡,剖检发现肝、脾、肾等实质性器官肿大、淤血,有坏死灶。

(4)血清学诊断。可用凝集试验、琼脂扩散试验、酶联免疫吸附试验、荧光免疫分析法、免疫磁性分离法等进行诊断。

(5)分子生物学诊断。聚合酶链反应技术、基因芯片技术、环介导等温扩增技术等。

4. 防制措施

目前,兽用疫苗多限于预防各种家畜特有的沙门菌病,比如仔猪副伤寒弱毒冻干苗、马流产沙门菌灭活苗,均有一定的预防效果。平时加强饲养管理,搞好消毒。防治家禽沙门菌病主要应严格执行卫生检验和检疫(比如运用鸡白痢全血平板凝集试验对 2 月龄以上的鸡进行群体检疫),并采取防止饲料和环境污染等一系列规程性措施以净化鸡群。发病时及时隔离发病畜禽,进行及时合理的治疗,现阶段有效的治疗药物有庆大霉素、卡那霉素、诺氟沙星或环丙沙星,用药之前最好做药敏试验。进行严格的消毒,合理处理病尸和污染物等。

(四)多杀性巴氏杆菌

多杀性巴氏杆菌(*Pasteurella multocida*)是畜禽巴氏杆菌病的病原,能使多种畜禽发生出血性败血症或传染性肺炎。本菌分布广泛,正常存在于多种健康动物的口腔和咽部黏膜,是一种条件性致病菌。多杀性巴氏杆菌引起的巴氏杆菌病被我国列为三类动物疫病。

1. 生物学特性

(1)形态与染色。本菌为细小的球杆状或短杆状,两端钝圆,呈卵圆形,大小为(0.25～0.4)μm×(0.5～2.5)μm,单个存在,有时成双排列。本菌革兰氏染色为阴性,无鞭毛,不形成芽孢,新分离的强毒株具有荚膜。病畜的血液涂片或组织触片经亚甲蓝或瑞氏染色时,可见典型的两极着色,即菌体两极浓染,中间浅。

(2)培养特性和生化反应。本菌为需氧或兼性厌氧菌,对营养要求较严格,在普通培养基上生长不良,在麦康凯培养基上不生长,在有血液、血清或微量血红素的培养基上生长良好,最适宜温度为 37 ℃,pH 为 7.2～7.4。在血清琼脂培养基上培养 24 h,可形成淡灰白色、边缘整齐、湿润、表面光滑闪光的露珠状小菌落。在血液琼脂培养基上，形成露滴状小菌落，无溶血现象。在血清肉汤培养基中培养，开始轻度混浊，4～6 d 后液体变清朗，试管底出现黏稠沉淀，振摇后不分散，表面形成菌环。本菌可分解葡萄糖、果糖、蔗糖、甘露糖和半乳糖，产酸不产气。大多数菌株可发酵甘露醇，一般不发酵乳糖，可产生吲哚，MR 和 V-P 试验均为阴性，不液化明胶，产生 H_2S，触酶和氧化酶均为阳性。

(3)抗原构造与分类。本菌主要以其荚膜抗原和菌体抗原区分血清型，荚膜抗原定型法，用间接血凝试验，特异性荚膜抗原(K 抗原)吸附于红细胞上做被动血凝试验，分为 A、B、D、E 4 型血清群；利用菌体抗原(O 抗原)做凝集试验，将本菌分为 12 个血清型。如果将 K、O 两种抗原组合在一起，迄今已有 16 个血清型。我国分离的禽多杀性巴氏杆菌以 5：A 为多，其次为 8：A；猪的以 5：A 和 6：B 为主，8：A 和 2：D 其次，羊的以 6：B 为多；家兔的以 7：A 为主，其次是 5：A。C 型菌是犬、猫的正常栖居菌，E 型主要引发牛、水牛的流行性出血性败血症(仅见于非洲)，F 型主要发现于火鸡。

(4)抵抗力。多杀性巴氏杆菌抵抗力不强，在干燥的空气中 2～3 d 可死亡，在无菌蒸馏水和生理盐水中很快死亡。在阳光暴晒 10 min，或在 56 ℃ 15 min 或 60 ℃ 10 min 可被杀死。厩肥中可存活 1 个月，埋入地下的病死鸡，经 4 个月仍残存活菌。对消毒剂敏感，3%石炭酸、3%福尔马林、10%石灰乳、2%来苏儿、1%氢氧化钠等 5 min 可杀死本菌。对青霉素、链霉素、四环素、土霉素、磺胺类及许多新的抗菌药物敏感。

2. 致病性

本菌常存在于畜禽的上呼吸道，一般不感染，当机体抵抗力降低时，才引起发病。对鸡、鸭、鹅、野禽、猪、牛、羊、马、兔等都有致病性，家畜中以猪最敏感，致猪肺疫，禽类中以鸭最易感，其次是鹅、鸡，致禽霍乱。急性型呈出血性败血症迅速死亡；亚急性型于黏膜、关节等部位，发生出血性炎症等；慢性型则呈现萎缩性鼻炎(猪、羊)、关节炎及局部化脓性炎症等。实验动物中小鼠最易感。

3. 微生物学诊断

(1)直接涂片镜检。采取渗出液、心血、肝、脾、淋巴结、骨髓等新鲜病料后，做涂片或触片，用碱性亚甲蓝或瑞特氏染色液染色，镜检，如果发现典型的两极浓染的短杆菌，结合流行病学及剖检，即可做初步诊断。但慢性病例或腐败材料不易发现典型菌体，需进行分离培养和动物感染试验。

(2)分离培养。用血液琼脂培养基和麦康凯琼脂培养基同时进行分离培养，麦康凯培养基上不生长，在血液琼脂培养基上生长良好，形成水滴样小菌落，不溶血，革兰氏染色为阴性球杆菌。将此菌接种在三糖铁培养基上可生长，使底部变黄。

(3)动物感染试验。用病料研磨制成 1：10 乳剂或 24 h 肉汤培养液 0.2～0.5 mL，皮下注射小鼠、家兔或鸽，动物多于 24～48 h 死亡。由于健康动物呼吸道内常可带菌，所以应参照患畜的生前临床症状和剖检变化，结合分离菌株的毒力试验，做出最后诊断。

如果要鉴定荚膜抗原和菌体抗原型，则要用抗血清或单克隆抗体进行血清学试验。检测动物血清中的抗体，可用试管凝集、间接凝集、琼脂扩散试验或 ELISA。

4. 防制措施

疫苗预防性免疫是控制畜禽巴氏杆菌病的有效方法，猪可选用猪肺疫氢氧化铝甲醛苗，或用猪瘟-猪丹毒-猪肺疫三联苗，禽用禽霍乱弱毒苗，牛用牛出血性败血症氢氧化铝苗。预防和治疗还可用抗生素、磺胺类、喹诺酮类药物等，尤其在养猪、养禽生产中，药物预防也是行之有效的措施。发病时，及时隔离患病动物，进行及时合理的治疗，严格消毒，合理处理病尸和污染物。

任务六 微生物中常用仪器的使用

一、实训目的

了解微生物实验室常用仪器的构造，熟悉常用仪器的使用方法和注意事项。

二、实训材料

高压蒸汽灭菌器、电动离心机、电热恒温培养箱、电热干燥箱（干热灭菌箱）、电冰箱。

三、方法步骤

（一）高压蒸汽灭菌器

1. 构造及作用原理

高压蒸汽灭菌器是应用最广、效率最高的灭菌器（二维码 1-2-3），有手提式、立式、横卧式 3 种，其构造和工作原理基本相同。高压蒸汽灭菌器为一锅炉状的双层金属圆筒，外筒盛水，内筒盛放需要高压物品，灭菌器上方或前方有金属厚盖。在标准大气压下，水的沸点是 100 ℃，这个温度能杀死一般细菌的繁殖体，要杀死芽孢则需要很长时间。如果人为地加大压力，则水的沸点可以升高。高压蒸汽灭菌器是一个密闭的容器，加热时蒸汽不能外溢，所以锅内压力不断增大，使水的沸点超过 121 ℃。

全自动立式高压蒸汽灭菌器（手提式）与手提式高压蒸汽灭菌器的构造（图 1-2-15）相似，不同的是：没有螺栓，而是手轮；有数码液晶窗、控制面板等。

手提式高压蒸汽灭菌器
- 外筒：外面坚硬的金属圆筒，用于盛水，桶内有金属支架，其边缘附有 6 个螺栓，以紧闭灭菌器，使蒸汽不能外溢。
- 内筒：里面的金属圆筒，用于盛放灭菌物品，侧壁有一排气软管插槽，内有一金属隔板，隔板上有许多小孔，使蒸汽流通。
- 金属盖：坚硬的金属厚盖，其上有压力表、温度计、安全阀、放气阀（连接排气软管）、6 个螺栓槽。
- 提手：用于提金属盖、高压锅。

2. 使用方法

（1）手提式高压蒸汽灭菌器的使用方法。①加适量水于灭菌器外筒内，使水面略低于支架，通常是支架的 1/3～2/3 高，放入内桶，并将灭菌物品包扎好放入内筒筛板上。②盖上金属盖时，必须将金属盖腹侧的排气软管插入内筒的插槽中，然后对称旋紧 6 个螺栓，检查安全阀、放气阀是否处于良好的可使用状态，并关闭安全阀和放气阀。③接通电源进行加热，当锅内压力达 0.05 MPa 时，打开放气阀，当压力下降为零时，表示锅内冷空气已排尽，关闭放气阀继续加热，待灭菌器内压力升至约 0.105 MPa，温度 121.3 ℃，维持 20～30 min（如果高压蒸汽灭菌器不是全自动的，则需要通过人工控制电源维持），即可达到灭菌的目的。④灭菌完毕，停止加热，待温度压力表指针自动降至 60 ℃以下（倒平板或摆斜面）或零位，才能打开放气阀，开盖取物。⑤高压蒸汽灭菌器用毕，放出灭菌器内剩余的水，并擦干净。

二维码 1-2-3　高压蒸汽灭菌器

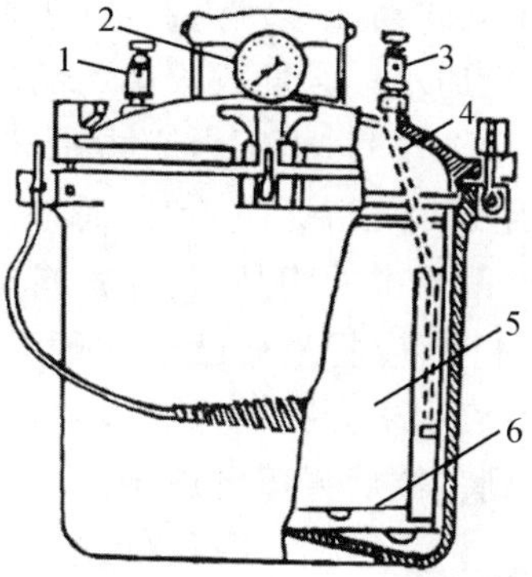

1. 安全阀　2. 压力表　3. 放气阀
4. 放气软管　5. 内筒　6. 筛板

图 1-2-15　手提式高压蒸汽灭菌器

（2）全自动立式高压蒸汽灭菌器（手提式）的使用方法（视频 1-2-15）。①开启电源开关接通电源，控制仪进入工作状态。②向左（逆时针方向）旋转手轮，使外桶盖（锅盖）充分提起，拉起立柱上的保险销，推开外桶盖，取出灭菌不锈钢网篮。③关紧放水阀，在外桶内加入清水，水位指示灯低水位（红色）、中水位（黄色）、高水位（绿色），加至高水位。连续使用时，必须在每次灭菌后补足水量。如果加水过多，应开启下放水阀，放去多余水量。④放回灭菌不锈钢网篮，将需灭菌物品包扎好后，顺序地放在灭菌网篮内，相互之间留有间隙，有利于蒸汽的穿透，提高灭菌效果。⑤推进外桶盖，使容器盖对准桶口位置，向右（顺时针方向）旋转手轮直至旋紧为止，使容器盖与灭菌桶口平面完全密合，并使连锁装置与齿轮凹处吻合。关闭安全阀和放气阀。⑥通过控制面板设定温度和灭菌时间，设定方法：按一下确认键，开启设定窗内用数显调整块，通过增加键和减少键设定压力值，再按一下移位键，通过增加键和减少键设定温度值（℃），再按一下移位键，通过增加键和减少键设定时间（分钟），再按一下确认键，自动返回到温度显示，完成设定，开始工作。当灭菌器内蒸汽压力（温度）升至所需灭菌压力（温度）值时，计时指示灯亮，开始灭菌计时。⑦当设定温度和灭菌时间完成时，电控装置将自动关闭加热电源，“工作”指示灯和“计时”指示灯灭，并伴有蜂鸣声提醒，面板显示“End”，此时灭菌结束，待容器内压力因冷却而下降至 60 ℃以下（倒平板或摆斜面）或接近“零”位时，打开放气阀后，打开外桶盖取出样品。

视频 1-2-15　全自动高压蒸汽灭菌器的使用

3. 注意事项

（1）手提式高压锅的注意事项。①每次使用时，应检查水量，不足时应加水。②螺栓必须对称均匀旋紧，以免漏气。③内筒中需灭菌的物品，不可堆压过紧，以免妨碍蒸汽流通，影响灭菌效果。④凡能耐受高温并不怕潮湿的物品，比如培养基、生理盐水、敷料、病原微生物等都可应用此法灭菌。⑤为了达到彻底灭菌的目的，灭菌时间和压力必须准确可靠，操作人员不能擅自离开。⑥注意安全，在高压灭菌密封液体时，如果压力骤降，可能造成物品内外压力不平衡而炸裂或液体喷出。

(2)全自动立式高压蒸汽灭菌器(手提式)的注意事项。①每次使用前必须检查外桶内水量，低水位时，应加水。②堆放灭菌物品时，严禁堵塞安全阀的出气孔，并且必须留出空间保证其畅通放气。③工作时，当压力表指示超过 0.165 MPa 时，安全阀不开启，应立即关闭电源，打开放气阀，当压力表指针回零时，稍等 1～2 min，再打开外桶盖并及时更换安全阀。④对不同类型，不同灭菌要求的物品，比如敷料和液体等，切勿放在一起灭菌，以免顾此失彼，造成损失。⑤灭菌液体时，应将液体罐装在硬质的耐热玻璃瓶中，以不超过 3/4 体积为好，瓶口选用棉花纱塞，切勿使用未开孔的橡胶或软木塞。在灭菌液体结束时不准立即释放蒸汽，必须待压力表指针回复到零位后方可排放余汽。⑥取放物品时，温度降至 60 ℃以下，注意不要被蒸汽烫伤(可戴上线手套)。⑦当灭菌器持续工作，在进行新的灭菌作业时，应留有 5 min 的时间，并打开外桶盖让设备有时间冷却。

二维码 1-2-4　电热恒温培养箱

(二)电热恒温培养箱

1. 构造及原理

电热恒温培养箱又称温箱(二维码 1-2-4)，主要用于细菌等微生物的培养、某些血清学试验及有关器皿的干燥。

电热恒温培养箱
- 箱体
  - 箱壁：外夹层中大多填充玻璃纤维或石棉等隔热材料，内夹层为空气对流层。
  - 箱门：外门用于隔热保温，内门为玻璃门，用于减少热量散失、便于观察。
  - 恒温室：内有 2～3 层网状搁架，用于放置物品。
  - 进气孔：在箱体的底部和顶部各有一进气孔。
  - 排气孔：位置与进气孔的一致，其中央插有一支温度计，以指示箱内温度。
  - 侧室：在箱体的左边，安装有开关、指示灯、温度控制器等电器元件。
- 电热丝：通常由 4 根电热丝并联而成，安装于底部夹层。
- 温度调节器：感温部分从左侧壁的上部伸入恒温室内，控制恒温室的温度。

2. 使用方法(视频 1-2-16)

(1)插上电源插头，开启电源开关，绿色指示灯明亮，表明电源接通。

(2)将温控仪上的温度调节旋钮旋至所需温度刻度处，此时红灯亮，箱内开始升温。

(3)待红绿指示灯交替发亮时，工作室内温度达到设定状态，进入正常工作(应注意，近几年销售的温箱有的红灯亮表示通电及恒温，绿灯亮表示升温)。

视频 1-2-16　电热恒温培养箱使用方法

3. 注意事项

(1)温箱必须放置于干燥、平稳处。

(2)使用时，随时注意温度计的指示温度是否与所需温度相同。

(3)除了取放培养物开启箱门外，尽量减少开启次数，以免影响恒温。

(4)工作室隔板上放置试验材料不宜过重、过密，以防影响热空气对流。底板为散热板，其上切勿直接放置试验物品。

(5)培养箱内禁止放入易挥发性物品，以免发生爆炸事故。

(三)电热干燥箱

电热干燥箱又称干热灭菌箱(二维码 1-2-5)，主要用于玻璃器皿和金属制品的干热灭菌、干烤。灭菌时箱内放置物品要留有空隙，保持热空气流动，以利于彻底灭菌。常用灭菌温度 160 ℃，维持 1～2 h。其构造和使用方法与温箱相似，但所用温度较高。

二维码 1-2-5　电热恒温干燥箱

1. 电热干燥箱的使用方法

(1)插上电源插头，开启电源开关。

(2)将温控仪上的温度调节旋钮旋至所需温度刻度处，此时红灯亮，箱内开始升温，待红灯灭时，工作室的温度达到设定状态，进入正常的工作，如果温度低于设定温度时，红灯亮。

2. 电热干燥箱的注意事项

(1)待灭菌的玻璃器材必须充分干燥，否则耗电过多，灭菌时间长，且玻璃器材有破裂的危险。

(2)灭菌时，关门加热应开启箱顶上的活塞排气孔，使冷空气排出，待升至 60 ℃时，关闭活塞。

(3)灭菌温度为 160 ℃，切记不要超过 180 ℃，如果箱内冒烟，应立即切断电源，关闭排气孔，箱门四周用湿毛巾堵塞，杜绝氧气进入，火则自熄。

(4)灭菌后必须等箱内温度下降至 60 ℃以下或与外界温度差不多时，方可打开箱门，否则冷空气突然进入，玻璃器材极易破裂，另外，箱内的热空气溢出，易导致操作者皮肤灼伤。

(5)箱内物品放置不宜过紧，否则灭菌效果下降，且易引起危险。

(6)如果仅需达到干燥目的，可一直开启活塞通气孔，温度只需 60 ℃左右。

(四)电冰箱

实验室中常用以保存培养基、药敏片、病料以及菌种、疫苗、诊断液等生物制品。

1. 电冰箱的构造

- 电冰箱
  - 箱体
    - 外壳：多用 0.5 mm 左右的冷轧钢板制作，经磷酸化处理后，表面喷漆或喷塑。
    - 内胆：用丙烯氰-丁二烯乙烯工程塑料板或改性聚苯乙烯塑料板等制成。
    - 隔热材料：常用聚氨酯泡沫塑料、玻璃纤维等，填充在外壳和内胆之间。
    - 箱门：四周和箱体之间用磁性门封密封。
  - 制冷系统：由压缩机、冷凝器、蒸发器、毛细管节流器组成，是一个封闭的循环系统，主要起制冷作用。
  - 控制系统：用于控制箱内温度，保证安全运转及自动除霜等。

2. 电冰箱的使用方法

(1)电冰箱的电源电压一般为 220 V，如不符合，须另装稳压器。

(2)通电后，检查箱内的照明灯是否明亮，机器是否运转。

(3)使用时，在冷冻室放置冰盒盛水 3/4，将温度调节器调至一定刻度(冷冻室温度 0 ℃以下，冷藏室温度 4～10 ℃)。

(4)冷冻室冰霜较厚时，按化霜按钮或切断电路，进行化霜，融化后清洁整理，并晾干。

3. 电冰箱的注意事项

(1)电冰箱应放置在干燥通风处，避免日光照射，远离热源，离墙 10 cm 以上，以保证对流，利于散热。

(2)调节温度时,不能一次调得过低,以免冻坏箱内物品,应分次调整。

(3)箱内存放物品不宜过挤,以利于冷空气的对流,使箱内温度均匀。

(4)箱内一定要保持清洁干燥,如果有霉菌生长,应切断电源,取出物品,经福尔马林熏蒸消毒后,方可使用。

(5)清洁时,要用软毛巾蘸温水或中性清洁剂擦洗,严禁用牙膏、酒精擦洗,在擦洗过程中要确保水不能进入灯盒内。

(五)电动离心机

实验室常用电动离心机沉淀细菌、血细胞、虫卵和分离血清等,使用较多的是低速离心机,有落地式和台式低速离心机,转速可达 4 000 r/min。常用的为倾角电动离心机,其中管孔有一定倾斜角度,使沉淀物迅速下沉。

1. 电动离心机的构造

由底座、容器室和盖子组成(二维码 1-2-6)。底座内有电动机、转速调节器和电源开关,可通过旋钮或手柄调节电阻值控制电动机转速,电源开关接通或切断电源;容器室内有转盘,它是固定在电动机上用于放置离心套管的装置;上口有盖子,有的盖子上还有旋钮。

二维码 1-2-6 电动离心机

2. 电动离心机的使用方法(视频 1-2-17)

(1)先将盛有材料的两个离心管及套管放天平上平衡,如果分离材料为一管,则对侧离心管放入等重的其他液体。

(2)打开盖,经平衡后的盛有材料的离心管及套管对称放入离心机中。

(3)将盖盖好,接通电路,慢慢旋转速度调节器到所需刻度,保持一定的速度。

(4)看时间,当达到所需的时间(一般转速 2 000 r/min,维持 5～20 min),将调节器慢慢旋回“0”处。

(5)待停止转动,切断电源,方可揭盖取出离心管。

视频 1-2-17 台式电动离心机使用方法

3. 电动离心机的注意事项

(1)盛有材料的离心管及套管一定要放到天平上平衡。

(2)打开电源前,盖好离心机盖,将转速调至“0”处。

(3)离心时如果有杂音或离心机震动,立即停止使用,进行检查。

(4)切断电源前,先将转速调至“0”处,待完全停止后,切断电源,切忌到达所需时间时马上切断电源。

任务七 常用玻璃器皿的准备

一、实训目的

熟悉常用玻璃器皿的名称及规格,学会各种玻璃器皿的清洗、包扎和灭菌方法。

二、仪器材料

试管、吸管、培养皿、三角烧瓶、烧杯、量筒、量杯、漏斗、乳钵、普通棉花、脱脂棉、纱布、牛皮纸、旧报纸、新洁尔灭、来苏儿、石炭酸、肥皂粉、重铬酸钾、粗硫酸、盐酸、橡胶手套、橡胶围裙等。

三、方法步骤

(一)玻璃器皿的洗涤

(1)新购入的玻璃器皿。因新购入的玻璃器皿上附着游离碱,所以必须先用1%～2%盐酸溶液浸泡数小时或过夜,以中和其碱质,然后用清水反复冲刷,去除遗留之酸,最后用蒸馏水冲洗2～3次,倒立使之干燥或烘干。

(2)经常使用过的器皿。配制溶液、试剂及制造培养基等经常使用过的玻璃器皿,可于用后立即用清水冲净。凡沾有油污者,可用肥皂水煮30 min后趁热刷洗,再用清水冲洗干净,最后用蒸馏水冲洗2～3次,晾干。

(3)载玻片和盖玻片。用毕立即浸泡于2%～3%来苏儿或0.1%新洁尔灭等消毒液中,经1～2 d取出,用洗衣粉液煮沸5 min,再用纱布或毛刷洗去油脂及污垢,然后用清水冲洗,晾干或将洗净的玻片用蒸馏水煮沸,趁热把玻片摊放在干毛巾或干纱布上,稍等片刻,玻片即干,保存备用或浸泡于95%酒精中备用。

(4)细菌培养用过的玻璃器皿。细菌分离培养、移植、纯化等用过的玻璃器皿(比如试管、平皿)必须高压蒸汽灭菌后趁热倒去内容物,立即用热肥皂水刷去污物,然后用清水冲洗,最后用蒸馏水冲洗2～3次,晾干或烘干。

(5)污染有病原微生物的吸管。吸管在使用过程中被病原微生物污染,用后投入盛有2%～3%来苏儿或5%石炭酸消毒液的玻璃筒内(筒底必须垫有棉花,消毒液要淹没吸管),经1～2 d后取出,先浸入2%肥皂粉液中1～2 h或煮沸后取出,再用一根橡皮管,使一端接于自来水龙头,另一端与吸管口相接,用自来水反复冲洗,最后用蒸馏水冲洗。用于吸取血液、血清和琼脂的吸管要分别用热水和冷水冲洗干净,最后用蒸馏水冲洗。

(6)未清洗干净的玻璃器皿。如果各种玻璃器皿用上述方法不能洗净者,可用下列清洗液浸泡后洗刷。重铬酸钾(工业用)80 g,粗硫酸100 mL,水1 000 mL。将玻璃器皿浸泡24 h后取出用水冲刷干净。清洁液经反复使用变黑,重换新液。此液腐蚀性强,用时切勿触及皮肤或衣服等,可戴上橡胶手套和穿上橡胶围裙操作。

(二)玻璃器皿的包装

(1)培养皿。将合适的底盖配对,装入金属盒内或用报纸5～6个一摞包成一包。

(2)试管、三角烧瓶。对于试管、三角烧瓶、小瓶等,于开口处塞上大小适合塞子(可用棉塞、纱布塞、各种型号的软木塞、胶塞等)。在三角烧瓶的棉塞瓶口之外,包以牛皮纸,用线绳扎紧;试管每10～20支为一扎,管口外包牛皮纸,用线绳扎紧;小瓶15～20个为一包,用牛皮纸包好,用线绳扎紧。

(3)吸管。在洗耳球接触端,加塞棉花少许,松紧要适宜,然后用3～5 cm宽的长纸条(旧报纸),由尖端缠卷包裹,直至包没吸管将纸条合拢。

(4)乳钵、漏斗、烧杯等。对烧杯、乳钵、漏斗等可用纸张直接包扎，较大玻璃器皿用厚纸包严开口处，再以牛皮纸包扎。

(三)玻璃器皿的灭菌

(1)干热灭菌。将包装的玻璃器皿放入干燥箱内，为使空气流通，堆放不宜太挤，也不能紧贴箱壁，以免烧焦。一般采用 160 ℃ 1～2 h 灭菌即可。灭菌完毕，关闭电源待箱中温度下降至 60 ℃以下，开箱取出玻璃器皿。

(2)湿热灭菌。将包装好的玻璃器皿放入高压蒸汽灭菌器的内筒内或网篮内，压力为 0.105 MPa、温度为 121 ℃的条件下灭菌 30 min，灭菌完毕，关闭电源待锅内温度下降至 60 ℃以下，打开高压锅取出玻璃器皿，然后烘干。

任务八　显微镜油镜的使用及细菌形态结构观察

一、实训目的

了解显微镜的构造、保养、维护方法，掌握显微镜油镜的使用方法，学会利用显微镜油镜观察细菌的基本形态和特殊结构。

二、仪器材料

显微镜、香柏油、乙醇乙醚(替代二甲苯，乙醇与乙醚的比例为 3∶7)、擦镜纸、细菌染色标本片(细菌纯培养物和病料标本片)。

三、方法步骤

(一)普通光学显微镜的构造

光学显微镜的基本结构(图 1-2-16)是由机械部分和光学部分两大部分构成，机械部分包括镜座、镜柱、镜臂、镜筒、转换器、载物台、压片夹、遮光器升降螺旋和扁柄、粗准调节器、微准调节器等；光学部分包括目镜、物镜(高倍镜、低倍镜和油镜)、遮光器、反光镜或电光源、电源开关、调节光线的旋钮等。

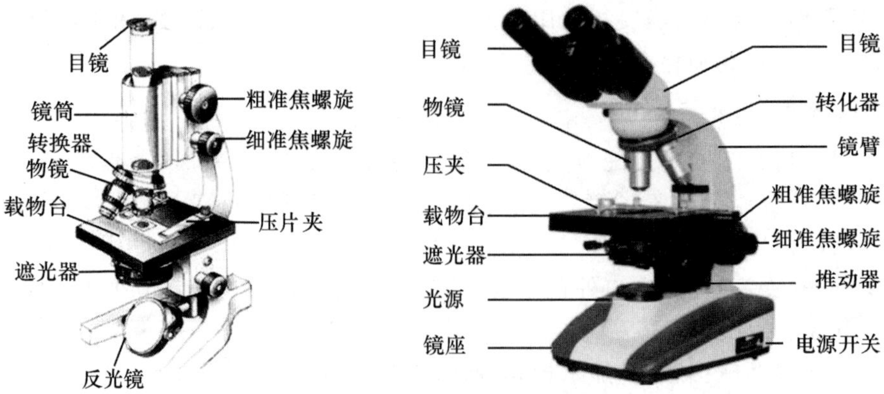

图 1-2-16　光学显微镜的结构

(二)显微镜油镜的识别及使用原理

1. 油镜的识别

油镜是接物镜的一种，使用时需在物镜和载玻片之间添加香柏油，因此称为油镜。可根据以下几点识别。

(1)一般来讲，接物镜的放大倍数越大，长度就越长，作为光学显微镜，油镜的放大倍数最大，因此油镜头最长。

(2)油镜的放大倍数为 90×或 100×，使用时应查看油镜侧壁上标明的倍数。

(3)不同光学仪器厂生产的各类显微镜，在接物镜上有一白色色环作为油镜的标记，或直接在油镜头上标有“油”字或“oil”字样，有的标有“HI”字样。

2. 油镜的使用原理

主要避免部分光线折射的损失。因空气的折光率($n_{空}=1.0$)与玻璃的折光率($n_{玻}=1.52$)不同，故有一部分光线被折射，不能射入镜头，加之油镜头的镜面较小，进入镜中的光线比低倍镜、高倍镜少得多，致使视野不明亮。为了增强视野的亮度，在镜头和载玻片之间滴加一些香柏油，因香柏油的折光率($n_{油}=1.515$)和玻璃的相近。这样绝大部分的光线能射入镜头，使视野明亮，物像清晰(图 1-2-17)。

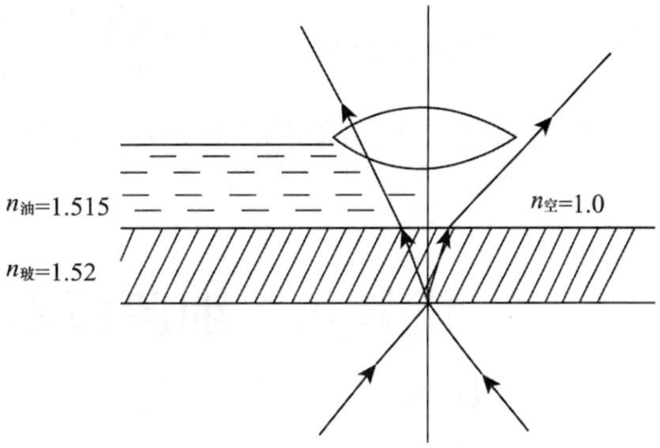

图 1-2-17　油镜的使用原理

(三)显微镜油镜的使用方法

(1)显微镜的放置。显微镜使用时，应右手握镜臂，左手托住镜座，将显微镜轻放在洁净平稳的实验桌或实验台上。

(2)调节视野亮度。转动转换器使低倍镜的镜头对准通光孔，尽量升高遮光器，转动遮光器扁柄放大光圈，转动反光镜，使射入镜头的光线适中(明亮但不刺眼睛)。如果为电光源显微镜，则需要打开电源开关，通过旋转亮度调节钮调节光的亮度。

(3)标本片的放置。在标本片的欲检部位，滴加香柏油一滴，将标本片固定于载物台正中，转动转换器使油镜头对准通光孔。

(4)镜检。首先，眼睛从镜筒右侧注视油镜头，小心转动粗调节器，使载物台上升或镜筒下降，直至油镜头浸没油中，与玻片相接触。然后，从目镜观察，慢慢转动粗调节器使载物台缓慢下降或镜筒上升，待得到模糊物像时，再换用细调节器，直至物像完全清晰为止。

(5)油镜的保养。油镜用毕，应以擦镜纸拭去镜头上的香柏油，如果油已干或物镜模糊不清，可滴加少量乙醇乙醚于擦镜纸上，拭净油镜头，并随即用擦镜纸拭去乙醇乙醚(以免乙醇乙醚溶解粘固镜片的胶质使其脱胶，致使镜片移位或脱落)，然后，把低倍镜转至中央，高倍镜和油镜转成“八”字形，使载物台或镜筒和聚光器下降，关上电源，放入镜箱内或套上塑料套，存放于阴凉干燥处，避免受潮生锈。

目前所用的显微镜种类很多，尽管油镜的识别和原理是一致的，但在使用上与以上所述可能有所不同，应注意灵活掌握(二维码 1-2-7)。

(四)细菌基本形态的观察

(1)纯培养物标本片。葡萄球菌、链球菌、炭疽杆菌、枯草杆菌、大肠杆菌、沙门菌等。

(2)血片或组织触片。炭疽杆菌、猪丹毒杆菌、巴氏杆菌等。

标本片准备两种,一是纯培养的细菌涂片,二是血片或组织触片,让学生先认识纯培养细菌的形态、大小和排列,然后学会观察血片或组织触片中的细菌,为将来细菌病的诊断打下良好基础(二维码 1-2-8)。

二维码 1-2-7 油镜使用

二维码 1-2-8 细菌结构观察

(五)细菌特殊结构的观察

(1)荚膜的标本片。炭疽杆菌。

(2)鞭毛的标本片。变形杆菌、枯草杆菌等。

(3)芽孢的标本片。破伤风梭菌、炭疽杆菌、腐败梭菌等。

观察时应注意荚膜的位置,芽孢形成后菌体形态的改变,芽孢的位置及形状,鞭毛的数量和位置等。

任务九　细菌标本片的制备及染色法

一、实训目的

掌握利用不同的材料进行细菌标本片的制备,掌握常规染色法,并认识细菌的不同染色特性。

二、仪器材料

酒精灯、接种环、载玻片、吸水纸、生理盐水、亚甲蓝染色液、革兰氏染色液、瑞氏染色液、染色缸、染色架、洗瓶、显微镜、香柏油、乙醇乙醚、擦镜纸、细菌培养物(大肠杆菌、葡萄球菌等)、细菌病料、无菌镊子和剪刀、特种铅笔、吸水纸等。

三、方法步骤

(一)细菌标本片的制备

1. 抹片

根据所用材料不同,抹片的方法也有差异。

(1)固体培养物。取洁净的载玻片一张,接种环在酒精灯火焰上烧灼灭菌后,取 2～3 环无菌生理盐水,滴于载玻片的中央,再将接种环灭菌,冷却后,从固体培养基上挑取菌落或菌苔少许,与生理盐水混匀,涂成直径约 1 cm 的涂面,接种环火焰灭菌后倒置于试管架或平放于搪瓷盘。

(2)液体培养物。可直接用灭菌接种环蘸取细菌培养液 1～2 环,在载玻片上作直径约 1 cm 的涂面,接种环火焰灭菌后倒置于试管架或平放于搪瓷盘。

(3)液体病料(血液、渗出液、腹水等)。用洁净的细玻璃棒一端蘸取血液等液体材料少许,滴于一张洁净的载玻片右端，另取一张边缘整齐的载玻片或盖玻片，用其一端接触液体材料，待沿载玻片或盖玻片边缘展开后，以45°角均匀推成一薄层的涂面。

(4)组织病料。用无菌的剪刀、镊子剪取被检组织一小块，以其新鲜切面在载玻片上做3～5个压印、触痕或涂抹成适当大小的一薄层。

无论何种方法，切忌涂抹太厚，否则不利于染色和观察。

2. 干燥

涂片应在室温下自然干燥，必要时将涂面朝上，置酒精灯火焰高处，通过微烤干燥。

3. 固定

固定能使菌体蛋白质凝固，形态固定，易于着色，并且经过固定的菌体牢固黏附在载玻片上，水洗时不易冲掉。固定的方法因染色方法不同而异。

(1)火焰固定。它是最常用的方法，将干燥好的抹片涂面向上，在火焰上来回通过数次(一般4～6次)，以手背触及玻片，微烫手背为宜。

(2)化学固定。有的血片、组织触片用吉姆萨染色时，要用甲醇固定3～5 min(二维码1-2-9，二维码1-2-10)。

二维码 1-2-9　细菌纯培养物标本片的制备　　**二维码 1-2-10　细菌病料标本片的制备**

(二)常用的细菌染色方法

1. 亚甲蓝染色法

在经火焰固定的抹片上，滴加适量亚甲蓝染色液覆盖涂面，染色2～5 min，水洗，晾干或吸水纸轻压吸干后镜检(二维码1-2-11)。

结果：菌体呈蓝色，如果为组织片，组织细胞也呈蓝色，细胞核的颜色深，细胞质颜色浅。

2. 革兰氏染色法

①滴加适量(覆盖涂面)草酸铵结晶紫染色液，染色1～3 min，水洗。

②滴加适量革兰氏碘液，媒染1～2 min，水洗。

③滴加适量95%酒精，脱色30 s至1 min，水洗。

④滴加适量稀释石炭酸复红或沙黄水溶液，复染30 s左右，水洗，晾干或吸水纸轻压吸干后镜检。

结果：革兰氏阳性菌呈蓝紫色，革兰氏阴性菌呈红色(二维码1-2-12)。

3. 瑞氏染色法

细菌抹片自然干燥后，计量滴加瑞氏染色液于抹片上以固定标本，1～3 min后，再等量滴加磷酸盐缓冲液(PB液)或中性蒸馏水于玻片上，轻轻摇晃或用洗耳球轻轻吹使其与染色液混合均匀，5 min左右水洗，晾干或吸水纸轻压吸干后镜检。

二维码 1-2-11 亚甲蓝染色法

二维码 1-2-12 革兰氏染色法

结果：菌体呈蓝色，组织细胞的胞浆呈红色，细胞核呈蓝色（二维码 1-2-13）。

4. 吉姆萨染色法

血片或组织触片自然干燥后，用甲醇固定 3～5 min，干燥后在其上滴加足量染色液或将抹片浸入盛有吉姆萨染色液的染缸里，染色 30 min，或者染色数小时或 24 h，取出水洗，晾干或吸水纸轻压吸干后镜检。

结果：细菌呈蓝青色，组织细胞的胞浆呈红色，细胞核呈蓝色（二维码 1-2-14）。

二维码 1-2-13 瑞氏染色法

二维码 1-2-14 吉姆萨染色法

5. 科兹洛夫斯基染色法

标本涂片、干燥、火焰固定后，滴加 0.5%沙黄溶液（也可使用 2%沙黄溶液）染色，用酒精灯加热至出现气泡（注意不能煮沸），2～3 min，水洗，滴加 1%孔雀绿或 1%亚甲蓝进行复染，30～50 s，水洗，晾干或吸水纸轻压吸干后镜检。

结果：布鲁氏菌呈红色球杆状，其他细菌或细胞呈绿色。

附：常用染色液的配制

1. 碱性亚甲蓝染色液

甲液 亚甲蓝 0.3 g，95%酒精 30 mL

乙液 0.01%苛性钾溶液 100 mL

将亚甲蓝放入研钵中，徐徐加入酒精研磨均匀后即为甲液，将甲、乙两液混合，过夜后用滤纸过滤即成。新配制的亚甲蓝染色液染色效果不佳，陈旧的染色效果好。

2. 革兰氏染色液

(1)草酸铵结晶紫染色液。

甲液 结晶紫 2 g，95%酒精 20 mL

乙液 草酸铵 0.8 g，蒸馏水 80 mL

将结晶紫放入研钵中，加酒精研磨均匀为甲液，然后将完全溶解的乙液与甲液混合即成。

(2)革兰氏碘液（又称卢戈氏碘液）。

碘 1 g，碘化钾 2 g，蒸馏水 300 mL。将碘化钾放入研钵中，加入少量蒸馏水使其溶解，再放入已磨碎的碘片徐徐加水，同时充分磨匀，待碘片完全溶解后，把余下的蒸馏水倒入，再装入瓶中。

(3)稀释石炭酸复红溶液。取碱性复红酒精饱和溶液（碱性复红 10 g 溶于 95%酒精 100 mL 中）1 mL 和 5%石炭酸水溶液 9 mL 混合，即为石炭酸复红原液。再取复红原液 10 mL 和 90 mL 蒸馏水混合，即成稀释石炭酸复红溶液。

(4)番红溶液。番红 O(safranine 又称沙黄 O)2.5 g，95%酒精 100 mL，溶解后可贮存于密闭的棕色瓶中，用时取 20 mL 和 80 mL 蒸馏水混合均匀即可。

3.瑞氏染色液

取瑞氏染料 0.1 g，纯中性甘油 1 mL，在研钵中混合研磨，再加入甲醇 60 mL 使其溶解，装入棕色瓶中过夜，次日过滤，盛于棕色瓶中，保存于暗处。保存越久，染色越好。

4.吉姆萨染色液

取吉姆萨氏染料 0.6 g 加于甘油 50 mL 中，置 55～60 ℃水浴中 1.5～2 h 后，加入甲醇 50 mL，静置 1 d 以上，过滤即成吉姆萨染色原液。染色前，于每毫升蒸馏水中加入上述原液 1 滴，即成吉姆萨染色液。应当注意，所用蒸馏水必须为中性或微碱性，如果蒸馏水偏酸，可于每 10 mL 左右加入 1%碳酸钾溶液 1 滴，使其变成微碱性。

5.科兹洛夫斯基染色液

(1)0.5%沙黄液。2.5%的沙黄酒精溶液 20 mL 和 80 mL 蒸馏水混合均匀即可。

(2)1%孔雀绿水溶液。孔雀绿 1.0 g，蒸馏水 100 mL。或用 1%亚甲蓝染色液代替孔雀绿水溶液。

任务十　常用培养基的制备

一、实训目的

掌握培养基制备的基本程序，掌握常用的培养基制备方法，会测定并矫正培养基的 pH。

二、仪器材料

高压蒸汽灭菌器、电热干燥箱、电炉、天平、量筒、漏斗、试管、培养皿、烧杯、三角烧瓶、标准比色管、精密 pH 试纸、纱布、牛肉膏、蛋白胨、琼脂粉、磷酸氢二钾、氯化钠、氢氧化钠、脱纤维绵羊血等。

三、方法步骤

(一)培养基制备的基本程序

配料→溶化→测定及矫正 pH →除渣→分装→高压灭菌→无菌检验→备用。

(二)常用培养基的制备

1.肉膏汤培养基

(1)成分。

配方一。牛肉浸液 1 000 mL，蛋白胨 10 g，氯化钠 5 g，磷酸氢二钾 1 g。牛肉浸液的制备：取背部、腿部、臀部等处新鲜瘦牛肉，剔除脂肪、肌腱、肌膜等结缔组织，切碎或用绞肉机绞碎，称取碎肉 500 g，加水 1 000 mL，在 4 ℃的冰箱内浸渍过夜，次日煮沸 20～30 min，用纱布滤去肉渣，再用滤纸过滤，补足原有水量，装入容器中，高压灭菌后备用。

配方二。牛肉膏 3～5 g，蒸馏水 1 000 mL，蛋白胨 10 g，氯化钠 5 g，磷酸氢二钾 1 g。

(2)制法。用天平称取牛肉膏、蛋白胨、氯化钠、磷酸氢二钾，用量筒或带刻度的搪瓷缸量取蒸馏水；或按配方一量取牛肉浸液，称取蛋白胨、氯化钠、磷酸氢二钾。混合后，加热搅拌溶解。测定并矫正 pH 至 7.4～7.6，过滤分装。置高压蒸汽灭菌器内，121.3 ℃ 20 min 灭菌即成(二维码 1-2-15)。

2. 营养琼脂培养基(普通琼脂培养基)

(1)成分。肉膏汤 1 000 mL，琼脂粉 15～30 g(高纯度琼脂粉少，一般琼脂粉多)。

(2)制法。将琼脂粉加入肉膏汤内，小火煮沸 30 min 使其完全溶解，加蒸馏水补足水分，测定并矫正 pH 至 7.4～7.6，冷却凝固后，倒出、切渣、融化、分装于试管或三角烧瓶中，以 121.3 ℃灭菌 20 min。可制成斜面培养基、高层培养基和平板培养基，冷藏备用(二维码 1-2-16)。

二维码 1-2-15　液体培养基制备

二维码 1-2-16　固体培养基制备

3. 肝片肉汤培养基

(1)成分。普通肉汤 8～10 mL，新鲜动物肝脏(或烘干后的肝块)5～10 小块。

(2)制法。取新鲜肝脏放入流通蒸汽灭菌器中加热 1～2 h，待蛋白凝固，肝脏深部呈暗褐色为止，将肝脏切成小方块(0.5 mm 左右)，洗净后，取 5～10 小块直接加入普通肉汤中，或烘干后取 5～10 小块加入普通肉汤中，然后液面盖以一薄层液状石蜡(厚约 3 mm)，加塞、包扎后，经 121.3 ℃ 20～30 min 灭菌，冷藏保存于冰箱以备用。

4. 血液琼脂培养基

将灭菌的营养琼脂培养基冷至 45～50 ℃，以无菌操作加入 5%～10%的无菌血液(或脱纤血)，然后倾注灭菌平皿或分装试管制成斜面。供营养要求较高的细菌分离培养，亦可供溶血性的观察和保存菌种用。

5. 半固体培养基

肉汤培养基中加入 0.3%～0.5%琼脂粉制成，用于菌种的保存或细菌运动性观察。

6. 肉渣汤(庖肉)培养基

每支试管中加入 2～3 g 牛肉渣及肉膏汤 5～6 mL，液面盖以一薄层液状石蜡(厚约 3 mm)，加塞、包扎后，经 121.3 ℃ 20～30 min 灭菌后保存冰箱备用。此培养基用于厌氧菌的培养，必须注意，此培养基在使用时，将肉渣培养基置水浴锅煮沸 10 min，以驱除管内存留的氧气。

(三)pH 的测定与矫正

1. 精密 pH 试纸法

取精密 pH 试纸一条,用玻棒蘸取待测培养基,滴于试纸条上,显色后与标准比色卡比较,如果为酸性,滴加 1 mol/L 氢氧化钠以中和酸。在滴加 1 mol/L 氢氧化钠后,应充分用玻璃棒搅匀,再用试纸测定,直至调到 pH 在所需的范围内。

2. 标准比色管法

(1)取与标准比色管大小一致的试管 2 支,每管内加入不同的溶液。①培养基 5 mL(对照管);②标准比色管;③培养基 5 mL 加 0.02%酚红指示剂 0.25 mL;④蒸馏水管。

(2)对光观察。比较两侧观察孔内颜色是否相同,培养基如果为酸性(一般呈酸性),则向③管中慢慢加 0.1 mol/L 氢氧化钠,每滴一次,将试管内液体摇匀,直至③④两管相加的颜色与①②两管相同为止。

(3)记录 5 mL 培养基用去 0.1 mol/L 氢氧化钠的量,按下列公式计算培养基总量中需加 1 mol/L 氢氧化钠的用量。

$$\text{所需 1 mol/L 氢氧化钠量} = \text{5 mL 培养基所需 0.1 mol/L 氢氧化钠毫升数} \times \frac{\text{培养基总体积数}}{5} \times \frac{1}{10}$$

(4)加入 1 mol/L 氢氧化钠于培养基后摇匀,再作一次矫正试验,如果 pH 不在所需范围,应重新测定。

3. 酸度计测定法

(1)将电极上多余的水珠吸干或用被测溶液冲洗两次,然后将电极浸入被测溶液中,并轻轻转动或摇动小烧杯,使溶液均匀接触电极。

(2)被测溶液的温度应与标准缓冲溶液的温度相同。

(3)校整零位,按下读数开关,指针所指的数值即是待测液的 pH。如果在量程 pH 为 0～7 范围内测量时指针读数超过刻度,则应将量程开关置于 pH 为 7～14 处再测量。

任务十一　细菌的分离、移植及培养性状的观察

一、实训目的

掌握利用不同的被检材料进行细菌分离培养、移植的常用方法,会观察细菌的培养特性。

二、仪器材料

温箱、病料、实验用菌种、营养琼脂培养基、肝片肉汤培养基、肉渣汤(庖肉)培养基、接种环、酒精灯、烙刀、镊子、剪子等。

三、方法步骤

细菌分离、移植的基本程序是:接种环灭菌→蘸取标本→接种→接种环灭菌。

(一)细菌的分离培养

1. 平板划线分离法

平板划线分离法是通过将被检材料连续划线而获得单个菌落,因而划线越长,获得单个菌落的机会也越多。分离划线方法,如图1-2-18所示。具体操作步骤如下。

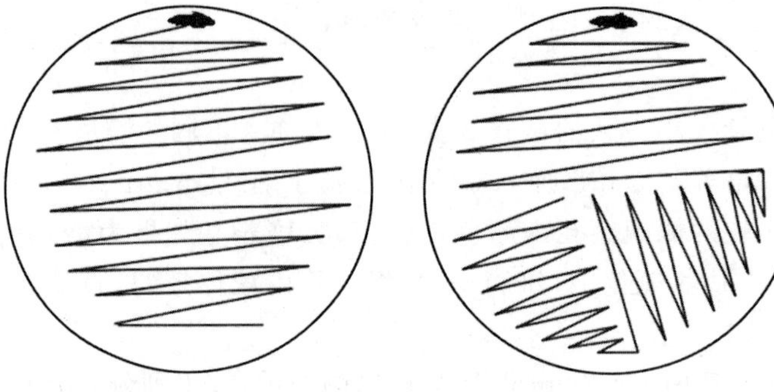

图1-2-18 分离划线方法

(1)右手持接种环于酒精灯火焰的外焰上烧灼灭菌,待冷却。

(2)无菌操作取病料。如果为液体病料,可直接用灭菌的接种环蘸取病料一环;如果为固体病料,首先将烙刀在酒精灯火焰上灭菌,立即用其将病料表面烧烙灭菌。或用酒精棉球在病料表面消毒,剪刀在酒精灯火焰上灭菌,冷却后在烧烙部位或消毒部位做一切口,然后用灭菌接种环从切口插入组织中,缓缓转动接种环,取少量组织或液体。

(3)左手持平皿,用拇指、食指及中指将平皿盖打开一侧(角度大小以能顺利划线为宜,一般为20°角,但以角度小为佳,以免空气中的细菌污染培养基)。

(4)将已取被检材料的接种环伸入平皿,并涂于培养基一侧,然后自涂抹处呈30°~40°角,以腕力在平板表面轻轻地分区划线。

在细菌病诊断或药敏试验时,为了提高效率,常可将平皿盖放于酒精灯附近,左手持培养基,使划线的平面与右侧台面的角度小于90°角且在酒精灯附近,右手持接种环取病料或细菌连续划线。

(5)划线完毕,盖好培养皿,接种环用酒精灯火焰烧灼灭菌后,倒置于试管架或平放于搪瓷盘,用记号笔在培养皿底部注明菌种名称或被检材料、日期、接种者,倒置37 ℃温箱中,培养18~24 h,观察结果。凡是分离菌应在划线上生长,否则为污染菌(二维码1-2-17,视频1-2-18)。

二维码1-2-17 细菌的分离培养

视频1-2-18 细菌平板划线分离培养

2. 倾注分离法

取3支融化后冷却至50 ℃左右的琼脂管,用灭菌的接种环取一环培养物(或被检材料)移至第1管中,随即用掌心搓转均匀,再由第1管蘸取一环至第2管,搓转均匀后,再由第2管蘸取一环至第 3 管经同样处理后分别倒入 3 个灭菌培养皿中，待凝固后，倒置于 37 ℃温箱中培养 18～24 h，观察结果。

(二)厌氧菌的分离培养

厌氧菌的分离培养基本上同于需氧菌，但培养时必须处于无氧环境，细菌才能生长繁殖。常用方法如下。

1. 肝片肉汤培养基

右手持接种环，在酒精灯火焰上的外焰灼烧灭菌，待接种环冷却后，无菌操作取适量病料或菌落。左手持肝片肉汤试管，在酒精灯火焰附近，将试管倾斜，用右手小指和手掌拔去试管口的塞子，然后将蘸有病料或细菌的接种环从液状石蜡较薄的部位伸入培养基内，在靠近液面的管壁上轻轻研磨，并搅动。接种完毕后，塞好试管塞，在酒精灯火焰上灼烧接种环进行灭菌，然后将接种环倒置于试管架或平放于搪瓷盘。用记号笔在靠试管口处注明被检材料或菌种名及日期、操作者姓名等，然后将试管直立于试管架，置于 37 ℃温箱中培养 18～24 h，观察结果。

2. 焦性没食子酸法

(1)平板分离培养。将厌氧菌接种于营养琼脂培养基上，取一块干净无菌的方形玻璃板，中央放焦性没食子酸 1 g，覆盖一小片纱布(中央夹薄层脱脂棉)，在其上滴加 10%氢氧化钠 1 mL。迅速拿去培养基上平皿盖，将培养基倒置于玻璃板上，周围以熔化石蜡或胶泥密封，将玻璃板连同培养皿置于 37 ℃温箱中培养 2 d，取出观察结果。

(2)斜面分离培养。大试管或瓶下垫隔板，按每升容积用焦性没食子酸 1 g 及 10%氢氧化钠(或氢氧化钾)1 mL 比例，先在隔板下垫玻璃球，加入焦性没食子酸后，再加入氢氧化钠。立即把数支接种过厌氧菌或需要厌氧分离培养的细菌斜面培养基放在隔板上，蜡封管口或瓶口，置于 37 ℃温箱中培养 2 d，取出后观察结果。

3. 烛缸法

将已接种过厌氧菌或需要厌氧分离培养的细菌的培养基，置于容量为 2 000 mL 的磨口标本缸或干燥器内，缸盖或缸口处均需涂以凡士林，然后点燃蜡烛直立置入缸中，密封缸盖，待蜡烛自行熄灭时，容器内含 5%～10%的 CO_2 容器置 37 ℃温箱培养。

4. 二氧化碳培养箱

将接种过厌氧菌或需要厌氧分离培养的细菌的培养基，置于二氧化碳培养箱中，37 ℃培养。

(三)细菌的移植(视频 1-2-19 和视频 1-2-20)

1. 斜面移植

(1)左手持菌种管及琼脂斜面管，一般菌种管放在外侧，琼脂斜面管放在内侧，两管口并齐，管身略倾斜，斜面向上，管口靠近火焰。

(2)右手拇指、食指及中指持接种环在酒精灯上烧灼灭菌。

(3)将斜面管的塞子夹在右手掌与小指之间，菌种管塞子夹在小指与无名指之间，将试管塞子拔出。

(4)把灭菌接种环伸入菌种管内，先在试管壁内冷却，然后挑取少量菌落或菌苔将其立即伸入斜面培养基底部，由下而上在斜面上弯曲划线，然后管口和塞子通过火焰灭菌后塞好，接种环烧灼灭菌后倒置于试管架或平放于搪瓷盘。

(5)在斜面管口，注明菌种名、日期、接种者，置 37 ℃温箱内，培养 18～24 h，观察生长情况。

视频 1-2-19　细菌移植　　**视频 1-2-20　肝片肉汤厌氧培养**

2. 肉汤移植方法

同上，取少许菌落或菌苔，迅速伸入肉汤管内，在接近液面的管壁轻轻研磨，并蘸取少许肉汤调和，使细菌混合于肉汤中。在肉汤管口，注明菌种名、日期、接种者，置 37 ℃温箱内，培养 18～24 h，观察生长情况。

3. 从平板移植到斜面

无菌操作打开平皿盖，挑取少许菌落移入斜面管，方法同上。

4. 半固体培养基穿刺接种法

方法基本同斜面移植，但用接种针挑取少许菌落或菌苔，由培养基表面中心垂直刺入管底，然后由原线退出接种针。在半固体培养基管口，注明菌种名、日期、接种者，置 37 ℃温箱内，培养 18～24 h，观察生长情况。

(四)细菌在培养基中生长特性的观察

1. 琼脂平板培养基

二维码 1-2-18　细菌的分离培养结果

主要观察细菌在培养基上形成的菌落特征(二维码 1-2-18)。

(1)大小。以直径(mm)表示，小菌落如针尖大，大菌落为 5～6 mm，甚至更大。

(2)形状。有圆形、不规则形、针尖状、露滴状、同心圆形、根足形等。

(3)边缘。有整齐、波浪状、锯齿状、卷发状等。

(4)表面形状。光滑、粗糙、同心圆状、放射状、皱状、颗粒状等。

(5)湿润度。湿润、干燥。

(6)隆起度。表面隆起、轻度隆起、中央隆起、脐状、扣状、扁平状。

(7)色泽和透明度。色泽有无色、白、黄、橙、红等颜色；透明度有透明、半透明、不透明等。

(8)质地。分坚硬、柔软或黏稠等。

(9)溶血性。菌落周围有无溶血环。有透明的溶血环称 β 型溶血；呈很小的半透明绿色的溶血环称 α 型溶血；不溶血的为 γ 型溶血。

2. 肉汤培养基

(1)混浊度。有高度混浊、轻微混浊或仍保持透明者。

(2)沉淀。管底部有无沉淀，沉淀物是颗粒状或棉絮状等。

(3)表面。液面有无菌膜,管壁有无菌环。

(4)色泽。液体是否变色,比如绿色、红色等。

3. 半固体培养基

具有鞭毛的细菌,沿穿刺线向周围扩散生长,无鞭毛的细菌沿穿刺线呈线状生长。

任务十二 细菌的生化试验

一、实训目的

了解细菌生化试验的原理,掌握细菌生化试验的操作方法及在细菌鉴定中的意义。

二、仪器材料

温箱、接种环、酒精灯、蛋白胨水培养基、糖发酵培养基、葡萄糖蛋白胨水培养基、醋酸铅蛋白胨琼脂培养基、柠檬酸盐琼脂培养基、MR 试剂、维-培(V-P)试剂、靛基质试剂、大肠杆菌、产气杆菌、沙门菌的 24 h 纯培养物等。

三、方法步骤

(一)糖发酵试验

有些细菌能分解糖产酸,从而使指示剂变色。试验时,无菌操作将细菌接种于糖发酵培养基中,于 37 ℃培养 24~48 h,结果有 3 种:有的只产酸以"+"表示,有的产酸产气以"⊕"所示,有的不发酵以"-"表示。

(二)甲基红(MR)试验与维-培(V-P)试验

取菌接种于 2 支含 0.5%葡萄糖蛋白胨水培养基中,置 37 ℃温箱培养 4 d,分别做甲基红和维-培试验。

(1)甲基红试验。取上述培养基一支,加入甲基红试剂(甲基红 0.1 g 溶于 95%酒精 300 mL 中)5~6 滴,液体呈红色者为阳性,黄色者为阴性,橙色者为可疑。

(2)维-培试验。取上述培养基一支,先加维-培甲液(6% α-甲萘酚酒精溶液)3 mL,再加入维-培乙液(40%氢氧化钾水溶液)1 mL,混合后静置于试管架内观察 2~4 h,凡液体呈红色者为阳性,不变色者为阴性。

(三)靛基质试验

有些细菌具有色氨酸酶,能分解蛋白胨中的色氨酸产生靛基质(吲哚),遇相应试剂而呈红色。试验时,取菌接种于蛋白胨水培养基中,37 ℃培养 2~3 d;于培养基中加入戊二醇或二甲苯 2~3 mL,摇匀,静置片刻后,沿试管壁加入靛基质试剂(对二甲基氨基苯甲醛 1.0 g,95%酒精 95 mL 溶解后,再加浓盐酸 50 mL)2 mL,如果能形成玫瑰靛基质而呈红色,则为阳性,不变色为阴性。

(四)硫化氢试验

某些细菌能分解培养基中含硫氨基酸(比如半胱氨酸等)产生硫化氢,硫化氢遇醋酸铅或硫酸亚铁则形成黑色的硫化铅或硫化亚铁。用接种针取菌穿刺于含有醋酸铅或硫酸亚铁的琼脂培养基中，37 ℃培养 4 d，凡沿穿刺线或穿刺线周围呈黑色者为阳性，不变色者为阴性。

二维码 1-2-19 生化试验结果

（五）柠檬酸盐利用试验

取菌接种于柠檬酸盐琼脂斜面上，置 37 ℃培养 4 d，如果有细菌生长，使培养基变为深蓝色，则为阳性，否则为阴性（二维码 1-2-19）。

任务十三 细菌的药敏试验（药敏片扩散法）

一、实训目的

掌握圆纸片扩散法测定细菌对抗生素等药物的敏感试验的操作方法和结果测定，明确药敏试验在临床用药上的指导意义。

二、仪器材料

接种环、酒精灯、试管架、恒温箱、眼科镊子、普通琼脂平板、大肠杆菌和金黄色葡萄球菌的培养物、各种抗菌药物纸片。

三、方法步骤

（一）细菌药敏试验的基本原理

药敏片是含有抗生素的滤纸片，将其置于涂满待测菌的固体培养基上，抗菌药物通过向培养基内扩散，抑制细菌生长，从而出现抑菌环。根据抑菌环的大小可以判定细菌对此药物的敏感度。

（二）药敏试验的操作方法

（1）无菌操作。取培养 6～8 h 的大肠杆菌与金黄色葡萄球菌的肉汤培养物，以密集均匀划线法分别接种在两个普通琼脂平板表面。

（2）标记药物名称。在营养琼脂培养基的平皿底部，用记号笔标记药物名称或代号，距离要大致相等，比如“青霉素”“链霉素”“红霉素”“磺胺嘧啶钠”“呋喃坦啶”“卡那霉素”“庆大霉素”“恩诺沙星”“环丙沙星”“新霉素”等。

（3）放置药敏片。用灭菌镊子夹取各种抗菌药物圆纸片，轻轻贴在已接种好细菌的琼脂培养基的表面相应的位置，一次放好，不得移动（图 1-2-19）。

（4）倒置培养。倒置平皿，放于 37 ℃温箱内培养 18～24 h，取出后观察并记录结果，分析结果（二维码 1-2-20 和视频 1-2-21）。

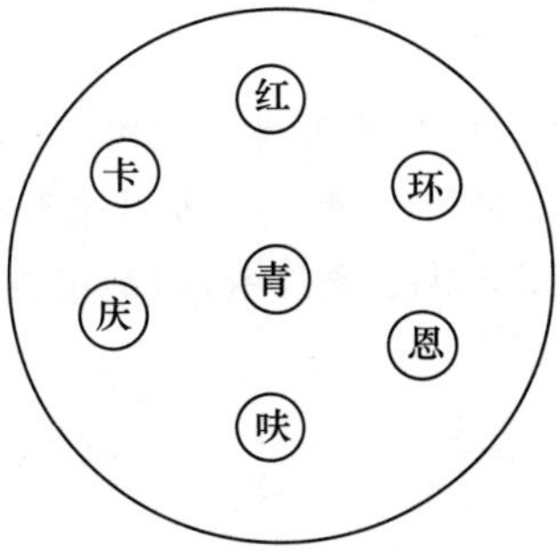

图 1-2-19　药物敏感性试验纸片的贴法

二维码 1-2-20　药敏试验

视频 1-2-21　药敏试验操作

(三)结果判定

根据纸片周围有无抑菌圈及其直径大小,按下列标准确定细菌对抗生素等药物的敏感度(表 1-2-2)。

表 1-2-2　细菌对不同抗菌药物敏感性标准

药物名称	抑菌圈直径/mm	敏感度
	＜10	不敏感
青霉素	11～26	中度敏感
	＞26	高度敏感
	＜10	不敏感
链霉素和磺胺	11～15	中度敏感
	＞15	高度敏感
	＜12	不敏感
庆大霉素、卡那霉素	13～14	中度敏感
	＞14	高度敏感
	＜13	不敏感
黄霉素、红霉素	13～17	中度敏感
	＞17	高度敏感

(四)注意事项

(1)试验用菌种对于被测定的抗生素应具有高度敏感性。

(2)药检所下发的试验菌种为冷冻干燥品,保存于 5～8 ℃冰箱内,一般可保存 1～3 年。使用时,无菌启开干燥菌种,再接种于液体或斜面的菌种培养基上,于 37 ℃温箱内培养 22 h,涂片、染色、镜检,无杂菌存在,方可使用或放入冰箱 5～8 ℃保存。试验用的菌种每月传代 1 次,每季度琼脂平板分离培养 1 次。

(3)实验时,一定要建立“无抗生素操作的观念”。在配制培养基、缓冲液时,应防止被抗生素污染。

(4)磺胺类药物用无蛋白胨的琼脂平板,因蛋白质会使磺胺失去作用。

附：干燥抗菌纸片的制备

取直径 6 mm 的无菌滤纸片，浸于一定浓度的抗菌药液中（比如青霉素为 100 U/mL、链霉素等其他抗生素为 2 mg/mL，小檗碱或其他中药可根据需要稀释原液），一般每毫升抗菌药液中，装滤纸片 100 片，浸泡 1～2 h 后，37 ℃干燥或真空干燥，密封冷藏备用，药剂可维持 1～2 个月有效。

【知识拓展】

细菌感染的分子生物学检测技术

一、常用的分子生物学技术

（1）核酸杂交。常用的杂交技术有：斑点杂交、Southern 印迹、原位杂交、Northern 印迹等。探针的种类有全染色体 DNA 探针、染色体克隆片段 DNA 探针、质粒 DNA 探针、rRNA 基因探针、寡核苷酸探针等医学教育网搜集整理。

（2）核酸扩增技术。核酸扩增技术是分子生物学中最具有重大意义的技术之一。对核酸进行扩增的方法很多，比如聚合酶链反应（polymerase chain reaction，PCR）、连接酶链反应、自保留序列扩增及 Q-beta 扩增等。以聚合酶链反应最为广泛应用。

PCR 技术在细菌的快速检测、细菌的毒素基因检测、细菌的耐药性检测及感染细菌的流行病学调查中得到日益广泛的应用。生物芯片是新近发展的一项对基因、蛋白质、细胞及其他生物组分子进行大信息量分析的检测技术。常用的有基因芯片（gene chips）和蛋白芯片（protein chips）。

二、鉴定感染细菌种属的方法

（1）细菌种属的鉴定。DNA 碱基组成的测定 G＋C 摩尔百分比含量不同的细菌，为不同种细菌；含量相同的可能为不同种的细菌。细菌的 G＋C 摩尔百分比相当稳定，不受培养条件、菌龄和其他外界因素影响。最常用的方法是热变性法。DNA-DNA 杂交，DNA 杂交可得出 DNA 之间核苷酸顺序的互补程度，从而推断不同细菌基因组间的同源性。16S rRNA 同源性分析、rRNA-DNA 杂交、16S rRNA 序列测定、16S-23S rRNA 序列测定。此外限制性内切酶长度多态性分析（RFLP）、脉冲场凝胶电泳（PFGE）、随机引物扩增法（RAPD）等技术常用于菌株间的差异比较。

（2）细菌种属特异基因。某些基因为细菌种特有或属共有，通过对这些基因的检测可以鉴定细菌的种或属。比如编码吸附和侵袭上皮细胞表面蛋白的 *inv* 基因：*invA*、*invB*、*invC*、*invD*、*invE* 等是一组只存在于致病性沙门菌中的独特的保守基因序列。鞭毛蛋白 *dlh* 基因通常只存在于伤寒沙门菌；IS6110、IS986 插入片段为结核分枝杆菌复合群所拥有等。

（3）细菌毒力基因。可以测定霍乱弧菌的霍乱毒素基因、产肠毒素大肠埃希菌的耐热（ST）和不耐热肠毒素（LT）以及白喉棒状杆菌的外毒素基因以示相应的细菌存在。

三、细菌耐药性的分子生物学检测

（1）β-内酰胺类抗生素的耐药基因。青霉素结合蛋白（PBP）基因耐甲氧西林的金黄色葡

萄球菌是由 *mec A* 基因介导的耐药，肺炎链球菌对青霉素耐药是由于 PBP 基因突变而致。革兰阴性菌产生的β-内酰胺酶由质粒介导的β-内酰胺酶种类繁多，可用 PCR 或基因探针的方法检测和分类，比如 TEM、SHV、OXA、ROB 型等。

（2）糖肽类抗生素耐药基因。肠球菌对糖肽类抗生素的耐药基因由 *van A*、*van B*、*van C* 等介导，测定这些基因可以预测对万古霉素和替考拉宁的耐药性。

（3）大环内酯类抗生素耐药基因。红霉素甲基酶 *erm* 基因、大环内酯类泵出基因 *mef A*、*mef E*、*msr A* 等基因参与了红霉素的耐药。

（4）喹诺酮类抗生素耐药基因。喹诺酮类抗生素的主要耐药机制是由于螺旋酶和拓扑酶的突变，常与 *gyr* 和 *par* 基因突变有关。

（5）分枝杆菌耐药基因。对利福平的耐药与 *rpoB* 变异有关，对异烟肼的耐药与 *kat G* 和 *inh A* 有关。

【考核评价】

养鸡专业户王某，饲养的蛋鸡中 28 日龄的幼龄鸡发病。主要表现为精神萎靡，离群呆立或挤成堆，食欲减退或废绝，呼吸困难，张口呼吸，排出黄白色粪便。死后剖检发现，纤维素性心包炎、肝周炎和腹膜炎，心包膜表面和肝脏表面有较厚的纤维素性渗出物，腹水不同程度的增多，腹腔及腹腔内的器官表面有大量黄白色的渗出物，致使各器官组织发生粘连。初步诊断为大肠杆菌病，为了减少养鸡户的经济损失，进行实验室诊断确诊后才能提出合理有效的防制措施。请您设计一套合理全面的实验室诊断方案。

【知识链接】

1.《伯杰氏系统细菌学手册》（[美]伯杰等主编）。

2. GB/T 14926.14—2001 实验动物　金黄色葡萄球菌检测方法。

3. GB/T 14926.15—2001 实验动物　肺炎链球菌检测方法。

4. GB/T 14926.16—2001 实验动物　乙型溶血性链球菌检测方法。

5. GB/T 14926.12—2001 实验动物　嗜肺巴斯德杆菌检测方法。

6. GB/T 14922.2—2011 实验动物　微生物学等级及检测。

7.《中华人民共和国动物防疫法》

项目三

病毒

【学习目标】

掌握病毒的概念、特征、形态结构、增殖和培养以及其他特性和病毒病的实验室诊断方法；熟悉病毒的分类和主要病毒，掌握病毒的鸡胚接种、病毒的血凝和血凝抑制试验以及实验动物人工感染与剖检技术。

任务一　病毒的形态结构

一、病毒概述

(一)病毒的概念、特征

病毒是一类只能在活细胞内寄生的非细胞型微生物。其特征为：体积微小，可以通过细菌滤器，必须在电子显微镜下才能看到；结构简单，只含有一种核酸(DNA 或 RNA)；没有细胞结构，缺乏完整的酶系统，不能在无生命的培养基上生长，严格在细胞内寄生；病毒的增殖方式为复制；病毒对抗生素具有明显的抵抗力，但受干扰素的抑制(视频 1-3-1)。

(二)病毒的分类

病毒的种类多达千种，为了研究及应用的方便，必须对病毒进行分类。根据核酸类型分为 DNA 病毒和 RNA 病毒。根据寄生对象的不同分为动物病毒、植物病毒、昆虫病毒、噬菌体等。根据国际病毒命名委员会(ICTV) 的第六次分类报告将病毒分为三大类：第一类是 DNA 病毒类；第二类是 DNA 反转录与 RNA 反转录病毒；第三类是 RNA 病毒。

视频 1-3-1
病毒的形态与结构

国际病毒分类系统采用目、科、属、种，但不是所有的病毒都必须隶属于一个目，在没有适当目的情况下，科可以是最高的病毒分类等级，在科下面允许设立不同的亚科或不设立亚科，科和属是病毒分类的最主要单位，种是一个不确定分类单位。如今病毒的分类根据包括形态与结构、核酸与多肽、复制以及对理化因素的稳定性等诸多方面。随着分子生物学科技的发展，病毒基因组的特征对分类越来越重要，根据 2012 年 ICTV 发布的第 9 次分类报告，目前把已知病毒分为 6 个目、87 个科、19 个亚科、349 个属，并公布了卫星病毒和朊病毒的种类。

在 20 世纪 70 年代初，人们发现了一种比病毒更简单和微小的病毒，不具有完整的病毒结构的一类病毒称之为亚病毒，包括类病毒、拟病毒、朊病毒。类病毒缺乏蛋白质和类脂成分，只有裸露的侵染性核酸(RNA)，很多植物病害是由类病毒所引起的。此外，绵羊的痒病和疯牛病的病原是一类由主要蛋白质构成而不含核酸的朊病毒。拟病毒的蛋白质衣壳内含有两种 RNA 分子。另外，卫星因子是必须依赖宿主细胞内共同感染的辅助病毒才能复制的核酸分子，卫星因子也有外壳蛋白包裹，又称卫星病毒。亚病毒的发现给一些病原尚不清楚的植物、人类、畜禽及其他动物造成了严重的危害，能给畜牧业带来巨大的经济损失。因此，学习、研究病毒有关的基础知识和理论，对于诊断和防治病毒性传染病有着十分重要的意义。

二、病毒的形态结构

(一)病毒的大小和形态

病毒一般以病毒颗粒或病毒子的形式存在，具有一定的形态、结构以及传染性。

(1)病毒的大小。病毒颗粒极其微小，测量单位用 nm(1/1 000 μm)，用电子显微镜(电镜)才能观察到。大小一般为 10～300 nm，最大的病毒为痘病毒，约 300 nm，最小的圆环病毒，仅 17 nm。

(2)病毒的形态。病毒的形态有多种，多数为球状，少数杆状、丝状、子弹状、砖块形、蝌蚪形，有的则表现为多形性。比如猪瘟病毒、新城疫病毒等为球形，痘病毒为砖块形，狂犬病病毒为子弹状，烟草花叶病毒为杆状，犬瘟热病毒和禽流感病毒等表现为多形性，某些噬菌体为蝌蚪状(图 1-3-1)。

(二)病毒的结构和化学成分

1. 病毒的结构

病毒的基本结构为核酸和衣壳，合称为核衣壳。具有完整病毒结构的个体称为病毒颗粒或病毒子。核酸位于病毒颗粒的中心，构成病毒的基因组或芯髓，为病毒的复制、遗传和变异等功能提供遗传信息。衣壳位于核酸的外围，是一层蛋白质外壳。有些病毒在核衣壳外面有囊膜，称为有囊膜病毒，无囊膜的病毒称为裸露病毒。病毒的结构主要是通过电镜观察了解的，近年来，应用 X 衍射、氨基酸测序结合电脑空间构象模拟技术等，发现了某些在电镜下未发现的细微结构，比如 RNA 病毒颗粒表面的沟槽或环突(图 1-3-2)。

2. 病毒的化学成分

(1)病毒的芯髓。病毒的核酸分两大类，DNA 和 RNA，二者不同时存在。核酸位于病毒的中心，又称为芯髓，核酸可分为单股或双股、线状或环状、分节段或不分节段，分节段可称为多分子，不分节段则为单分子。DNA 病毒多数为单股线状，不分节段；少数分节段，比如正黏病毒、布尼亚病毒。少数 RNA 病毒为双股线状，分节段，比如呼肠孤病毒等。

病毒核酸贮藏病毒的全部遗传信息，控制着病毒的遗传、变异、增殖和对宿主的感染性等特性。病毒的核酸可用化学的方法从病毒颗粒中提取出来，把噬菌体或某些植物病毒的核酸注入易感细胞内即能引起感染，并产生完整的病毒颗粒。部分动物病毒也有这种现象，去除其囊膜和衣壳，裸露的 DNA 或 RNA 也能感染细胞，这样的核酸称为传染性核酸。

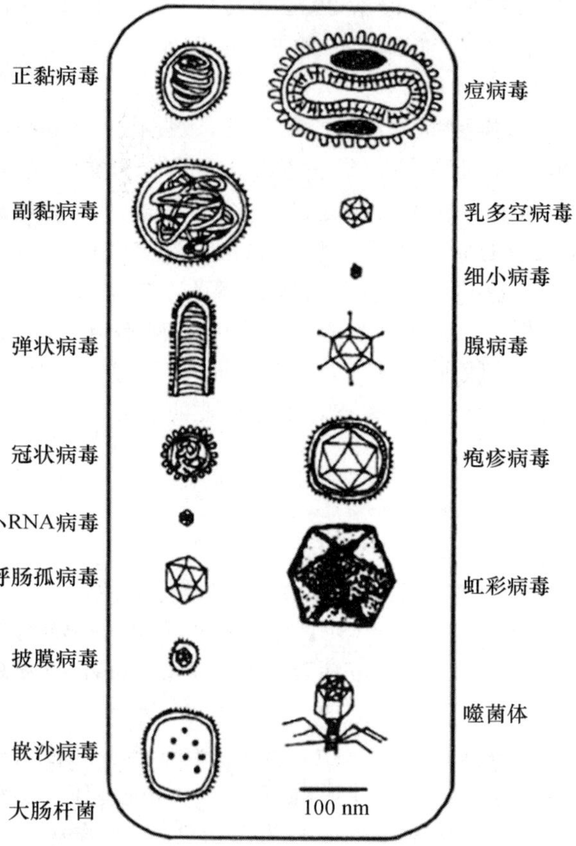

图 1-3-1 病毒的形态与大肠杆菌的相对大小

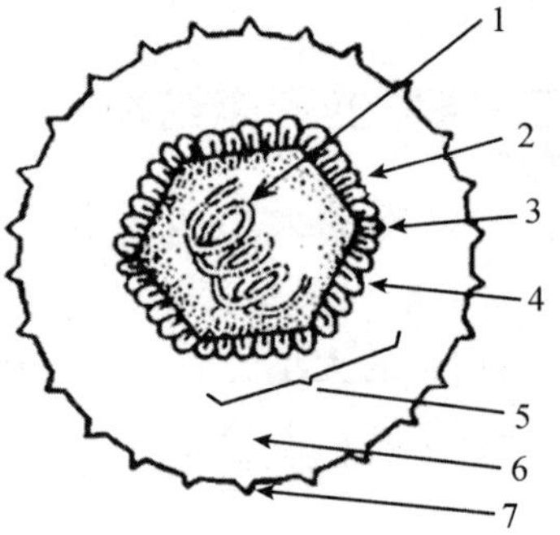

1. 核酸 2. 衣壳 3. 壳粒
4. 每个衣壳由 1 个或数个结构单位构成
5. 核衣壳 6. 囊膜 7. 纤突

图 1-3-2 病毒结构模式图

(2)病毒的衣壳。病毒的衣壳是包围在病毒核酸外的一层蛋白质外壳,由一定数量的壳粒组成。每个壳粒又由一个或多个多肽分子组成。不同种类的病毒衣壳所含的壳粒数目不相同,是病毒鉴别和分类的依据之一。

衣壳的功能是保护病毒的核酸免受环境中核酸酶或其他影响因素的破坏,并能介导病毒核酸进入宿主细胞,衣壳蛋白具有抗原性,是病毒颗粒的主要抗原成分。根据壳粒数目的排列不同,病毒衣壳主要有螺旋状与二十面体两种对称类型,少数为复合对称。

螺旋状对称是壳粒呈螺旋形对称排列,中空,见于弹状病毒、正黏病毒和副黏病毒及多数杆状病毒。

二十面体对称是核衣壳形成球状结构,颗粒排列成二十面体对称型,由 20 个等边三角形构成 12 个顶、20 个面、30 个棱的立体结构。病毒颗粒顶角由 5 个相同的壳粒构成,称为五邻体,而三角形面由 6 个相同壳粒组成,称为六邻体。大多数球状病毒呈这种对称型,包括大多数 DNA 病毒、反转录病毒及微 RNA 病毒等。

复合对称型是病毒衣壳的壳粒排列既有螺旋对称又有立体对称的形式,比如痘病毒、噬菌体。

(3)病毒的囊膜。有些病毒在核衣壳的外面包裹着一层由类脂、蛋白质和糖类构成的囊膜。囊膜是病毒在成熟过程中从宿主细胞获得的,含有宿主细胞膜或核膜的化学成分,所以具有宿主细胞的类脂成分，易被乙醚、氯仿和胆盐等脂溶剂溶解破坏。因此常用乙醚或氯仿处理病毒，去除囊膜中的脂质，使病毒失活，再检测其活性，以确定该病毒是否具有囊膜结构。囊膜对衣壳有保护作用，并与病毒吸附宿主细胞有关。

有的囊膜表面有突起，称为纤突或膜粒，囊膜与纤突构成病毒颗粒的表面抗原，与宿主细胞嗜性、致病性和免疫原性有密切关系。因此，一旦病毒失去囊膜上的纤突，就失去了对易感细胞的感染能力。

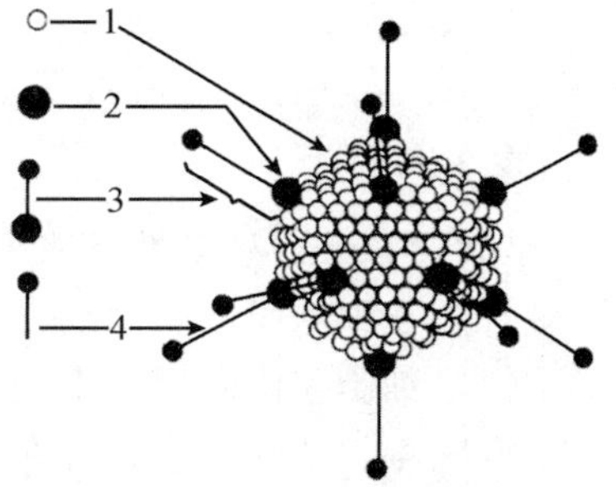

1. 六聚体　2. 五聚体基　3. 五聚体　4. 触须（纤突）

图 1-3-3　腺病毒结构模式图

另外，有些病毒虽没有囊膜，但有其他结构，比如腺病毒在核衣壳的各顶角上有细长的“触须”，其形态好像大头针状，具有凝集和毒害敏感细胞的作用（图 1-3-3）。

任务二　病毒的增殖

一、病毒的增殖方式

病毒缺乏增殖所需的酶系统和生物合成的原料、场所，必须依靠宿主细胞合成核酸和蛋白质，甚至是直接利用宿主细胞的某些成分，这就决定了活细胞是病毒增殖的唯一场所。病毒的增殖方式是复制，病毒利用宿主细胞内的原料、能量、酶和场所，在病毒核酸遗传密码的控制下，在宿主细胞内复制出病毒的核酸和合成病毒的蛋白质，进一步装配成大量的子代病毒，并将它们释放到细胞外的过程（视频 1-3-2）。

视频 1-3-2　病毒增殖

二、病毒的复制过程

病毒的复制过程大致分为吸附、穿入、脱壳、生物合成、组装与释放 5 个步骤。病毒表面的分子与细胞的受体结合后，穿入与脱壳可发生在胞浆膜、内吞小体及核膜。在隐蔽期病毒进行活跃的生物合成，此时完成 mRNA 的转录及蛋白质的合成。翻译的蛋白质有的尚需后加工，比如糖基化、酶裂解等。结构简单的无囊膜二十面体病毒的衣壳可自我组装。大多数无囊膜病毒在细胞裂解后释放出病毒颗粒。有囊膜的病毒则以出芽方式成熟并释放，有细胞膜出芽及胞吐两种形式。

（一）吸附

病毒附着于宿主细胞的表面称为吸附，而敏感的宿主细胞是病毒复制的第一步，这个过程包含静电吸附及特异性受体吸附。细胞及病毒颗粒表面都带负电荷，Ca^{2+}、Mg^{2+} 等阳离子能降低负电荷，促进静电吸附。静电吸附是可逆的，非特异的。

特异性吸附对于病毒感染细胞至关重要。病毒表面的分子（比如纤突等）吸附于敏感细胞表面的受体，这种结合是特异性的。病毒受体是宿主细胞表面的特殊结构，多为糖蛋白。有些病毒颗粒吸附除需受体外还需要辅受体，比如腺病毒除了纤丝受体外，还需要整合素作为辅受体，与病毒五邻体壳结合。病毒与受体的特异性结合反映了病毒的细胞嗜性。某些病毒能凝集红细胞，研究最充分的是流感病毒，该病毒表面有两种纤突，一种为血凝素(H)，能与红细胞表面的唾液酸受体结合；另一种为神经氨酸酶(N)，是受体破坏酶，使病毒从吸附的红细胞解脱。

(二)穿入

穿入是病毒核酸或感染性核衣壳穿过细胞进入胞浆的过程。穿入方式主要有以下4种。

(1)融合。在细胞膜的表面病毒囊膜与细胞膜融合，病毒核酸进入胞浆，比如疱疹病毒。

(2)胞饮。细胞膜内陷后整个病毒被吞饮入细胞内形成囊泡。胞饮是病毒穿入常见的方式，比如牛痘病毒。某些囊膜病毒在吸附细胞后，细胞将其吞饮，形成内吞小体。低pH环境使病毒血凝素发生构型变化，暴露融合多肽，贴近内吞小体的细胞膜，融合发生，使病毒核衣壳进入细胞质。

(3)直接进入。某些无囊膜的病毒与宿主细胞受体结合，衣壳蛋白的多肽构型发生变化，使得病毒直接穿过细胞膜到细胞质中，大部分蛋白衣壳仍留在细胞外。

(4)胞膜受体相互作用。病毒颗粒与宿主细胞膜上的受体相互作用，使其核衣壳穿入细胞质中，比如脊髓灰质炎病毒。

(三)脱壳

穿入和脱壳是连续的过程，失去病毒的完整性称为脱壳。病毒脱壳包括脱囊膜和脱衣壳两个过程。没有囊膜的病毒则只有脱衣壳。某些病毒在细胞表面脱囊膜，在细胞质内释放衣壳；有的病毒囊膜在吞饮泡内脱落。

衣壳脱落的过程主要发生在细胞质或细胞核。由吞饮的方式进入细胞的病毒，在吞噬泡中和溶酶体结合，经溶酶体酶的作用脱衣壳，比如流感病毒；在细胞质膜穿入时脱壳，病毒穿入宿主细胞膜时，病毒颗粒囊膜与细胞膜结合，核衣壳逸出，进入细胞质，比如新城疫病毒等副黏膜病毒属于此种类型；在核膜脱壳，某些无核膜的病毒后被细胞吞饮后，病毒颗粒从内吞小体中释放，进入胞浆，进而向细胞核核膜贴近，病毒基因组及部分衣壳蛋白从衣壳中逸出，通过核孔复合物进入核内，比如腺病毒。

(四)生物合成

病毒的生物合成包括核酸复制和蛋白质合成。病毒脱壳后，释放核酸，这时在细胞内查不到病毒颗粒，因此称为隐蔽期，是病毒增殖过程中最主要的阶段，非常活跃，包括mRNA的转录、蛋白质及DNA或RNA的合成等。病毒基因组从衣壳中释放后，利用宿主细胞提供的物质合成大量的病毒核酸和结构蛋白，进一步组装成完整的病毒粒子。

(五)组装与释放

(1)无囊膜病毒。无囊膜DNA病毒(腺病毒)核酸和衣壳在胞核内装配。无囊膜的RNA病毒(脊髓灰质炎病毒)，其核酸和衣壳在胞浆内装配。大多数无囊膜的病毒蓄积在胞浆或核内，当细胞完全裂解时，释放出病毒颗粒。

(2)有囊膜病毒。有囊膜的病毒以出芽的方式成熟，有囊膜的DNA病毒(单纯疱疹病毒)在核内装配完成衣壳后，移至核膜上，以出芽方式进入胞浆，获取宿主细胞膜成为囊膜，并逐渐从胞浆中释放到细胞外。另一部分可通过核膜裂隙进入胞浆，获取胞浆膜成为囊膜，沿胞核周围与内质网相同部位从细胞内逐渐释放。有囊膜的RNA病毒，其RNA与蛋白质在胞浆中装配成螺旋状的核衣壳，宿主细胞膜上在感染的过程中已整合有病毒的特异抗原成分。当成熟病毒以出芽方式通过细胞膜时生成囊膜并产生刺突。

任务三　病毒的培养

病毒缺乏完整的酶系统和生物合成的原料、场所，又无核糖体等细胞器，所以不能在无生命的培养基上生长，必须在活细胞内增殖。所以常用实验动物、禽胚以及体外培养的组织和细胞进行病毒的人工培养。病毒的人工培养是病毒的分离增殖、病毒性诊断抗原及疫苗的制备、病毒实验研究的基本条件（视频 1-3-3）。

视频 1-3-3　病毒接种、禽胚培养

一、动物接种

动物接种是将病毒材料接种于健康易感动物机体，病毒大量增殖使动物产生特定反应。根据具体情况，可供选用的动物有易感动物和实验动物两种。实验动物应无特异性抗体，理想的动物是“无菌动物”和“SPF”（无特定病原体）动物。常用的实验动物有小白鼠、豚鼠、家兔、鸡、鸽子等。常用动物接种病毒的方法有皮下注射、皮内注射、肌内注射、静脉注射、腹腔注射、脑内注射（操作见模块一项目三中的任务九）。动物接种后应每天观察特征性变化，比如体温曲线、特征性临床症状等。根据观察选出接种后出现符合所要求的反应症候的动物，按规定的时间、规定的方法剖杀，采取含毒组织或器官，各项检验合格后即可使用。

动物接种是现在生产中常用的一种方法，主要用于病原学的检查，传染病的诊断，疫苗生产及疫苗效力检验，还可用于制备诊断抗原，免疫血清，病毒的致病性研究、发病机理及有效疗法等。动物接种培养具有操作简单、实验要求不高，便于观察动物的反应等优点，但容易受易感动物机体免疫系统的影响，病毒分离及纯化难度较大。

二、禽胚培养

禽胚培养是指将病毒接种于正在孵育的健康禽胚，病毒大量增殖后使禽胚产生特定的反应。禽胚最好选择 SPF 胚，常选择鸡胚，禽类的病毒在禽胚中易增殖，而且其他动物的有些病毒也可在禽胚中增殖。禽胚中最常用的是鸡胚，病毒在鸡胚中增殖后，可根据鸡胚病变和病毒抗原的检测等方法判断病毒增殖的情况。常见的病变有以下 4 个方面：一是禽胚死亡，胚胎不活动，照蛋时血管变细或消失；二是禽胚充血、出血或出现坏死灶，常见胚体的头、颈、躯干、腿等处或通体出血；三是禽胚畸形；四是禽胚绒毛尿囊膜上出现斑点、斑块等。根据这些变化可间接推测病毒的存在，然而许多病毒缺乏特异性的病毒感染特征，必须应用血清学或病毒学相应的检测方法来确定病毒的存在和增殖情况。

（一）接种途径

不同的病毒选用禽胚的日龄大小和接种途径不同。通常应用的禽胚接种途径有 4 种，即绒毛尿囊膜接种法、尿囊腔接种法、卵黄囊接种法和羊膜腔接种法。

（1）绒毛尿囊膜接种。多用于嗜皮肤性病毒的增殖，比如痘病毒和疱疹病毒的分离和增殖，选择 10～13 日龄鸡胚。经照蛋检查后，用记号笔画出气室，将气室向上直立，经消毒后于气室中央打孔，用细针头插入刺破壳膜，再退出到气室内，接种 0.2 mL 病毒液。接种病毒时将病毒滴在气室的壳膜上，病毒即慢慢渗到气室下面的绒毛尿囊膜上，封孔后将鸡胚直立培养。另一方法须做人工气室法，照蛋检查后划出气室和胚位，将卵横卧于蛋架上，胚胎位置向上，消毒后于气室部位和胚位的卵壳上分别钻一小孔，用洗耳球紧贴气室孔轻轻一吸，鸡胚面小孔处的绒毛膜下陷形成一个人工气室，天然气室消失。在人工气室处呈 30°刺入针头，接种 0.1～0.2 mL 病毒液，封孔，人工气室向上横卧培养(图 1-3-4)。

(2)尿囊腔接种。主要用于正黏病毒和副黏病毒的分离和增殖，选择 9～11 日龄鸡胚。接种时，先照蛋检查后划出气室边界，在气室边界上方 5 mm 处做标记，用碘酒和酒精分别消毒后，在标记处打孔，接种 0.1～0.2 mL 病毒液，封孔，孵育(图 1-3-5)。

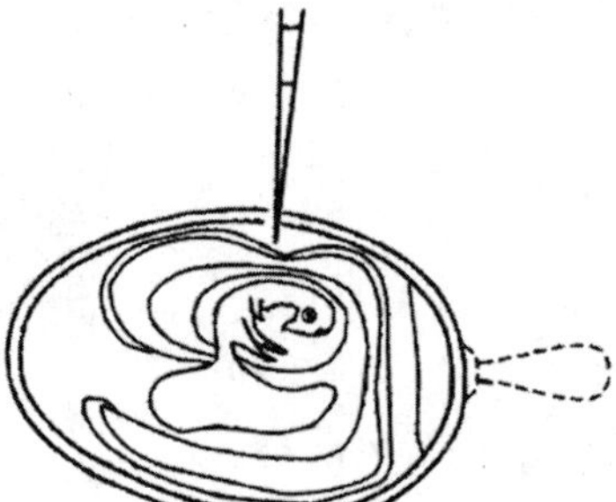

图 1-3-4 鸡胚绒毛尿囊膜接种法

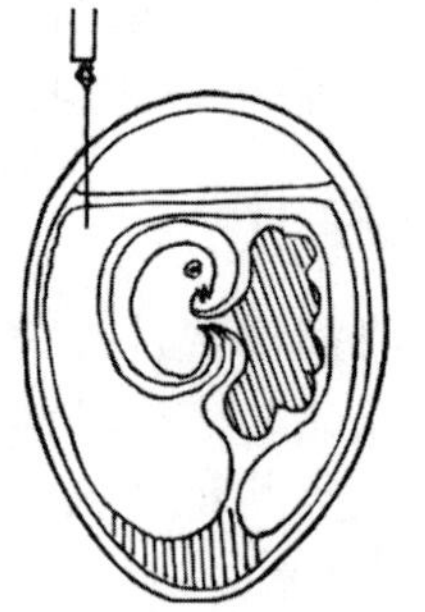

图 1-3-5 鸡胚尿囊腔接种法

(3)卵黄囊接种法。主要用于虫媒披膜病毒、鹦鹉热衣原体和立克次氏体等的增殖，用 6～8 日龄鸡胚。经照蛋检查后划出气室和胎位，经消毒后，在气室中心壳上钻一小孔，接种的针头沿胚的纵轴插入约 30 mm，注入 0.1～0.2 mL 病毒液，封孔，孵化(图 1-3-6)。

(4)羊膜腔接种法。主要用于正黏病毒和副黏病毒的分离和增殖，此途径比尿囊腔接种更敏感，但操作较困难，并且鸡胚容易受伤致死，选择 10～11 日龄鸡胚。操作时需在照蛋灯下进行，成功率约 80%。先将 10～11 日龄鸡胚直立于蛋盘上，气室朝上，划出气室和胚胎位置，经消毒后，在气室端靠近胚胎侧的蛋壳上钻孔，在照蛋灯下，将注射器针头轻轻刺向胚体，当稍感抵抗时即可注入病毒液 0.1～0.2 mL。也可将注射器针头刺向胚体后，以针头拨动胚体，如果胚体随针头的拨动而动，则说明针头已进入羊膜腔，然后再注射病毒液，最后封孔，孵化(图 1-3-7)。本法可使病毒感染鸡胚全部组织，病毒可通过胚体进入尿囊腔。

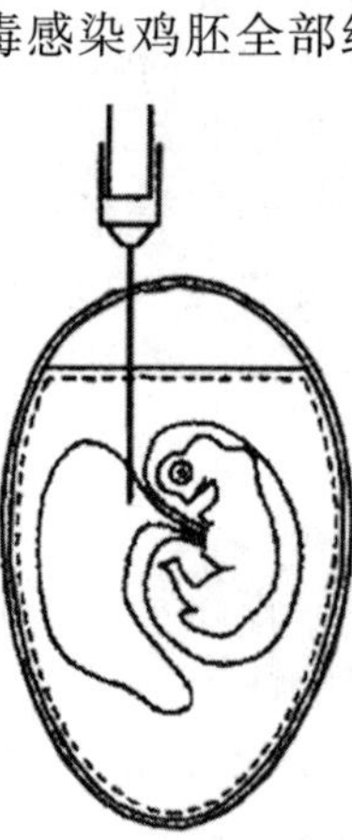

图 1-3-6 卵黄囊接种法

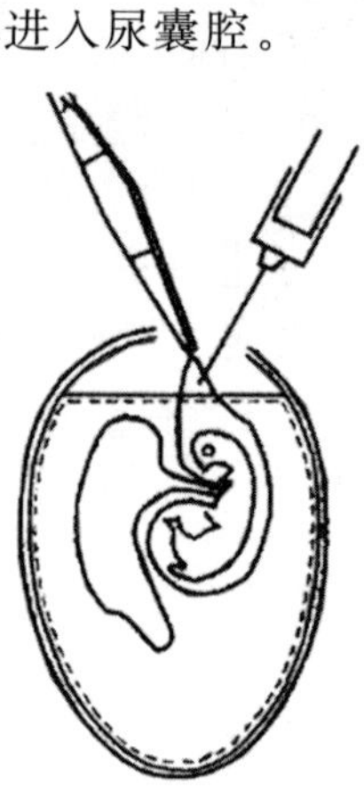

图 1-3-7 羊膜腔接种法

(二)病毒培养与病毒收获

接种后,一般在37 ℃继续培养2～7 d,翻蛋。每日照蛋2次,24 h内死胚弃去不用,24 h后死胚和感染胚及时取出,气室向上置于4 ℃冰箱内,放置4～24 h或－20 ℃放置0.5～1 h后收获病毒。收获时将鸡胚直立于蛋盘上,用碘酊棉球、酒精棉球分别消毒气室周围蛋壳,沿气室边缘去除蛋壳和壳膜,无菌操作收获不同含毒组织。

(1)绒毛尿囊膜的收获。将整个蛋内容物倒掉,用灭菌镊子撕下整个绒毛尿囊膜,放灭菌容器中,经研磨制成病毒悬液。

(2)尿囊液的收获。用灭菌的镊子撕破尿囊膜,然后压住胚体,用灭菌吸管插入尿囊腔,吸取尿囊液,置入灭菌的容器内,冷冻保存。

(3)羊水的收获。收获尿囊液后,用无菌镊子撕破羊膜,用灭菌吸管或注射器插入羊膜腔,吸取羊水,置入灭菌的容器内,低温保存备用。

(4)卵黄囊的收获。将蛋内容物倒入平皿内,用镊子将卵黄囊及绒毛尿囊膜分开,用灭菌生理盐水冲去卵黄,取卵黄囊,置于灭菌容器内,低温保存备用。

(5)胚胎的收获。无菌操作撕破绒毛尿囊膜和羊膜,挑起鸡胚,置灭菌容器中,低温保存备用。

(三)影响禽胚增殖病毒的因素

(1)种蛋质量。种蛋质量直接与增殖病毒的质和量相关。最理想的禽胚是SPF种蛋,其次是非免疫种蛋,而普通种蛋有母源抗体会影响病毒增殖。比如病原微生物、母源抗体、禽胚污染等都影响病毒在禽胚的增殖。

(2)孵化技术。为获得高滴度病毒,需有适宜的孵化条件,并加以控制,这样才会使禽胚发育良好,有利于病毒增殖。通常禽胚发育的适宜温度为37～39.5 ℃,其适宜温度应控制在37.8～38 ℃(禽胚接种传染性支气管炎病毒后,不应超过37 ℃);禽胚孵化湿度标准为50%～65%;禽胚在发育过程中吸入氧气,排出二氧化碳,因此需更换孵化机内空气;在孵化过程中定期翻蛋,既可使胚胎受热均匀,又可促进禽胚发育。

(3)接种技术。不同的病毒接种途径不同,同一种病毒接种不同日龄禽胚后获得的病毒量也不同。因此,应根据不同病毒培养所需要的时间选择最恰当的接种胚龄,以获得最高量病毒液。同时,鸡胚接种时严格无菌操作,接种操作应严格按照规定,不应伤及胚体和血管,以免鸡胚早期死亡,使病毒增殖停止。

禽胚来源充足,操作简单,感染的胚胎组织中病毒含量高,培养后易于采集和处理病毒,具有诸多优点,因此禽胚是目前比较常用的病毒培养方式,但禽胚中可能带有垂直传播的病毒,也有卵黄抗体干扰的问题,有些病毒不能在禽胚内增殖。

禽胚接种在基层生产中应用相对广泛,常用于家禽传染病的诊断、生产诊断抗原和疫苗以及病毒病原性的研究等方面。

三、细胞培养

细胞培养是用细胞分散剂将动物组织细胞消化成单个细胞的悬液,适当洗涤后加入营养液,使细胞贴壁生长成单层细胞。病毒感染细胞后,大多数能引起细胞病变,称为病毒的致细胞病变作用(简称CPE),表现为细胞变形,胞浆内出现颗粒化、核浓缩及核裂解等,借助倒置显微镜即可观察到。有的细胞不发生病变，但培养物出现红细胞吸附及血凝现象（比如流感病毒等）。有时还可用免疫荧光技术等血清学实验检查细胞中的病毒（视频 1-3-4）。

视频 1-3-4 组织培养

细胞培养多用于病毒的分离、培养和检测中和抗体。在离体活细胞上培养病毒是病毒研究、疫苗生产和病毒病诊断的良好方法。通常采用组织碎片或分散细胞培养，后者又称单层细胞培养。由于离体活组织细胞不受机体免疫力影响，很多病毒易于增殖；便于人工选择多种敏感细胞供病毒增殖；易于观察病毒的增殖特征，比如细胞病变、蚀斑形成；便于收集病毒做进一步检查。但成本和技术水平要求较高，操作复杂，应用受到一定的限制。

（一）细胞类型及培养方法

1. 细胞类型

根据培养细胞的染色体和繁殖特性，供病毒培养的细胞可分为原代细胞、次代细胞和传代细胞。

原代细胞是由新鲜组织经胰酶消化后，将细胞分散制备而成，比如鸡胚成纤维细胞（CEF）。原代细胞对病毒的检测最为敏感，原代细胞一般在 37 ℃消化 10～50 min，但制备和应用不方便。

次代细胞是原代细胞长成单层后用胰酶从玻璃瓶壁上消化下来后再作培养的细胞，又称继代细胞。次代细胞形态和染色体与原代细胞基本相同，可在体外传几代至几十代。比如犊牛睾丸三代细胞。

传代细胞是从原代细胞经传代培养后得来的可以长期连续传代的细胞。包括细胞株和细胞系。其中细胞株中的有限细胞株广泛适用病毒性生物制剂的制备，比如疫苗生产，安全可靠。

2. 细胞培养方法

（1）静置培养。培养瓶和营养液都静止不动，细胞沉降后贴附在培养瓶内面上生长分裂，3～5 d 形成细胞单层。静置培养是最常用的细胞培养方法。

（2）转瓶培养。将培养瓶置于转瓶机上，使营养液和培养瓶做相对运动，转瓶转速一般为 9～11 V/h，使贴壁细胞不始终浸于培养液中，有利于细胞呼吸和物质交换。可在少量的培养液中培养大量的细胞来增殖病毒，多用于生物制品生产。

（3）悬浮培养。它是通过振荡或转动装置使细胞始终处于分散状态悬浮于培养液内的培养方法，培养瓶不动营养液运动。主要用于一些在振荡或搅拌下能生长繁殖细胞，比如生产单克隆抗体的杂交瘤细胞。

（4）微载体培养。微载体是以细小的颗粒作为细胞载体，通过搅拌悬浮在培养液内，使细胞在载体表面繁殖成单层的一种细胞培养技术，兼有单层和悬浮细胞培养的优点。微载体培养的容器为特制的生物反应器，有自动化装置。该培养方法完全可以实现自动化和工业化，可满足大量生产疫苗的需要。

（二）细胞增殖病毒

1. 细胞选择

病毒需在敏感的宿主细胞中繁殖，病毒培养的宿主细胞一般选择相应易感动物的组织细胞，比如口蹄疫病毒的敏感细胞有乳仓鼠肾细胞（BHK21）、猪肾脏细胞（PK15）、猪肾细胞系（IBRS21）细胞和牛、猪、羊肾原代细胞。但非敏感动物的细胞有时也能使病毒生长，比如鸭胚成纤维细胞可培养马立克氏病毒。

2. 病毒增殖指标与收获

细胞接种病毒后，在适宜条件下培养，多数病毒在敏感细胞内增殖可引起细胞代谢等方面的变化，发生形态改变，即细胞病变（CPE），显微镜下主要表现为：细胞圆缩（比如痘病毒和呼肠孤病毒等）；细胞聚合（比如腺病毒）；细胞融合形成合胞体（比如副黏病毒和疱疹病毒）；轻微病变（比如冠状病毒、弹状病毒和反转录病毒等）。包涵体和血凝性也可作为检查病毒增殖的指标。

3. 细胞培养病毒的要素

病毒在敏感细胞上增殖需要一定条件，只有在最佳条件下，病毒才能大量增殖，毒价才会更高。

（1）血清。细胞培养必须加一定量的血清以维持细胞的生长。但是，血清中存在一些非特异性抑制因子，它们对某些病毒的生长和增殖有抑制作用，经 56 ℃ 30 min 不能被灭活。因此，病毒维持液内血清含量一般不超过 5%。

（2）温度。病毒细胞培养温度多数为 37 ℃，此温度有利于病毒吸附和侵入细胞，比如口蹄疫病毒于 37 ℃可在 3～5 min 内使 90%的敏感细胞发生感染。

（3）pH。pH 一般为 7.2～7.4 才能防止细胞过早老化，有利于病毒增殖。如果维持液 pH 下降过快或过低，也可用 $NaHCO_3$ 液调整。

（4）接毒量。接种病毒量小，细胞不能完全发生感染，会影响毒价；接种病毒量过大，会产生大量无感染性缺陷病毒。

（5）接毒方法。应根据病毒特点选择异步接毒和同步接毒，以获得更高价病毒。

（6）支原体污染。支原体污染不仅消耗维持液的营养，从而影响细胞的生长；同时，也可以影响病毒的增殖。比如痘病毒、马立克氏病毒、新城疫病毒等，均能被鸡毒支原体所抑制。

任务四　病毒的其他特性

一、干扰现象和干扰素

（一）干扰现象

当两种病毒感染同一细胞或机体时，可发生一种病毒抑制另一种病毒复制的现象，称为病毒的干扰现象。前者称为干扰病毒，后者称为被干扰病毒。干扰现象可以发生在异种病毒之间，也可发生在同种病毒不同型或株之间，甚至在病毒高度复制时，也可发生自身干扰，灭活病毒也可干扰活病毒的增殖，最常见的是异种病毒之间的干扰现象。

病毒的干扰现象如果发生在不同的疫苗之间，则会干扰疫苗的免疫效果，因此在实际防疫工作中，应合理使用疫苗，尤其是活疫苗的使用，应尽量避免病毒之间的干扰现象给免疫带来的不良影响（主要体现在不同疫苗使用的时间间隔上）。此外，干扰现象也被用于病毒细胞培养增殖情况的测定，主要用于不产生细胞病变，没有血凝性的病毒的测定和鉴定。病毒之间产生干扰现象的原因如下。

(1)占据或破坏细胞受体。两种病毒感染同一细胞,需要细胞膜上相同的受体,先进入的病毒首先占据细胞膜上的受体或将受体破坏,使另一种病毒无法吸附和穿入易感细胞,增殖过程被阻断。这种情况常见于同种病毒或病毒的自身干扰。

(2)争夺酶系统、生物合成原料及场所。两种病毒可能利用不同的受体进入同一细胞,但它们在细胞中增殖所需的主要原料、关键性酶及合成场所是一致的,而且是有限的,因此,先入为主,强者优先,一种病毒占据有利增殖条件而正常增殖,另一种病毒则受限,增殖受到抑制。

(3)产生干扰素。病毒之间存在干扰现象的最主要原因是先进入的病毒可诱导细胞产生干扰素,抑制另一种病毒的增殖。

(二)干扰素

1. 干扰素的概念和作用机理

干扰素(IFN)是机体活细胞受病毒感染或干扰素诱生剂的刺激后产生的一种低分子糖蛋白。干扰素在细胞中产生,可释放到细胞外,并可随血液循环至全身,被另外具有干扰素受体的细胞吸收后,细胞内将合成第二种物质,即抗病毒蛋白质。抗病毒蛋白能抑制病毒蛋白的合成,从而抑制入侵病毒的增殖,起到保护细胞和机体的作用。

病毒是最好的干扰素诱生剂,一般认为,RNA 病毒诱生干扰素产生的能力较 DNA 病毒强,RNA 病毒中,正黏病毒(比如流感病毒)诱生能力最强;DNA 病毒中痘病毒诱生能力较强,有囊膜的病毒比无囊膜的病毒的诱生能力强。有的病毒的弱毒株比自然强毒株诱生能力强,比如新城疫病毒的 Lasota 株和 Mukteswar 株比自然强毒株诱生能力强,但有的病毒诱生能力与毒力无明显关系,甚至有的恰好相反;有些灭活的病毒也可诱生干扰素,比如新城疫病毒和禽流感病毒等。此外,细菌内毒素、其他微生物(比如布鲁氏菌、李氏杆菌、支原体、立克次氏体)及某些合成的多聚合物(比如硫酸葡萄糖等)也属于干扰素诱生剂。

2. 干扰素的分类

干扰素按照化学性质可分为 α、β、γ 3 种类型,即 IFN-α、IFN-β、IFN-γ。其中 α 干扰素主要由白细胞和其他多种细胞在受到病毒感染后产生,人类的 α 干扰素至少有 22 个亚型,动物的较少;β 干扰素由成纤维细胞和上皮细胞受到病毒感染时产生,只有一个亚型;而 γ 干扰素由 T 淋巴细胞和自然杀伤细胞(NK 细胞)在受到抗原或有丝分裂原的刺激后产生,是一种免疫调节因子,主要作用于 T、B 淋巴细胞和 NK 细胞,增强这些细胞的活性,促进抗原的清除。所有哺乳动物都能产生干扰素,而禽类体内无 γ 干扰素。

3. 干扰素的基本特性

(1)干扰素属于糖蛋白,对蛋白分解酶敏感,比如胰蛋白酶和木瓜蛋白酶。可被乙醚、氯仿灭活。对热稳定,60 ℃ 1 h 一般不能灭活,在 pH 为 3～10 范围内稳定。

(2)对同种和异种病毒均有抗病毒的作用,可用于预防和治疗某些病毒性传染病。

(3)干扰素具有细胞种属特性,某一种属动物产生的干扰素,只能保护同种或非常接近种属动物的细胞。

(4)干扰素对动物没有抗原性或抗原性很弱,毒性低,因此可以反复使用。

4. 干扰素的作用

(1)抗病毒作用。干扰素具有广谱抗病毒作用,其作用是非特异性的,甚至对某些细菌、立克次氏体等也有干扰作用。但干扰素具有细胞种属特性，原因是一种动物的细胞膜上只有本种动物干扰素受体，因此牛干扰素不能抑制人体内病毒的增殖，鼠干扰素不能抑制鸡体内病毒的增殖，这一点使干扰素的临床应用受到限制。

(2)抗肿瘤作用。干扰素不仅可抑制肿瘤病毒的增殖，而且能抑制肿瘤细胞的生长，同时，又能调节机体的免疫机制，比如增强巨噬细胞的吞噬功能，加强 NK 细胞等细胞毒细胞的活性，加快对肿瘤细胞的清除。干扰素可以通过调节癌细胞基因的表达实现抗肿瘤的作用。

(3)免疫调节作用。主要是 γ 干扰素的作用。γ 干扰素可作用于 T 细胞、B 细胞和 NK 细胞，增强它们的活性。

二、病毒的血凝现象

许多病毒表面有血凝素，能与鸡、豚鼠、人等红细胞表面受体(多数为糖蛋白)结合，从而出现红细胞凝集现象，称为病毒的血凝现象，简称病毒的血凝，这种血凝现象是非特异性的。当病毒与相应的病毒抗体结合后，能使红细胞的凝集现象受到抑制，称为病毒的血凝抑制现象，简称病毒的血凝抑制，能阻止病毒凝集红细胞的抗体称为红细胞凝集抑制抗体，其特异性很高。生产中病毒的血凝和血凝抑制试验主要用于鸡新城疫、禽流感等病毒性传染病的诊断以及鸡新城疫、禽流感、鸡减蛋综合征等传染病的免疫检测。

三、病毒的包涵体

包涵体是某些病毒在细胞内增殖后，在细胞核或细胞质内形成的、通过染色后可用光学显微镜观察到的特殊“斑块”(图 1-3-8)。有的包涵体是由病毒成分组成，比如狂犬病毒的包涵体是堆积的核衣壳；有的包涵体是由病毒粒子组成的，比如腺病毒的包涵体；有的包涵体是细胞被病毒感染后的反应产物。包涵体是某些病毒对敏感机体或敏感细胞的病理反应。病毒不同，所形成包涵体的形状、大小、数量、染色特性(嗜酸性或嗜碱性)，以及存在于哪种感染细胞和在细胞中的位置等均不相同，故可作为诊断某些病毒病的依据。比如疱疹病毒可形成核内包涵体；痘病毒可形成胞质内包涵体；犬瘟热病毒在胞质和胞核内均有包涵体；狂犬病病毒在神经细胞质内形成嗜酸性包涵体；伪狂犬病病毒在神经细胞核内形成嗜酸性包涵体。需要注意的是包涵体的出现率不是 100%，所以不能因检查不出包涵体时，否定病原的存在。

四、病毒的滤过特性

由于病毒体积微小，所以能通过孔径细小的细菌滤器，因此人们曾称病毒为滤过性病毒。利用这一特性，可将材料中的病毒与细菌分开。但滤过性并非病毒独有的特性，有些螺旋体、支原体、衣原体也能够通过细菌滤器。随着科技的进步，人们已经可以生产出不同孔径的滤器，并已经有了能够过滤病毒的滤膜。生产中，人们可根据需要选择不同的滤器，并配以适当的滤膜，常用滤膜的孔径有 0.45 μm 和 0.22 μm 两种。

五、噬菌体

噬菌体是一些专门寄生于细菌、放线菌、真菌、支原体等细胞中的病毒，具有病毒的一般生物学特性。噬菌体在自然界中分布很广，凡是有细菌和放线菌的地方，一般都有噬菌体的存在，所以污水、粪便、垃圾是分离噬菌体的好材料。噬菌体的形态有 3 种：蝌蚪形、微球形和纤

1. 痘病毒　2. 单纯疱疹病毒　3. 呼肠孤病毒　4. 腺病毒　5. 狂犬病病毒　6. 麻疹病毒

图 1-3-8　病毒感染细胞后形成不同类型的包涵体

丝形，大多数噬菌体呈蝌蚪形。

噬菌体在宿主细胞内增殖的过程与动物病毒的相似，凡能引起宿主细胞迅速裂解的噬菌体，称为烈性噬菌体。有些噬菌体不裂解宿主细胞，而是将其 DNA 整合于宿主细胞的 DNA 中，并随宿主细胞分裂而传递，这种噬菌体称为温和性噬菌体。含有温和性噬菌体的细菌称为溶源性细菌。噬菌体裂解细菌的作用，具有“种”甚至“型”的特异性，即某一种或型的噬菌体只能裂解相应的种或型的细菌，而对其他的细菌则不起作用。因此，可用噬菌体防治疾病和鉴定细菌，实践中可用于炭疽杆菌、布鲁氏菌、葡萄球菌等的分型和鉴定，也可应用绿脓杆菌噬菌体治疗被绿脓杆菌感染的病人。

六、病毒的抵抗力

病毒对外界理化因素的抵抗力与细菌的繁殖体相似。研究病毒的抵抗力的目的主要是：如何消灭它们或使其灭活；如何保存它们，使其抗原性、致病力等不发生改变。

(一)物理因素

病毒耐冷不耐热。通常温度越低，病毒生存时间越长。在－25 ℃下可保存病毒，－70 ℃以下更好。对高温敏感，多数病毒在 55 ℃经 30 min 即被灭活，但猪瘟病毒能耐受更高的温度。病毒对干燥的抵抗力与干燥速度和病毒的种类有关。比如水疱液中的口蹄疫病毒在室温中缓慢干燥，可生存 3～6 个月；如果在 37 ℃下快速干燥迅速灭活。痂皮中的痘病毒在室温下可保持毒力一年左右。冻干法是保存病毒的好方法。大量紫外线和长时间日光照射均能杀灭病毒。

(二)化学因素

(1)甘油。50%甘油可抑制或杀灭大多数非芽孢细菌，但多数病毒对其有较强的抵抗力，因此常用50%甘油缓冲生理盐水保存或寄送被检病毒材料。

(2)脂溶剂。脂溶剂能破坏病毒囊膜而使其灭活。常用乙醚、氯仿等脂溶剂处理病毒，以检查其有无囊膜。

(3)pH。病毒一般能耐pH为5～9，通常将病毒保存于pH为7.0～7.2的环境中。但病毒对酸碱的抵抗力差异很大，比如肠道病毒对酸的抵抗力很强，而口蹄疫病毒则很弱。

(4)化学消毒药。病毒对氧化剂、重金属盐类、碱类和与蛋白质结合的消毒药等都很敏感。生产实践中常用苛性钠、石炭酸和来苏儿等做环境消毒，实验室常用高锰酸钾、过氧化氢等消毒，对不耐酸的病毒可选用稀盐酸。甲醛能有效地降低病毒的致病力，而对其免疫原性影响不大，在制备灭活疫苗时，常作为灭活剂。

扩展知识(视频1-3-5，视频1-3-6)

视频1-3-5　病毒的免疫病理作用

视频1-3-6　病毒的直接作用

任务五　病毒病的实验室诊断方法

畜禽病毒性传染病是危害最严重的一类疫病，给畜牧业生产带来的经济损失最大。除少数病毒性传染病(比如绵羊痘等)可根据临床症状、流行病学及病变做出诊断外，大多数病毒性传染病的确诊，必须在临床诊断的基础上进行实验室诊断，以确定病毒的存在或检出特异性抗体。病毒病的实验室诊断和细菌病的实验室诊断一样，都需要在正确采集病料的基础上进行，常用的诊断方法有：包涵体检查、病毒的分离培养、病毒的血清学实验、动物接种实验及分子生物学的方法等(视频1-3-7)。

视频1-3-7
病毒的实验室诊断

一、病料的采集、保存和运送

病料的采集与保存是否恰当，直接影响到病毒分离的成功率。病料的采集原则、方法、保存及运送的方法与细菌病病料的采集、保存和运送方法基本一致，但必须注意以下几点。

(1)时间性。最理想的是疾病急性期的样品；濒死动物的样品或死亡之后立即采取的样品(以不超过6 h为宜)。血清应在发病早期和恢复期各采取一份。

(2)针对性。不同的病毒采集的样品各有不同，特别应注意采集病毒含量高的部位。比如呼吸道疾病采取咽喉分泌物；中枢神经疾病应采集脑组织、脑脊液；消化道疾病一般应采集粪便；水疱性疾病应采集水疱皮和水疱液；剖检的尸体中，一般采集具有特征性病变的器官和组织。

(3)保存方法。病毒病料的保存可置于50%甘油磷酸盐缓冲液中保存，液体病料采集后可直接加入一定量的青、链霉素或其他抗生素以防细菌和霉菌感染。如果要长期冷冻保存，一般保存于－70 ℃以下，切忌放于－20 ℃，因为该温度对某些病毒的活性有影响。

二、包涵体检查

有些病毒能在易感细胞中形成包涵体。将被检材料直接制成涂片、组织切片或冰冻切片，经特殊染色后，用普通光学显微镜检查。这种方法对能形成包涵体的病毒性传染病具有重要的诊断意义。但包涵体的形成有个过程，出现率也不是100%，所以，在包涵体检查时应加以注意。

三、病毒的分离培养及鉴定

从动物病料分离病毒时，需将病料做适当的处理，比如细菌滤器过滤、高速离心及用抗生素处理等。将处理好的病毒液接种动物、禽胚或组织细胞，观察接种对象的变化(但有的病毒须盲目传代后才能检出)；或通过血清学试验及相关的技术进一步鉴定病毒。比如用口蹄疫的水疱皮病料进行病毒分离培养时，将送检的水疱皮置于平皿内，用已灭菌的pH为7.0磷盐酸缓冲液洗涤数次，并用灭菌滤纸吸干，称链霉素1 000 μg，置于2～4 ℃冰箱内4～6 h，然后用8 000～10 000 r/min速度离心沉淀30 min，吸取上清液备用。

四、动物接种试验

病毒病的诊断也可应用动物接种试验来进行。将病料或分离到的病毒处理后接种实验动物，通过观察记录动物的发病时间、临床症状及病变甚至死亡的情况，也可借助一些实验室的诊断方法来判断病毒的存在。这种方法尤其在病毒毒力测定上应用广泛。

五、病毒的血清学试验

血清学试验在病毒性传染病的诊断中占有重要地位。常用的方法有：红细胞凝集和凝集抑制试验、中和试验、补体结合试验、免疫扩散试验、免疫标记技术等。根据实际情况，选择特异性强、灵敏度高的血清学试验进行诊断。

六、分子生物学方法鉴定病毒

分子的生物学诊断包括病毒的核酸和蛋白质等的测定，主要是针对不同病原微生物所具有的特异性核酸序列和结构进行测定。其特点是反应的灵敏度高、特异性强、检出率高，是目前最先进的诊断技术。常用的方法有核酸探针、PCR技术、DNA芯片技术、DNA酶切图谱分析、寡核苷酸指纹图谱和核苷酸序列分析等。其中PCR技术和核酸杂交技术是当今病毒病诊断中最具有应用价值的方法。

(一)PCR诊断技术

PCR技术又称聚合酶链式反应(polymerase chain reaction)，方法就是根据已知病原微生物特异性核酸序列，设计合成与其5′端同源、3′端互补的两条引物。在体外反应管中加入待检的病原微生物核酸(称为模板DNA)、引物、dNTP和具有热稳定性的DNA Taq聚合酶，在适当条件下，置于PCR仪，经过变性、复性、延伸，3种反应温度为一个循环，进行20～30次循环。如果待检的病原微生物核酸与引物上的碱基匹配，合成的核酸产物就会以2^n递增。产物经琼脂糖凝胶电泳，可见到预期大小的DNA条带出现，就可做出诊断。

此技术具有特异性强、灵敏度高、操作简便、快速、重复性好和对原材料要求较低等特点。它尤其适于那些培养时间较长的病原菌的检查，比如结核分枝杆菌、支原体等。PCR的高度敏感性使该技术在病原体诊断过程中极易出现假阳性，避免污染是提高 PCR 诊断准确性的关键环节。常用检测病原体的 PCR 技术有逆转录 PCR(RT-PCR)和免疫-PCR 等。

(二)核酸杂交技术

核酸杂交技术是利用核酸碱基互补的理论，将标记过的特异性核酸探针同经过处理、固定在滤膜上的 DNA 进行杂交，以鉴定样品中未知的 DNA。由于每一种病原体都具有独特的核苷酸序列，所以用一种已知的特异性核酸探针，就能准确地鉴定样品中存在的是何种病原体，进而做出疾病诊断。核酸杂交技术敏感、快速、特异性强，特别是结合应用 PCR 技术之后，对靶核酸检测量已减少到皮克水平。PCR 技术为检测生长条件苛刻、培养困难的病原体和为潜伏感染、整合感染动物的检疫提供了极为有用的手段。

(三)核酸分析技术

核酸分析技术包括核酸电泳、核酸酶切电泳、寡核苷酸指纹图谱和核苷酸序列分析等技术，它们都已开始用于病原体的鉴定。比如轮状病毒、流感病毒等 RNA 病毒，由于其核酸具有多片段性，故通过聚丙烯酰胺凝胶电泳分析其基因组型，便可做出快速诊断。又如疱疹病毒等 DNA 病毒，在限制性内切酶切割后电泳，根据呈现的酶切图谱可鉴定出所检病毒的类型。

任务六　主要的动物病毒

一、RNA 病毒

(一)口蹄疫病毒

口蹄疫病毒是牛、羊、猪等偶蹄动物口蹄疫的病原体，人类偶能感染。该病毒使患病动物的口腔黏膜、蹄部和乳房等处皮肤发生特征性的水疱、溃烂，病变特征为心肌炎，心脏切面有灰白色或淡黄色斑点、条纹，称为“虎斑心”。本病传播迅速、流行广泛，能给畜牧业生产带来巨大的经济损失，是各国最重视的传染病之一。世界动物卫生组织(OIE)把口蹄疫列为 A 类疫病，我们国家把口蹄疫列为一类疫病。

1. 生物学特性

口蹄疫病毒属于微 RNA 病毒科口蹄疫病毒属的单股 RNA 病毒。近似球形，病毒粒子二十面体立体对称，直径 20～25 nm，无囊膜。在胞质内复制，用感染细胞做超薄切片，在电子显微镜下可看到胞浆内呈晶格状排列的口蹄疫病毒。经石炭酸处理后除去蛋白衣壳，其裸露的 RNA 仍具有感染性，并可在易感细胞内复制出完整的病毒颗粒。

口蹄疫病毒有 7 个不同的血清主型：A 型、O 型、C 型、南非Ⅰ型(SAT1)、南非Ⅱ型(SAT2)、南非Ⅲ型(SAT3)及亚洲Ⅰ型(Asia1)，各主型之间无交互免疫性，每一血清主型又有若干个亚型，同一主型的各亚型之间有交互免疫性，这给疫苗的制备及免疫带来了很多困难。我国流行的主要有 A 型、O 型和亚洲Ⅰ型。

口蹄疫病毒对干燥的抵抗力较强，比如饲草、被毛和木器上的病毒可存活几周之久，厩舍墙壁和地板上的干燥分泌物中的病毒至少可以存活 1 个月(夏季)至 2 个月(冬季)，但阳光直射能迅速使其灭活。本病毒对高温十分敏感，65 ℃ 15 min、70 ℃ 10 min、80 ℃ 1 min 被灭活，1% NaOH 1 min 被灭活，在 pH 为 3 的环境中可失去感染性。

2. 致病性

在自然条件下，偶蹄动物对口蹄疫病毒易感，其中牛最易感，猪次之，其次绵羊、山羊、骆驼、鹿等偶蹄动物也能感染，而马属动物和禽类不感染。实验动物中豚鼠最易感，但大部分可耐过，因此常用其做病毒的定型试验。其他动物比如猫、犬、仓鼠、野鼠、大鼠、小鼠、家兔等均可人工感染。小鼠化和兔化的口蹄疫病毒对牛毒力显著减弱，可用于制备弱毒疫苗。

人类偶尔感染，多发生于与患畜密切接触的工作人员和实验室工作人员，且多为亚临床感染，表现为发热、食欲不振，口、手、足产生水疱。

3. 微生物学诊断

诊断必须在指定的实验室进行，送检的样品包括水疱液、水疱皮、抗凝血或血清等。死亡动物则可采淋巴结、扁桃体和心脏。样品应冷冻保存，或置于 pH 为 7.6 的甘油缓冲液中。

口蹄疫的检测有多种方法，OIE 推荐使用商品化及标准化的 ELISA 试剂盒诊断，如果样品中病毒的滴度较低，可用仓鼠肾细胞（BHK-21 细胞）培养分离病毒，然后通过 ELISA 或中和试验加以鉴定。

对口蹄疫的诊断必须确定其血清主型，这对本病的防制是至关重要，只有同型免疫才能起到良好的保护作用。

4. 防制措施

加强饲养管理，坚持自繁自养、全进全出；平时做好预防性免疫接种，常接疫苗有猪用口蹄疫 O 型灭活疫苗、口蹄疫 O 型合成肽疫苗，牛、羊、骆驼、鹿用口蹄疫 O 型-亚洲Ⅰ型二价灭活疫苗、口蹄疫 O 型-A 型二价灭活疫苗、口蹄疫 A 型灭活疫苗；搞好定期消毒工作；加强检疫，严禁从疫区调入动物、动物产品、饲料、生物制品。购入动物必须隔离检疫，确认健康方可混群。

发病时应采取的扑灭措施：及时上报疫情；采取病料，并送检，确诊定型；立即隔离、扑杀患病动物和同群动物；采取封锁措施；严格消毒，合理处理患病动物尸体及污染物；周边地区畜群进行紧急免疫接种疫苗，建立免疫防护带。

本病康复后获得坚强的免疫力，能抵抗同型强毒的攻击，但可被异型病毒感染。

（二）狂犬病病毒

狂犬病病毒侵害人和各种温血动物的神经系统，主要表现为神经紊乱、意识障碍、大量流涎，最后全身麻痹死亡。病毒主要经唾液排出，通过咬伤或接触感染，且对大多数动物是致命的。狂犬病严重威胁人类健康，世界卫生组织（WHO）把狂犬病列为 B 类疫病，国家把狂犬病列为二类疫病。

1. 生物学特性

狂犬病病毒属于弹状病毒科狂犬病病毒属的单股 RNA 病毒，呈子弹形，长 180～250 nm，宽 75 nm，圆柱状的衣壳呈螺旋状对称，有囊膜。病毒在中枢神经组织和唾液腺细胞的细胞质内复制，形成特异性的包涵体。狂犬病病毒可被各种理化因素灭活，对热敏感，比如 60 ℃ 30 min 或 100 ℃ 2 min 即可被灭活，0.1%升汞、1%来苏儿等均可迅速使其灭活，但在冷冻或冻干条件下可长期保存，在中性甘油中置于 4 ℃下可保存数月，易被紫外线、日光杀死，也能被强酸、强碱、乙醇及乙醚等灭活。

2. 致病性

各种哺乳动物对狂犬病病毒都有易感性，尤其是犬科动物更易感，实验动物中，家兔、小鼠、大鼠均可用人工接种感染，人也有易感性。鸽子和鹅对狂犬病有天然免疫性。在自然界中犬科和猫科中的很多动物常成为狂犬病的自然带毒者。易感动物和人常因被病犬、健康带毒犬或其他狂犬病患畜咬伤而发病。病毒通过伤口侵入机体，在伤口附近的肌细胞内复制，然后通过感觉或运动神经末梢及神经轴索上行至中枢神经系统，在脑的边缘系统大量复制，导致脑损伤，行为失控出现兴奋，继而麻痹的神经症状，病死率几乎达 100%。

3. 微生物学诊断

在大多数国家仅限于获得认可的实验室及具有确认资格的人员才能做出狂犬病的实验室诊断。常用的方法如下。

(1)包涵体检查。取脑组织(海马角、小脑和延脑等)作组织触片或切片，染色镜检，阳性结果可见樱桃红色的包涵体。约有 90%的病犬可检出胞浆包涵体，牛、羊的出现率较低。

(2)病毒的分离。取脑和唾液腺等材料，用缓冲盐水或含 10%灭活豚鼠血清的生理盐水研磨成 10%乳剂，脑内接种 5～7 日龄乳鼠，每只乳鼠注射 0.03 mL，每份病料接种 4～6 只乳鼠。唾液或脊髓液离心沉淀和用抗生素处理后，直接接种。乳鼠在接种后继续由母鼠同窝哺养，3～4 h 后如果发现哺乳力减弱、痉挛、麻痹死亡，即可取脑组织检查包涵体，并制成抗原，作病毒鉴定。如果经 7 d 仍不发病，可致死其中两只，剖取鼠脑组织做成悬液，如上传代。如果第二代仍不发病，可再传代，连续盲传三代，第一、二、三代总计观察 4 周仍不发病者，诊断为阴性。

(3)动物接种。将脑组织磨碎，用生理盐水制成 10%悬液，低速离心 15～30 min。取上清液(如果已污染，可按每毫升加入青霉素 1 000 IU、链霉素 1 000 μg 处理 1 h)，给小鼠脑内注射 0.01 mL。一般在注射后第 9～11 天死亡。为了及早诊断，可于接种后第 5 天起，每天或隔天杀死一只小鼠，检查其脑内的包涵体。

(4)血清学诊断。采取病死动物的脑组织做成触片或切片，进行荧光抗体染色检查。还可用琼脂扩散试验、ELISA、中和试验、补体结合试验等进行诊断。

4. 防制措施

由于狂犬病的病死率高，而人和动物又日渐亲近，所以对狂犬病的控制是保护人类健康的重要任务。加强对犬、猫的管理；对犬、猫等动物实施有计划的预防性免疫接种并挂牌登记；扑杀流浪犬和狂犬病患畜；加强进出口犬科、猫科动物的检疫；如果人被犬、猫等动物抓伤或咬伤，应及时对伤口进行妥善处理，并接种人用狂犬病疫苗，这些措施能大大降低人和动物狂犬病的发病率。对经常接触犬、猫等动物的兽医或其他人员，也应考虑进行预防性接种。

(三)猪瘟病毒

猪瘟病毒只侵害猪，引起猪的一种急性、热性、高度接触性传染病，传播快，发病率、死亡率高，对养猪业危害很大。世界动物卫生组织(OIE)把猪瘟列为 A 类疫病，我们国家把猪瘟列为二类疫病。

1. 生物学特性

猪瘟病毒属于黄病毒科瘟病毒属的单股 RNA 病毒。病毒呈球形，二十面体对称，直径为 38～44 nm，有囊膜，在胞浆内繁殖，以出芽方式释放。本病毒只在猪的细胞(比如猪肾、睾丸和白细胞等)中增殖，但不引起细胞病变。用人工方法可使病毒适应于兔，获得弱毒兔化毒。

猪瘟病毒对理化因素的抵抗力较强，室温能存活 2～5 个月，常用 1%～2%烧碱、10%～20%石灰水 15～60 min 才能杀灭病毒，对紫外线和 0.5%石炭酸溶液抵抗力较强。

2. 致病性

猪瘟病毒感染猪和野猪，各种年龄、性别及品种的猪均可感染。人工接种后，除马、猫、鸽等动物表现感染（即临床症状）外，其他动物均不表现感染。兔体人工感染后毒力减弱，因此我国研制了猪瘟兔化弱毒苗。

3. 微生物学诊断

猪瘟的诊断需在国家认可的实验室进行。

(1)病毒的分离。采取血液、淋巴结、脾脏等病料，用猪淋巴细胞或肾细胞可分离培养病毒，但因为不产生细胞病变，需用免疫学方法进一步检出病毒。通常用荧光抗体技术检查细胞质内的病毒抗原。用 RT-PCR 可快速检测感染组织中的猪瘟病毒。

(2)血清学试验。常用荧光抗体染色法、免疫酶组化染色法或抗原捕捉 ELISA 法、琼脂扩散试验等，可快速检出组织中的病毒抗原。

4. 防制措施

加强饲养管理；搞好定期消毒；坚持自繁自养、全进全出；做好预防性免疫接种；用适当的诊断技术对猪群进行检测；将检出阳性的猪只全群扑杀。猪瘟兔化弱毒苗接种后 4～6 d 产生较强的免疫力，维持时间可达 18 个月，但乳猪产生的免疫力较弱，可维持 6 个月。

(四)猪繁殖与呼吸综合征病毒

猪繁殖与呼吸综合征病毒(PRRSV)是猪繁殖与呼吸综合征的病原体，引起猪的一种以繁殖机能障碍和呼吸困难为主要特征的传染病。世界动物卫生组织(OIE)把高致病性猪繁殖与呼吸综合征列为 A 类疫病，我们国家把高致病性猪繁殖与呼吸综合征列为二类疫病。

1. 生物学特性

PRRSV 为动脉炎病毒属的单股正链 RNA 病毒，病毒粒子呈球形，二十面体对称，直径为 55～60 nm，有囊膜。病毒有 2 个血清型，即美洲型和欧洲型，二者在抗原上有差异，我国分离到的毒株为美洲型。本病毒对外界环境的抵抗力不强，病毒在空气中可以保持 3 周左右的感染力，对热敏感，56 ℃ 45 min 可杀灭，对酸、碱都较敏感，一般的消毒剂对其都有作用。

2. 致病性

PRRSV 仅感染猪，母猪和仔猪较易感染，发病时症状较为严重。可造成怀孕母猪流产、产死胎和木乃伊胎；仔猪呼吸困难，死亡率高；公猪精液品质下降。

3. 微生物学诊断

(1)病毒的分离。采集病猪或流产胎儿的组织病料，仔猪的肺、脾、肝、支气管、淋巴结等制成病毒悬液，接种仔猪的肺泡巨噬细胞培养，观察细胞病变，再用 RT-PCR 或 ELISA 进一步鉴定。

(2)血清学诊断。适合群体水平的检测，不适合个体检测。常用的方法有 ELISA 或间接免疫荧光试验等。

4. 防制措施

加强饲养管理；搞好消毒工作；坚持自繁自养，全进全出；做好预防性免疫接种；加强检疫等。目前接种的疫苗有猪繁殖与呼吸综合征灭活疫苗和弱毒疫苗。

(五)新城疫病毒

新城疫病毒(NDV)是新城疫的病原体，是引起鸡和火鸡的一种急性、高度接触性传染病，又称亚洲鸡瘟或伪鸡瘟。本病具有高度传染性，死亡率在90%以上，对养鸡业危害极大。世界动物卫生组织(OIE)把新城疫列为A类疫病，我们国家把新城疫列为二类疫病。

1. 生物学特性

新城疫病毒属于副黏病毒科副黏病毒亚科腮腺炎病毒属的RNA病毒。病毒呈球形，直径为140～170 nm，有囊膜和纤突，其表面的纤突能凝集鸡、火鸡、豚鼠、小鼠、人等的红细胞，这种血凝特性能被特异的抗血清所抑制，多用鸡胚或鸡胚细胞培养来分离病毒。对乙醚、氯仿敏感，56 ℃ 45 min可杀灭，阳光直射30 min被杀灭，常用2%的氢氧化钠、5%的漂白粉、70%的乙醇20 min杀灭。

2. 致病性

新城疫病毒对不同的宿主致病性不同。鸡、火鸡、珍珠鸡、鹌鹑和野鸡都有易感性，但鸡的易感性最高，而水禽、野禽可感染带毒，但不发病。对鸡的致病作用主要由病毒株的毒力决定，也与鸡的年龄和环境条件有关。一年四季均可发生，病鸡和带毒鸡是主要的传染源，主要通过饲料、饮水经消化道传播，也可经呼吸道、皮肤外伤感染。

3. 微生物学诊断

新城疫诊断必须作病毒分离及血清学诊断，并在国家认可的实验室进行。

(1)病毒的分离。采取病鸡脑、肺、脾、肝和血液等作为病料，按1∶4或1∶9加入灭菌的生理盐水制成悬浮液，离心取上清液，加入青霉素、链霉素，置于37 ℃温箱中作用30～60 min或置于4 ℃冰箱中作用4～8 h，取上清液0.1～0.2 mL，接种于9～11日龄鸡胚的尿囊腔内培养，收获24 h后死亡鸡胚的尿囊液做病毒鉴定。

(2)血清学试验。通过血凝和血凝抑制试验进行诊断，如果收获的尿囊液能凝集鸡、人及小鼠等的红细胞，再作血凝抑制试验进行鉴别，血凝现象被特异性抗体抑制，则为新城疫病毒。分离的新城疫病毒是强毒株、中毒株还是弱毒株，还需进行进一步的毒力测定。也可用ELISA快速诊断方法、反转录聚合酶链式反应(RT-PCR)等方法进行诊断。

4. 防制措施

平时做好综合性的预防措施。主要通过接种新城疫疫苗来预防本病的发生。目前我国使用的新城疫活疫苗有Ⅰ系苗(或Mukte-swar株)、Ⅱ系苗(或B_1株)、Ⅲ系苗(或F株)、Ⅳ系苗(或Lasota株)。其中Ⅰ系苗为中毒型，适用于已经用新城疫弱毒苗(比如Ⅱ、Ⅲ、Ⅳ系)免疫过的2月龄以上的鸡，不得用于雏鸡。常用方法是翅下翼膜刺种和肌肉注射。新城疫Ⅱ、Ⅲ、Ⅳ系疫苗毒力较弱，适用于所有年龄的鸡，可做滴鼻、点眼、饮水、气雾免疫等。新城疫油佐剂灭活苗的应用也很广泛，灭活苗对各种日龄鸡的免疫均可使用，免疫方法为皮下或肌内注射。

鸡群一旦发生新城疫，应立即采取报告疫情、分群隔离、划区封锁等一系列措施。当疫区最后一个病例处理两周后再没有新病例出现，经严格的终末消毒后，方可解除封锁。

(六)禽流感病毒

禽流感病毒是禽流感的病原体，由A型流感病毒引起禽类和人感染发病，禽流感又称欧洲鸡瘟或真性鸡瘟。高致病性禽流感暴发后，会引起禽类很高的发病率和病死率，给养禽业造成巨大的经济损失，也给人类健康和生命安全带来巨大的威胁。世界动物卫生组织(OIE)把高致病性禽流感列为A类疫病，我们国家把高致病性禽流感列为一类疫病。

1. 生物学特性

禽流感病毒(AIV)属于正黏病毒科甲型流感病毒属的单股RNA病毒。典型病毒粒子呈球形，也有的呈杆状或丝状，直径80～120 nm，核衣壳呈螺旋对称，有囊膜，囊膜表面有棒状和蘑菇状的纤突。棒状的纤突是血凝素(HA)，对红细胞有凝集性。蘑菇状的纤突是神经氨酸酶(NA)，可将吸附到细胞表面的病毒粒子解脱下来。现发现HA有16种，分别以H_1～H_{16}命名；NA有9种，分别以N_1～N_9命名。自然界中二者不同的组合，产生多种不同亚型的毒株，不同的HA抗原或NA抗原之间无交互免疫力。其中H_5N_1、H_5N_2、H_7N_1、H_7N_7及H_9N_2是引起禽流感的主要亚型。不同亚型的毒力相差很大，高致病性的毒株主要是H_5和H_7的某些亚型毒株。

禽流感病毒能在鸡胚、鸡胚成纤维细胞中增殖，病毒通过尿囊腔接种鸡胚后，经36～72 h，病毒量可达最高峰，导致鸡胚死亡，并使胚体的皮肤、肌肉充血和出血。高致病力的毒株20 h即可致死鸡胚，大多数毒株能在鸡胚成纤维细胞培养形成蚀斑。

本病毒对紫外线敏感，对热的抵抗力较低，55 ℃ 60 min或60 ℃ 10 min即可失去活力。在干燥的尘埃中能存活14 d，对大多数消毒药和防腐剂敏感。在冻干情况下或50%甘油生理盐水中保存病毒可存活数月到数年。

2. 致病性

禽流感病毒宿主广泛，各种家禽和野禽均可感染，以鸡和火鸡最易感染。禽流感发病急，病死率高达40%～100%。该病一年四季均可发生，受感染的禽是主要的传染源，候鸟、水禽和笼养鸟可带毒造成鸡群禽流感的流行。血液及组织液中病毒滴度高，主要通过呼吸道感染，其次经消化道、损伤的皮肤、黏膜感染，也可经卵传播。

3. 微生物学诊断

禽流感病毒的分离和鉴定应在指定的实验室进行。病毒的分离对病毒的鉴定和毒力测定至关重要。

(1)病毒的分离。可用棉拭子从病禽(或尸体)气管及泄殖腔采取分泌物，接种于8～10日龄SPF鸡胚尿囊腔，0.1 mL/只，孵育36～48 h，采取尿囊液，做HA和HI或ELISA等试验，对该病毒进行诊断检测。毒力测定可将分离病毒株接种鸡，或用分离株做空斑试验。

(2)血清学诊断。直接荧光法和间接荧光法等，均可有效地检测出AIV。也可用ELISA快速诊断方法、琼脂扩散试验、反转录聚合酶链式反应(RT-PCR)等方法进行诊断。

4. 防制措施

平时做好综合性的预防措施。主要通过接种禽流感疫苗来预防本病的发生。目前，我国使用的禽流感疫苗有重组禽流感病毒H_5亚型二价灭活疫苗(H_5N_1亚型，Re-5株+ Re-4株)、重组禽流感病毒灭活疫苗(H_5N_1亚型，Re-4株)、重组禽流感病毒灭活疫苗(H_5N_1亚型，Re-5株)、禽流感(H_5+H_9)二价灭活疫苗等。

鸡群一旦发生禽流感，应立即采取报告疫情、分群隔离、划区封锁等一系列措施。当疫区最后一个病例处理后21 d，经严格的终末消毒后，方可解除封锁。受威胁区易感禽类采用国家批准使用的疫苗进行紧急强制免疫接种。

(七)传染性法氏囊病病毒

传染性法氏囊病病毒(IBDV)是鸡传染性法氏囊病的病原体。传染性法氏囊病是鸡的一种以法氏囊淋巴组织坏死为主要特征的急性、高度接触性传染病,是一种免疫抑制性疾病。传染性法氏囊病毒引起的鸡传染性法氏囊病被我国列为三类动物疫病。

1. 生物学特性

IBDV 是双股 RNA 病毒科禽双股 RNA 病毒属。病毒粒子直径 55～60 nm,由 32 个壳粒组成,正二十面体对称,无囊膜。能在鸡胚、鸡胚成纤维细胞、法氏囊细胞中繁殖。病鸡法氏囊中病毒含量最高,其次是脾脏、肾脏。

本病毒有两个血清型,二者有较低的交叉保护,仅 1 型对鸡有致病性,火鸡和鸭为亚临床感染。2 型未发现有致病性,毒株的毒力有变强的趋势。IBDV 对理化因素的抵抗力较强,耐热 56 ℃ 5～6 h,60 ℃ 30～90 min 仍有活力,70 ℃ 30 min 即被灭活。病毒在－20 ℃贮存 3 年后对鸡仍有传染性。在－58 ℃保存 18 个月后对鸡的感染滴度不下降。可耐反复冻融和超声波处理。在 pH 为 2 环境中 60 min 不灭活。对乙醚、氯仿、吐温和胰蛋白酶有一定的抵抗力。在 3%来苏儿、3%石炭酸和 0.1%升汞液中经 30 min 可灭活,但对紫外线有较强的抵抗力。

2. 致病性

IBDV 的天然宿主只限于鸡,2～15 周龄的鸡较易感,尤其是 3～5 周龄的鸡最易感。法氏囊已退化的成年鸡呈现隐性感染。鸭、鹅和鸽不易感,鹌鹑和麻雀偶尔也感染发病,火鸡只发生亚临床感染。病鸡是主要的传染源,在其粪便中含有大量的病毒,可通过直接和间接接触感染,带毒鸡可垂直传播。

鸡发生传染性法氏囊病后,不仅能导致一部分鸡死亡,造成直接的经济损失,而且还可导致免疫抑制,从而诱发其他病原体的潜在感染或导致其他疫苗的免疫失败,目前认为该病毒可以降低鸡新城疫、鸡传染性鼻炎、鸡传染性支气管炎、鸡马立克病和鸡传染性喉气管炎等各种疫苗的免疫效果,使鸡对这些病的敏感性增加。

3. 微生物学诊断

(1)病毒的分离。采取病鸡法氏囊,处理后取上清液,接种 9～11 日龄 SPF 鸡胚绒毛尿囊膜,常于接种后 3～5 d 死亡,病变表现为体表出血、肝脏肿大、肺脏极度充血,脾脏呈灰白色。3～7 周龄的雏鸡经口接种,4 d 后扑杀,可见法氏囊肿大,水肿、出血。也可用鸡胚成纤维细胞进行培养,然后用中和试验或琼脂扩散试验进一步鉴定。还可以用 RT-PCR 分子生物学技术进一步快速诊断。

(2)血清学检查。常用的方法有中和试验、琼脂扩散试验、免疫荧光技术及 ELISA 等。

4. 防制措施

平时需加强对鸡群的饲养管理和卫生消毒工作,提高种鸡的母源抗体,定期进行疫苗免疫接种,是控制本病的有效措施。目前常用的疫苗有:弱毒苗接种后对法氏囊无损伤,但抗体产生较迟,效价较低,在遇到较强毒力的 IBDV 侵害时,保护率较低;中等毒力疫苗接种后对雏鸡法氏囊有轻度损伤作用,但对强毒 IBDV 侵害的保护率较好,两种活疫苗的接种途径为点眼、滴鼻、肌肉注射和饮水免疫。灭活疫苗有鸡胚细胞毒、鸡胚毒或病变法氏囊组织制备的灭活疫苗,此类疫苗的免疫效果较好,通过皮下注射或肌内注射进行免疫。高免卵黄抗体的使用在本病的早期治疗中有较好的效果。

(八)犬瘟热病毒

犬瘟热病毒是犬瘟热的病原，是犬、水貂及其他皮毛动物的高度接触性急性传染病。以双相热型、鼻炎、支气管炎、卡他性肺炎以及严重的胃肠炎和神经症状为特征。犬瘟热病毒引起的犬瘟热被我国列为三类动物疫病。

1. 生物学特性

犬瘟热病毒属于副黏病毒科副黏病毒亚科麻疹病毒属的单负股 RNA 病毒，病毒粒子多数呈球形，有时为不规则形态，直径为 70～160 nm，核衣壳呈螺旋对称排列，有囊膜，囊膜表面有放射状的囊膜粒。能在鸡胚尿囊膜上生长并引起病变，也能在鸡胚成纤维细胞上生长。

犬瘟热病毒对理化因素抵抗力较强。病犬脾脏组织内的病毒于－70 ℃可存活 1 年以上，病毒冻干可以长期保存，而在 4 ℃只能存活 7～8 d，在 55 ℃可存活 30 min，在 100 ℃ 1 min 灭活。在 1%来苏儿溶液中数小时不被灭活；在 3%氢氧化钠、3%甲醛和 5%石炭酸溶液中均能死亡。最适 pH 为 7～8，在 pH 为 4.4～10.4 条件下可存活 24 h。

2. 致病性

犬瘟热病毒主要侵害幼犬，但狼、狐、豺、鼬鼠、熊猫、浣熊、山狗、野狗、狸和水貂等动物也易感。青年犬比老年犬易感。雪貂对犬瘟热病毒特别易感，自然发病的死亡率可高达 100%，常用雪貂作为本病的实验动物。人和其他家畜无易感性。主要经呼吸道、消化道感染，也可经眼结膜和胎盘感染。

3. 微生物学诊断

(1)包涵体检查。无菌刮取病犬的膀胱、胆管、胆囊、舌、眼结膜等处黏膜上皮，涂片，自然干燥后，在甲醇溶液中固定 3 min，晾干后，吉姆萨染色镜检。可见到细胞核呈淡蓝色，细胞质呈淡玫瑰红色，包涵体呈红色。通常包涵体在细胞质内，呈圆形或椭圆形(1～2 μm)，一个细胞内可发现 1～10 个包涵体。

(2)病毒分离。通常用易感的犬或雪貂分离病毒，也可以用犬肾原代细胞、鸡胚成纤维细胞及犬肺巨噬细胞进行分离。采取肝、脾、淋巴结等病料制成 1%的乳剂，接种 2～3 个月的幼犬 5 mL，一般接种后 5～7 d，长的 8～12 d 发病，且多在发病后 5～6 d 死亡。

(3)血清学检查。可用荧光抗体技术、中和试验或 ELISA 等确诊本病。

4. 防制措施

平时做好综合性预防措施。幼犬免疫接种的日龄取决于母源抗体的滴度。也可在 6 周龄时用弱毒疫苗免疫，每隔 2～4 周再次接种，直至 16 周龄。治疗可用高免血清或纯化的免疫球蛋白。耐过犬瘟热的动物可以获得坚强的甚至终生的免疫力。

(九)兔出血症病毒

兔出血症病毒(RHDV)是兔出血性败血症的病原，是引起兔的急性、热性、高度致死性传染病。本病以呼吸系统出血、实质器官水肿、淤血及出血性变化为特征。兔出血症病毒引起的兔出血病被我国列为二类动物疫病。

1. 生物学特性

兔出血症病毒属嵌杯病毒科兔嵌杯状病毒属。病毒粒子呈球形，直径 32～36 nm，二十面体对称，无囊膜。只有一种血清型。欧洲野兔综合征病毒与兔出血症病毒抗原性相关，但血清型不同。

该病毒具有血凝性，能凝集人的各型红细胞，肝病料中的病毒血凝价可达 10×2^{20}，平均为 10×2^{14}，也可凝集绵羊、鸡、鹅的红细胞，但凝集能力较弱，不凝集其他动物的红细胞。红细胞凝集试验（HA）在 pH 为 4.5～7.8 的范围内稳定，最适 pH 为 6.0～7.2；如果 pH 低于 4.4，则会导致溶血；pH 高于 8.5，吸附在红细胞上的病毒将被释放，吸附-释放现象可用于 RHDV 的提纯。RHDV 对乙醚、氯仿和 pH 为 3 有抵抗力，能够耐受 50 ℃ 1 h。

2. 致病性

引进的纯种兔和杂交兔比我国本地兔对该病毒易感，毛用兔比肉用兔易感。在自然条件下，只感染年龄较大的家兔，2 月龄以下的仔兔自然感染时一般不发病。病毒主要通过直接接触感染，也可通过消化道、呼吸道和损伤的皮肤黏膜等途径感染。感染后大多呈现为最急性型或急性型，发病率和死亡率都较高。

3. 微生物学诊断

兔出血性败血症实验室诊断常用的方法为血凝（HA）和血凝抑制（HI）试验，也可用其他方法（比如 ELISA）等诊断。

（1）病毒抗原检测。无菌采取病兔的肝、脾、肾及淋巴结等，磨碎后加生理盐水制成 1∶10 悬液，冻融 3 次，3 000 r/ min 离心 30 min，取上清液作血凝试验。把待检的上清液连续 2 倍稀释，然后加入 1%人“O”型红细胞，在 37 ℃作用 60 min 观察结果。也可用荧光抗体试验、琼脂扩散试验或斑点酶联免疫吸附试验检测病料中的病毒抗原。

（2）血清抗体检测。多用于本病的流行病学调查和疫苗免疫效果的检测，常用的方法是血凝抑制试验。待检血清 56 ℃ 30 min 灭活，以能完全抑制红细胞凝集的血清最高稀释倍数为该血清的血凝抑制效价，也可用间接血凝试验检测血清抗体。

4. 防制措施

本病的防制可采取严格的隔离、消毒措施，用组织灭活疫苗对兔群进行免疫接种。同时高免血清也有较好的预防和治疗效果。

二、DNA 病毒

（一）马立克氏病病毒

马立克氏病病毒（MDV）是鸡马立克氏病的病原，是引起鸡最常见的一种淋巴组织增生性传染病。本病以病鸡外周神经、性腺、肌肉、各种脏器和皮肤的单核细胞浸润或形成肿瘤为主要特征。本病被我国列为三类疫病。

1. 生物学特性

MDV 属于疱疹病毒科疱疹病毒甲亚科的双股 DNA 病毒，又称禽疱疹病毒 2 型。病毒近似球形，二十面体对称。MDV 在机体组织内有两种存在形式：一种是病毒颗粒外面无囊膜的裸体病毒，存在于肿瘤组织中，直径 80～170 nm，是一种严格的细胞结合型病毒；另一种为有囊膜的完整病毒，存在于羽毛囊上皮细胞中，属非细胞结合型，病毒直径 275～400 nm。在细胞内常可看到核内包涵体。

MDV 有 3 个血清型。致病性的 MDV 及人工致弱的疫苗株为血清Ⅰ型，非致瘤性 MDV

为血清 2 型，火鸡疱疹病毒(HVT)为血清 3 型，对火鸡可致产卵下降，对鸡无致病性。

有囊膜的病毒对外界环境的抵抗力很强，脱离细胞后仍具有传染性，随着病鸡脱落的皮屑及尘埃进行传播。室温下，在污染的垫草和羽屑中其传染性可保持 4～8 个月，在鸡粪中经 16 周仍有活力，37 ℃ 18 h，56 ℃ 30 min，60 ℃ 10 min 即被灭活。

2. 致病性

MDV 主要侵害雏鸡和火鸡，野鸡、鹌鹑和鹧鸪也可感染。各种年龄的鸡均易感，尤其 1 周龄以内的雏鸡最易感染。发病后不仅引起大量死亡，耐过的鸡生长不良，并对鸡产生免疫抑制，这是疫苗免疫失败的一个重要因素。MDV 各血清型之间具有很多共同的抗原成分，所以无毒力的自然分离株和火鸡疱疹病毒接种鸡后，均有抵抗致病性 MDV 感染的效力。接种疫苗后，常发现疫苗株和自然毒株共存的现象，即免疫过的鸡群仍可感染自然毒株，但并不发病死亡。如果疫苗进入鸡体内的时间晚于自然毒株，则不产生保护力，所以应在雏鸡 1 日龄进行免疫接种。病毒不经卵传递，一般认为哺乳动物对本病毒无易感性。本病主要通过呼吸道感染。

3. 微生物学诊断

(1)病毒的分离。采取病鸡羽毛囊或脾，将脾脏制成细胞悬液或用鸡的羽髓液，接种 4～5 日龄的鸡胚卵黄囊或绒毛尿囊膜，也可在鸡胚肾细胞进行病毒培养。如果有 MDV 增殖，在鸡胚绒毛尿囊膜上可出现痘斑或细胞培养物中形成蚀斑。

(2)血清学诊断。该病的简易方法是琼脂扩散试验，中间孔加阳性血清，周围插入被检鸡羽毛囊，出现沉淀线为阳性。免疫荧光试验等血清学方法可检出病毒。

4. 防制措施

防制本病的关键在于搞好育雏室的卫生消毒工作，防止早期感染，同时做好 1 日龄雏鸡的免疫接种工作，加强检疫，发现病鸡立即淘汰。

目前免疫接种常用疫苗有 4 类：强毒致弱 MDV 疫苗(比如荷兰 CVI_{988} 疫苗)、天然无致病力 MDV 疫苗、火鸡疱疹病毒疫苗(HVT 苗)和双价苗(血清Ⅰ型＋Ⅲ型、血清Ⅱ型＋Ⅲ型)及三价苗(血清Ⅰ型＋Ⅱ型＋Ⅲ型)。疫苗的使用方法是 1 日龄雏鸡颈部皮下注射。生产中应用的 MD 疫苗除 HVT 苗以外均为细胞结合性疫苗，尚不能冻干，必须液氮保存，故运输、保存和使用均应注意。

(二)痘病毒

痘病毒可引起各种动物的急性和热性传染病，其特征是皮肤和黏膜发生特殊的丘疹和疱疹，通常取良性经过。各种动物的痘病中以绵羊痘和鸡痘最为严重，病死率较高。绵羊痘病毒和山羊痘病毒引起的绵羊痘和山羊痘被我国列为二类动物疫病，禽痘病毒引起的禽痘被我国列为三类动物疫病。

1. 生物学特性

各种动物痘病的痘病毒属于痘病毒科，均为双股 DNA 病毒。呈砖形或卵圆形，砖形者其大小为 250 nm×250 nm×200 nm，卵圆形者为(250～300) nm×(160～190) nm，有囊膜。多数痘病毒在其感染的细胞内形成胞浆包涵体，其内含有病毒粒子，即原生小体。大多数的痘病毒易在鸡胚绒毛尿囊膜上生长，并产生溃烂的病灶、痘斑或结节性病灶。痘斑的形态和大小随病毒种类或毒株而不同。

痘病毒对热的抵抗力不强，37 ℃ 24 h 或 55 ℃ 20 min，均可使病毒丧失感染力；对冷和干燥的抵抗力较强，冻干至少可以保存 3 年以上；在干燥的痂皮中可存活几个月；在 pH 为 3 的环境下，病毒可逐渐地丧失感染能力；紫外线或直射阳光可将病毒迅速杀死。常用的消毒剂有 0.5%福尔马林、0.01%碘溶液、3%盐酸可在数分钟内使其丧失感染力。

2. 致病性

痘病毒可以感染多种动物，但动物的种类不同，所表现的症状也不同。比如绵羊和猪主要引起全身痘疹，鸡主要引起局部皮肤痘疹、黏膜痘疹和混合型痘疹。痘病毒对宿主的专一性强，通常不发生交互传染，但牛痘例外，可以传染给人，但症状很轻微，而且能使感染者获得对天花的免疫力。本病主要通过呼吸道感染，也可经消化道、损失的皮肤黏膜、蚊蝇虱传播。多发于春秋两季，常呈地方流行或广泛流行。

3. 微生物学诊断

根据临床症状和发病情况，常可做出诊断。包涵体检查对本病的诊断也有较大的意义。

(1)包涵体检查。采取丘疹组织涂片，用莫洛佐夫镀银法染色、镜检，背景为淡黄色，细胞质内有深褐色的球菌样圆形小颗粒，单在、成双或成堆，即为包涵体。如果用吉姆萨染色或苏木紫-伊红染色，镜检胞浆内有淡红色的包涵体。

(2)病毒分离。取经研磨和抗菌处理的病料用生理盐水制成乳剂，接种鸡胚或实验动物，适当培养后，观察鸡胚绒毛尿囊膜的痘斑或动物皮肤上出现的特异性痘疹，进一步检查感染细胞胞浆中的包涵体进行判断。

此外，可用琼脂扩散试验、荧光抗体等血清学试验诊断。

4. 防制措施

主要采用疫苗的免疫接种，效果良好。鸡痘：鸡胚培养鸽痘疫苗或鸡胚细胞传代的弱毒疫苗，皮下刺种，免疫期半年；绵羊痘：羊痘氢氧化铝苗皮下注射 0.5～1 mL 或用鸡胚化羊痘弱毒疫苗皮内注射 0.5～1 mL，免疫期均为 1 年；山羊痘：氢氧化铝甲醛灭活疫苗，皮下注射 0.5～1 mL，免疫期 1 年。目前有人用羔羊肾细胞培养致弱病毒试制弱毒疫苗。

(三)鸭瘟病毒

鸭瘟病毒(DPV)是鸭瘟的病原，偶尔也能使鹅发病。病毒主要侵害鸭的循环系统、消化系统、淋巴样器官和实质器官，引起头、颈部皮下胶样水肿，消化道黏膜发生损伤、出血、坏死，形成伪膜，肝有特征性的出血和坏死。鸭瘟病毒引起的鸭瘟被我国列为二类动物疫病。

1. 生物学特性

鸭瘟病毒属疱疹病毒科疱疹病毒甲亚科的双股 DNA 病毒，又名鸭疱疹病毒Ⅰ型。病毒呈球形，直径为 80～120 nm，呈二十面体对称，有囊膜。鸭瘟病毒不能凝集动物红细胞，也无红细胞吸附作用。病毒可在 8～14 日龄鸭胚中增殖和继代，接种后多在 3～6 d 死亡。病毒也能在鸭胚细胞或鸡胚细胞培养物中增殖和继代，引起细胞病变，形成空斑和核内包涵体。

本病毒对外界因素的抵抗力不强。56 ℃10 min 即被灭活，50 ℃ 90～120 min 也能被灭活，22 ℃ 30 d 后失去感染能力。含有病毒的肝组织，在－20～－10 ℃低温中，经 347 d 对鸭仍然有致病力。在－7～－5 ℃环境中，经 3 个月毒力不减。但反复冻融，则容易使之丧失毒力。在 pH 为 7～9 的环境中稳定，但 pH 为 3 或 pH 为 11 可迅速灭活病毒。70%酒精 5～30 min、0.5%漂白粉和 5%石灰水 30 min 即被杀死。病毒对乙醚和氯仿敏感。

2. 致病性

在自然情况下，鸭瘟病毒主要侵害家鸭。各种年龄和品种的鸭均可感染，但番鸭、麻鸭和绵鸭易感性最高，北京鸭次之。在自然流行中，成年鸭和产蛋母鸭发病和死亡较严重，1月龄以下的雏鸭发病较少。在自然情况下，鹅和病鸭密切接触，也能感染发病，但通常很少形成广泛流行。

3. 微生物学诊断

(1)病毒分离鉴定。采取病鸭的肝、脾或肾等病料，处理后取上清液，接种于9～14日龄鸭胚绒毛尿囊膜上，接种后4～14 d鸭胚死亡，呈现特征性弥漫出血。也可感染1日龄鸭，接种后3～12 d死亡，剖检可见典型病灶。

(2)血清学试验。实验室诊断可采取肝、脾或脑等病料做组织切片荧光抗体染色或用分离病毒做中和试验，即可确诊。

4. 防制措施

平时做好综合性预防措施。目前使用的鸭瘟疫苗有：鸭瘟鸭胚化弱毒疫苗和鸭瘟鸡胚化弱毒疫苗两种。另外，免疫母鸭可以将免疫力通过鸭蛋传给小鸭，形成天然被动免疫，但免疫力一般不够坚强、持久，不足以抵抗强毒鸭瘟病毒的攻击。发病时，立即采取隔离和消毒措施，对可疑感染和受威胁区的鸭群进行紧急免疫接种。

常见动物病毒(视频1-3-8，视频1-3-9)。

视频1-3-8 常见动物病毒(1)

视频1-3-9 常见动物病毒(2)

任务七 病毒的鸡胚接种技术

一、实训目的

掌握病毒的鸡胚接种技术；掌握病毒的收获及注意事项。

二、仪器材料

5%碘酊棉、75%酒精棉、5%石炭酸或3%来苏儿、新城疫Ⅰ系或Ⅳ系疫苗、受精卵、恒温箱、照蛋器、接种箱、蛋架、一次性注射器(1～5 mL)、中号镊子、眼科剪和镊子、毛细吸管、乳胶头、灭菌平皿、试管、吸管、酒精灯、试管架、胶布、蜡烛、开孔器、注射针头、记号笔、温箱或孵化机等。

三、方法步骤

(一)受精卵的选择、孵化和检卵

(1)选卵。最好是选择健康无病鸡群或SPF鸡群的新鲜受精蛋。为便于照蛋观察，最好选择白壳蛋。

（2）孵育。孵育时鸡蛋不要擦洗，因为擦洗能去掉受精卵外壳上的胶状覆盖物，易发生细菌污染。孵育温度以 37.3～37.8 ℃，相对湿度以 45%～60%最适于鸡胚发育，并提供适当的氧气，每天翻蛋 2 次（180°转动鸡胚）。接种病毒后，其孵育温度为 35～37 ℃。

（3）检卵。自孵育 4～5 d 后开始检卵，1 次/d，并应注意以下几种情况：即未受精卵（第 4 天后仍不见鸡胚痕迹）；活胚（4 d 后可见清晰的血管及活动的鸡胚暗影）；死胚（血管不清晰，鸡胚不动）。在检查卵时，及时淘汰未受精卵和死胚。

（二）接种前准备

（1）病毒材料的处理。怀疑污染细菌的液体材料，加抗生素（青霉素 1 000 IU/mL 和链霉素 1 000 μg/mL）置室温 1 h 或 4 ℃冰箱 12～24 h，高速离心，取上清液，或经细菌滤器滤过除菌。如果为患病动物组织，应剪碎、匀浆、离心后取上清液，必要时加抗生素处理或过滤除菌。如果用新城疫Ⅰ系或Ⅳ系疫苗，则无菌操作用生理盐水将其稀释 100 倍。

（2）定位。用照蛋器照胚，如果血管清晰，胚体活动，以记号笔画出气室、胚胎位置及接种的位置，气室朝上立于蛋架上。尿囊腔接种选用 9～11 日龄鸡胚，接种部位可选择在气室中心或远离胚胎侧气室边缘，避开大血管。

（三）鸡胚接种（以新城疫病毒的尿囊腔接种为例）

先用 5%碘酊棉在接种部位进行消毒，然后用 75%酒精棉进行消毒。用灭菌的开孔器或注射针头在接种部位打一小孔。用 1 mL 注射器吸取新城疫病毒液 0.1～0.3 mL，垂直或稍斜刺入 0.5～1 cm，注入尿囊腔，随即用熔化的石蜡封孔，用记号笔注明接种的病毒名称、接种时间、接种者，然后放入蛋托，置恒温箱或孵化机中继续孵育 3～7 d。孵化期间，每 6 h 照蛋 1 次，观察胚胎存活情况，弃去 24 h 内死亡的鸡胚，一般鸡胚在 24～48 h 内死亡（多在 36 h 前后死亡），死亡的鸡胚应立即取出，气室部向上直立，放于 0～4 ℃冰箱中冷藏 4 h 或过夜，一定时间内未死亡的鸡胚也放入−20 ℃左右的冰箱内 30～40 min 冻死（二维码 1-3-1，视频 1-3-10）。

二维码 1-3-1　鸡胚接种

视频 1-3-10　新城疫病毒的鸡胚接种

（四）鸡胚材料的收获

尿囊腔接种新城疫病毒时，一般收获尿囊液。收获时用碘酊棉球、酒精棉球依次对气室端进行消毒，用无菌镊子轻轻敲裂气室部位的蛋壳，并揭去气室顶部蛋壳及壳膜，形成直径 1.5～2.0 cm 的开口。然后用灭菌的眼科镊子夹起并撕开或用眼科剪剪开气室中央的绒毛尿囊膜，用吸管吸取尿囊液。收获的尿囊液应清亮，如果混浊说明有细菌污染。每一枚鸡胚平均可收获尿囊液 5～6 mL，贮入灭菌的小瓶中冻结保存。并做无菌检验（即用接种环取收获的尿囊液，分别接种普通琼脂、普通肉汤和厌气肉肝汤各 2 管，培养 48～72 h，无菌生长者合格）。还可用病毒的血凝试验检测尿囊液的凝集价，达 1∶80 或 1∶160 为合格。用具消毒处理，将鸡胚置于消毒液中浸泡过夜或高压灭菌，然后弃掉（二维码 1-3-2）。

二维码 1-3-2　病毒收获

(五)注意事项

①鸡胚接种需严格无菌操作,以减少污染。

②操作时应细心,以免引起鸡胚的损伤。

③病毒培养时应保持恒定的适宜条件,病毒收获结束,注意用具、环境的消毒处理。

任务八　病毒的血凝和血凝抑制试验

一、实训目的

了解本试验的实用价值;掌握1%红细胞液的制备方法;掌握鸡新城疫的血凝(HA)与血凝抑制(HI)试验的操作方法和结果判定。

二、仪器材料

一次性注射器或采血器、离心机、离心管、天平、小烧杯、量筒、96孔V形微量反应板、5 mL、1 mL、0.5 mL吸管、洗耳球、10 mL和0.1～1 mL微量移液器以及配套吸头、微量振荡器、温箱、小试管和配套试管架。3.8%枸橼酸钠、灭菌生理盐水或pH为7.0～7.2磷酸盐缓冲液(PBS)、新城疫病毒液、新城疫标准阳性血清和阴性血清、待检血清等。

三、方法步骤

(一)试管法

1. 1%红细胞悬液的制备

(1)采血。选择健康成年的非免疫鸡(以公鸡最好),从鸡翅下静脉采血,需要量大时,可从心脏采血,抗凝剂∶血液＝1∶9,比如1 mL 3.8%枸橼酸钠抗凝剂,9 mL血液,总量为10 mL。

(2)离心洗涤。在采集的血液中加入3～4倍体积的生理盐水,以2 000 r/min离心洗涤5～10 min,弃去血浆和白细胞,重复上述过程,反复洗涤3次,洗净血浆和白细胞,最后在离心管底部只剩下纯的红细胞,置于4 ℃冰箱保存备用。

(3)配制。将离心管底部的纯红细胞用生理盐水作100倍稀释,比如取1 mL红细胞,加入99 mL的生理盐水,即为1%红细胞液(二维码1-3-3)。

2. 试管法血凝试验(HA)

(1)试管法血凝试验的操作过程(表1-3-1,二维码1-3-4)。

二维码1-3-3　1%红细胞配制、分离血清

二维码1-3-4　试管法血凝试验

①取 10 支干净的小试管，用吸管吸取 0.9 mL 生理盐水或 PBS 液加入第 1 管中，其余试管加入 0.5 mL。

②换一吸管吸取 0.1 mL 新城疫病毒液，加于第 1 管的生理盐水或 PBS 液中，用吸管反复吸吹 3～5 次使液体混合均匀，然后吸取 0.5 mL 移入第 2 管，混匀后取 0.5 mL 再移入第 3 管中，依次倍比稀释到第 9 管，第 9 管中液体混匀后，从中吸出 0.5 mL 弃去。第 10 管不加病毒抗原，作对照。

③换一吸管吸取 1%红细胞悬液依次加入 1～10 个试管中，每管加 0.5 mL。

④加样完毕，将反应试管振荡混匀，置于室温（20～25 ℃）下作用 30～40 min，或置于 37 ℃恒温培养箱中作用 15～30 min 取出，观察并判定结果。

表 1-3-1　试管法血凝试验操作方式（新城疫病毒为例）　　mL

项目	试管号									
	1	2	3	4	5	6	7	8	9	10
病毒稀释倍数	1∶10	1∶20	1∶40	1∶80	1∶160	1∶320	1∶640	1∶1 280	1∶2 560	对照
生理盐水或 PBS 液	0.9	0.5	0.5	0.5	0.5	0.5	0.5	0.5	0.5	0.5
新城疫病毒液	0.1	0.5	0.5	0.5	0.5	0.5	0.5	0.5	0.5	— 弃去0.5
1%红细胞液	0.5	0.5	0.5	0.5	0.5	0.5	0.5	0.5	0.5	0.5
	振荡，置室温（20～25 ℃），30～40 min 内观察、记录结果，并判定									
结果举例	+	+	+	+	+	+	±	—	—	—
	血凝价为 1∶320									

注：1%红细胞液用前要摇匀。

（2）试管法血凝试验的记录及结果判定。

“+”表示红细胞完全凝集。红细胞凝集后贴附于试管底部的管壁上，呈倒立的伞状，边缘整齐。

“—”表示红细胞不凝集。试管底部的红细胞没有凝集成一层，而是全部沉积于试管底部，呈圆点状，边缘整齐。

“±”表示红细胞不完全凝集。红细胞下沉介于完全凝集和不凝集之间，试管底部有边缘不整齐的伞、有伞的痕迹和呈环状。

能使 1%红细胞出现完全凝集的抗原的最高稀释倍数，即为凝集价，也称血凝价或血凝滴度。

3. 试管法血凝抑制试验

（1）制备 4 个血凝单位的病毒液。根据 HA 试验的结果，确定病毒的血凝价，用生理盐水或 PBS 液稀释病毒，使之含 4 个单位的病毒。计算公式为：血凝价/4，比如病毒的血凝价为 320，4 个血凝单位病毒的稀释倍数为 320÷4＝80，即把该病毒液作 1∶80 倍稀释。如果取 1 mL 病毒液，加 79 mL 稀释液即可。

（2）被检血清的制备。静脉或心脏采血完全凝固后自然析出或离心所得的淡黄色液体为被检血清，用灭菌的吸管吸出，置于灭菌的小瓶或血清管。

（3）试管法血凝抑制试验的操作过程（表 1-3-2）。

①取 10 支干净的小试管，用吸管吸取 0.4 mL 生理盐水或 PBS 液加入第 1 管中，第 2～9 管中分别加入 0.25 mL 生理盐水或 PBS 液，第 10 管中加入 0.5 mL 生理盐水，做对照。

②换吸管取待检血清 0.1 mL 加入第 1 管中，用吸管反复吸吹 3～5 次，使液体混合均匀，然后吸取 0.25 mL 移入第 2 管，混匀后吸取 0.25 mL 再移入第 3 管中，依次倍比稀释到第 8 管，第 8 管中液体混匀后从中吸出 0.25 mL 弃去。第 9～10 管不加待检血清，分别做抗原对照和生理盐水对照。

③换吸管吸取稀释好的 4 个血凝单位的病毒液，向第 1～9 管中分别加 0.25 mL，第 10 管不加病毒液，连同试管架振荡混匀，置室温下作用 20 min，或将试管连同试管架置于 37 ℃恒温培养箱中作用 5～10 min。

④取出，换吸管吸取 1%红细胞悬液，向第 1～10 管中分别加入 0.5 mL，连同试管架振荡混匀。

⑤置室温下作用 30～60 min 或将试管连同试管架置于 37 ℃温箱中作用 15～30 min 后取出，观察并记录结果。

表 1-3-2 试管法血凝抑制试验操作方式（新城疫病毒为例） mL

项目	试管号									
	1	2	3	4	5	6	7	8	9	10
血清稀释倍数	1∶5	1∶10	1∶20	1∶40	1∶80	1∶160	1∶320	1∶640	抗原对照	盐水对照
生理盐水或 PBS 液	0.4	0.25	0.25	0.25	0.25	0.25	0.25	0.25	0.25	0.5
待检血清	0.1	0.25	0.25	0.25	0.25	0.25	0.25	0.25→弃去0.25	—	—
4 个单位病毒液	0.25	0.25	0.25	0.25	0.25	0.25	0.25	0.25	0.25	—
	振荡，静置 20 min 或 37 ℃恒温培养箱中作用 5～10 min									
1%红细胞液	0.5	0.5	0.5	0.5	0.5	0.5	0.5	0.5	0.5	0.5
	再振荡，置室温（20～25 ℃），30～60 min 内观察结果									
结果举例	—	—	—	—	—	±	+	+	+	—
	血凝抑制价为 1∶80									

（4）试管法血凝抑制试验的记录及结果判定。

“+”表示红细胞完全凝集。红细胞凝集后贴附于试管底部的管壁上，呈倒立的伞状，边缘整齐。

“—”表示红细胞不凝集。试管底部的红细胞没有凝集成一层，而是全部沉积在试管底部，呈圆点状，边缘整齐。

“±”表示红细胞不完全凝集。红细胞下沉介于完全凝集和不凝集之间，试管底部有边缘不整齐的伞、有伞的痕迹和呈环状。

凡能使 4 单位抗原凝集红细胞的作用完全被抑制的血清的最高稀释倍数，称为抗体效价或血凝抑制价或血凝抑制滴度。

（二）微量法

1. 微量法血凝试验（HA）

（1）微量法血凝试验的操作过程（表 1-3-3，视频 1-3-11）。

①用微量移液器在 96 孔“V”形反应板上 1～12 个孔中，分别加入生理盐水或 PBS 液 25 μL。

视频 1-3-11 微量法血凝试验操作

②换一吸头吸取 25 μL 病毒液，加于第 1 孔的生理盐水或 PBS 中，用微量移液器吹打 3～5 次使液体混合均匀，然后吸取 25 μL 移入第 2 孔，混匀后吸取 25 μL 再移入第 3 孔，依次按倍比稀释到 11 孔，第 11 孔中液体混匀后从中吸取 25 μL 弃去。第 12 孔不加病毒抗原，做生理盐水对照。

③更换吸头 1～12 个孔分别加 25 μL 的生理盐水或 PSP 液。

④换一吸头吸取 1%红细胞悬液依次加入 1～12 个孔中，每孔加 25 μL。

⑤加样完毕，将反应板置于微量振动器上振荡 1 min，置室温（20～25 ℃）作用 20～30 min，或将反应板置 37 ℃恒温培养箱中作用 10～15 min 取出，观察并判定结果。

表 1-3-3 微量法 HA 试验操作方式（新城疫病毒为例） μL

项目	孔号											
	1	2	3	4	5	6	7	8	9	10	11	12
抗原稀释倍数	2^{1}	2^{2}	2^{3}	2^{4}	2^{5}	2^{6}	2^{7}	2^{8}	2^{9}	2^{10}	2^{11}	盐水对照
生理盐水或 PBS 液	25	25	25	25	25	25	25	25	25	25	25	25
新城疫病毒液	25	25	25	25	25	25	25	25	25	25	25 弃去 25	—
再加生理盐水或 PBS 液	25	25	25	25	25	25	25	25	25	25	25	25
1%红细胞液	25	25	25	25	25	25	25	25	25	25	25	25

（2）微量法血凝试验的记录及结果判定。

“+”表示红细胞完全凝集。红细胞凝集呈薄膜状或呈纽扣状，均匀地覆盖孔底，强凝集时凝集块皱缩呈团状或边缘呈锯齿状。

“—”表示红细胞不凝集。红细胞全部沉积于孔底中心，呈小圆点状，周围光滑，无分散的红细胞。

“±”表示红细胞不完全凝集。红细胞凝集成薄层，但面积较小，反应孔底部中央有红细胞。

将反应板倾斜呈 45°角，沉积于孔底的红细胞沿着倾斜面向下呈线状流动者或泪痕状者，表明红细胞未被或不完全被抗原凝集；如果红细胞铺平孔底，凝成均匀薄层，倾斜后红细胞不流动，说明红细胞被抗原所凝集。

能使 1%红细胞出现完全凝集的抗原的最高稀释倍数，即为凝集价，也称血凝价或血凝滴度。

2. 微量法血凝抑制试验（HI）

（1）制备 4 个血凝单位的病毒液。根据 HA 试验的结果，确定病毒的血凝价，用生理盐水或 PBS 液稀释病毒，使之含 4 个单位的病毒。计算公式为：血凝价/4，比如病毒液的血凝价为 128 倍（2^{7}），4 个血凝单位病毒的稀释倍数为 32 倍（2^{5}）。

（2）被检血清的制备。静脉或心脏采血完全凝固后自然析出或离心所得的淡黄色液体为被检血清，用灭菌的吸管吸出或微量移液器吸出，置于灭菌的小瓶或血清管。

（3）微量法血凝抑制试验的操作过程（表 1-3-4，二维码 1-3-5，视频 1-3-12）。

①用微量移液器吸取生理盐水或 PBS 液，第 1～11 孔各加 25 μL，第 12 孔加 50 μL。

二维码 1-3-5 微量法血凝抑制试验

视频 1-3-12 微量法血凝抑制试验操作

②换一吸头吸取待检血清 25 μL 加入第 1 孔中，用微量移液器吹打 3～5 次使液体混合均匀，然后吸取 25 μL 移入第 2 孔，依次倍比稀释到第 10 孔，并将第 10 孔的液体混匀后吸取 25 μL 弃去。第 11 孔为病毒对照，第 12 孔为生理盐水对照。

③换一吸头吸取稀释好的 4 个血凝单位的病毒液，向第 1～11 孔中分别加 25 μL。然后置于微量振荡器振荡 1 min，将反应板置于室温下作用 20 min，或将反应板置于 37 ℃恒温培养箱中作用 5～10 min。

④取出反应板，换一吸头向每一孔中加入 1%红细胞悬液 25 μL，再将反应板置于微量振荡器上振荡 1 min，混合均匀。

⑤将反应板置于 37 ℃温箱培养箱中作用 15～30 min 后取出，观察并记录结果。

表 1-3-4 微量法 HI 试验操作方式(新城疫病毒为例) μL

项目	孔号											
	1	2	3	4	5	6	7	8	9	10	11	12
待检血清稀释倍数	2^1	2^2	2^3	2^4	2^5	2^6	2^7	2^8	2^9	2^{10}	病毒对照	盐水对照
生理盐水或 PBS 液	25	25	25	25	25	25	25	25	25	25	25	50
待检血清	25	25	25	25	25	25	25	25	25	25	— 弃去 25	—
4 个血凝单位的病毒液	25	25	25	25	25	25	25	25	25	25	25	—
	置微量振荡器振荡 1 min，置室温(20～25) ℃作用 20 min 或置 37 ℃恒温培养箱中作用 5～10 min											
1%红细胞液	25	25	25	25	25	25	25	25	25	25	25	25
	置微量振荡器振荡 1 min，置室温 20～25 ℃作用 20～40 min 或置 37 ℃温箱中作用 15～20 min，盐水对照孔的红细胞呈明显的圆点状沉积于孔底时记录结果											

(4)微量法血凝抑制试验的记录及结果判定。

"－"表示红细胞凝集抑制。红细胞全部沉积于孔底中心，呈小圆点状，周围光滑，无分散的红细胞。

"＋"表示红细胞完全凝集。随着血清被稀释，血清对病毒血凝作用的抑制减弱，反应孔中的病毒逐渐表现出血凝现象，最终使红细胞完全凝集，红细胞凝集呈薄膜状或呈纽扣状，均匀地覆盖孔底。

“±”表示红细胞不完全抑制。红细胞下沉介于完全凝集和不凝集之间。

将反应板倾斜呈45°角，沉积于孔底的红细胞沿着倾斜面向下呈线状流动者或泪痕状者，表明红细胞未被或不完全被抗原凝集；如果红细胞铺平孔底，凝成均匀薄膜，倾斜后红细胞不流动，说明红细胞被抗原所凝集。

凡能使4单位抗原凝集红细胞的作用完全被抑制的血清的最高稀释倍数，称为抗体效价或血凝抑制价或血凝抑制滴度。

任务九　实验动物的接种与剖检技术

一、实训目的

掌握常用实验动物的接种方法；熟悉实验动物的剖检技术。

二、仪器材料

消毒设备、注射器、头皮针、滴管、解剖盘及解剖刀剪、接种环、酒精灯、显微镜、细菌培养物、常用培养基、碘酊及酒精棉球、染色液、小鼠、家兔及鸡等。

三、方法步骤

（一）实验动物的接种（二维码1-3-6）

（1）皮内注射。小鼠、豚鼠、鸡及家兔等，注射部位可选择颈部、背部、耳及尾根等处皮肤，鸡可选择鸡冠、肉髯。将动物伏卧或仰卧保定，以左手拇指及食指夹起皮肤，右手持注射器，用细针头插入拇指及食指之间的皮肤内，针头刺入不宜过深，2～3 mm，刺入角度要小，尽量平行进针，针头进入皮肤后，感到有阻力，注射量0.1～0.2 mL，注射完毕后皮肤上有硬的隆起即为注入皮内。拔出针头时，用棉球按压针眼。皮内注射要慢，以防止皮肤胀裂或注射物自针眼流出，而造成病原扩散。

（2）皮下注射。小鼠、家兔及豚鼠等注射部位选择背侧或腹侧皮下结缔组织疏松部位，鸡可选择在颈部或背部。以左手拇指、食指和中指捏起皮肤使形成一个三角形皱褶，或用镊子夹起皮肤，注射部位皮肤消毒后，右手持注射器，在其基部进针，感到针头可以随意拨动即表示插入皮下，刺入1.5～2 cm，缓慢注入接种物0.2～0.5 mL，注射后处理同皮内接种法。

（3）肌内注射。助手保定使鸡仰卧或侧卧，小鸡可由注射者左手提握保定，然后在胸肌、腿肌或翅膀内侧肌肉处进行消毒，右手持注射器垂直或45°刺入肌肉组织，剂量为0.1～0.5 mL。小鼠的肌肉注射由助手捉住或用特制的保定筒保定小鼠，注射者左手握住小鼠的一后肢，在后肢上部肌肉丰满处消毒，向肌内注射0.1～0.5 mL。

（4）腹腔注射。小鼠腹腔接种时，用右手提起鼠尾，左手拇指和食指捏住背部皮肤，翻转鼠体使腹部向上，将鼠尾和后腿夹于掌心和小指之间，腹部向上，头向下，尾部向上倾斜45°，注射部位皮肤消毒后，右手持注射器，将针头刺入皮下，然后向下斜行，通过腹部肌肉进入腹腔，剂量为0.5～1.0 mL。家兔和豚鼠，先在腹股沟处刺入皮下，前进少许，再刺入腹腔，剂量为

0.5～5.0 mL(视频 1-3-13)。

(5)静脉注射。此法主要适用于家兔、豚鼠、小鼠及鸡等动物。家兔放入保定器或由助手把握住其前后躯保定,选一侧耳边缘静脉,用 75%酒精涂擦兔耳或以手指轻弹耳朵,使静脉怒张。注射时,用左手拇指和食指拉紧兔耳,右手持注射器,使针头与静脉平行,向心方向刺入静脉内,注射时应无阻力且有血向前流动即表示注入静脉,注射量 1～2 mL,缓缓注入接种物。如果注射正确,注射后耳部应无肿胀。注射完毕,用棉球紧压针眼,以免流血和注射物流出。豚鼠常用抓握保定,耳背侧或股内侧消毒,用头皮针刺入耳大静脉或股内侧静脉内,剂量为 0.2～0.5 mL,如果注射正确,注射后静脉周围应无肿胀。小白鼠尾静脉注射,注射量 0.1～1.0 mL。鸡翅下静脉注射,注射量 1～5 mL。马、牛颈静脉注射病毒液的规定剂量(视频 1-3-14)。

(6)脑内注射。此法适用于家兔、豚鼠和小鼠。小鼠脑内接种时用左手大拇指与食指固定鼠头,用碘酒消毒左侧眼与耳之间上部注射部位,然后与眼后角、耳前缘及颅前后中线所构成之位置中间进行注射。进针 2～3 mm,注射量乳鼠为 0.01～0.02 mL。豚鼠与家兔的脑内接种注射部位在颅前后中线旁约 5 mm 平行线与动物瞳孔横线交叉处,注射部位用酒精消毒,用手固定注射部位皮肤,用锥刺穿颅骨,拔锥时注意不移动皮肤孔,将针头沿穿孔注入,进针深度 4～10 mm,注射量为 0.1～0.25 mL。一般认为,注射后 1 h 内出现神经症状的,是接种时脑创伤所致,此动物应废弃。

二维码 1-3-6 动物感染

视频 1-3-13 小鼠腹腔注射

视频 1-3-14 小鼠尾静脉注射

(二)实验动物的剖检技术

实验动物接种后死亡或予以扑杀后,对其尸体进行解剖,以观察其病变情况,并取材料保存或进一步检查。一般剖检程序如下(二维码 1-3-7,二维码 1-3-8)。

二维码 1-3-7 小鼠剖检

二维码 1-3-8 鸡剖检

(1)肉眼观察动物体表的情况。

(2)将动物尸体仰卧固定于解剖板上,充分暴露胸腹部。

(3)用 3%来苏儿或其他消毒液浸泡或擦拭尸体的颈、胸、腹部的皮毛。

(4)用无菌剪刀自其颈部至耻骨部切开皮肤,并将四肢腋窝处皮肤剪开,剥离胸腹部皮肤使其尽量翻向外侧,注意皮下组织有无出血、水肿等病变,观察腋下、腹股沟淋巴结有无病变。

(5)用毛细管或注射器穿过腹壁吸取腹腔渗出液供直接培养或涂片检查。

(6)另换一套灭菌剪刀剪开腹膜,观察肝、脾及肠系膜等有无变化,采取肝、脾、肾等实质脏器各一小块放在灭菌平皿内，以备培养及直接涂片检查。然后剪开胸腔，观察心、肺有无病变，可用无菌注射器或吸管吸取心脏血液进行直接培养或涂片。

（7）必要时破颅，取脑组织做检查。

（8）如果欲做组织切片检查，将各种组织小块置于10%甲醛中固定。

（9）剖检完毕后应妥善处理动物尸体，以免病原散播。最好焚烧或高压灭菌。如果是小鼠尸体可浸泡于3%来苏儿溶液中消毒，而后倒入深坑中，令其自然腐败。解剖器械也须煮沸消毒或高压灭菌，用具用3%来苏儿溶液浸泡消毒，然后清洗干净。

（三）注意事项

（1）小鼠接种时，应将小鼠保定确实，防止咬伤人员。

（2）接种不同的实验动物应选用不同规格的针头，乳鼠和乳兔用5号针头，鸡和小鼠用5～8号针头，家兔和豚鼠用7～10号针头。

（3）皮内注射时，不可将针尖刺至皮下。刺至皮内时，可感觉注射阻力较大，且注射完后局部有肿胀，可触及。刺至皮下时则几乎无阻力，注射局部不出现肿胀。

（4）取病料时应无菌操作。

【知识拓展】

我国猪禽干扰素的研究进展

近年来，随着病原菌新毒株、变异株的不断出现，我国动物疾病的防制面临严峻的挑战，目前的预防和治疗措施已经不能经济而有效地控制动物疾病的发生，尤其是病毒性疾病的危害日益严重，因此迫切需要一种有效的防治措施。干扰素的研究越来越受到人们的广泛关注，近年来，国内猪禽干扰素的研究进展如下。

一、禽类干扰素的研究进展

当前家禽肿瘤和病毒感染引起的鸡马立克病、新城疫、传染性法氏囊病、传染性支气管炎、传染性喉气管炎、脑脊髓炎、流感等给养禽业带来了每年数十亿元的经济损失，是当前养禽业发展的大敌。如何有效治疗家禽肿瘤和病毒感染性疾病一直是困扰禽病防治的重大难题之一。干扰素为这些疾病的防治提供了新的手段。在鸡干扰素的研究方面，近年来，夏春、程坚、刘胜旺、吕英姿等采用PCR技术先后成功报道了丝羽乌骨鸡IFN、惠阳胡须鸡IFN-α、鸡IFN-γ、α、石岐杂鸡IFN-γ，鸭Ⅰ、Ⅱ干扰素等基因的克隆和序列分析，克隆得到的α、鸡IFN-γ基因的开放阅读框架（ORF）分别由约579个和492个核苷酸组成；同时对禽类IFN基因的同源性进行了分析，确定了一些新的亚型；序列比对发现，不同品种鸡的同类IFN核苷酸同源性在90%以上，与相应的鸭IFN同源性在70%左右，提示同种不同品系禽类之间IFN基因序列变异不大。吴志光等还对鸡α、IFN-γ基因成功地进行了体外重组表达、纯化和活性测定，这些研究为我国禽类的基因文库构建和品种进化分析，以及基因工程干扰素的批量生产奠定了基础。张桂红等利用鸡白细胞、脾细胞、鸡胚成纤维细胞以有机锗（Ce-132）、新城疫弱毒株（NDV-F）、植物血凝素（PHA）、聚肌胞（PolyI：C）为诱生剂，对外源性IFN诱生条件，诱生剂量、诱生时间及培养条件进行了比较分析和探讨，结果发现，诱生能力差异极显著$P<0.01$，且以Ce-132诱生IFN的能力为最强，其他依次为NDV-F、PolyI：C、PHA；且鸡脾细胞和鸡白细

胞产生的 IFN 效价高于鸡胚成纤维细胞;并且最佳诱生剂量依次为:Ce-132 为 70 μg/mL;鸡 NDV-F 为 128 HAU/mL;PolyI:C 为 50 μg/mL;PHA 为 40 μg/mL,这为干扰素的生产提供了参考资料。

时秀梅等用兽用干扰素诱生剂,由黄芪、党参、灵芝等中药精制而成,进行了抗病毒效果的试验研究,结果表明,对传染性喉气管炎病毒(ILTV)、传染性法氏囊病毒(IBDV)等的临床防治效果显著。江国托等对目前市场上的鸡基因工程干扰素的临床应用情况进行了调查和研究,表明鸡干扰素在治疗新城疫(ND)、禽脑脊髓炎(AE)、鸡传染性喉气管炎(ILT)、鸡传染性法氏囊(IBD)等疾病时疗效显著,并可广泛应用于其他病毒性和肿瘤性疾病,应用前景良好。在国外,Schltz 等曾使用鸭重组Ⅰ型干扰素抗新城疫、禽流感和水疱性口炎病毒,取得了良好效果;尤其 IFN 对鸭乙型肝炎病毒感染有十分显著的治疗效果,15 d 内 IFN 可抑制鸭乙型肝炎病毒在肝细胞中繁殖。

二、猪干扰素的研究进展

猪干扰素是研究最早的动物干扰素之一,近年来,对猪干扰素的诱导条件和理化活性有了进一步的研究,同时对猪白细胞干扰素进行了大量的临床试验。研究表明,它对猪的许多病毒性传染病(比如流行性腹泻、猪瘟、传染性胃肠炎等)以及对牛病毒性腹泻、小鹅瘟,羔羊腹泻等都具有不错的疗效,试验证实猪干扰素与牛、羊等动物之间存在交叉活性。最近几年,猪干扰素 α、β、γ 基因的分子克隆与序列分析获得成功,谢海燕等采用 PCR 技术克隆得到的 IFN-α 基因由 501 个核苷酸组成,共编码 166 个氨基酸;夏春等克隆得到的猪 IFN-β,IFN-β 基因片段长 668 个核苷酸,编码 186 个氨基酸。曹瑞兵等从经 ConA 诱导培养的猪外周血白细胞中扩增出猪 IFN-γ 基因,经改造后插入原核表达载体 pRLG,并实现了在大肠杆菌中的高效表达,表达产物以包涵体形式存在,经变性、复性、脱盐、凝胶层析纯化处理,重组猪 IFN-γ 具有较高的干扰素活性。同时,万建青、陈涛等分别成功地在毕赤酵母表达系系和大肠杆菌表达系统中表达出重组干扰素基因,表达产物占菌体总蛋白的比例为 20%~35%,表达产物的具有抗病毒活性,为基因工程干扰素的规模化生产和应用提供了可能。

鸡胚原代细胞培养技术

(1)蛋壳消毒。取 9~11 日龄发育正常的鸡胚 2~3 枚置于蛋架上,放入超净工作台,大头朝上,先用碘酊棉球后用酒精棉球消毒蛋壳气室部位。

(2)胚体采集。用灭菌镊子剥去气室部位蛋壳和壳膜,再撕开绒毛尿囊膜和羊膜,轻轻夹起鸡胚体放入平皿,去头、四肢、内脏,用 Hank's 液洗涤胚体 2~3 次,直到液体清亮为止,吸尽全部洗液。

(3)胚体匀浆。用小剪刀将处理过的胚体反复剪碎呈泥状,加 Hank's 液洗涤 2~3 次,吸去洗液。将胚体组织吸入培养瓶,加 Hank's 液静置,让组织下沉,吸去液体。

(4)消化。加少量 0.25%胰酶洗涤一次,吸去液体,再加入适量的 0.25%的胰酶,置 37 ℃水浴中消化 20~30 min,消化完毕,吸出胰酶液,用 Hank's 液洗 2~3 次,吸去洗液。再加入适量细胞培养液,用吸管反复吹打成细胞悬液。

(5)细胞计数与培养。用毛细管取细胞悬液滴于血细胞计数板内计数,计算出每毫升培养液中的细胞数,根据计算的细胞数,将细胞稀释成 10^6/mL。将稀释好的细胞悬液接种到培养瓶，再加入适量的培养液，放入 37 ℃、5% CO_2 培养箱中培养。培养时，培养瓶盖不要拧太紧，以便 CO_2 进入。

(6)观察生长状态。培养 48 h 进行观察。4 h 后细胞可贴附于瓶壁，24～36 h 可生产成单层细胞。可置于倒置显微镜下观察细胞的生长状态。鸡胚原代细胞是成纤维细胞，呈梭形。

(7)注意事项。全部操作过程在无菌条件下完成；放入 5% CO_2 培养箱的目的是 5% CO_2 能调节培养瓶中培养液的 pH，使在一定时间内培养 pH 保持不变。

【考核评价】

某蛋鸡存栏 20 000 羽的规模化鸡场，有一栋鸡舍的产蛋鸡，大部分出现产蛋率突然下降和轻微的呼吸道症状。少数表现精神委顿，采食减少，呼吸困难，鸡冠和肉髯呈紫红色，死亡后剖检，发现喉头、气管出血，腺胃乳头出血，肠黏膜有出血点或出血斑，盲肠扁桃体肿大、出血，卵泡和输卵管显著充血。根据临床症状和病理变化初步诊断为鸡新城疫。如果要进一步检查确诊，请您设计如何进行实验室诊断。

【知识链接】

1. DB 4114/T 172—2022 高致病性禽流感防控技术规范。
2. NY/T 1956—2010 口蹄疫消毒技术规范。
3. GB/T 16550—2020 新城疫诊断技术。
4. GB/T 18643—2021 鸡马立克氏病诊断技术。
5. DB 43/T 1067—2015 规模猪场猪蓝耳病防控技术规程。
6.《中华人民共和国动物防疫法》。
7. 一、二、三类动物疫病病种名录　中华人民共和国农业农村部公告　第 573 号。

项目四
其他微生物

【学习目标】

熟悉真菌、放线菌、螺旋体、支原体、衣原体和立克次氏体的主要生物学特性；掌握曲霉菌、猪痢疾蛇形螺旋体、钩端螺旋体、猪肺炎支原体和鸡败血支原体的致病性和微生物学诊断方法；了解真菌、放线菌、螺旋体、支原体、立克次氏体和衣原体的基本形态及结构和微生物学诊断方法。

任务一　其他微生物基本知识

一、真菌

真菌(fungus)是一大类真核细胞型微生物，大多数呈分枝或不分枝的丝状体，不含叶绿素，无根、茎、叶，异养生活，能进行有性和无性繁殖，营腐生或寄生生活的单细胞或多细胞微生物。根据形态可分为酵母菌(yeasts)、霉菌(molds)和担子菌(basiomycetes)三大类群。

真菌属于单独成立的真菌界，是一类低等真核生物，主要有6个特点：不含叶绿素，不能进行光合作用，营养方式为异养吸收型，不同于植物(光合作用)和动物(吞噬作用)；细胞壁多数含几丁质；有边缘清楚的核膜包围着细胞核，而且在一个细胞内有时可以包含多个核；除酵母菌为单细胞外，其他真菌一般具有发达的菌丝体；以产生大量有性或无性孢子的方式进行繁殖；陆生性较强。

真菌种类繁多，数量大，分布极为广泛，与人类生产和生活有极为密切的关系，其中绝大多数对人和动物无害而且有益，被广泛应用于工农业生产，比如利用某些真菌及代谢产物生产化工、医药、轻工业产品，某些真菌可以入药或直接食用；但有的真菌能引起人、动物的疾病，或寄生于植物造成作物减产，有的则可导致食品、谷物、农副产品发霉变质，甚至产生毒素直接或间接地危害人和动物的健康，将这类真菌称为病原性真菌。

(一)真菌的形态结构及菌落特征

1.酵母菌

酵母菌多数为单细胞,在自然界分布很广,主要分布于偏酸性含糖环境中。酵母菌是人类应用较早的一类微生物,与人类关系极为密切,比如用于生产各种酒类、面包制造、食品等。近年来又用于发酵饲料、单细胞蛋白质饲料、石油脱蜡、维生素、有机酸及酶制剂的生产等方面。也有少数酵母菌属于病原菌,能引起饲料和食品腐败变质,甚至引起人和动物的疾病,比如"白色念珠菌"能引起人体一些表层皮肤、黏膜或深层各内脏和器官组织疾病。

(1)酵母菌的形态。大多数酵母菌为球形、卵形、椭圆形、腊肠形、圆筒形,少数为瓶形、柠檬形和假丝状等。酵母菌细胞比细菌大几倍至几十倍,光学显微镜下放大100~500倍就可以清楚看到,大小为(1~5) μm×(5~30) μm或者更大。

(2)酵母菌的结构。酵母菌有典型的细胞结构,有细胞壁、细胞膜、细胞质、细胞核及其他内含物等。

①细胞壁。主要由甘露聚糖、葡聚糖、几丁质等组成的结构,外层为甘露聚糖,中间为蛋白质分子,内层为葡聚糖,一般占细胞干物质的10%左右。

②细胞膜。与所有生物膜一样,酵母菌的细胞膜也具有典型的3层结构,它的主要成分是蛋白质、类脂和少量糖类,呈液态镶嵌模型,碳水化合物含量高于其他细胞膜。酵母菌细胞膜包裹着细胞质,内含细胞核、线粒体、核蛋白体、内质网、高尔基体和纺锤体;在酵母菌细胞膜上还有各种甾醇,其中以麦角甾醇最多,它经紫外线照射后,可形成维生素 D_2。其主要功能是调节细胞内外物质的运送,是合成细胞壁等大分子组分的合成场所,是部分酶的成分和作用场所。

③细胞核。是酵母菌细胞遗传信息的主要贮存库。幼嫩细胞核呈圆形,随着液泡的扩大而变成肾形。核外包有核膜,核中有核仁和染色体,核仁是合成RNA的场所,核内的DNA以染色体的形式存在。

(3)酵母菌的菌落特征。在固体培养基上形成的菌落多数为乳白色,少数是黄色或红色。菌落表面光滑、湿润和黏稠,与某些细菌的菌落相似,但一般比细菌的菌落大而厚。酵母菌细胞生长在培养基的表面,菌体容易挑起。有些酵母菌表面是干燥粉状的,有些种培养时间长了,菌落呈皱缩状,还有些种可以形成同心环状等。

酵母菌可用于工农业生产中,常用的有酿酒酵母、产朊假丝酵母、解脂假丝酵母解脂变种、热带假丝酵母和乳酒假丝酵母等。

2.霉菌

霉菌又称丝状真菌,是指凡是生长在营养基质上,能形成绒毛状、蛛网状或絮状菌丝体的真菌。霉菌能分解纤维素、几丁质等复杂有机物,同时也是青霉素、灰黄霉素、柠檬酸等的主要生产菌。霉菌是工农业生产中长期广泛应用的一类微生物,主要应用于各种传统食品的生产(比如酱、酱油等),也应用于生产有机酸、酶制剂、抗生素、维生素等。有些霉菌是人和动植物的病原菌,能引起动植物发病,有的能导致饲料等霉变,产生毒素,引起食物中毒。霉菌由菌丝和孢子构成。

(1)霉菌菌丝的形态。菌丝(hypha)由孢子萌发而成,菌丝顶端延长,旁侧分枝,互相交错成团,形成菌丝体(mycelium),称为霉菌的菌落。霉菌菌丝的平均宽度为3~10 μm,有不同的形态，比如结节状、螺旋状、球拍状、梳状、鹿角状等。

(2)霉菌菌丝的结构。霉菌菌丝的细胞构造基本上类似酵母菌细胞，都具有细胞壁、细胞膜、细胞质、细胞核及其内含物。细胞壁结构类似酵母菌，成分有差别，但也含有几丁质，占细胞干物质的2%～26%。幼年霉菌菌丝胞浆均匀，老年时出现液泡。

根据霉菌菌丝在功能上分化程度的不同，可将菌丝分为：伸入固体培养基内部具有吸收营养物质功能的菌丝称为营养菌丝或基质菌丝；伸向空气中的菌丝称气生菌丝，气生菌丝发育到一定阶段，分化成能产生孢子的繁殖器官称为繁殖菌丝。

根据霉菌的菌丝中是否存在隔膜，可将菌丝分为：呈长管状分支的多核单细胞，菌丝中无隔膜，称为无隔菌丝，比如毛霉和根霉；菌丝体由分枝的成串多细胞组成，每个细胞内含一个或多个核，菌丝中有隔，隔中央有单个或多个小孔，细胞核及原生质可流动，称为有隔菌丝。

(3)霉菌的菌落特征。霉菌的菌落比细菌、酵母菌的菌落都大，疏松、干燥、半透明、主要有绒毛状、絮状和蜘蛛网状等(二维码1-4-1)，菌体可沿培养基表面蔓延生长。菌落最初呈浅色或白色，当孢子逐渐成熟，菌落可呈黄、绿、青、黑、橙等颜色。有的产生色素，使菌落背面也带有颜色或使培养基变色。

二维码 1-4-1
霉菌菌素

霉菌在自然界分布极为广泛，它们存在于土壤、空气、水和生物体内外等处，常见的霉菌有根霉(*Rhizopus*)、毛霉(*Mucor*)、青霉(*Penicillium*)、曲霉(*Aspergillus*)和白地霉(*Geotrichumcandidum*)等。

(二)真菌的繁殖与分离培养

1. 真菌的繁殖

不同的真菌，其繁殖方式有很大区别。

(1)酵母菌的繁殖。酵母菌大多数是单细胞微生物，具有无性繁殖和有性繁殖两种繁殖方式，大多数酵母菌以无性繁殖为主。无性繁殖主要包括芽殖、裂殖和产生掷孢子。

①芽殖。它是成熟的酵母菌细胞先在芽痕处长出一个称为芽体的小突起，随后胞核分裂成两个核，一个留在母细胞，一个随细胞进入芽体。当芽体逐渐长大到与母细胞相仿时，子细胞基部收缩，脱离母细胞成为一个新的个体，比如啤酒酵母。有的酵母菌的母细胞与子细胞相连成串而不脱离，似丝状，称为假菌丝，比如白丝酵母。

②裂殖。为少数酵母菌的繁殖方式，其过程与细胞分裂方式相似。母细胞伸长，核分裂，细胞中央出现横隔，将细胞分为两个具有单核的子细胞。

③掷孢子。它是在营养细胞生出的小梗上形成的无性孢子，成熟后通过一种特有的喷射机制将孢子射出，比如掷孢酵母属。

有性繁殖是指两个性别不同的单倍体营养细胞经接触、细胞壁溶解、细胞膜和细胞质融合，形成的二倍体的细胞核进行分裂(其中一次为减数分裂)，形成子囊，子囊破裂后释放孢子。

(2)霉菌的繁殖。在自然界中，霉菌以各种无性和有性孢子进行繁殖，而且以无性孢子繁殖为主。

①无性孢子。不经过两性细胞的结合，直接由营养细胞分裂或营养菌丝分化而形成的孢子称为无性孢子。可分为厚垣孢子、节孢子、芽孢子、分生孢子和孢子囊孢子等。厚垣孢子是菌丝顶端或中间的个别细胞膨大、原生质浓缩、变圆，细胞壁增厚形成的孢子，是霉菌的休眠

体，对外界的抵抗力较强。节孢子又称粉孢子，是由菌丝断裂形成的外生孢子。芽孢子是由母细胞出芽而形成，长大时脱离母细胞或连在母细胞上呈枝叶状。分生孢子是霉菌中最常见的一类无性孢子，是由菌丝顶端细胞或由分生孢子梗顶端细胞形成的。孢子囊孢子是菌丝发育到一定阶段其顶端膨大，多核的细胞质密集在膨大部，下方长出横隔，形成圆形囊状物。

②有性孢子。不同的性细胞（又称配子）或性器官结合后，经减数分裂而形成的孢子称为有性孢子。有性繁殖分为质配、核配、减数分裂三个阶段。有性孢子常常是真菌在特定的自然条件下形成的用来渡过不良环境的休眠体，主要有卵孢子、接合孢子、子囊孢子和担孢子等。卵孢子是由两个大小不同的配子囊结合后发育而成的。接合孢子是由菌丝生出形态相同或略有不同的配子囊接合而形成的。子囊孢子是囊状结构的子囊内产生的，是子囊菌的主要特征。担孢子是菌丝末端形成的外生性的有性孢子，是担子菌的主要特征。

霉菌繁殖时产生的各种各样的孢子其形状、大小、表面纹饰和色泽各不相同，结构也有一定的差异，因此霉菌的形态特征也是分类的重要依据。

2. 真菌的分离培养

（1）分离方法。真菌的酵母细胞、繁殖菌丝和孢子（无性或有性孢子），都可以生长发育成新的个体。酵母菌的分离方法同细菌。真菌的分离方法有菌丝分离法、组织分离法和孢子分离法 3 类。

①菌丝分离法。它是在无菌条件下设法将目的菌的菌丝片段分离出来，使其在适合的培养基上生长形成菌落，以获得纯菌种。常用的方法有划线法和稀释法。

②组织分离法。它是在无菌条件下用镊子取出真菌子实体内部的一小块组织，直接放在适宜的培养基上培养，可获得纯菌种。实际上，组织分离法也是用菌丝分离的，因为一般的真菌组织，都是由密集的菌丝构成的，并且真菌子实体的内部是没有杂菌污染的。

③孢子分离法。它是在无菌条件下利用无性和有性孢子在适宜条件下萌发，生长成新的菌丝体以获得纯菌种的一种方法。常用的方法也是划线法和稀释法。

（2）培养条件。真菌对外界环境适应力强，对营养要求不高，在一般培养基上均能生长，常用弱酸性的沙保罗氏培养基或马铃薯琼脂培养基，最适培养温度为 20～28 ℃，pH 为 3～6 生长良好，最适 pH 为 5.6～5.8，适宜生长在潮湿的环境中，需氧条件下生长良好（酵母菌必须在厌氧条件下才能发酵产生酒精）；少数是严格厌氧菌，比如反刍动物瘤胃中的真菌；寄生于动物内脏的病原性真菌则在 37 ℃左右时生长良好，常需培养数天至十几天才能形成菌落。

（3）培养方法。真菌的培养方法有固体和液体培养两种基本方法。

①固体培养法。实验室中进行菌种分离、菌种培养和研究时常使用琼脂斜面和琼脂平板，真菌在其上呈现菌落或菌苔生长，便于观察和分离。制曲和作发酵饲料生产时，利用谷糠、麸皮等农副产品为原料，按真菌营养要求搭配好，加适量的水拌和成固体培养基作为发酵培养基（生产培养基），根据需要还要经过蒸煮灭菌后，接入菌种进行培养。

②液体培养法。有浅层培养和深层培养两类。浅层培养是把培养基置于浅层容器中，利用较大的液体表面积接触空气以保证液体中的氧气量，常用浅盘或浅池进行。浅层培养为静置培养，真菌多在液体表面呈膜状生长，故又称表面培养。一般实验室或数量较小的培养，可用浅层培养。深层培养是把大量的液体培养基置于深层的容器内进行培养。深层培养时必须用人工方法通入足够的空气，并做适当的搅拌。为了保证各种条件的控制和防止外来污染，常常使用密闭式容器，这就是一般所称的发酵罐。深层液体培养可用于生产单细胞蛋白饲料等。

培养、制备少量液体种子时，常用摇瓶机、摇床等简单设备，这样既可增加空气的溶解，更多地提供真菌生长繁殖中所需要的氧气，也可有利于培养基中营养成分的充分利用。比如霉菌液体培养时，如果静止培养，往往在表面上生长，在液面上形成菌膜；如果振荡培养，菌丝有时相互缠绕形成菌丝球，可均匀地悬浮在培养液中或沉积于培养液的底部。

真菌的生产培养方法有多种，培养以后的发酵产品亦有多样，但其全部生产过程，主要包括斜面菌种培养、液体种子扩大培养、生产发酵和产品检验分装 4 个阶段。

(三)真菌的致病性

有些真菌呈寄生性致病作用，有些呈条件性致病作用，有些则通过产生毒素引起中毒来发挥致病作用。真菌性疾病大致包括以下 4 种。

(1)致病性真菌感染。致病性真菌感染主要是外源性真菌感染，包括皮肤、皮下组织真菌感染和全身或深部真菌感染。

(2)条件致病性真菌感染。条件致病性真菌感染主要是内源性真菌感染，通常发生于机体长期应用广谱抗生素、激素及免疫抑制剂时，某些非致病性的或致病性极弱的真菌引起的感染，比如念珠菌、曲霉菌感染。

(3)真菌变态反应性疾病。真菌变态反应有两种类型：一种是感染性变态反应，它是一种迟发型变态反应，是在感染病原性真菌的基础上发生的；另一种是接触性变态反应，通常是由于吸入或食入真菌孢子或菌丝而引起，分别属于Ⅰ型和Ⅳ型变态反应。真菌性变态反应所致疾病的表现有过敏性皮炎、湿疹、荨麻疹和瘙痒症，过敏性胃肠炎、哮喘和过敏性鼻炎等。

(4)真菌毒素中毒。有些真菌生长在农作物及饲料上，本身带有毒素或在代谢过程中产生的毒素，动物食用后可导致中毒。引起的病变也多种多样，有的引起肝脏、胰腺、肾脏损害；有的引起神经系统功能障碍，出现抽搐、昏迷等症状；有的可致造血机能损伤；有的有致癌作用等，比如黄曲霉毒素可诱发肝癌。

二、放线菌

放线菌(actinomycetes)是一类介于细菌和真菌之间的陆生性强的革兰氏阳性原核细胞型微生物，形态极为多样(杆状到丝状)、多数呈菌丝状生长，主要以孢子繁殖，大多数为腐生，少数寄生。放线菌菌落中的菌丝常从一个中心向四周呈辐射状生长，并因此而得名。一方面，放线菌的细胞构造和细胞壁化学组成与细菌相似，与细菌同属原核生物；另一方面，放线菌菌体呈纤细的菌丝，且分枝，又以外生孢子形式繁殖，这些特征又与霉菌相似。

放线菌与人类的生产和生活关系极为密切，目前广泛应用的抗生素约 70% 是各种放线菌所产生。一些种类的放线菌还能产生各种酶制剂(蛋白酶、淀粉酶和纤维素酶等)、维生素 B_{12} 和有机酸等。此外，放线菌还可用于甾体转化、烃类发酵、石油脱蜡和污水处理等方面。少数放线菌也会对人类构成危害，引起人和动植物病害。因此，放线菌与人类关系密切，在医药工业上有重要意义。

放线菌在自然界分布广泛，主要以孢子或菌丝状态存在于土壤、空气和水中，尤其是含水量低、有机物丰富、呈中性或微碱性的土壤中数量最多。土壤特有的泥腥味，主要是放线菌的代谢产物所致。

(一)放线菌的形态结构

放线菌形态随生长环境不同而异，在培养基上有的为平直或微弯的杆菌，有的呈短杆状或棒状，有时分枝，呈丝状，直径为0.6～0.7 μm。菌体细胞大小不一。放线菌细胞的结构与细菌相似，都具备细胞壁、细胞膜、细胞质、拟核等基本结构。个别种类的放线菌也具有细菌鞭毛样的丝状体，但一般不形成荚膜、菌毛等特殊结构。放线菌的孢子在某些方面与细菌的芽孢有相似之处，都属于内源性孢子，但细菌的芽孢仅是休眠体，不具有繁殖作用，而放线菌产生孢子则是一种繁殖方式。

1. 菌丝

根据菌丝的着生部位、形态和功能的不同，放线菌菌丝可分为基内菌丝、气生菌丝和孢子丝3种。

(1)基内菌丝。主要功能是吸收营养物质和排泄代谢产物。

(2)气生菌丝。它是基内菌丝长出培养基外并伸向空间的菌丝，又称二级菌丝。在显微镜下观察时，一般气生菌丝颜色较深，比基内菌丝粗，直径为1.0～1.4 μm，长度相差悬殊，形状直伸或弯曲，可产生色素，多为脂溶性色素。

(3)孢子丝。它是当气生菌丝发育到一定程度，其顶端分化出的可形成孢子的菌丝，叫孢子丝，又称繁殖菌丝。孢子成熟后，可从孢子丝中逸出飞散。放线菌孢子丝的形态及其在气生菌丝上的排列方式，随菌种不同而异，是菌种鉴定的重要依据。孢子丝的形状有直形、波曲、钩状、螺旋状，螺旋状的孢子丝较为常见。

2. 孢子

孢子丝发育到一定阶段便分化为孢子。在光学显微镜下，孢子呈圆形、椭圆形、杆状、圆柱状、瓜子状、梭状和半月状等，即使是同一孢子丝分化形成的孢子也不完全相同，因而不能作为分类、鉴定的依据。孢子的颜色十分丰富。孢子表面的纹饰因种而异，在电子显微镜下清晰可见，有的光滑，有的褶皱状、疣状、刺状、毛发状或鳞片状，刺又有粗细、大小、长短和疏密之分，一般比较稳定，是菌种分类、鉴定的重要依据。

3. 孢囊

放线菌的特点是形成典型孢囊，孢囊着生的位置因种而异。有的菌孢囊长在气丝上，有的菌孢囊长在基丝上。孢囊形成分两种形式：有些菌的孢囊是由孢子丝卷绕而成；有些菌的孢囊是由孢子梗逐渐膨大形成。孢囊外围都有囊壁，无壁者一般称假孢囊。孢囊有圆形、棒状、指状、瓶状或不规则状之分。孢囊内原生质分化为孢囊孢子，带鞭毛者遇水游动，比如游动放线菌属；无鞭毛者则不游动，比如链孢囊菌属。

(二)放线菌的繁殖与培养

以外生孢子的形式繁殖，这些特征又与霉菌相似。放线菌主要通过形成无性孢子的方式进行繁殖，也可借菌体分裂片段繁殖。放线菌长到一定阶段，一部分气生菌丝形成孢子丝，孢子丝成熟便分化形成许多孢子，称为分生孢子。孢子成熟后，孢子丝壁破裂释放出孢子。多数放线菌按此方式形成孢子，比如链霉菌孢子的形成多属此类型。横隔分裂形成横隔孢子。其过程是单细胞孢子丝长到一定阶段，首先在其中产生横膈膜，然后在横膈膜处断裂形成孢子，称横膈孢子或粉孢子。诺卡氏菌属按此方式形成孢子。有些放线菌首先在菌丝上形成孢子囊，在孢子囊内形成孢子，孢子囊成熟后，破裂，释放出大量的孢囊孢子。孢子囊可在气生菌丝上形成，也可在营养菌丝上形成，或二者均可生成。放线菌也可借菌丝断裂的片段形成新的菌体，这种繁殖方式常见于液体培养基中。工业化发酵生产抗生素时，放线菌就以此方式大量繁殖。如果静置培养,培养物表面往往形成菌膜,膜上也可产生出孢子。

放线菌主要营异养生活,培养较困难,厌氧或微需氧。加 5% CO_2 可促进其生长。在营养丰富的培养基上,比如血液琼脂培养基 37 ℃培养 3～6 d 可长出灰白或淡黄色微小菌落。多数放线菌的最适生长温度为 30～32 ℃,致病性放线菌为 37 ℃,最适 pH 为 6.8～7.5。放线菌能产生多种抗生素,用于传染病的治疗。

(三)放线菌的致病性

放线菌在分类学上属放线菌目,下设 8 个科,其中分枝杆菌科中的分枝杆菌属和放线菌科中的放线菌属与畜禽疾病关系较大。

(1)分枝杆菌属。本属菌为革兰氏阳性,在自然界分布广泛,许多是人和多种动物的病原菌,对动物有致病性的主要是结核分枝杆菌、牛分枝杆菌、禽分枝杆菌和副结核分枝杆菌。结核分枝杆菌菌体细长,牛分枝杆菌菌体较短粗,禽分枝杆菌短小并具有多形性,副结核分枝杆菌菌体以细长为主,常排列成丛或成堆。结核分枝杆菌、牛分枝杆菌和禽分枝杆菌能引起人和畜禽的结核病。家禽一般没有治疗价值,贵重动物可用异烟肼、链霉素、对氨基水杨酸等治疗。副结核分枝杆菌能引起牛、羊等反刍动物的副结核病(慢性消耗性传染病),目前尚无有效疗法,曾试用链霉素、苯砜、异烟肼进行治疗,效果不理想,现在以对症治疗、淘汰和净化牛群、羊群为主要防治措施。

(2)放线菌属。本属菌为革兰氏阳性,病原性放线菌的代表种是牛放线菌,牛、猪、马、羊易感染。主要侵害牛和猪,奶牛发病率较高。牛感染后主要侵害颌骨、唇、舌、咽、头颈部皮肤,尤以颌骨缓慢肿大为多见,常采用外科手术治疗。

此外还有犬、猫放线菌病的病原体,可引起犬、猫的放线菌病;衣氏放线菌可引起牛的骨髓放线菌病和猪的乳房放线菌病。

三、支原体

支原体(mycoplasma)又称霉形体,是一类介于细菌和病毒之间、无细胞壁、能独立生活的最小的单细胞原核微生物,含有 DNA 和 RNA,以二分裂或芽生方式繁殖。

(一)支原体的形态结构

支原体无细胞壁,形态高度多形和易变,有球形、扁圆形、玫瑰花形、丝状乃至分枝状等,菌体柔软,直径为 0.1～0.3 μm,一般约 0.25 μm,多数能通过细菌滤器。质膜含固醇或脂聚糖等稳定组分,细胞质内无线粒体等膜状细胞器,但有核糖体,无鞭毛,不能运动,有些菌株呈现滑动或旋转运动。革兰氏阴性,通常着色不良,常用吉姆萨染色或瑞氏染色效果较理想,呈淡紫色。

(二)支原体的繁殖与培养

支原体的繁殖方式以二分裂为主,也可出芽增殖。可在人工培养基上生长繁殖,但营养要求较一般细菌高,常需在培养基中加入 10%～20%动物血清、固醇和高级脂肪酸,培养基中加入酵母浸液、葡萄球菌和链球菌的培养滤液能促进其生长;部分种类需在组织培养物上才能生长。最适培养温度为 37 ℃,最适 pH 为 7.6～8.0,兼性厌氧,初代培养需加入 5%二氧化碳。生长缓慢,固体培养基上需 3～5 d 才能形成菌落,菌落直径为 10～600 μm,形似"油煎蛋"状,乳头状或脐状;液体培养基中需 2～4 d 才能形成极轻微的混浊,或形成小颗粒粘于管壁或沉于管底。多数支原体可在鸡胚的卵黄囊或绒毛尿囊膜上生长。

（三）支原体的致病性

支原体种类多，有 30 多种对任何畜禽均有致病性，广泛分布于污水、土壤、植物和人体中，大多数支原体为寄生性，寄生于多种动物的呼吸道、泌尿生殖道、消化道黏膜以及乳腺和关节等处，单独感染时常常症状轻微或无临床表现，当细菌或病毒感染或受外界不利因素的作用时可导致人和畜禽发病。临床上由支原体引起的传染病有：猪肺炎支原体引发的猪地方性流行性肺炎，即猪的气喘病；禽败血支原体引起的鸡的慢性呼吸道病；此外还有牛传染性胸膜肺炎、山羊传染性胸膜肺炎等。

四、螺旋体

螺旋体(spirochaeta)是一类菌体细长、柔软、弯曲呈螺旋状，介于细菌和原虫之间，能活泼运动的单细胞原核微生物。

（一）螺旋体的形态结构

螺旋体细胞呈螺旋状或波浪状圆柱形，其大小极为悬殊，长可为 5～250 μm，宽可为 0.1～3 μm，菌体柔软易弯曲、无鞭毛，但能做特殊的弯曲扭动或蛇样运动。有的螺旋体可通过细菌滤器。

螺旋体的细胞主要有 3 个组成部分：原生质柱、轴丝和外鞘；原生质柱呈螺旋状卷曲，外包细胞膜与细胞壁，为螺旋体细胞的主要部分。轴丝连于细胞和原生质柱，外包有外鞘。每个细胞的轴丝数为 2～100 条以上，视螺旋体种类而定。轴丝的超微结构、化学组成以及着生方式均与鞭毛相似。螺旋体正是靠轴丝的旋转或收缩运动的。

（二）螺旋体的繁殖与培养

螺旋体广泛存在于水生环境，也有许多分布在人和动物体内。大部分营自由的腐生生活或共生，无致病性，只有一小部分可引起人和动物的疾病。

除钩端螺旋体外，多不能用人工培养基培养，或人工培养基培养较为困难。多数需厌氧培养。非致病性螺旋体、蛇形螺旋体、钩端螺旋体以及个别致病性密螺旋体与疏螺旋体可采用含血液、腹水或其他特殊成分的培养基培养，其余螺旋体迄今尚不能用人工培养基培养，但可用易感动物来增殖培养和保种。

（三）螺旋体的致病性

螺旋体有 5 个属，其中与兽医临床关系密切的有密螺旋体属、疏螺旋体属、蛇形螺旋体属和钩端螺旋体属。螺旋体广泛存在于自然界水域中，也有很多存在于人和动物的体内。大部分螺旋体是非致病性的，只有一小部分是致病性的。比如鸡疏螺旋体引起禽类的急性、败血性疏螺旋体病；猪痢疾蛇形螺旋体是猪痢疾的病原体；兔梅毒密螺旋体是兔梅毒的病原体；钩端螺旋体可感染多种家禽、家畜和野生动物，导致钩端螺旋体病。

对猪痢疾蛇形螺旋体病目前尚无可靠或实用的免疫制剂供预防之用，但可用抗生素或化学治疗剂控制。对钩端螺旋体，国内外已有疫苗应用，效果良好。

五、立克次氏体

立克次氏体(rickettsia)是一类介于细菌和病毒之间、专性细胞内寄生的小型革兰氏阴性原核单细胞微生物。立克次氏体在形态结构和繁殖方式等特性上与细菌相似，而在生长要求上又酷似病毒。

(一)立克次氏体的形态结构

立克次氏体细胞多形，呈球杆形、球形、杆形等，球状菌直径 0.2～0.7 μm，杆状菌大小(0.3～0.6) μm×(0.8～2) μm。具有类似于革兰氏阴性细菌的细胞壁结构和化学组成，细胞壁内含有肽聚糖、脂多糖和蛋白质，细胞质内有 DNA、RNA 及核蛋白体。革兰氏染色阴性，吉姆萨染色呈紫色或蓝色。除贝氏柯克斯体(Q 热立克次体)外，均不能通过细菌滤器。

(二)立克次氏体的繁殖与培养

在真核细胞内营专性寄生，宿主一般为虱、蚤等节肢动物，并可传至人或其他脊椎动物。立克次氏体酶系统不完整，大多数只能利用谷氨酸产能而不能利用葡萄糖产能，缺乏合成核酸的能力，依赖宿主细胞提供三磷酸腺苷、辅酶Ⅰ和辅酶 A 等才能生长，并以二分裂方式繁殖。

但繁殖速度较细菌慢，一般 9～12 h 繁殖一代。多不能在普通培养基上生长繁殖，故常用动物接种、鸡胚卵黄囊接种以及细胞培养等方法培养立克次氏体。

(三)立克次氏体的致病性

致人、畜疾病的立克次氏体，多寄生于网状内皮系统、血管内皮细胞或红细胞内，并常天然寄生在虱、蚤、蜱、螨等节肢动物体内，这些节肢动物或为其寄生宿主，或为贮存宿主，成为许多立克次氏体病的重要的或必要的传播媒介。人、畜主要经这些节肢动物的叮咬或其粪便污染伤口而感染立克次氏体。

Q 热立克次氏体主要是导致人和大型家畜(牛、羊、马等)发生 Q 热的病原体，通常发病急骤；东方立克次氏体可导致人、家畜和鸟类发生恙虫病；反刍兽立克次氏体可导致牛、山羊、绵羊及野生反刍动物发生心水病(又称牛、羊的胸腔积液病)。

六、衣原体

衣原体(chlamydia)是一类能通过细菌滤器、介于立克次氏体与病毒之间、严格细胞内寄生，并形成包涵体的革兰氏阴性原核细胞微生物。

(一)衣原体的形态结构

衣原体细胞呈圆球形，大小为 0.3～1.0 μm，具有由肽聚糖组成的类似于革兰氏阴性细菌的细胞壁，呈革兰氏阴性，细胞内含 DNA 和 RNA 两种核酸以及核糖体。

衣原体与立克次体主要有两点不同：不必经节肢动物传播；在宿主细胞内繁殖时有两个明显区别的发育阶段，细胞细小、呈球状、细胞壁坚韧、具有传染性、无繁殖能力的原体(elementary body)和由原体变成细胞较大、圆形或椭圆形、无细胞壁、无传染性的始体(initial body)。始体经二分裂繁殖，形成子代原体，成熟后自细胞释出，可再感染其他细胞。

(二)衣原体的繁殖与培养

衣原体具有一些酶类但不够完善，这些酶缺乏产生代谢能量的作用，要由宿主细胞提供，须严格胞内寄生。能在鸡胚卵黄囊膜、小白鼠腹腔和 Hela 细胞组织培养物等多种活体内生长繁殖。有独特发育周期，仅在活细胞内以二分裂方式繁殖。可接种于 5～7 日龄鸡胚卵黄囊，一般在接种 3～5 d 死亡，取死胚卵黄囊膜涂片染色，镜检可见有包涵体、原体和网状颗粒。动物接种多用于严重污染病料中衣原体的分离培养。常用动物为3～4周龄小鼠，可进行腹腔接种或脑内接种。细胞培养可用鸡胚、小鼠、羔羊等易感动物组织的原代细胞，也可用Hela细胞、Vero细胞、BHK_{21}等传代细胞系来增殖衣原体。由于衣原体对宿主细胞的穿入能力较弱，可于细胞管中加入二乙氨基乙基葡聚糖或预先用X射线照射细胞培养物，以提高细胞对衣原体的易感性。

（三）衣原体的致病性

比较重要的衣原体有4种：沙眼衣原体、鹦鹉热亲衣原体（旧称鹦鹉热衣原体）、牛羊亲衣原体（旧称牛羊衣原体）和肺炎亲衣原体（旧称肺炎衣原体）。

沙眼衣原体能引起人类沙眼、包涵体性结膜炎以及性病肉芽肿等病；肺炎亲衣原体可引起人的急性呼吸道疾病，对动物无致病性；鹦鹉热亲衣原体可引起人的肺炎，畜禽肺炎、流产、关节炎等疾病；牛羊亲衣原体可导致牛、绵羊腹泻、关节炎、脑脊髓炎等。

我国已试制成功绵羊衣原体性流产疫苗，其他类型的衣原体病尚无实用或可靠的疫苗，治疗药物可以选用四环素等。

任务二　其他病原微生物

自然界引起动物发生传染病的病原微生物种类是非常多的，除了前面介绍的主要细菌和病毒以外，还有许多其他病原微生物，在这里主要介绍曲霉菌、牛放线菌、猪肺炎支原体、鸡败血支原体、猪痢疾蛇形螺旋体、钩端螺旋体等。

一、曲霉菌

曲霉菌在自然界中分布广泛，也是实验室经常污染的真菌之一，可感染动物，也可在稻草、秸秆、谷壳、木屑及发霉的饲料中产生毒素，动物食用引起食物中毒。菌丝及孢子以空气为媒介污染笼舍、墙壁、地面及用具。致病性曲霉菌有烟曲霉、黄曲霉、黑曲霉、白曲霉、棕曲霉等，其中烟曲霉以感染致病为主，同时也产生毒素，而黄曲霉、棕曲霉等以所产生的毒素引起致病。

（一）烟曲霉

1. 生物学特性

烟曲霉（*Aspergillus fumigatus*）为需氧真菌，室温下能正常生长。在马铃薯琼脂培养基、糖类琼脂培养基和血琼脂培养基上经25～37 ℃培养都能生长，生长较快，烟曲霉的菌丝为有隔菌丝，菌丝纵横交错，菌丝初期为无色到灰白色。经24～30 h开始形成孢子，成熟时孢子逐渐变为浅黄色、草绿色、灰绿色甚至黑色。因此菌落最初为白色，迅速变为绿色、暗绿色以及黑色，外观绒毛状，有的呈黄色、红棕色等。气生菌丝末端分化出厚壁的足细胞，在足细胞上生出直立的分生孢子梗，梗的顶部膨大形成顶囊，形似倒置的烧瓶。顶囊上长满辐射状排列的小梗，小梗顶端长出成串的球形分生孢子。孢子呈蓝绿色，2.5～3.0 μm，分生孢子梗长250～300 μm。曲霉菌孢子对外界理化因素的抵抗力强，120 ℃干热1 h或煮沸5 min才能被杀死，常用消毒剂为5%甲醛、石炭酸、过氧乙酸和含氯消毒剂，曲霉菌在消毒剂中一般经1～3 h才能死亡，对一般的抗生素不敏感，灰黄霉素、碘化钾等对本菌有抑制作用。

2. 致病性

烟曲霉是曲霉菌属中致病性最强的霉菌。烟曲霉的孢子广泛分布于自然界，存在于空气、水和土壤中，极易在潮湿垫草和饲料中繁殖，同时产生毒素。在感染组织的过程中，还产生一种蛋白质毒素，可导致动物组织发生痉挛、麻痹，直至死亡。孢子和菌丝进入家禽腔性器官并增殖，常造成器官机械性堵塞，加之毒素的作用，常表现为曲霉菌性肺炎，尤其是幼禽敏感性极高。潮湿环境下，曲霉孢子穿过蛋壳进入蛋内，不仅引起蛋品变质，而且在孵化期间造成死胚，或者雏鸡发生急性曲霉菌性肺炎。

3. 微生物学诊断

结合临床症状和病理变化进行综合诊断，必要时进行微生物学检查，烟曲霉的检查主要根据菌丝及孢子形态而确定，采取病禽的肺、气囊或腹腔上肉眼可见的小结节，尽量剪碎，置载玻片上，加 10%～20%氢氧化钾溶液 1～2 滴，加盖玻片镜检，可见短的分枝状有隔菌丝，直径 4～6 μm，长可达 300 μm，经过病原分离才能确诊。分离培养时，取肝脏、肺脏、禽类气囊等组织，接种于马铃薯琼脂培养基上，37 ℃下培养 3 d，可见菌丝生长，根据繁殖菌丝末端是否膨大，分生孢子的形态大小及排列特征加以确诊。

4. 防制措施

主要措施是加强饲养管理，保持禽舍通风干燥，不让垫草发霉，不用发霉的饲料和垫料。环境及用具保持清洁，发病时可使用制霉菌素。

(二)黄曲霉

1. 生物学特性

黄曲霉(*Aspergillus flavus*)的生物学特性和培养特征与烟曲霉相似，菌丝形态和孢子排列特征也与烟曲霉相似，但分生孢子梗壁厚而粗糙，顶囊大，呈球状或近似球状。黄曲霉在察氏琼脂培养基上生长较快，最适温度 28～30 ℃，经 10～14 d 菌落直径可达 3～7 cm，最初带黄色，然后变成黄绿色，老龄菌落呈暗色，表面平坦或有放射状皱纹，菌落反面无色或带褐色。

2. 致病性

黄曲霉的致病性主要是其产生的黄曲霉毒素，黄曲霉菌和寄生曲霉菌均产生黄曲霉毒素，该毒素常见于霉变的花生、玉米等谷物及棉籽饼等，在鱼粉、肉制品、鱼、奶和肝脏中也可发现。黄曲霉菌中有 30%～60%的菌株产生毒素，而寄生曲霉几乎都能产生黄曲霉毒素。

黄曲霉毒素的熔点为 200～300 ℃，根据其化学结构可分为 B_1、B_2、G_1、G_2、B_{2a}、G_{2a}、M_1、M_2、P_1、GM_2、毒醇等多种。种类不同，毒性也不同，其中 B_1 的毒性和致癌性最强，也是最常见的，其次是 G_1。但都易溶于脂溶性溶剂，耐热，煮沸不能使之破坏，在 pH 为 9～10 强碱溶液中，毒素能迅速分解。

黄曲霉毒素对多种动物呈现强烈的毒性作用，比氰化钾的毒性大 100 倍，仅次于肉毒毒素。不同动物的敏感性不同，鸭、兔、猫、猪、犬较敏感。黄曲霉毒素的毒性作用主要表现为 3 个方面：急性或亚急性中毒、慢性中毒、致癌性。雏鸭急性中毒时，主要病变在肝脏，表现为肝细胞变性、坏死、出血等。人或动物持续地摄入一定量的黄曲霉毒素，引起中毒，主要表现为肝脏的慢性损伤。如果长期摄入较低水平的黄曲霉毒素，或在短期内摄入一定数量的黄曲霉毒素，经过较长时间后发生肝癌。实验证明，黄曲霉毒素是目前已知最强烈的致癌物质之一，其致癌强度是二甲基偶氮苯900倍以上，除导致肝癌外，还能诱发胃癌、肾癌、直肠癌等。

3. 微生物学诊断

本病的微生物学诊断主要是毒素的检测。从可疑饲料中提取毒素，饲喂1日龄雏鸭，可见肝脏坏死、出血以及胆管上皮细胞增生等，或以薄层层析法检测毒素。

4. 防制措施

预防措施与烟曲霉的预防相同，一旦中毒发生，治疗意义不大。

二、牛放线菌

1. 生物学特性

牛放线菌(*Actinomyces bovis*)形态随所处环境不同而异。在培养物中，呈短杆状或棒状，老龄培养物常呈分枝丝状或杆状，革兰氏阳性，可形成Y形、V形或T形排列的无隔菌丝。在病灶脓液中可形成大头针帽大的黄白色小菌块，呈硫黄状颗粒，将硫黄状颗粒在载玻片上压平镜检时呈菊花状，菌丝末端膨大，向周围呈放射状排列，颗粒中央部分菌丝为革兰氏染色阳性，外围菌丝为革兰氏染色阴性。

牛放线菌为厌氧或微需氧，培养比较困难，最适pH为7.2～7.4，最适温度37 ℃，在1%甘油、1%葡萄糖、1%血清的培养基中生长良好。在血液琼脂培养基上，37 ℃厌氧培养2 d后，可见半透明、乳白色、不溶血的粗糙型菌落，紧贴在培养基上，呈小米粒状，无气生菌丝。

本菌无运动性，无荚膜和芽孢。能发酵麦芽糖、葡萄糖、果糖、半乳糖、木糖、蔗糖、甘露糖和糊精，多数菌株发酵乳糖产酸不产气。亚甲蓝还原试验阳性。产生硫化氢，MR试验阴性，吲哚试验阳性，尿素酶试验阳性。对干燥、高热、低温抵抗力很弱，对石炭酸的抵抗力较强，对青霉素、链霉素、头孢霉素、磺胺类药物敏感，但药物很难渗透到脓灶中。

2. 致病性

牛、猪、马、羊易感染，人无易感性，本菌主要侵害牛和猪，奶牛发病率较高。牛感染放线菌后主要侵害颌骨、唇、舌、咽、齿龈、头颈皮肤及肺，尤以颌骨缓慢肿大为多见。猪感染后病变多局限于乳房。

3. 微生物学诊断

放线菌病的临床症状和病变比较特殊，不难诊断。必要时，取少量脓汁加入生理盐水中冲洗，找到其中的硫黄状颗粒，在水中洗净，沉淀后将硫黄样颗粒置于载玻片上加一滴5%氢氧化钾溶液，覆以盖玻片用力按压，置显微镜下观察，可见菊花形或玫瑰花形菌块，周围有屈光性较强的放射状棒状体。如果将压片加热固定后革兰氏染色，可发现放射状排列的菌丝，结合临床特征即可做出诊断。必要时可做病原的分离。

4. 防制措施

(1)防止皮肤黏膜损伤。应避免在灌木丛或低湿地放牧，将饲草饲料浸软，避免皮肤和口腔黏膜损伤，及时处理皮肤创伤，以防止放线菌菌丝和孢子的侵入。

(2)治疗。手术切除放线菌硬结及瘘管，碘酊纱布填充新创腔，连续内服碘化钾2～4周。结合青霉素、红霉素、林可霉素等抗生素的使用可提高本病治愈率。也可用中药金银花、蒲公英、夏枯草、猫爪草等，水煎取汁，候温灌服。

三、猪肺炎支原体

1. 生物学特性

猪肺炎支原体(*Mycoplasma suipneumoniae*)具有形态多样，以环形、球形和椭圆形为多见，可通过孔径 300 nm 的滤膜。革兰氏染色阴性，但着色较难；用吉姆萨染色或瑞特氏染色结果较佳，呈淡紫色或蓝色。

猪肺炎支原体兼性厌氧，对营养要求较高，培养基除需加猪血清外，尚须添加水解乳蛋白、酵母浸液等，并要有 5%～10% CO_2 才能生长。在固体培养基上培养 9 d，可见针尖大露滴状菌落，边缘整齐、表面粗糙。此外，也可用鸡胚卵黄囊或猪的肺、肾、睾丸等单层细胞培养。

本菌对壮观霉素、卡那霉素、土霉素、四环素、螺旋霉素等敏感，对青霉素和磺胺类药物不敏感。对外界环境抵抗力不强，在动物体外存活一般不超过 36 h，经冷冻干燥的培养物在 4 ℃可存活 4 年。1%氢氧化钠、20%草木灰等均可在数分钟内将其杀死。

2. 致病性

猪肺炎支原体能引起猪气喘病，为慢性呼吸系统疾病。不同品种、年龄、性别的猪均可发病，但以哺乳仔猪和幼龄猪最易感。将培养物滴鼻接种 2～3 月龄的健康仔猪，能引起典型病变。本病主要经呼吸道感染，死亡率不高，但严重影响猪的生长发育，给养猪业带来严重危害。

3. 微生物学诊断

一般根据流行病学、临床症状和病理变化可进行诊断，必要时进行实验室诊断。无菌采取肺脏病变区和正常部位交界处组织，并取支气管。将采集的病料研磨成乳剂，通过滤器除去杂菌，选择适宜的培养基进行分离培养，根据该菌的菌落特征及菌体特征诊断。进一步地确诊需要经过血清学试验、动物接种试验等诊断。

4. 防制措施

平时采取综合性预防措施，预防本病主要通过接种猪气喘病弱毒冻干菌苗，保护率可达 80%，免疫期为 8 个月。发病后，隔离病猪，进行及时合理的治疗；严格消毒；合理处理病尸和污染物。临床的预防和治疗还可选用广谱抗生素，比如土霉素、卡那霉素、泰乐菌素等。

四、鸡败血支原体

1. 生物学特性

鸡败血支原体(*Mycoplasma gallisepticum*)常呈球形、卵圆形或梨形，有的呈丝状，直径 0.25～0.5 μm，革兰氏染色弱阴性，吉姆萨或瑞氏染色着色良好。

本菌为需氧或兼性厌氧，对营养要求较高，培养时须加 10%～20%灭能血清才能生长。在固体培养基上经 3～10 d，可形成圆形表面光滑透明、边缘整齐、露滴样的小菌落，直径为 0.2～0.3 mm，菌落中央有颜色较深而致密的乳头状突起。该菌落能吸附猴、大鼠、豚鼠和鸡的红细胞，这种凝集现象能被相应的抗体所抑制。在马鲜血琼脂上表现溶血。液体培养基中，37 ℃培养 2～5 d 可呈现轻度至中度混浊。本菌也可在 7 日龄鸡胚卵黄囊生长，接种后 5～7 d 死亡。

鸡败血支原体对外界环境抵抗力不强，对紫外线敏感，阳光直射很快死亡，在体外迅速死亡，一般的消毒剂均能迅速将其杀死。对链霉素、泰乐菌素、红霉素、螺旋霉素等敏感，但易形成耐药菌株。对热敏感，45 ℃ 1 h或50 ℃ 20 min即可被杀死。冻干后于4 ℃可存活7年。

2. 致病性

鸡败血支原体主要感染鸡和火鸡，引起鸡和火鸡的鼻窦炎、眶下窦炎、肺炎和气囊炎。发病后多呈慢性经过，病程长，生长受阻，可造成很大的经济损失。主要经呼吸道感染，也可经卵传播，公鸡感染后，精液中有本菌存在，可通过交配将本病传遍全群。

3. 微生物学诊断

血清平板凝集试验操作快速、简捷、敏感，在生产中应用较广。常用的血清学试验有平板凝集试验、试管凝集试验、血细胞凝集抑制试验等。多采用抽样检查法，一旦检出血液中有本菌抗体阳性鸡，即可作为整个鸡群污染的定性指标，判定为阳性。

平板凝集试验：吸取可疑血清0.02 mL，加于玻片上，与0.03 mL特异性抗原混合，充分搅动，2～3 min后，如果出现明显的碎片状凝集即为阳性。也可用全血代替血清进行平板凝集试验。另外，琼脂扩散试验、红细胞凝集抑制试验等血清学方法也可用于检查鸡败血支原体。

4. 防制措施

平时采取综合性预防措施，本病预防主要用鸡败血支原体弱毒苗或灭活油乳剂苗免疫种鸡群；对种蛋进行合理的处理，以杀灭或减少蛋内支原体，是有效预防本病的方法之一；建立无毒支原体感染的鸡群。商品鸡生产中多采用药物预防。发病鸡的治疗可选用泰乐菌素、红霉素、林可霉素、土霉素、恩诺沙星等抗菌药物。

五、猪痢疾蛇形螺旋体

1. 生物学特性

猪痢疾蛇形螺旋体（*Serpulina hyodysenteriae*）曾称为猪痢疾密螺旋体，菌体长6～10 μm，宽约0.4 μm，多有4～6个螺旋，两端尖细，形似双燕翅状。在水中能运动，电镜下可见细胞壁与细胞膜间有7～9根轴丝。革兰氏阴性，维多利亚蓝、吉姆萨染色和镀银染色均能使其较好着色，吉姆萨染色呈微红色。

猪痢疾蛇形螺旋体严格厌氧，对培养基的要求苛刻，通常使用含10%胎牛（或犊牛、兔）血清或血液的胰蛋白胨大豆（TSB）液体或固体培养基。培养时厌氧罐内需通入80% H_2 和20% CO_2，并以钯为催化剂。在血液琼脂培养基上生长良好，呈β型溶血，溶血区内无菌落生长。本菌生化反应不活泼，仅能分解少数糖类。

猪痢疾蛇形螺旋体抵抗力较弱，不耐热。在粪便中5 ℃存活61 d，25 ℃存活7 d；纯培养物在4～10 ℃厌氧环境存活102 d以上，−80 ℃存活10年以上。本菌对一般消毒剂和高温、氧、干燥等敏感。

2. 致病性

猪痢疾蛇形螺旋体引起猪的一种肠道传染病，称猪痢疾、血痢、黑痢。主要引起断奶仔猪发病，传播迅速，临床表现为黏液性、出血性下痢，迅速消瘦。病变局限于大肠黏膜，主要表现为卡他性、出血性和纤维素性坏死性炎症。主要经消化道感染。

3. 微生物学诊断

（1）涂片染色镜检。采取感染猪血液、淋巴结、胸腹腔积液、新鲜稀粪、病变结肠或其内容物，压滴或涂片，采用暗视野显微镜直接镜检，或染色后镜检，染色后镜检更易于发现病原，或用组织切片染色镜检，以检查螺旋体的存在从而确诊。

(2)分离培养及鉴定。采取病料，利用鲜血琼脂培养基进行厌氧培养，根据β溶血和螺旋体的形态来确定。

(3)血清学诊断。主要用琼脂扩散试验、凝集试验、ELISA 等进行诊断。猪群检疫，常用凝集试验。

4. 防制措施

平时采取综合性预防措施，对猪痢疾目前尚无可靠或实用的免疫制剂以供预防之用。现普遍采用抗生素和化学药物控制此病。培育 SPF 猪，净化猪群是防制本病的主要手段。猪群发病时，应迅速隔离病猪，严格消毒，对未发病的用凝集试验进行检疫，对病猪实行屠宰淘汰，无病猪群实行药物预防。

六、钩端螺旋体

1. 生物学特性

对人畜致病的钩端螺旋体(*Leptospira*)长 16～20 μm，宽 0.1～0.2 μm，螺旋细密而有规则，菌体的一端或两端弯曲，整个菌体常呈 C、S、问号等形状，故称似问号钩端螺旋体。在暗视野显微镜下，螺旋细密而不易看清，常呈细小的串珠样形态。革兰氏阴性，但常不易着色，用吉姆萨染色时呈淡紫红色，用镀银法染色着色较好，呈棕黑色。

钩端螺旋体为需氧菌，对营养要求不高。在柯氏液培养基(含 10%兔血清、磷酸盐缓冲液、蛋白胨，pH 为 7.4)中生长良好。一般接种 3～4 d 开始生长，1～2 周大量增殖，培养液呈半透明云雾状混浊，实验动物以幼龄豚鼠和仓鼠最敏感。

本菌对高热、干燥、阳光、酸碱及一般的消毒剂均很敏感，加热 50 ℃ 10 min 即可致死，阳光直射及常用消毒剂均可迅速杀灭，但在水田、池塘、沼泽等低温、湿润的环境可存活数月甚至更长。本菌对链霉素、金霉素、青霉素、四环素都较敏感。

钩端螺旋体有两种抗原结构，即表面抗原(P 抗原)和内部抗原(S 抗原)。前者具有型特异性，存在于菌体的表面；后者具有群特异性，位于菌体内部。按内部抗原将钩端螺旋体分为若干血清群，各群又根据其表面抗原分为若干血清型。目前已发现有 19 个血清群，共 172 个血清型。

2. 致病性

钩端螺旋体常以水作为传播媒介，有很强的钻透力，通过皮肤黏膜可很快钻入人和动物体内。菌体含有溶血素、有毒脂类及类似内毒素的物质，可引起毛细血管损伤和破坏凝血功能而引起发病。主要通过损伤的皮肤、眼和鼻黏膜及消化道侵入机体，最后定位于肾脏，并可从尿中排出，被感染的人畜能长期带菌，是重要的传染源。鼠类是其天然宿主，是危险的传染源。

致病性钩端螺旋体可引起人和动物发生钩端螺旋体病。家畜中猪、牛、犬、羊、马、骆驼、家兔、猫，家禽中鸭、鹅、鸡、鸽及野禽、野兽均可感染。其中，猪、水牛、牛和鸭易感性较高。啮齿目的鼠类是主要的贮存宿主。发病后呈现发热、黄疸、血红蛋白尿等多种症状，是一种重点防制的人、畜共患传染病。

3. 微生物学诊断

(1)暗视野显微镜检查。采取高热期动物血液、恢复期尿液、脑脊液,离心沉淀后,压滴法制成标本,进行暗视野检查,可发现钩端螺旋体。或采取肝、肾、脾、脑等组织器官,制成悬液,离心沉淀,吸取沉淀物制片,在暗视野显微镜下检查活动的钩端螺旋体。

(2)血清学试验。常用凝集试验(主要用于群体检查)、ELISA(多用于新近感染病原测定与攻毒试验)、补体结合试验、乳胶凝集试验以及新发展起来的荧光偏振检测法等。应用ELISA 检查钩端螺旋体时特异性高,可以检出早期感染动物,因而具有早期诊断意义。

(3)分子生物学诊断。常用 DNA 探针技术和聚合酶链式反应(PCR)这两种方法检测钩端螺旋体病原,具有敏感、特异、快速的优点。

4. 防制措施

平时做好综合性的预防措施,通常用钩端螺旋体多价苗预防接种,可以预防本病。在本病流行期间对假定健康动物群进行紧急接种,一般能在 2 周内控制流行。治疗可选用青霉素、链霉素、土霉素、金霉素、多西环素等抗菌药物。

其他微生物见视频 1-4-1 和视频 1-4-2。

视频 1-4-1　其他微生物(1)

视频 1-4-2　其他微生物(2)

【知识拓展】

担 子 菌

担子菌(basidiomycete)是一群多种多样的真菌,是真菌中最高等的一门,分布极为广泛,数量大,全世界有 1 100 属,16 000 余种,都是由多细胞的菌丝体组成的有机体,菌丝均具横膈膜。

担子菌基本全为陆生品种,主要特征表现为:由多细胞,有横膈膜的菌丝体组成;菌丝分为两种,初生菌丝体的细胞只有一个细胞核,次生菌丝体的细胞有两个核,两个核的次生菌丝体可以形成一种子实体,称为担子果(basidium),其形态、大小,颜色各不相同,有伞状、扇状、球状、头状、笔状等;经过有性繁殖过程,在担子上生成担孢子(basidiospores),也可以经过无性繁殖过程生成无性孢子或生芽繁殖。

担子菌分布广泛,种类繁多,数量大,有的可以食用,有的可以药用,也有许多种类有毒,与人类的生活关系较大。它们与植物共生形成菌根(mycorrhiza),有利于作物的栽培和造林;许多大型担子菌是营养丰富的食用菌,比如香菇、猴头菇、灵芝、竹荪、平菇等;有的具有滋补和药用价值,许多食用的担子菌含有多糖,能提高人体抑制肿瘤的能力以及排异作用,因此担子菌已成为筛选抗肿瘤药物的重要资源。另一方面,有害的担子菌,比如黑粉菌和锈菌,引起作物的黑穗病和锈病,造成严重的经济损失;有些担子菌能引起森林和园林植物的病害,许多大型的腐生真菌能引起木材腐烂,常造成较大的经济损失。

能降解聚乙烯等多种塑料的海洋真菌

国际学术期刊《Journal of Hazardous Materials》报道了中国科学院海洋所孙超岷课题组首次发现能有效降解聚乙烯(PE)塑料的海洋真菌和酶的研究成果。该真菌不仅能有效降解PE,还对聚丙烯(PP)、聚苯乙烯(PS)、聚氯乙烯(PVC)、聚氨酯(PUR)、聚酰胺(PA)和生物可降解塑料有明显的降解效果,是一株塑料降解谱广泛的真菌,为发展混合塑料降解生物制品提供了绝佳候选材料,并有望突破多种难降解塑料(如 PE、PS、PUR 等)的降解瓶颈。该所实验海洋生物学重点实验室博士研究生高蓉蓉为第一作者,孙超岷研究员为通讯作者。

"塑料是一类高分子聚合物的统称,2018 年全球塑料产量接近 3.6 亿 t。据统计,PE,PP、PS、PVC、PUR 及聚对苯二甲酸乙二醇酯(PET)等六种塑料制品是目前塑料垃圾的主要来源。"孙超岷介绍,全球每年有超过 800 万吨的塑料垃圾流进海洋变成微塑料进入食物链,逐渐演变成一个全球性生态难题。要实现塑料垃圾解聚再利用的大规模工业应用,必须发展温和高效、低成本解聚及再利用的技术体系,如微生物/酶介导的塑料解聚。迄今为止,只有 PET 塑料的微生物降解取得了不错的进展,但距离产业化应用仍然有一段距离。对于其他几种塑料尤其是用量最大、污染最重、最难降解的 PE 塑料,几乎鲜有能有效降解的微生物菌株和酶种被发现,更不用说产业化应用。"因此,开展微生物介导的各种塑料降解体系的研究,加快对塑料污染物治理技术的研发,具有十分重要的理论意义和应用价值。"孙超岷表示,微生物经过与塑料及类似物的长期共存,逐渐演化出一些类群能有效降解塑料,是发展降解塑料垃圾生物制品的良好候选材料。

孙超岷团队自 2016 年开始从青岛近海采集了上千份塑料垃圾,经过大量筛选发现一个塑料垃圾上附着了一个海洋真菌 Alternaria alternata FB1,该真菌在 PE 塑料表面具有很强的定殖能力。经过 1 个月左右的培养,该真菌能够在 PE 表面产生明显的降解孔洞。延长真菌处理 PE 的时间至 4 个月,该真菌能够使得塑料发生皱缩、变色,降解塑料碎片从原始塑料上剥离。研究人员进而结合红外光谱、凝胶渗透色谱、X 射线衍射、高效液相色谱及质谱等手段多方位证实了该真菌能有效降解 PE,解聚效率高达 95%。结合气相色谱和质谱技术发现该真菌降解 PE 塑料的产物主要是一种四碳化合物(二甘醇胺,)占比达到 93%。利用转录组技术解析了介导该真菌降解 PE 的潜在酶系,最终结合体外表达技术获得了多个在 24 h 内有降解 PE 效果的酶种。

虽然该真菌能够降解 PE 塑料,但需要较长时间(长达数月)。为了能提高其降解效率,研究团队近期改良了真菌的培养条件,大大提升了对 PE 塑料的降解效果:1 个月即可以产生原来数月才能达到的降解效果。而且,培养条件改良后的真菌能够有效降解包括聚丙烯(PP)、聚苯乙烯(PS)、聚氯乙烯(PVC)、聚氨酯(PUR)、聚酰胺(PA)和生物可降解塑料在内的多种塑料,尤其是对于聚酯型 PUR 和生物可降解塑料在两周内即可降解为碎片。值得指出的是,经过毒理实验确证该真菌对环境无害,而且在降解塑料后其培养物能够产生有效抑制多种病原菌(包括临床常见耐药菌)的活性物质。上述结果均表明该真菌有很好的潜力用于发展环境友好型塑料降解制品,其下游生物基材料还可以用于生产抗生素等生物制品。

目前,该研究成果已经申请国家发明专利保护。孙超岷表示,下一步将重点解析介导多种塑料降解的关键酶种,结合合成生物学等技术提升相应酶种的产量和降解能力,实现对部分塑料(如聚酯型 PUR)的工业级应用,建立"从塑料降解到高值化生物转化"的一体化生物回收模式，为我国塑料循环经济发展提供经济、环保、可行的技术支撑。

【考核评价】

某养猪场，饲养的 80 日龄的猪 120 头发病，主要症状为食欲减退、呼吸加快、咳嗽、喘气、个别猪呈腹式呼吸，体温升高；发病后，猪场技术员用头孢和黄芪多糖等药物进行治疗 3 d 效果不明显，发病数量不断增加。到当地动物疫病预防控制中心求诊，尸体解剖可见左右两肺均呈“肉样变”，肺的尖叶、心叶和膈叶尤为明显。肺脏表面和心包的壁层、脏层有纤维素性渗出物。肝脏表面、脾脏和肺泡腔有数量不等的炎性渗出物。根据临床症状和病变初步诊断为猪支原体肺炎。为了减少养猪场的经济损失，需要进一步确诊，如何进行实验室诊断。

【知识链接】

1. GB 5009.24—2016 食品中黄曲霉毒素 M 族的测定。
2. GB 5009.22—2016 食品中黄曲霉毒素 M 族和 B 族的测定。
3. GB/T 17480—2008 饲料中黄曲霉毒素 B_1 的测定　酶联免疫吸附法。
4. NY/T 1664—2008 牛乳中黄曲霉毒素 M_1 的快速检测　双流向酶联免疫法。
5. NY/T 559—2002 禽曲霉菌病诊断技术。

项目五
微生物与外界环境

【学习目标】

熟悉微生物的分布，消毒剂的分类、作用机理，掌握高温、消毒剂等主要因素对微生物的影响。

任务一　微生物的分布

一、土壤中的微生物

（一）土壤是微生物生长繁殖的良好场所

土壤中的矿物质、岩石的风化产物等无机物，给微生物提供了无机养料，并且土壤中的有机质、植物残留物等有机物，给微生物提供了有机养料；微生物适应的环境 pH 为 3.5～10.0，大多数微生物适宜于中性或微碱性环境，土壤的酸碱度大多数近中性，少数略偏碱性或酸性，有利于微生物的生长繁殖；土壤溶液里的盐类浓度（渗透压）也适合于微生物发育；一般土壤的通气性良好，为需氧性微生物生长繁殖创造了有利条件；土壤温度较稳定，变动幅度比气温小，无论在寒冬或炎夏，土壤中的温度对微生物发育都比较适宜，并且土壤表层对直射阳光有阻挡作用，可使微生物免受强光照射的损害。土壤是微生物的天然培养基，是最广阔的培养基，也是微生物的大本营，是人类最丰富的菌种资源库。

（二）土壤中的微生物种类

土壤中的微生物种类繁多，数量极大，一般来说，土壤越肥沃，微生物种类和数量越多，1 g 肥沃土壤中通常含有几亿到几十亿个微生物，土壤中的微生物有细菌、真菌、放线菌、螺旋体、噬菌体、藻类和原生动物等，其中以细菌数量最多，细菌占土壤微生物总量的 70%～90%，而且种类多，它们多数是异养菌，少数是自养菌。放线菌的数量仅次于细菌，多存在于偏碱性的土壤中，主要是链霉菌属、诺卡菌属和小单孢菌属等。土壤中的真菌各种类型都有，但以半知菌类为最多，主要分布于土壤表层中。土壤中的藻类数量远远少于上述各类，主要有绿藻、硅藻等。土壤中的原生动物都是单细胞异养型的，主要是纤毛虫、鞭毛虫、根足虫等。

（三）土壤中微生物的分布

微生物在土壤各层的分布并不均匀。由于受日光照射、干燥、雨水冲刷等的影响，在表层土壤中微生物的种类和数量较少；在距地面 10～30 cm 的土壤层中微生物种类最多、数量最多；深层土壤中微生物的种类和数量较少；土层越深，土壤中的氧气和营养物质等的含量越少，微生物数量和含量越少，4～5 m 深的土壤层几乎无微生物。

（四）土壤中微生物的作用

(1)合成土壤腐殖质。腐殖质的形成，是由一些异养的微生物（比如某些腐生细菌）把土壤中的动植物残体和有机肥料分解，然后再重新合成的。当土壤温度较低，通气差时，嫌气性微生物活动旺盛，腐殖质合成速度加快，并得到积累，对土壤肥力有重要的影响，有利于植物生长。

(2)增加土壤有机物质。每当温暖多雨季节，在潮湿的土壤表层藻类大量繁殖。藻类具有光合色素，通过光合作用制造有机物，增加土壤中的有机物质。固氮菌能固定空气中的氮，成为自身的蛋白质，当这些细菌死亡和分解后，其氮素即可被植物吸收利用，并使土壤中积累很多氮素。

(3)促进营养物质的转化。在土壤温度高、水分适当、通气良好的条件下，土壤中的好气性微生物活动旺盛，腐殖质分解，释放出其中的养分供植物吸收利用。硝化细菌能把有机肥料分解产生的氨转变为对植物有效的硝酸盐类。磷细菌分解磷矿石和骨粉，钾细菌分解钾矿石，把植物不能直接利用的磷和钾转化为能被植物利用的形式。

(4)分解纤维素、木质素和果胶等。土壤中的真菌、放线菌有许多能分解纤维素、木质素、果胶等，对自然界物质循环起重要作用。真菌菌丝的积累，能使土壤的物理结构得到改善。

(5)产生抗生素。细菌、真菌、放线菌均能产生抗生素，其中以放线菌为主。比如青霉菌能产生青霉素，链霉菌属的可产生链霉素、红霉素、四环素等，诺卡氏菌属的可产生万古霉素、头孢菌素等，小单孢菌属的可产生庆大霉素。抗生素有抑菌、杀菌、溶菌作用，对植物、动物和人类健康做出巨大贡献。

土壤中的微生物大多对人类和动植物是有益的，对土壤中有机物的转化能增加土壤肥力、改善土壤结构、促进植物生长，对自然界的物质循环具有重要作用。但有少数是病原微生物，比如炭疽杆菌、破伤风梭菌、大肠杆菌、葡萄球菌、肉毒梭菌、产气荚膜梭菌，它们主要来自人和动物的粪便、分泌物以及死于传染病的动物尸体，而且像炭疽杆菌、破伤风梭菌等的芽孢在土壤中存活几年到几十年。

二、水中的微生物

（一）水中微生物的来源

地球的 70%左右被水覆盖，水中有很多溶解和悬浮的无机物和有机物，并且流动的水中有氧渗入，因此水是微生物生存的天然环境，是仅次于土壤的第二天然培养基。江河湖泊等水中均有微生物的存在，特别是污水、死水中微生物最多。还有非水生性微生物，常随土壤、动物的排泄物、动植物尸体、雨水、工业和生活污水汇集到水中，其中大多数是病原微生物。

(二)水中微生物的种类

自养菌中的硫黄细菌、硝化细菌、铁细菌、光合细菌等;异养菌中的假单胞杆菌、放线菌、真菌、原生动物及藻类。在水生细菌中革兰氏阴性杆菌最多占95%,阳性菌占4%,而球菌只占1%。另一些水生细菌是外来的,它们来自土壤、空气、垃圾、工厂废物或城市下水道污水,比如沙门菌、志贺氏菌、霍乱弧菌、炭疽杆菌、猪丹毒杆菌、大肠杆菌、布鲁氏菌、脊髓灰质炎病毒、甲型肝炎病毒、SARS冠状病毒等。

(三)水中微生物的分布

水中微生物的多少,受营养物质、温度、溶解氧、pH、光照强度和时间、静水压、化学物质、季节等因素的影响。海水中含有很高的盐分,渗透压大,一般微生物难以生存,只有嗜盐菌能生长繁殖。淡水和人类、动植物生命活动息息相关,淡水的pH多数为6.5~8.5,并且淡水的很多条件适宜于大多数微生物的生长繁殖。

(1)大气水。雨水、雪水、冰雹等中微生物一般较少,来自空气中的尘埃,如果空气污染严重,大气水中微生物就较多,比如在乡村和高山上每毫升大气水中细菌数不超过几个,而在城市每毫升大气水中细菌总数就是几十个到几百个。

(2)地面水。静水池中微生物数量较多,流水中较少。通过大城市的河流由于汇集了许多的污水,变得特别污秽,离市区越近越脏;越远,河水又被清洁支流冲淡,水中原生动物的吞噬以及噬菌体的吞噬作用,细菌数目减少,逐渐恢复清洁,这种现象称为水的自洁作用。

(3)地下水。泉水和深井水中由于土壤层的过滤,一般不含微生物和有机物。但浅井水受人类活动的影响,有一些微生物和有机物,比地面水中的少,比如无色杆菌、黄杆菌等嗜低温菌;温泉水中可见硫细菌、铁细菌等嗜热菌。

(四)饮水的卫生指标

水作为人类生存不可缺少的条件之一,受病原微生物污染的水,常可成为传染的来源,引起传染病的流行,因此就要对水源、自来水进行检查和管理,防止饮用水被污染而引起消化道传染病的广泛流行。水中的大肠菌群是指一群在37 ℃环境中,经24 h能发酵乳糖、产酸、产气、需氧或兼性厌氧的革兰氏阴性无芽孢杆菌。国家对饮用水实行法定的公共卫生学标准,饮用水的pH为6.5~8.5,其中微生物学指标有含菌总数和大肠菌群数。

(1)含菌总数。要求含菌总数不超过100 CFU/mL饮用水(CFU为菌落形成单位,指单位体积中细菌群落总数)。

(2)大肠菌群数。大肠菌群数不得检出,MPN/100 mL或CFU/100 mL饮用水。MPN是指最近似数法或最大可能数法,CFU平板计数法。

三、空气中的微生物

(一)空气中微生物的来源

由于空气中缺乏微生物生长繁殖的营养物质,加上干燥影响和阳光照射,大多数微生物进入空气中很快死亡,所以空气中微生物数量较少。空气中微生物主要来源于土壤、水体表面、动植物、人体及生产活动、污水污物处理等,以气溶胶形式存在,空气中悬浮的带有微生物的尘埃、颗粒物或液体小滴,就是微生物气溶胶。由于人群和各种动物的活动、飞扬的灰尘在空气中飘浮,飞沫及随排泄物、分泌物不断出现的细菌,都可污染空气,空气中微生物的多少是空气质量的重要标准之一。

(二)空气中微生物的种类

空气中的微生物主要是真菌的孢子、细菌的芽孢、某些耐干燥菌和病毒。比如结核分枝杆菌、白喉杆菌、葡萄球菌、链球菌、流感病毒等,它们随患者或病畜痰液、干燥的脓汁及其他病理性排泄物附着在尘埃上,存在于空气中。

(三)微生物在空气中的分布

(1)垂直分布。离地面越近,微生物数量越多;离地面越高,微生物数量越少。在2 000 m高空几乎无菌。

(2)随季节变化。冬季地面为冰雪覆盖时,空气中微生物数量很少。温暖、潮湿、多风季节,空气中细菌最多。下雨时可将空气中的微生物荡涤干净,进入土壤,所以下雨后空气特别清新。

(3)随人和动物密度变化。不同地区或场所,差别也很大,人和动物密集的场所空气中微生物较多,尤其是病原微生物较多,比如学校、车站、医院、鸡场、猪场、奶牛场等;人口稠密、污染严重的城市,空气中微生物数量较多。空气中的微生物有一些是非病原性微生物,比如霉菌,可污染培养基或引起生物制品、药物制剂发霉变质。有一些是病原性微生物,比如葡萄球菌、链球菌、破伤风梭菌等易造成手术时感染,所以在免疫接种、外科手术时必须坚持无菌操作或必须对空气进行消毒,常用人工紫外线灯照射、福尔马林熏蒸、其他化学消毒剂喷雾等方式进行空气消毒。畜禽养殖生产实践中,平时保持圈舍清洁干燥、通风良好,畜禽出栏后圈舍通常进行熏蒸消毒,目的就是为了减少、降低或杀灭空气中的病原微生物,防止动物疫病的发生。

四、正常动物体的微生物

(一)正常菌群及作用

1.正常菌群

正常动物体表皮肤、黏膜以及与外界相通的腔道(口腔、鼻咽腔、肠道和泌尿生殖道)内存在的、对动物机体无害而且有益的微生物,故称为正常菌群,比如皮肤表面的葡萄球菌、上呼吸道的巴氏杆菌、肠道内的大肠杆菌等。正常菌群、宿主和外界环境之间在正常情况下处于相对动态平衡的生态,从而维持动物的健康状态,但是当多种因素引起正常菌群失调、紊乱时,就会表现病态和临床症状,称为菌群失调症。比如兽医临床上,如果给反刍动物内服广谱抗生素,就会使瘤胃内的菌群失调而引起消化不良等。

2.正常菌群的作用

(1)营养作用。正常菌群的存在影响着生物体的物质代谢与转化。蛋白质、碳水化合物、脂肪的合成,胆汁的代谢、胆固醇的代谢及激素转化都有正常菌群的参与。胃肠道内的细菌产生的纤维素酶能分解纤维素,产生的消化酶能分解蛋白质等物质,正常菌群也能合成B族维生素和维生素K,供宿主机体的新陈代谢需要。

(2)免疫作用。存在于机体体表及腔道黏膜的正常菌群形成自然菌膜,是非特异性的局部保护膜,使局部组织免受病原微生物的侵袭。正常菌群的抗原还能刺激局部免疫器官、组织,使宿主机体产生相应的天然抗体,从而减少了致病菌对机体的危害。已有实验表明,某些诱发的自身免疫过程具有抗癌作用。当机体的正常菌群失衡时，机体的细胞免疫和体液免疫的功能就会下降，无菌动物的体液免疫或细胞免疫均显著低于普通动物。

(3)拮抗作用。正常菌群在生物体的特定部位生长后，对其他的菌群有生物拮抗的作用，产生这种生物屏障的往往是一些厌氧菌。正常菌群通过紧密与黏膜上皮细胞结合占领位置，由于在这些部位数量很大，在营养竞争中处于优势，并通过自身代谢来改变环境的 pH 或释放抗生素，来抑制外来菌的生长。拮抗作用存在的原因就是厌氧菌的存在、细菌素的作用、免疫作用及特殊的生理生化环境。比如肠道内正常栖息的大肠杆菌产生大肠菌素，可抑制其他致病性大肠杆菌的生长。

(二)正常动物体微生物的分布

(1)体表的微生物。动物皮毛上常见的有葡萄球菌、链球菌、大肠杆菌和绿脓杆菌等，这些细菌主要来源于空气、土壤、粪便的污染，当皮肤有损伤时可能造成皮肤化脓性感染，在处理皮革和皮毛时应注意做好防护，防止感染发病。

(2)消化道中的微生物。口腔中有食物残渣和适宜的温度，利于微生物的繁殖，虽然唾液中有溶菌酶可杀死病原菌，但仍然有较多的细菌，常见的有葡萄球菌、链球菌、乳酸杆菌和棒状杆菌、放线菌等。食道中没有食物停留，微生物很少。胃中由于胃酸的杀菌作用，微生物也很少，仅有乳酸杆菌、胃八叠球菌等耐酸菌；但反刍动物瘤胃内微生物种类、数量却很多，称为瘤胃菌群，帮助消化食物、分解纤维素、合成维生素和菌体蛋白等。十二指肠由于胆汁的杀菌作用以及消化酶的作用，微生物较少。大肠和直肠内由于消化后的食物残渣停留时间较长，并且消化液的杀菌力也消失了，所以微生物逐渐增多，有大肠杆菌、肠球菌和芽孢杆菌等。生产实践中气候骤变、突然更换饲料、突然断奶、患病、手术等应激和乱用抗生素等，会使机体的正常菌群被破坏，从而引起机体发病。

(3)呼吸道中的微生物。健康动物呼吸道前部，特别是鼻黏膜与外界直接接触，鼻腔中微生物最多，其次是气管上部、中部、下部，支气管末梢和肺泡内是无菌的。上呼吸道中经常存在着葡萄球菌、链球菌、肺炎球菌和巴氏杆菌等，这些细菌在正常情况下对宿主无害，但在机体抵抗力下降时成为病原微生物(条件性病原菌)，引起机体发病。

(4)泌尿生殖道中的微生物。泌尿生殖道内通常是无菌的，但母畜阴道内有阴道杆菌(正常菌)，维持阴道酸性环境，在尿道口有葡萄球菌、链球菌、大肠杆菌和非病原性螺旋体等。

(5)无菌动物和无特殊病原体动物。无菌(CF)动物是用无菌操作从母体取出正常健康的胎儿，在无微生物环境中，采用杜绝微生物传入的手段进行饲养培育而成的。无特殊病原体(SPF)动物在胎儿取出和育成的最初两周，饲养方法与无菌动物相同，以后群饲养于笼内。

五、动物产品中的微生物

(一)乳汁中的微生物

健康母体的乳腺中分泌出来的乳汁是无菌的，乳头管和外界相通，乳汁通过乳头管时可带菌，母畜的乳房皮肤、挤奶器具、圈舍卫生、挤奶员的健康状况等都会污染乳汁，因此乳汁中可能存在多种微生物，常见的有乳酸菌、大肠杆菌、霉菌、产气荚膜梭菌、枯草杆菌等，还可能有布鲁氏菌、结核分枝杆菌、葡萄球菌、链球菌等。另外，乳汁中微生物的种类和数量也取决于乳汁贮存的时间、温度、鲜乳的品质等。

(二)肉品中的微生物

健康动物的肌肉、血液是无菌的,但由于屠宰、肉品运输、保存和加工过程中的污染,使肉品中含有微生物。肉品中的病原菌多数情况下来自病畜,动物患有传染病时,在其生前和宰后肉中都有病原微生物。肉品中存在的病原微生物有炭疽杆菌、结核分枝杆菌、沙门菌、布鲁氏菌、巴氏杆菌、链球菌、肉毒梭菌、支原体等。肉品中的有些微生物能引起鲜肉腐败、霉变、产生难闻的气味,有些微生物能引起人兽共患病,引起人的细菌性食物中毒及细菌毒素中毒,因此,肉品加工过程中必须要保证食品卫生的要求,谨防带病原菌的肉品引起人兽共患病的暴发和散播。

(三)蛋中的微生物

健康母禽的蛋内一般不含细菌,但当母禽患有结核病、沙门菌病、新城疫、支原体等传染病时,蛋内会有污染的病原菌。另外,蛋在产出过程中蛋壳上会被泄殖腔、粪便、垫草等污染而带菌。鲜蛋上常见的微生物有葡萄球菌、沙门菌、大肠杆菌、枯草杆菌、荧光杆菌、曲霉菌、青霉菌等。

任务二　物理因素对微生物的影响

环境条件适宜时,有利于微生物的生长繁殖,如果要从病料中分离病原微生物诊断传染病、制备疫苗预防传染病、要将有益微生物运用到生产和生活中时,要创造有利条件,促进微生物生长繁殖。对人类和动植物有致病作用的微生物,人为地提供不适宜条件,以抑制或杀灭病原微生物。

消毒:是指用物理方法或化学方法杀灭病原微生物的过程称为消毒。有化学方法、物理方法和生物方法等。一般消毒剂常用浓度,只能杀灭细菌繁殖体,不能杀死芽孢;要杀死芽孢,必须提高消毒剂浓度,延长消毒时间。

灭菌:是指用物理方法或化学方法杀灭所有微生物(包括病原性的和非病原性的微生物以及芽孢)的过程称为灭菌。

防腐:是指用物理方法或化学方法来防止或抑制微生物生长、繁殖的过程称为防腐。消毒剂和防腐剂之间无严格的界限,低浓度时防腐,高浓度时消毒。比如石炭酸浓度为0.5%时有抑菌作用,是防腐剂,浓度为5%时有杀菌作用,是消毒剂。

无菌:是指环境或物品中没有活微生物存在的状态称为无菌。

无菌操作:是指防止微生物进入机体或其他物品的操作方法(技术)称无菌操作。比如灼烧接种环、试管口、临时用的剪刀和镊子等就是无菌操作。

抑菌作用:是指某些因素有阻止病原微生物生长繁殖的作用。

抗菌作用:是指某些因素有抑制和杀死病原微生物的作用。

一、温度对微生物的影响

(一)生长温度、适宜温度、高温、低温

(1)生长温度。微生物能生长繁殖的温度为生长温度。不同细菌生长温度范围不同

(表 1-5-1)。

(2)适宜温度。能使微生物生长最旺盛、繁殖速度最快的温度称为最适温度。

(3)高温。比最高生长温度还要高的温度称为高温。

(4)低温。比最低生长温度还要低的温度称为低温。

表 1-5-1 细菌的生长温度范围

细菌类别		生长温度/℃			附注
		最低	最适	最高	
嗜冷菌		-5～0	10～20	25～30	水中和冷藏处细菌
嗜温菌	嗜室温菌	10～20	18～28	40～45	腐生菌
	嗜体温菌	10～20	37 左右	40～45	病原菌
嗜热菌		25～45	50～60	70～85	土壤、温泉等中的微生物

(二)高温对微生物的影响

高温对微生物有明显的致死作用,高温能使菌体蛋白质变性凝固(酶失去活性),核酸中的氢键被破坏,微生物的新陈代谢障碍,最终死亡。所以利用高温对微生物的不利因素来杀灭微生物,称为热力消毒、灭菌法。有干热和湿热消毒、灭菌法。

1. 湿热消毒、灭菌法

它是用沸水或水蒸气进行消毒、灭菌,灭菌效力强,作用范围广,适用于金属器械、玻璃器皿、手术敷料、培养基、药品、橡胶手套等的灭菌。

(1)煮沸法。100 ℃,煮沸 10～20 min 杀死细菌一切繁殖体,芽孢需煮沸 5～6 h 才死亡。如果在水中加入 2%～5%的石炭酸能增强杀菌力,15 min 杀死炭疽芽孢。加入 1%～2% Na_2CO_3 也可增强杀菌力,同时还可防锈。常用于金属器械和注射器等的消毒、灭菌。

(2)流通蒸汽灭菌法(间歇灭菌法)。让蒸汽通过物品,所用仪器为流通蒸汽灭菌器或蒸笼。第一次加热 100 ℃,30 min ,自然冷却;第 2 天再加热 100 ℃,30 min ,自然冷却;第 3 天再加热 100 ℃,30 min ,自然冷却,连续 3 d 即可杀死物体(品)中的全部微生物及其芽孢。

(3)巴氏消毒、灭菌法 。亦称低温消毒法,冷杀菌法,是一种利用较低的温度既可杀死病菌又能保持物品中营养物质风味不变的消毒法,常用于牛奶、葡萄酒、啤酒、果汁、果酱等的消毒。根据所用温度的不同可分为低温巴氏消毒法、高温巴氏消毒法、超高温巴氏消毒法。

低温巴氏消毒法:加热 63～65 ℃,维持 30 min,然后迅速冷却至 10 ℃以下。

高温巴氏消毒法:加热 71～90 ℃,维持 15 s,然后迅速冷却至 10 ℃以下。

超高温巴氏灭菌法:通过 132～140 ℃的管道,1～2 s,然后迅速冷却。这样处理的牛奶可保存更长的时间。

(4)高压蒸汽灭菌法。用密封的高压蒸汽灭菌器,通常所用压力为 0.105 MPa,标准温度为 121.3 ℃,维持 20～30 min,可杀死细菌芽孢体和所有微生物的繁殖体。此法常用于耐高热物品的灭菌,比如金属器械、玻璃器皿、手术敷料(棉花、纱布、线)、普通培养基、生理盐水、工作服等,是实验室和医院常用的灭菌方法。

2. 干热灭菌法

它是用火焰或热空气进行灭菌,灭菌效力较强,但适用范围窄,只适用于金属器械、玻璃器皿等的灭菌，不适于手术敷料、橡胶手套等易燃、易变形物品的灭菌。

（1）火焰灭菌法。将物品在火焰上灼烧或将物体直接点燃烧毁，可杀死全部微生物。可分为灼烧法和焚烧法。常用于接种环、接种针、试管口、玻璃片、临时用的剪刀和镊子等的灭菌，也可用于烧毁传染病尸体、粪便、病畜污染的垫料、病料、纸张等，进行灭菌。

（2）热空气灭菌法。用干热灭菌器，利用干燥的热空气进行灭菌。干热穿透力较弱，要杀死芽孢需较高的温度，干热灭菌 160 ℃，2 h，可达到灭菌目的，常用于试管、吸管、离心管、培养皿等玻璃器具和剪刀、镊子等金属器械的干燥和灭菌。

（三）低温对微生物的影响

微生物对低温都有较强的耐受力，大多数微生物在低温状态下，代谢活动逐渐减慢甚至停止，生长繁殖停滞，但仍维持较长时期的活性。当温度升至最适温度时，它又开始生长繁殖。常利用低温来保存微生物，对于一般的细菌、酵母菌、霉菌的培养物保存于 4 ℃的环境中，有些细菌和病毒保存于－20 ℃或更低的环境中，大多数微生物能在液氮环境中保存多年。目前广为使用的快速冷冻真空干燥法是保存疫苗、菌种的良好方法。先将微生物在低温下（－40 ℃）速冻，而后在真空状态下使水升华，迅速干燥，并保持真空状态。这样处理后的微生物可保存数月到数年，但毒力和抗原性不变。低温也是保存食品、肉品的好方法。

二、干燥对微生物的影响

水分是微生物生长不可缺少的成分，新陈代谢都要以水为媒质，如果缺水，微生物的新陈代谢障碍，最终死亡。不同种类的微生物对于干燥的抵抗力差异很大。巴氏杆菌、鼻疽杆菌在干燥环境仅存活几天，而结核分枝杆菌耐干燥 90 d。炭疽杆菌的芽孢和破伤风梭菌的芽孢在干燥环境中可存活几年，甚至几十年。真菌孢子对干燥也有强大的抵抗力。由于微生物在干燥的条件下不易生长繁殖，所以在生产和生活实践中常用干燥法保存饲料、药品、食品、小麦、谷物等，以防腐败发霉。

三、日光、紫外线、X 射线、激光对微生物的影响

日光有一定的杀菌作用，特别是直射阳光，主要原因在于干燥、红外线和紫外线作用，一般病原菌数小时（1～2 h）即可死亡，是廉价又方便的一种消毒方法。红外线的杀菌作用主要是热作用，紫外线的杀菌作用主要是干扰微生物细胞 DNA 的复制，使之发生突变，导致变异而死亡。以波长 250～265 nm 的紫外线杀菌能力最强，一般紫外线灯的波长为 253.7 nm。紫外线灯常用于手术室、无菌室、实验室、畜禽舍的空气消毒。紫外线的消毒效果与照射时间、距离、强度有关。一般要求灯管距离被消毒物 2 m 左右，照射 1～2 h。因为紫外线的穿透力较差，只能对物体表面和空气进行消毒。紫外线能对人的眼睛和皮肤有损伤作用，一般不能在紫外线灯下工作。X 射线也可引起细菌死亡和突变，而且穿透力强。激光能在千分之几秒甚至更短的时间内使物质溶解或气化，目前已有激光制成的医疗器械进行疾病的治疗、创面消毒灭菌、手术空气的消毒。

四、渗透压对微生物的影响

大多数微生物适于在等渗环境中（比如 0.9％氯化钠溶液和蒸馏水等）生长，如果置于高渗溶液中（比如 20％氯化钠溶液）中，菌体细胞因脱水而发生质壁分离，使细胞不能生长甚至

死亡。如果将微生物置于低渗溶液中(比如0.01%氯化钠溶液和蒸馏水等),菌体细胞因吸水而膨胀甚至破裂死亡。因此在制备细菌悬液时,一般用生理盐水,而不用蒸馏水。相对来讲,细菌细胞对低渗透压不敏感。在食品工业中通常利用高浓度的盐或糖保存食品,比如常用5%～15%盐溶液或50%～70%糖溶液腌渍蔬菜、肉类、果脯、蜜饯等。

五、过滤除菌

过滤除菌是用机械的方法除去液体和气体中的细菌。对于病毒材料和一些不耐高温灭菌的材料,比如血清、毒素、抗毒素、酶、维生素和抗生素等物质,为了除去其中的细菌,采用过滤除菌法,借助细菌滤器,常用的细菌滤器有蔡氏滤器和玻璃滤器。

任务三　化学因素对微生物的影响

一、消毒剂、防腐剂、化学治疗剂

消毒剂:是指用于消毒的化学药品。

防腐剂:是指用于防腐的化学药品。

化学治疗剂:是指清除宿主体内的病原微生物或其他寄生物的化学药品。

消毒剂和防腐剂之间没有严格的界限,低浓度时防腐,高浓度时消毒,两者都对机体组织细胞有损伤作用,因此不能口服,只能外用。消毒剂与化学治疗剂(比如磺胺、抗生素)不同,在杀灭或抑制病原体的浓度下,消毒剂不但能杀死病原菌,同时对机体组织细胞也有损伤作用。化学治疗剂对宿主和寄生物具有选择性,能选择性的阻碍微生物的代谢,使其生命活动受到抑制或死亡,但对机体组织细胞几乎没有毒性或毒性很小,可通过外用、口服和注射吸收到机体。

二、消毒剂的作用机理

1.使菌体蛋白凝固变性

重金属盐类对细菌都有毒性,因重金属离子带正电荷,容易和带负电荷的细菌蛋白质结合,使其变性或沉淀。酸和碱可水解蛋白,中和蛋白的电荷,破坏其胶体稳定性而沉淀。乙醇是一种有机溶剂,能使菌体蛋白质变性或凝固,以75%乙醇的效果最好,浓度过高可使蛋白质表面凝固,反而妨碍乙醇渗入菌体细胞内,影响杀菌效力。醛类能与菌体蛋白质的氨基结合,使蛋白质变性,杀菌作用大于醇类。染料(比如龙胆紫)可嵌入细菌细胞双股DNA邻近碱基对中,改变DNA分子结构,使细菌生长繁殖受到抑制或死亡。

2.破坏菌体的酶系统

酶的作用主要是通过其活性基团发挥作用的,能作用于酶活性基团的化学物质都有消毒作用。比如高锰酸钾、过氧化氢、碘酊、漂白粉等氧化剂及重金属离子(汞、银)可与菌体酶蛋白中的—SH基作用,氧化成为二硫键,从而使酶失去活性,导致细菌代谢机能发生障碍而死亡。

3.改变破坏菌体细胞膜的通透性

细胞膜的完整性取决于膜上脂类与蛋白质的排列,有机溶剂和表面活性剂可损伤细胞膜的结构,引起细菌死亡。

医学上常用的新洁尔灭、氯已定等表面活性剂表面所带正电荷能主动吸引细菌等有负电荷的物体,能增加细胞膜的通透性,降低病原体的表面张力,表面活性剂进入菌体内,引起蛋白质变性,使病原微生物死亡。又比如石炭酸、来苏儿等酚类化合物,低浓度时能破坏胞浆膜的通透性,导致细菌细胞内物质外渗,呈现抑菌或杀菌作用。高浓度时,则使菌体蛋白凝固,导致菌体死亡。

三、消毒剂的种类

化学消毒剂的种类很多,其作用一般无选择性,对细菌及机体细胞均有一定毒性。要达到较好的消毒效果,必须根据消毒对象、病原菌的种类、消毒剂的特点等因素,选择适当的化学消毒剂进行消毒(二维码1-5-1)。

二维码 1-5-1 消毒

(1)酸类。酸类主要以 H^+ 显示其杀菌和抑菌作用,无机酸的杀菌作用与电离度有关,即与溶液中 H^+ 浓度呈正比。H^+ 可以影响细菌表面两性物质的电离程度,这种电离程度的改变直接影响着细菌的吸收、排泄和代谢的正常进行。高浓度的 H^+ 可以引起微生物蛋白质和核酸的水解,并使酶类失去活性。比如醋酸、乙酸等。

(2)碱类。碱类的杀菌能力取决于 OH^- 的浓度,浓度越高,杀菌效力愈强。氢氧化钾的电离度最大,杀菌力最强,氢氧化铵的电离度小,杀菌力也弱。OH^- 在室温下可水解蛋白质和核酸,使细菌的结构和酶受到损害,同时还可以分解菌体中的糖类。病毒、革兰氏阴性杆菌对于碱类较革兰氏阳性菌和芽孢杆菌敏感。因此,对于病毒的消毒常应用各种碱类消毒剂。比如烧碱、生石灰等。

(3)重金属盐类。所有重金属盐类对细菌都有毒性作用,它们都与细菌酶蛋白的—SH 基结合,使其失去活性使菌体蛋白变性或沉淀。它们的杀菌力随温度的增高而加强。比如升汞、红汞、硫柳汞等。

(4)氧化剂。氧化剂的杀菌能力,主要是由于氧化作用。比如过氧乙酸、高锰酸钾、过氧化氢等。

(5)卤族元素。所有卤族元素均有显著的杀菌力。比如漂白粉、氯胺、碘酒等。

(6)酚类。酚能抑制和杀死大部分细菌的繁殖体,5%石炭酸溶液于数小时内能杀死细菌的芽孢。真菌和病毒对石炭酸不太敏感。比如石炭酸、来苏儿等。

(7)醇类。醇类有杀菌作用,其杀菌力主要是由于它的脱水作用,使菌体蛋白质凝固和变性。比如乙醇、异丙醇等。

(8)醛类。10%甲醛液可消毒排泄物、金属器械等,也可用于房舍的消毒。甲醛溶液也是动物组织的固定剂,组织和病理实验室常用之。比如甲醛、戊二醛等醛类消毒剂。

(9)染料。染料具有显著的抑菌作用,可用于伤口的消毒。比如龙胆紫。

(10)表面活性剂。表面活性剂又称为去污剂或清洁剂。这类化合物能吸附于细菌表面,改变细胞膜的通透性,使菌体内的酶、辅酶和代谢中间产物逸出,因而有杀菌作用。表面活性剂分阳离子表面活性剂、阴离子表面活性剂和不解离表面活性剂三类。阳离子表面活性剂的抗菌谱广,效力快,对组织无刺激性,能杀死多种革兰氏阳性菌和阴性菌。但对绿脓杆菌和细菌芽孢的作用弱，其水溶液不能杀死结核分枝杆菌，阳离子表面活性剂对多种真菌、病毒也有作用，其效力可被阴离子表面活性剂和有机物所降低。阴离子表面活性剂仅能杀死革兰氏阳性菌，不解离的表面活性剂无杀菌作用。比如新洁尔灭、消毒净、氯己定等表面活性剂。

(11)胆汁和胆酸盐。它们对某些细菌有裂解作用，因而可用于鉴别细菌。比如胆汁和胆酸盐能溶解肺炎球菌，而链球菌则不受影响。胆酸盐的溶菌作用，还可用于提取菌体中的DNA或其他成分。胆汁被广泛用作选择培养基的成分，它能抑制革兰氏阳性菌的生长，而且用于肠道菌的分离，比如麦康凯琼脂、煌绿乳糖胆汁肉汤和脱氧胆汁琼脂等。

四、选择消毒剂的原则

(1)杀菌力强。消毒的目的是杀死病原微生物，因此选择消毒剂时应力求选择杀菌效力强，能保证在较短的时间内达到预期的杀菌效果。

(2)低毒广谱。对金属器械无腐蚀性，对人和动物无刺激性、无腐蚀性、无毒或毒性较小，尤其带动物消毒时，更应考虑。消毒剂杀菌谱广，能杀死细菌、真菌、病毒等多种病原微生物。比如过氧乙酸、二氯异氰尿酸钠等。

(3)物美价廉。养殖业以经济效益为根本，必须考虑价格。选择价格较低，而且消毒效果较好的消毒剂。比如漂白粉、高锰酸钾、新鲜石灰乳、烧碱等。

(4)使用方便。易溶于水，渗透力好，能迅速渗透于尘土、粪便等中杀死病原微生物。

(5)性能稳定。受光、热、酸碱度、有机物等环境因素的影响小，不易挥发失效。比如戊二醛、二氯异氰尿酸钠等。

(6)绿色环保。消毒剂使用后易分解，不污染环境，不污染水源。比如复合型消毒剂才能达到综合性生物安全。

在消毒剂使用的过程中，根据消毒对象的不同、化学消毒剂的性能不同及工作需要来选择使用适宜的消毒剂。

五、影响消毒剂消毒效果的因素

(1)消毒剂的性质、浓度与作用时间。除甲醛用于熏蒸消毒外，其余消毒剂必须溶于水，才能渗入菌体，呈现杀菌作用。一般来说，浓度越大，杀菌作用越强。但酒精例外，以70%～75%的酒精杀菌效力最强；在高浓度时使菌体表面蛋白质迅速脱水而凝固，反而影响酒精继续深入菌体。延长消毒剂作用的时间，微生物死亡数增多，所以消毒必须有足够的时间。另外，污染的程度越严重，微生物的数量越多，消毒所需要的时间就越长。

(2)环境中有机物质的存在。有机物质(粪便、分泌物)对微生物有保护作用，同时还能与消毒剂发生反应，降低杀菌力。

(3)微生物的种类和特性。不同种类的微生物对消毒剂的敏感程度不同。比如猪丹毒杆菌、葡萄球菌对消毒剂抵抗力较强。细菌芽孢由于含水分较少，被膜厚，药物不易透入，对消毒剂抵抗力很强。同一消毒剂对不同种类和处于不同生长期的微生物的杀菌效果不同。比如，一般消毒剂对结核分枝杆菌的作用要比对其他细菌繁殖体的作用差。75%的酒精可杀死细菌的繁殖体，但不能杀死细菌的芽孢。因此，消毒时必须根据消毒对象选择合适的消毒剂。

(4)温度与酸碱度的影响。消毒剂温度越高，杀菌效果越好。因此在实际中适当提高消毒剂温度，可提高杀菌效果，但不宜过高。在碱性环境，细菌带负电荷多，用阳离子去污剂杀菌作用较好；在酸性环境，细菌带正电荷多，用阴离子去污剂杀菌作用较好。

(5)消毒剂的拮抗作用。消毒剂由于理化性质不同，两种消毒剂合用时，可能产生相互拮抗，使消毒剂药效降低。比如阴离子清洁剂肥皂与阳离子清洁剂苯扎溴铵共用时，可发生化学反应而使消毒效果减弱，甚至完全消失。

六、临床上常用的消毒剂

(一)主要用于环境、用具、器械的消毒剂

(1)苯酚(石炭酸)。主要用于环境的消毒，还可用于排泄物、分泌物、医疗器械和用具的消毒，常用浓度为3%～5%。

(2)来苏儿。3%～5%用于器械、厩舍和排泄物等的消毒；2%用于洗手和皮肤的消毒。

(3)甲醛溶液(福尔马林溶液)。市售浓度为38%～40%，杀菌力强，能杀灭细菌、芽孢和多种病毒。福尔马林溶液配合一定比例的高锰酸钾可用于动物圈舍、无菌室、孵化室、种蛋等的熏蒸消毒。10%福尔马林溶液可用于病料组织固定。

(4)火碱(苛性钠)。常用于环境消毒，2%～4%的热溶液用于被细菌、病毒污染的厩舍、饲槽和运输车船等的消毒；10%的热溶液用于消毒细菌芽孢污染的场地。本品不能用于皮肤及铝制品的消毒。

(5)生石灰(氧化钙)。加水后生成氢氧化钙，有强烈的杀菌作用，但对芽孢无效。10%～20%的石灰乳用于墙壁、畜栏、场地及排泄物等的消毒，需现配现用。

(6)过氧乙酸。市售浓度为20%的溶液，为高效广谱杀微生物药物，但对多种金属有腐蚀性。0.5%的用于厩舍、饲槽、车辆及场地喷洒消毒；5%的用于喷雾消毒密闭的实验室和无菌室等；0.2%～0.5%的用于塑料和玻璃制品的消毒；带鸡熏蒸消毒用0.3%的溶液，30 mL/m^3，需现配现用。

(7)漂白粉。本品遇水后离解成活性氯和新生态氧，杀菌作用强，能杀灭芽孢。5%混悬液用于厩舍、围栏、饲槽、车辆、排泄物的消毒，20%用于细菌芽孢污染的场地的消毒。0.3～1.5 g/L用于饮水消毒，不能用于金属制品的消毒。

(8)“84”消毒液。有效成分为次氯酸盐，大部分市面的产品有效成分是次氯酸钠，有效氯含量在8 000 mg/L左右。消毒液因其杀菌率高、杀菌种类多、适用范围广，适用于环境消毒，被医院普遍使用。

(9)百毒杀。又名癸甲溴氨溶液，常用0.05%的溶液进行浸泡、洗涤、喷洒等消毒厩舍、孵化室、用具、环境。1 mL本品加入10 000～20 000 mL水中，可消毒饮水槽和饮水。

(10)二氯异氰尿酸盐。它又名优氯净，是新型高效消毒剂，0.5 mg/L水用于饮水消毒；50～100 mg/L水用于食品、鱼塘、车辆、厩舍用具等的消毒。

(二)主要用于皮肤、黏膜的消毒剂

(1)乙醇(酒精)。70%～75%用于体温计、皮肤、某些医疗器械及术者手臂的消毒，本品不适宜新鲜伤口的消毒。

(2)碘。2%～5%碘酊主要用于手术及注射部位的消毒，也可以用于皮肤霉菌病。1%的碘甘油用于治疗鸡痘、鸽痘的局部涂擦；5%碘甘油主要用于治疗黏膜的各种炎症。复方碘溶液主要用于治疗黏膜的各种炎症，或向关节腔、瘘管等内注射。

(3)硼酸。2%～4%的硼酸溶液主要用于冲洗各种黏膜、创面、眼睛。30%硼酸甘油用于涂抹口腔及鼻黏膜炎症等。硼酸磺胺粉(1∶1)可用于擦伤、褥疮、烧伤等的治疗。

(三)主要用于创伤的消毒剂

(1)高锰酸钾。0.1%用于伤口、皮肤、黏膜及食品消毒,本品为强氧化剂。

(2)新洁尔灭。0.1%用于皮肤和手的消毒;玻璃器皿、手术器械、橡胶制品、搪瓷用具和敷料等可用0.1%的溶液浸泡30 min进行消毒。不适用于粪便、污水及皮革的消毒,与肥皂及其他合成洗涤剂接触时杀菌力降低。

(3)龙胆紫。2%～4%水溶液,多用于浅表创伤的消毒。

(4)过氧化氢溶液。它又名过氧化氢,0.3%～1%的溶液常用于冲洗口腔和阴道;1%～3%的溶液常用于清洗带恶臭的创伤及深部创伤,有利于机械清除小脓块、血块、坏死组织等,防止厌氧菌感染,但不宜于清洁创伤。

任务四　生物因素对微生物的影响

一、生物间的相互关系

(1)共生。两种或多种生物共同生活在一起,彼此互为有利,互不损害,称为共生。如正常菌群和动物机体。

(2)共栖。两种生物共同生活在一起,一方受益,一方既不受益也不受害。

(3)寄生。一种生物从另一种生物夺取营养赖以生存,而且对另一种生物有毒害作用,称为寄生。如正噬菌体和细胞型微生物。

(4)颉颃(抗生)。两种生物(微生物与微生物或植物与微生物)一起生活时,一种微生物或植物可产生对另一种微生物有毒害作用的物质,来抑制或杀灭另一种微生物,这种现象叫作颉颃。

二、各种生物因素对微生物的影响

1.抗生素对微生物的影响

某些微生物在代谢的过程中产生的一类能抑制或杀灭另一些微生物的物质称为抗生素。抗生素主要来源于放线菌、少数来源于霉菌和细菌,有些也能用化学方法合成和半合成。目前发现的已有2 500多种,但大多数对人和动物有毒性,临床上常用的只有几十种,临床治疗时,根据抗生素的抗菌作用做药敏试验,选择细菌敏感的抗生素使用。抗生素干扰细菌细胞壁的合成,损伤细胞膜而影响其通透性,影响菌体蛋白质的合成,影响核酸的合成。

2.细菌素对微生物的影响

细菌素是指某些细菌产生的对相应细菌具有抑制或杀菌作用的蛋白质。一般只能作用于与它同种不同菌株的细菌以及与它亲缘关系相近的细菌。比如大肠杆菌产生的大肠杆菌素除作用于某些型别的大肠杆菌外,还对亲缘关系较近的沙门菌、志贺氏菌、巴氏杆菌等细菌有作用。细菌素可分为三类:第一类为多肽细菌素,多由革兰氏阳性菌产生。第二类为蛋白质细菌素，多由革兰氏阴性菌产生。第三类为颗粒细菌素，超速离心可将其沉淀，形态类似噬菌体，由蛋白亚单位组成。

3.噬菌体对微生物的影响

噬菌体是指寄生于细菌、真菌、放线菌等细胞型微生物的病毒。一般呈蝌蚪形，严格在活细胞内寄生，具有种型特异性。

烈性噬菌体是指侵入宿主细胞后，抑制宿主细胞新陈代谢，形成大量子代噬菌体使宿主细胞崩解，释放出大量子代噬菌体，重新感染新的宿主细胞。

温和性噬菌体是指侵入宿主细胞后噬菌体的DNA和宿主细胞的DNA并存，均以一定速度在宿主细胞体内复制，并不发生溶菌现象。

4.植物抗生素对微生物的影响

某些植物中存在有杀菌物质，这种杀菌物质一般称为植物杀菌素。中草药中的黄连、黄檗、大蒜、板蓝根、鱼腥草、穿心莲、连翘、金银花等都含有植物抗生素，其中有的已制成注射剂或其他制剂药品。比如双黄连注射液、鱼腥草注射液、板蓝根注射液、青蒿素注射液、复方四味穿心莲散、白头翁散、四黄消炎散等。

任务五　常见微生物变异

微生物和其他生物一样，也存在着遗传和变异的特性。同种微生物在繁殖或增殖过程中，子代与亲代的生物学性状（比如形态、大小、结构）相似，这就是微生物的遗传。有时子代在形态、结构、生理或免疫学特征方面与亲代不完全相同，称为变异。从进化的角度看，遗传使微生物保持种属的相对稳定，是物种存在的基础；变异则使微生物产生变种和新种，促进进化，是物种发展的基础。在微生物的研究领域中，变异的研究显得更为重要。微生物的变异可以自然地发生，也可人为地使之发生，有以下两种：第一种为表型变异，是在特定时间内由于环境条件的改变引起的变异，是暂时的，属非遗传性变异。第二种为基因型变异，是基因内部结构发生变化引起的变异，属遗传性变异。

一、常见的微生物变异现象

（一）细菌的变异

1.形态的变异

细菌在异常条件下生长发育时，可以发生形态、大小等方面的变异。比如炭疽杆菌，从患病草食动物体内分离的炭疽杆菌均为典型的短链状，而从病猪咽喉部分离到的炭疽杆菌，多呈不典型的长丝状；猪丹毒杆菌从急性败血型猪丹毒病料中分离到的为细而直的小杆菌，而从慢性猪丹毒病猪心内膜疣状物中分离到呈长丝状。实验室保存的菌种，不定期移植和通过易感动物，其形态变异更为常见。

2.结构与抗原性的变异

（1）荚膜变异。有荚膜的细菌在特定条件下丧失形成荚膜的能力。比如炭疽杆菌在动物体内或某些特殊的培养基中可形成荚膜，而在普通培养基中不能产生。由于荚膜是构成细菌毒力的因素之一，又具有抗原性，所以荚膜的丧失必然伴随着毒力和抗原性的变异。

(2)鞭毛变异。有鞭毛的细菌在某种培养条件下可失去鞭毛。比如变形杆菌培养于含0.075%～0.1%石炭酸琼脂培养基上，可失去形成鞭毛的能力。因鞭毛是细菌的运动器官，又具有抗原性，所以失去鞭毛就失去了运动性和鞭毛抗原。

(3)芽孢变异。能形成芽孢的细菌在一定条件下可丧失形成芽孢的能力。比如炭疽杆菌在43 ℃下长时间培养可使其丧失形成芽孢的能力。

3. 菌落的变异

细菌的菌落常见的有两种类型，即光滑型(S型)和粗糙型(R型)。S型菌落一般表面光滑湿润，边缘整齐；R型菌落的表面粗糙，干而有皱褶，边缘不整齐。菌落从光滑型变为粗糙型时，称S→R的变异。S→R变异时，细菌的毒力、生化反应和抗原性也随之改变。在正常情况下，较少出现R→S的回归变异。

4. 毒力的变异

细菌的毒力有增强或减弱的变异。让微生物连续通过易感动物，可使其毒力增强；将微生物长期培养于不适宜的环境中或连续通过非易感动物时，毒力减弱，又保持良好的抗原性，这种毒力减弱的菌株/毒株可用于生产疫苗。比如炭疽芽孢苗、猪瘟兔化弱毒苗、卡介苗、猪丹毒弱毒菌苗等的生产就是利用毒力减弱的菌株或毒株制造的。

5. 耐药性的变异

细菌对许多抗菌药物是敏感的，可发生变异形成该药物的抗菌药，有时甚至形成必须有该药物方能生长的赖药菌。引起耐药性产生的原因多种多样，有的属于遗传变异，有的则属于非遗传性变异的诱导酶产生，有的则是敏感细菌通过抗药性质粒的转移而获得抗药性。在实际工作中如果长期、反复服用某种药物治疗细菌性疾病时，有时会出现疗效逐渐降低，甚至无效的情况，这主要是该种细菌产生了一定的耐药性。如果长期反复大量使用某种抗生素，抗生素的作用抑制了敏感菌，而对该抗生素不敏感的菌株大量涌现，甚至产生“超级细菌”(又称多重耐药性细菌)。因此在生产实践中常做药敏试验，应用针对相应病原体敏感的抗生素并联合用药。

6. 营养缺陷型的变异

某些细菌已经丧失合成某些营养物质的能力(通常是氨基酸)，就称营养缺陷型。相对于缺陷型的野生菌株，叫作原养型。营养缺陷型菌株按它们所缺的不能合成的物质来命名，取前面3个字母右上角写上负号“－”，负号代表缺陷型或变异型，正号代表野生型或原养型。比如大肠杆菌野生型可在基础培养基生长，而有些大肠杆菌在基础培养基上不生长，需加入甲硫氨酸才能生长，大肠杆菌甲硫氨酸缺陷型可以写作大肠杆菌 met^-。

7. 吞噬体的变异

噬菌体的宿主范围局限性较为明显，一种吞噬体通常只侵染一种细菌的个别品系，故常用已知的吞噬体来鉴定未知菌种或细菌分型。但是自然界中许多细菌对相应的吞噬体发生了变异。

(二)病毒的变异

病毒的变异有宿主范围突变、对理化因素的抵抗力变异、病毒培养性状的变异、毒力的变异及抗原性的变异等，这些变异并不是孤立地发生，而是相互联系、相互影响。

1. 宿主范围突变

某些病毒在复制的过程中发生基因突变，从而使其对宿主的依赖性发生改变。比如禽流感病毒 H_5N_1 原来只存在水禽体内，而发生突变后，感染宿主的范围扩大了，除了感染水禽，还可以感染鸡、鸟、人等宿主。

2. 抵抗力变异

病毒对理化因素的抵抗力变异包括以下三个方面。

(1)对温度感受性的变异。应用适当加热的处理方法，由病毒株中分离获得耐热毒株，比如用加热方法从不耐热的新城疫病毒中分离到耐热株。用低温培育的方法，将已接种病毒的鸡胚活组织培养细胞置低温下培养(30～33 ℃或 25 ℃)则可以获得低温适应毒株。目前已经在流感病毒、痘病毒等通过低温培养方法获得了低温变异株。

(2)抗药性变异。某些病毒对某种病毒的化学药物可产生抗药性，比如将盐酸胍、强苯丙咪唑、5-溴脱氧尿核苷或盐酸金刚烷胺等病毒灭活剂或诱变剂，添加于已经接种病毒的细胞培养物内，多次反复传代，可获得抵抗甚至依赖这些药剂的变异毒株。

(3)营养变异。它是病毒对某种营养物质反应的变异性。营养变异株和耐药性变异株的存在，说明在突变和外界条件因素的选择性作用以外，病毒可能还有真正的适应性变异。

3. 病毒培养性状的变异

病毒的培养性状是病毒在组织培养细胞或鸡胚绒毛尿囊膜上形成的蚀斑或病斑的形态和性质，是病毒所引起的细胞病变的性质。各种病毒在组织培养细胞上产生的蚀斑性状，可因病毒和培养细胞的种类而不同。其培养条件，比如培养液和琼脂成分、浓度、pH、二氧化碳以及培养的温度和时间，甚至培养容器的种类等，也对蚀斑的产生和性状呈现明显的影响。蚀斑的大小决定于病毒的弥散和吸附率以及病毒在细胞内生长、成熟、释放的速度及在细胞内外的死亡状态等，但亦常随培养条件和培养时间而不同。蚀斑大小似乎与病毒的毒力呈现一定的平行关系。一般来说，同一种病毒的小型蚀斑株的毒力低于大型蚀斑株。比如口蹄疫病毒、水疱性口炎病毒、乙型脑炎病毒等，其小型蚀斑株对原宿主动物、实验动物和鸡胚的毒力较低。

但是，某些病毒在组织培养细胞上连续传代后，由于对这种组织培养细胞的适应，蚀斑也有逐渐增大的趋势。因此，蚀斑大小与病毒毒力之间的平行关系，只是相对比较而言。蚀斑的性状，同一种病毒于相同的条件下通常产生性状一致的蚀斑。因此，蚀斑形状的改变，常认为是病毒变异的一个重要标志。用蚀斑选种是挑选病毒变异株的一个重要方法。

4. 毒力的变异

病毒的毒力变异是由于病毒基因组核酸序列发生突变或重组而形成的，常和其他性状变异并存。主要表现为所能感染的动物、组织和细胞范围及其引起的临床症状、病变程度和死亡率。从自然界(感染动物、媒介昆虫或被污染物等)分离获得的病毒株，其毒力往往不同。有的很强，经过培育称为超强毒株，比如鸡法氏囊炎的超强毒株。有的毒株很弱，可以作为疫苗弱毒株，比如鸡新城疫、鸡传染性喉气管炎和乙型脑炎等病毒的自然弱毒株都曾成功地用于疫苗的制备。另外，动物病毒的许多毒力变异株是经人工培育出来的。在自然条件下，通过不感染或不易感染的异种动物或异种细胞的适应性变异，可获得的弱毒株并研制成弱毒疫苗。比如猪瘟兔化弱毒疫苗、口蹄疫鼠化和兔化弱毒疫苗、狂犬病鸡胚化弱毒疫苗等。

近年来，应用组织培养细胞作为减毒手段，比如乙型脑炎病毒经仓鼠肾细胞、鸡胚成纤维细胞培育的弱毒株；犬肝炎病毒通过猪肾细胞培养、牛瘟病毒通过牛肾细胞培养，都获得了弱毒株。但是，某些病毒的感染范围窄，即使采取多次"强迫"感染方法，仍难以在异种动物或细胞培养物中增殖。在用诱变因素的突变型中，也常可发现弱毒株。比如用紫外线处理乙型脑炎病毒，经过蚀斑纯化选育一株弱毒株。

5.抗原性的变异

病毒的"型"实质就是病毒抗原性差别的表现。这种差别是病毒抗原性变异的结果，可以用补体结合试验、沉淀试验、红细胞凝集抑制试验和中和试验等血清学方法进行鉴别。有许多"型"的病毒易于变异，比如流感病毒、口蹄疫病毒，但也有些病毒至今尚未发现有明显的抗原性变异，比如牛瘟病毒、猪瘟病毒等。病毒血凝能力的改变，也是抗原性变异的表现。

二、微生物变异的实际应用

(1)在细菌分类的应用。细菌的分类除依据细菌的形态、生化反应、抗原的特异性及噬菌体分型等进行细菌的分类外，还可根据不同种的细菌基因型的差别程度用细菌DNA分子中所含鸟嘌呤和胞嘧啶在4种碱基总量中所占成分比所反映。亲缘关系密切，细菌DNA中鸟嘌呤和胞嘧啶的含量相同或很接近，亲缘关系越远，鸟嘌呤和胞嘧啶的含量相差越大。根据细菌基因组的相对稳定性，可鉴定出细菌间的相互关系。

(2)在诊断方面的应用。掌握病原微生物在形态、毒力、生化反应、抗原性等方面的变异规律，有利于准确地诊断疾病，防止误诊。

(3)在预防方面的应用。毒力减弱的活疫苗有较好的预防效果。利用人工变异方法，获得毒力减弱的菌株或毒株，并保持良好的抗原性，制造疫苗，可预防相应的疫病。比如卡介苗、布鲁氏菌弱毒苗、猪瘟兔化弱毒苗等。

(4)在治疗方面的应用。尤其治疗细菌性疾病，通过药物敏感试验选择敏感药物，而且不能长期和大量使用同一种抗菌药物。抗生素在生产中常用紫外线照射以促进突变，从而获得产生抗生素量高的菌种。耐药性菌株的出现是临床上存在的大问题。通过了解产生耐药性的原理，可采取有针对性的措施。临床上强调对细菌做抗生素敏感试验，从而选用敏感药物有效地治疗，可避免在使用抗生素中提供选择耐药性突变株的条件。

(5)检查致癌物质的作用。正常细胞发生遗传信息的改变可致肿瘤。因此导致突变的条件因素均被认为是可疑的致癌因素。目前已被采用的Ames试验是以细菌作为诱变对象，以待测的化学因子作为诱变剂，将待测的化学物质作用于鼠伤寒沙门氏杆菌的组氨酸营养缺陷型细菌后，将此菌接种于无组氨酸的培养基中。如果该化学物质有促变作用，则有少数细菌可回复突变而获得在无组氨酸培养基上生长的能力。这种以该菌株的回复突变作为检测致癌因子指标的方法比较简便，可供参考。

(6)在遗传工程方面的应用。遗传工程的目的是人工对所需的目的基因进行分离剪裁，然后将目的基因与载体结合后，导入宿主细胞或细菌进行扩增获得大量的目的基因，或通过宿主表达获得所需的基因产物。质粒与噬菌体都是较理想的基因载体。通过将重组的基因(指目的基因通过限制性内切酶切割成互相能连接的末端与载体基因连接成重组基因)转化细菌(宿主)，可以转入受体菌，通过筛选而获得克隆。质粒因具有耐药性标准，作为载体进行筛选大为方便。噬菌体则可利用其溶解细菌后在固体平板培养基中形成的噬菌斑予以克隆化。通过这些载体的利用，重组基因中的目的基因可被转入宿主细菌进行基因产物的表达，从而获得用一般方法难以获得的产品，比如胰岛素、生长激素、干扰素等。遗传工程技术还可应用于生产具有抗原性的无毒性的疫苗，这是预防传染病的一种新的途径。

【知识拓展】

动物胃肠道微生物研究技术的应用进展

微生物是一个庞大的生物群体，广泛存在于自然界中及动植物体内。研究发现，动物消化道内附殖着大量微生物，形成复杂而动态平衡的微生物区系，动物肠道中栖息着约 500 种细菌，数量达到 1.0×10^{14} 个，消化道内的微生物区系在养分的消化代谢、药物代谢、毒性及免疫调节等方面影响着动物健康。开展动物胃肠道微生物领域的研究有助于系统揭示胃肠道养分消化代谢机制，进而达到通过胃肠道微生物调控动物健康及营养物质利用的目的。近年来，随着分子生物学技术在动物胃肠道微生物研究领域中的应用，动物胃肠道微生物研究技术步入了一个新的发展阶段。

一、传统的微生物鉴定技术

动物胃肠道微生物的传统培养技术大体分为两大类，即选择性培养和非选择性培养。传统方法是将定量样品接种于培养基中，在一定温度条件下培养一定时间，然后对生长的菌落计数和含量计算，并通过显微镜观察其形态构造，结合培养分离过程中的生理生化特性鉴定种属分类特性。采用传统的微生物培养技术对断奶仔猪胃、十二指肠、盲肠、回肠、直肠内容物中的细菌进行培养，结果发现，多种正常菌群的存在，其中有益菌群是双歧杆菌、乳酸杆菌、小梭菌，有害菌群是肠杆菌、韦荣球菌、葡萄球菌。

二、现代分子生物学技术

随着分子生物学的快速发展及在胃肠道微生物研究中的应用，利用分子手段定性、定量分析肠道微生物的组成已演变成为研究热点。PCR 技术产生于 1983 年，是分子生物学的一个历史性突破，同时为分子生物学技术的发展奠定了基础。分子生物学技术弥补了传统微生物培养技术的不足，为分子微生物学的研究与应用开辟了新天地。目前，应用于肠道菌群多样性研究的分子生物学技术主要有 16S rDNA 序列分析技术、16S rRNA 序列分析技术（DGGE、TGGE、PCR-SSCP、T-RFLP）、ERIC-PCR 技术、RAPD 技术。

（1）16S rDNA 序列分析技术。16S rDNA 为原核生物核糖体中一种大小约 1 500 bp 的核糖体 DNA，其分子质量适中，结构与功能保守。目前，16S rDNA 序列分析技术被广泛应用于微生物多样性的研究。K. Junge 等应用 16S rDNA 序列分析了北极冰细菌的遗传多样性，结果表明，南极海冰嗜冷菌 Shew anella frigi-dim ara ACAM 600 与菌株 aws-11B5（AF283859）的相似度达到 100％。16S rDNA 序列测定被用于细菌分型鉴定、发现和描述新的细菌种类，尤其是表型鉴定难以确定的细菌。该技术的缺点是系统进化分析耗时且易受 *P* 偏差的影响。

（2）16S rRNA 序列分析技术。通过 PCR-DGGE 技术分析了饲料中不同蛋白质及锌水平对早期断奶仔猪肠道微生物的影响，结果发现，断奶仔猪空肠微生物种类相对低于盲肠，其原因与盲肠生理环境相关。J. M. Simpson 等率先应用 PCR-DGGE 技术分析了猪肠道各部位和断奶仔猪粪样的细菌群体，结果表明，猪的日龄、日粮发生了改变，不同个体间肠道和粪样的微生物菌群存在差异，断奶前后及育肥猪个体间存在差异条带。与 DGGE 技术相比，TGGE 技术的梯度形成更便捷，重现性更强。

W. N. Widjojoatmodjo 等应用 PCR-SSCP 技术对多种细菌进行了快速诊断，结果共检测出 15 个菌属 40 种 111 株细菌，在增加 16S rRNA 引物后检测出 21 个菌属 51 种 178 株细菌。高勤学等应用 PCR-SSCP 技术分析了花脸猪、姜曲海猪和民猪的 FSHβ 亚基因位点，结果发现，各组猪群体中存在差异性，且与产仔数、乳头数显著相关。

(3)ERIC-PCR 技术。高卫科等人应用 ERIC-PCR 技术对不同时间段内健康仔猪各肠段的菌群结构进行了检测，结果发现，0～21 日龄仔猪扩增出的条带数随着日龄增长而增加，21 日龄时最多，然后逐渐减少，ERIC-PCR 技术可扩增出大小为 250 bp 左右、亮度很高的条带。十二指肠和空肠条带数量最少，回肠次之，盲肠最多。十二指肠和空肠经 ERIC-PCR 技术扩增得到的条带最少，主要原因可能为小肠是个过渡区，肠液流量大，绝大多数细菌在繁殖前就被冲洗到远端回肠，十二指肠和空肠相对含菌量较少。ERIC-PCR 技术对 DNA 模板没有严格要求，且具有较高的灵敏度、分辨力、可重复性和稳定性，该方法已被广泛用于细菌种属、菌株鉴定及种内多样性分析。

(4)RAPD 技术。RAPD 技术又称随机引物扩增模板 DNA，也是进行肠道微生物研究时常用的方法之一。此技术区分能力强，能够扩增整个基因组 DNA。动物肠道中的微生物对动物机体的正常生长发育是不可缺少的，因此微生物研究技术的发展至关重要。传统培养法为微生物种群分类及功能特性积累了大量数据，为研究现代分子生物学技术奠定了基础。但随着分子生物学研究的发展，以前不能利用传统培养法分析研究的一些微生物也被大量研究和加以应用。应将传统微生物研究技术同分子生物学技术结合起来，共同用于动物肠道微生物的研究。因此，传统的微生物分类鉴定法仍然是微生物研究中必不可少的，传统分类法与现代分子分类应是相互结合，共同用于微生物生态的研究和资源开发。各种技术和方法的综合应用，将更加深刻地反映微生物的多样性，必将在科学研究中取得更为丰硕的成果。

超声波灭菌技术研究进展

传统灭菌通常采用高温加热、化学试剂、紫外线等方法。但是，由于高温加热会破坏物体中的热敏感成分；化学试剂杀菌易引起有害物质残留；紫外线杀菌又具有作用不彻底、存在死角等缺点。因此，人们一直在探索、研究能避免上述因素限制的更迅速、有效的灭菌方法。近年来的研究表明，超声波灭菌可作为一种有效的辅助杀菌方法，且该方法已经成功用于废水处理、饮用水消毒，在液体食品灭菌中的应用也有较多的研究，比如啤酒、橙汁、酱油等。

一、超声波灭菌机理

超声波是指频率大于 20 kHz 的声波，其频率高、波长短，除了具有方向性好、功率大、穿透力强等特点之外，还能引起空化作用和一系列的特殊效应，比如机械效应、热效应、化学效应等。空化作用是指当超声波这种交变声压在液体中传播时出现稀疏密集状态。一般认为，超声波具有的杀菌效力主要由其产生的空化作用所引起的。超声波处理过程中，当高强度的超声波在液体介质中传播时，产生纵波，从而产生交替压缩和膨胀的区域，这些压力改变的区域易引起空穴现象，并在介质中形成微小气泡核。微小气泡核在绝热收缩及崩溃的瞬间，其内部呈现 5 000 ℃以上高温及 50 000 kPa 的压力，从而使液体中某些细菌致死，病毒失活，甚至使体积较小的一些微生物的细胞壁破坏，但是作用的范围有限。

二、超声波灭菌技术研究进展

1. 超声波单独灭菌

目前，超声波灭菌主要用于废水处理、饮用水消毒以及食品行业，国内外很多学者对此进行了相关研究。R. Davis 用 26 kHz 的超声波对微生物进行杀灭实验，发现某些低浓度的细菌，对超声波是敏感的，比如大肠杆菌、巨大芽孢杆菌、绿脓杆菌等可被超声波完全破坏。Mc-Clements 认为使用超声波进行微生物灭菌时，与其他灭菌技术联合使用效果更佳，比如热处理，臭氧或者化学试剂等。相关研究表明，超声波对微污染水中的细菌、难溶解的有机物和色度去除效果明显，细菌的去除符合一级反应动力学方程，对 COD（化学需氧量）和浊度去除有一定效果，但不显著，对浊度的去除效果也不明显。食品行业中，食品腐败变质主要是因为某些微生物的存在致使其品质改变。为了保障食品的安全性，杀菌是其生产中一个重要的环节，杀菌效果的好坏直接影响食品的品质。朱绍华用超声波对酱油进行杀菌对比试验，发现用超声波处理酱油 5 min，灭菌率为 72.9%，处理 10 min，杀菌率为 75%，略低于巴氏杀菌 72 ℃时的杀菌率 78.7%；用超声波进行牛乳灭菌，经 15～60 s 处理后，乳液可以保存 5 d 不酸败变质。而经一般灭菌的牛乳，如果辅助超声波处理，在冷藏的条件下则可保存 18 个月。

2. 超声波与其他技术协同灭菌

从超声波单独灭菌的研究结果，可以看出其作用效果并不明显，且主要起辅助作用。因此，如果要进一步提高灭菌效率，则需将超声波协同其他灭菌技术联合作用。国内外学者对此也进行了研究。结果表明，采用超声波协同其他灭菌技术联合杀菌有广阔的应用前景。以下为近几十年来，超声波协同臭氧、纳米二氧化钛、微波、激光、紫外线、热、压力灭菌效果的研究进展情况。

(1) 超声波协同臭氧灭菌。臭氧是一种氧化性很强的强氧化剂，长期以来，被认为是一种很有效的氧化剂和消毒剂。胡文容等进行了超声强化臭氧杀菌能力的实验研究，结果表明，超声能明显地增强臭氧的灭菌率。在相同处理时间下，采用超声波协同臭氧的杀菌率高于单独臭氧处理的杀菌率，当臭氧使用量相同时，可缩短超声处理时间，从而节省超声能量。超声能使臭氧气泡粉碎成微气泡，极大地提高溶解速度，增加了臭氧的浓度，高浓度的臭氧能迅速氧化杀灭细菌。

(2)超声波协同纳米二氧化钛灭菌。纳米二氧化钛在紫外光催化下具有洁净和杀菌作用，被广泛用于清洁陶瓷、玻璃及瓷砖表面等材料。在去除水中有机物和杀灭水中细菌的水处理方面亦受到相应的关注。纳米二氧化钛催化超声处理不仅具有良好的杀菌作用，并且对光滑表面有一定的洁净作用，可对污染器材进行超声清洗的同时起到杀菌作用。

(3)超声波协同微波灭菌。微波是指频率在 300 MHz 至 300 kMHz 的电磁波，微波杀菌是微波热效应和非热效应共同作用的结果。微波的热效应主要起快速升温杀菌作用；而非热效应则使微生物体内蛋白质和生理活性物质发生变异，而丧失活力或死亡。吴雅红等进行了超声波协同微波技术对绿茶汤进行处理的试验，并与高温灭菌的茶汤进行比较。

(4)超声波协同激光灭菌。激光是一种高能光子流，具有极好的单色性，不论哪种细菌碰上波长在265 nm附近的激光，杀菌效果最为理想。用于杀菌的超声波均采用纵波，而激光是一种电磁波，波动过程表现为横波，声光合用，则会产生一些新的声光特性。同时，激光作用加速和加剧了空化气泡的破灭和爆炸程度，形成两种能量的叠加，产生更高的能量，从而大大提高杀菌率。

(5)超声波协同紫外线灭菌。紫外线具有较高的杀菌效率，且不会对周围的环境产生二次污染，但其穿透能力较弱，如果将其与超声协同作用，灭菌效果将会更好。Munkacsi等发现用超声波能除去牛奶中93%(初始值2.38×10^4 CFU/mL)的大肠杆菌；如果用800 kHz、强度为8.4 W/cm^2的超声波处理1 min，再用紫外线辐照20 min，大肠杆菌的杀死率达到99%。超声波与紫外线协同则可以实现高效杀菌，超声波振动清洗、振动剪切和空化作用，可实现石英防水套管动态清洗、分割破碎悬浮颗粒、产生大量空化气泡，进而提高紫外线的透光率和杀菌率。

(6)超声波协同热处理灭菌。Ordonez用20 kHz、160 W的超声波和热处理协同灭菌(温度为50～62 ℃)，发现协同灭菌效果比两者单独使用更好，且处理时间短，耗能少。方祥等研究了超声波(33 kHz)协同热处理(50 ℃)对大肠杆菌、沙门菌和金黄色葡萄球菌的杀灭效果，结果表明，处理时间相同时，在50 ℃下进行超声波处理，对前两种致病菌的致死率明显高于50 ℃水浴处理的对照组，而热处理和超声波协同处理对金黄色葡萄球菌无明显影响，3种细菌出现2种不同的结果，分析其原因可能与细胞壁成分和结构的差异有关。

(7)超声波协同压力灭菌。Raso研究了压力超声波和压热超声波对芽孢杆菌孢子的杀菌效果。研究表明，后者杀菌率高，压力超声波在20 kHz、50 Um、500 kPa处理12 min后有更显著的杀菌效果，杀菌率随着振幅和压力的增大而增加，但压力为500 kPa时杀菌率最高，Raso认为这种差异是由于超声场、微生物的敏感性和介质特征如pH或者液体中的总固形物的量等因素引起的。

人工培养噬菌体成功阻止“超级细菌”生长

科技日报曾报道：一个由德国、奥地利和瑞士的研究人员组成的团队首次证明，专门培养的噬菌体比已知的野生噬菌体对多重耐药性细菌有更好的疗效。相关成果发表在《药物学》杂志上。

噬菌体是一种感染细菌和古细菌的病毒，其特点是以细菌为宿主，专门攻击特定的细菌，因此可以作为抗生素的替代品。随着抗生素的大量使用，一些细菌对抗生素产生了耐药性。与不耐药的细菌相比，这些细菌造成的感染更难治疗。世卫组织已将抗生素耐药性作为高度优先解决的问题之一。一段时间以来，针对多重耐药性细菌导致的难治性感染，使用噬菌体治疗成为一种有前途的研究方向。

噬菌体对引起疾病的细菌种类有针对性的作用，并且可以绕过细菌的典型耐药机制。在突破生物膜(细菌合成的保护性黏液)方面，噬菌体通常比抗生素有效得多。但迄今为止，噬菌体的高特异性一直是它们的最大缺点。噬菌体非常精确地适应其宿主细菌，有的噬菌体甚至不会攻击同一菌种的其他不同菌株，此前人们一直尝试通过混合不同的天然噬菌体来避免这种情况。

参与该研究的耶拿大学的拉尔夫·埃里希特教授解释说，即使在最好的情况下，天然噬菌体混合物通常也只影响所有目标细菌的一半，而在最坏情况下，它只会影响数百种菌株中的一种。科学家们于是用人工培养的方法，跨越不同的噬菌体来选择可以攻击多种细菌菌株的噬菌体，并开发了专门的生物信息学工具，通过基因序列来识别和分析噬菌体。

为了测试人工培养出来的噬菌体混合物，研究人员选取了110种葡萄球菌菌株，这些菌株中43%是具有多重耐药性的金黄色葡萄球菌（MRSA）变体（即所谓的"超级细菌"）。实验结果显示，在110种细菌菌株中，噬菌体混合物成功阻止了101种菌株的生长。埃里希特教授说："这是噬菌体治疗迈出的重要一步，成为临床中抗生素的重要替代方法来治疗某些MRSA感染，将使它更受关注。"

【考核评价】

某地新建了一个年出栏量10 000头商品肉猪的大型规模化猪场，为了提高养猪的经济效益，请为该猪场设计合理有效的消毒制度，包括非生产区的大门口、办公区及生活区的消毒制度和生产区的入口、道路、运动场及猪舍的消毒制度。

【知识链接】

1. GB 5749—2006 生活饮用水卫生标准。
2.《中华人民共和国水污染防治法》。
3.《中华人民共和国固体废物污染环境防治法》。

项目六
病原微生物与传染

【学习目标】

熟悉病原微生物的致病作用，掌握传染及传染的发生条件。

任务一　病原微生物的致病作用

一、病原微生物的致病性与毒力

（一）致病性与毒力的概念

（1）致病性。它又称病原性，是指一定种类的病原微生物，在一定条件下，在动物机体内引起感染发病的能力，是病原微生物的共性和本质。病原微生物的致病性是针对宿主而言的，有的仅对人有致病性，有的仅对某些动物有致病性，有的对人和动物都有致病性。病原微生物不同引起宿主机体的病理过程也不同，比如霍乱弧菌引起人发生霍乱病，鸡传染性法氏囊病毒引起鸡发病，猪瘟病毒引起猪瘟，布鲁氏菌则引起人和多种动物发生布鲁氏菌病，因此，致病性是微生物种的特征之一。

（2）毒力。病原微生物致病力的强弱程度称为毒力，毒力是病原微生物的个性特征，是量的概念，表示病原微生物病原性的程度，可以通过测定加以量化。不同种类病原微生物的毒力强弱常不一致，并且可因宿主及环境条件的不同而发生改变。同种病原微生物也可因型或株的不同而有毒力强弱的差异。同一种病原微生物的不同菌株或毒株有强毒、弱毒与无毒菌株或毒株之分。比如新城疫病毒可分为强毒株、中毒株、弱毒株。

（二）细菌致病性的确定

（1）经典柯赫法则。著名的柯赫法则是确定某种细菌是否具有致病性的主要依据，其要点是：第一，特殊的病原菌应在同一疾病中查到，在健康者不存在。第二，此病原菌能被分离培养而得到纯种。第三，此纯培养物接种易感动物，能导致同样病症。第四，自实验感染的动物体内能重新获得该病原菌的纯培养物。柯赫法则在确定细菌致病性方面具有重要意义，特别是在鉴定一种新的病原体时非常重要，但是，它具有一定的局限性，某些情况并不符合该法则。

比如健康带菌或隐性感染，有些病原菌迄今仍无法在体外人工培养，有的则没有可用的易感动物。另外，该法则只强调了病原微生物的一方面，忽略了它与宿主的相互作用。

(2)基因水平的柯赫法则。近年来，随着分子生物学的发展，“基因水平的柯赫法则”(Koch’s postu-lates for genes)应运而生。取得共识的有以下几点：第一，应在致病菌株中检出某些基因或其产物，而无毒力菌株中无。第二，如果有毒力菌株的某个基因被损坏，则菌株的毒力应减弱或消除。或者将此基因克隆到无毒菌株内，后者成为有毒力菌株。第三，将细菌接种动物时，这个基因应在感染的过程中表达。第四，在接种动物体内能检测到这个基因产物的抗体，或产生免疫保护。该法则也适用于细菌以外的微生物，比如病毒。

(三)毒力大小的测定和表示方法

在疫苗研制、血清效价测定、药物疗效筛选等实际工作中，毒力的测定显得特别重要，尤其是在必须先测定病原微生物的毒力。通常以 4 种方法表示毒力大小，其中最常用的是半数感染量和半数致死量。

(1)最小感染量(MID)。它是指能引起特定试验对象(动物、禽胚、细胞)发生感染的最小病原微生物的量。

(2)半数感染量(ID_{50})。它是指能使半数(一半)特定试验对象(动物、禽胚、细胞)发生感染的病原微生物的量。测定 ID_{50} 应选取品种、年龄、体重乃至性别等各方面都相同的易感动物，分成若干组，每组数量相同，以递减剂量的微生物接种各组动物，在一定时限内观察记录结果，最后以生物统计学方法计算出 ID_{50}。由于半数感染量采用了生物统计学方法对数据进行处理，因而避免了动物个体差异造成的误差。

(3)最小致死量(MLD)。它是指能使特定实验动物在感染后一定时间内发病死亡所需的最小的活微生物量或毒素量。

(4)半数致死量(LD_{50})。它是指能使半数(一半)接种的特定实验动物在感染后一定时间内发病死亡所需的活微生物量或毒素量。测定 LD_{50} 的方法与测定 ID_{50} 的方法类似，统计结果是以死亡者的数量代替感染者的数量。

(四)改变毒力的方法

1.增强毒力的方法

在自然条件下，回归易感动物是增强病原微生物毒力的最佳方法。易感动物既可以是本动物，也可以是实验动物。特别是回归易感实验动物增强病原微生物的毒力，已被广泛应用。比如多杀性巴氏杆菌通过小鼠、猪丹毒杆菌通过鸽子等都可增强其毒力。有的细菌与其他微生物共生或被温和性噬菌体感染也可增强毒力，比如产气荚膜梭菌与八叠球菌共生时毒力增强，白喉杆菌只有被温和噬菌体感染时才能产生毒素而成为有毒细菌。实验室为了保持所藏菌种或毒种的毒力，除改善保存方法(比如冻干保存)外，可适时将其通过易感动物。

2.减弱毒力的方法

病原微生物的毒力可自发地或人为地减弱。人工减弱病原微生物的毒力，在疫苗生产上有重要意义。毒力减弱常用的方法有以下几种。

(1)长时间在体外连续培养传代。病原微生物在体外人工培养基上连续多次传代后，毒力一般都能逐渐减弱甚至失去毒力。

(2)在高于最适生长温度条件下培养。比如炭疽Ⅱ号疫苗是将炭疽杆菌强毒株在 42～

43 ℃培养传代育成。

(3)在含有特殊化学物质的培养基中培养。比如结核病卡介苗(BCG)是将牛型结核分枝杆菌在含有胆汁的马铃薯培养基上每 15 d 传 1 代,持续传代 13 年后育成。

(4)在特殊气体条件下培养。比如无荚膜炭疽芽孢苗是在含 50% CO_2 的条件下选育的。

(5)通过非易感动物。比如猪丹毒弱毒苗是将强致病菌株通过豚鼠 370 代后,又通过鸡 42 代选育而成。

(6)通过基因工程的方法。比如去除毒力基因或用基因点突变的方法使毒力基因失活,可获得无毒力菌株或弱毒菌株。

此外,在含有抗血清、特异噬菌体或抗生素的培养基中培养,也都能使病原微生物的毒力减弱。

二、细菌的致病作用

- 细菌的致病性
  - 细菌的病原性:细菌侵入机体、增殖并引起疾病的特性
  - 细菌的毒力
    - 侵袭力
      - 菌体的表面结构
        - 荚膜
        - 菌毛
        - 微荚膜
        - 血凝素
      - 侵袭蛋白
      - 侵袭性的酶
    - 毒素
      - 外毒素
      - 内毒素

(一)侵袭力

它是指病原菌突破机体的皮肤、黏膜等生理性防御屏障,侵入机体内定植、繁殖和扩散的能力。侵袭力包括荚膜、菌毛、黏附素和侵袭性物质等,主要涉及菌体的表面结构和释放的侵袭蛋白或酶类。

1. 黏附与定植

黏附是指病原微生物附着在敏感细胞的表面,以有利于其定植、繁殖。细菌黏附在宿主的消化道、呼吸道、生殖道、尿道、眼结膜等处,以免被肠蠕动、黏液分泌、呼吸道纤毛运动等作用所清除。黏附是定植的前提,只有在黏附的基础上,才能获得定居的机会,获得进一步的侵入与扩散。凡具有黏附作用的细菌结构成分统称为黏附素,通常是细菌表面的一些大分子结构成分,主要是革兰氏阴性菌的菌毛,其次是非菌毛黏附素,比如某些革兰氏阴性菌的外膜蛋白(OMP)、革兰氏阳性菌的脂磷壁酸(LTA)、细菌的荚膜多糖、支原体的顶端结构、流感病毒的血凝素均有黏附作用。具有黏附性的细菌更易于抵抗免疫细胞、免疫分子及药物的攻击,包括吞噬、抗体、补体及抗生素的杀灭作用,并且可以克服肠蠕动、黏液分泌、呼吸道纤毛运动的清除作用。黏附的部位可以是皮肤、黏膜的上皮细胞,或血液中的淋巴细胞、粒细胞、血小板、血管内皮细胞等。大多数细菌的黏附素具有宿主特异性及组织嗜性,比如大肠杆菌的 $F_4(K_{88})$ 菌毛、$F_{18}(O_{139}:K_{12}:H)$ 菌毛仅黏附于猪的小肠前段,引起断奶仔猪腹泻和水肿病。P 菌毛仅黏附于人的尿道上端导致肾盂肾炎。细胞或组织表面与黏附素相互作用的成分称为受体,多为细胞表面糖蛋白,其中的糖残基往往是黏附素的直接结合部位,比如大肠杆菌 1 型菌毛结合 D 甘露糖、霍乱弧菌的 4 型菌毛结合岩藻糖及甘露糖、大肠杆菌的(K_{99})菌毛结合唾液酸和半

乳糖。部分黏附素受体为蛋白质，比如金黄色葡萄球菌的黏附素原结合的蛋白受体为胶原蛋白。

2. 干扰或逃避宿主的防御机制

病原微生物黏附于细胞或组织表面后，必须克服机体局部的防御机制，特别是要干扰或逃避局部的吞噬作用及抗体介导的体液免疫作用，才能建立感染。某些细菌能够干扰或逃避宿主的防御机制，是因为这些细菌具有抵抗吞噬及体液中杀菌物质作用的表面结构——荚膜、微荚膜、葡萄球菌 A 蛋白(SPA)、链球菌的 M 蛋白等。

(1)抵抗吞噬作用机制。包括以下几个方面：第一，不与吞噬细胞接触，可通过胞外酶(比如链球菌溶血素等)破坏细胞骨架以抑制吞噬细胞的作用。第二，抑制吞噬细胞的摄取，比如多糖荚膜、微荚膜、链球菌的 M 蛋白、菌毛等。第三，在吞噬细胞内生存，比如李氏杆菌被吞噬后，很快从吞噬小体中逸出，直接进入细胞质；沙门菌的某些成分可抑制溶酶体与吞噬小体的融合；金黄色葡萄球菌则产生大量的过氧化氢酶，能中和吞噬细胞中的氧自由基。第四，杀死或损伤吞噬细胞，某些细菌通过分泌外毒素或蛋白酶来破坏吞噬细胞的细胞膜，或诱导细胞凋亡，或直接杀死吞噬细胞。

(2)抗体液免疫机制。细菌逃避体液免疫主要通过：第一，抗原伪装或抗原变异，比如金黄色葡萄球菌通过细胞结合性凝固酶结合血纤维蛋白，或通过 SPA 结合免疫球蛋白形成抗原伪装。第二，分泌蛋白酶降解免疫球蛋白，嗜血杆菌等可分泌 IgA 蛋白酶，破坏黏膜表面的 IgA。第三，通过外膜蛋白(OMP)、脂磷壁酸(LTA)、荚膜及 S 层等的作用，逃避补体，抑制抗体产生。

3. 侵入(内化作用)

它是指某些侵袭力和毒力较强的病原微生物黏附于细胞表面后主动侵入吞噬细胞或非吞噬细胞内部的过程。细菌的侵入是通过其侵袭基因编码的侵袭蛋白来实现的。被侵入的细胞主要是黏膜上皮细胞。有的细菌侵入后还可扩散至邻近的上皮细胞；有的可突破黏膜进入血管，甚至穿过血管壁进一步侵入深层组织。宿主细胞为侵入的细菌提供了一个增殖的小环境和庇护所，可使它们逃避宿主免疫机制的杀灭。比如结核分枝杆菌、李氏杆菌、衣原体等严格的胞内寄生菌及大肠杆菌、沙门菌等胞外寄生菌的感染都离不开侵入作用，这些细菌如果丧失侵入细胞的能力，则毒力会显著下降。

4. 繁殖

病原微生物在宿主体内增殖是感染的核心，增殖速度对致病性极其重要，如果增殖较快，细菌在感染之初就能克服机体防御机制，易在体内生存；如果增殖较慢，则易被机体免疫系统清除。不同病原微生物引起疾病的数量有很大差异，比如沙门菌和霍乱弧菌，身体健康的人或动物接触少量并不容易感染发病，如果一次侵入数十亿个至数百亿个就会引起感染发病；而鼠疫杆菌只要 7 个细菌就能使某些宿主患上可怕的鼠疫。宿主不同器官对病原菌的敏感性存在差异，比如人们发现布鲁氏菌的正常生长需要大量的维生素和赤藓醇等其他微量物质。赤藓醇存在于雄性及妊娠母畜生殖系统中，因此，布鲁氏菌局限在生殖系统中大量生长繁殖，其中动物胎盘中含量很高，在其他组织中含量甚微。

5. 扩散

病原微生物在新陈代谢的过程中能分泌多种侵袭性的胞外酶，它们具有多种致病作用，使病原微生物能在体内扩散，比如激活外毒素、灭活补体等，有的蛋白酶本身就是外毒素。但最主要的是作用于组织基质或细胞膜,造成损伤,增加其通透性,有利于细菌在组织中扩散及协助细菌抗吞噬。细菌的侵袭性酶类主要有以下几种。

(1)透明质酸酶。旧称扩散因子,能水解结缔组织中的透明质酸,使组织通透性增强,有利于细菌及毒素在组织中的扩散,造成蜂窝织炎和全身性感染。比如葡萄球菌、链球菌等可产生此酶。

(2)胶原酶。主要分解肌肉或皮下结缔组织等细胞外基质中的胶原蛋白,从而使肌肉软化、崩解、坏死,有利于病原菌的侵袭和蔓延。比如梭菌和产气单胞菌可产生此酶。

(3)神经氨酸酶。主要分解肠黏膜上皮细胞的细胞间质。比如霍乱弧菌及志贺氏菌可产生此酶。

(4)磷脂酶。又名 a 毒素,可水解细胞膜的磷脂。比如产气荚膜梭菌可产生此酶。

(5)卵磷脂酶。分解细胞膜的卵磷脂,使组织细胞坏死和红细胞溶解。比如产气荚膜梭菌可产生此酶。

(6)激酶。能将血纤维蛋白溶酶原激活为血纤维蛋白溶酶,分解血纤维蛋白,防止形成血凝块。比如链球菌产生的链激酶和葡萄球菌等产生的激酶,均具有分解血纤维蛋白防止形成血凝块的作用。

(7)凝固酶。细菌在体内的扩散也可通过内化作用完成。特别是细胞结合性凝固酶,可为细菌提供抗原伪装,使之不被吞噬或机体免疫机制所识别。比如致病性金黄色葡萄球菌。

(8)脱氧核糖核酸(DNA)酶。能溶解组织坏死时所析出的 DNA。DNA 能使渗出液黏稠,当 DNA 酶溶解 DNA 后,就会使渗出的液体变稀,从而有利于细菌的扩散。比如链球菌可产生此酶。

(二)毒素(toxin)

毒素是病原微生物在生长繁殖的过程中产生和释放的具有损害宿主组织、器官引起生理功能紊乱的毒性成分。病原微生物产生的毒素有细菌毒素和霉菌毒素(又称真菌毒素),比如白喉毒素、霍乱毒素、肉毒毒素等细菌毒素和麦角毒素、黄曲霉毒素等霉菌毒素。细菌毒素按其来源、性质和作用的不同,可分为外毒素和内毒素两大类,外毒素和内毒素之间的主要区别见表 1-6-1。

表 1-6-1　外毒素和内毒素的主要区别

特性	外毒素	内毒素
产生细菌	主要由革兰氏阳性菌产生	主要由革兰氏阴性菌产生
存在部位	由活的细菌释放到菌体外	是细胞壁的成分,细菌崩解后释放出来
化学成分	蛋白质	脂多糖
毒性	毒性非常强,小剂量能使易感动物致死	毒性较弱,小剂量不能使易感动物致死
特异性	具有特异性,对特定的细胞或组织发挥特定作用	全身性,导致发热、腹泻、呕吐
抗原性	有良好的抗原性,能刺激机体产生抗毒素,经甲醛脱毒能制成类毒素	抗原性较弱,不能刺激机体产生抗毒素,经甲醛脱毒不能制成类毒素
耐热性	通常不耐热,60 ℃以上迅速被破坏	极为耐热,100 ℃经 1 h 仍不被破坏

1. 外毒素(exotoxin)

外毒素是指病原菌在生长繁殖的过程中产生并释放到菌体外的毒性蛋白质。

(1)产生。外毒素主要是由多数革兰氏阳性菌和少数革兰氏阴性菌产生。白喉杆菌、炭疽杆菌、肉毒梭菌、产气荚膜梭菌、破伤风梭菌、金黄色葡萄球菌、链球菌等革兰氏阳性菌都能产生外毒素,霍乱弧菌、多杀性巴氏杆菌、痢疾志贺氏杆菌、大肠杆菌等革兰氏阴性菌也能产生外毒素。大多数外毒素在菌体内合成后分泌至菌体细胞外,如果将产生外毒素细菌的液体培养基用滤菌器过滤除菌,就能获得外毒素。但有的外毒素在菌体内合成后不分泌,只有当菌体细胞裂解后才释放出来,比如大肠杆菌的外毒素就属于这种类型。

(2)组成。大多数外毒素由A、B两种亚单位组成,有多种合成和排列形式。A亚单位是外毒素的活性中心,决定其毒性效应,但A亚单位不能单独自行进入易感细胞。B亚单位无毒,称结合单位,能使毒素分子特异性结合在宿主易感细胞表面的受体上,并协助A亚单位进入细胞,使A亚单位发挥其毒性作用。A、B两种亚单位单独均无毒性,所以外毒素必须具备A、B两种亚单位时才有毒性。B亚单位与易感细胞受体结合后能阻止该受体再与完整外毒素分子结合,B亚单位可刺激机体产生相应的抗体,从而阻断完整毒素结合细胞,可作为良好的亚单位疫苗以预防相应的外毒素性疾病。

(3)特性。①通常具有菌种特异性,比如破伤风梭菌产生破伤风毒素、炭疽杆菌产生炭疽毒素、霍乱弧菌产生霍乱毒素等。②外毒素的毒性非常强,小剂量即能使易感机体致死。比如1 mg纯化的肉毒梭菌外毒素可杀死2 000万只小鼠;破伤风毒素对小鼠的半数致死量为10^{-6} mg,是士的宁的106倍;白喉毒素对豚鼠的半数致死量为10^{-3} mg。③外毒素的毒性具有高度的特异性。不同病原菌产生的外毒素,对机体的组织器官具有选择性(或称为亲嗜性),引起特殊的病理变化。比如破伤风梭菌产生的痉挛毒素选择性地作用于脊髓腹角运动神经细胞,引起骨骼肌的强直性痉挛;而肉毒梭菌产生的肉毒毒素,选择性地作用于眼神经和咽神经,引起眼肌和咽肌麻痹。有些细菌的外毒素已证实为一种特殊的酶,比如产气荚膜梭菌的甲种毒素是卵磷脂酶,作用于细胞膜上的卵磷脂,引起溶血和细胞坏死等。按细菌外毒素对宿主细胞的亲嗜性和作用方式不同,可分成神经毒素(比如破伤风痉挛毒素、肉毒毒素等)、细胞毒素(比如白喉毒素、葡萄球菌毒性、休克综合征毒素1、链球菌致热毒素等)和肠毒素(比如霍乱弧菌肠毒素、葡萄球菌肠毒素等)三类。④外毒素具有良好的抗原性,可刺激机体产生特异性抗体称为抗毒素,对机体具有免疫保护作用,所以抗毒素可用于紧急预防和早期治疗。外毒素经0.3%～0.5%甲醛溶液于37 ℃处理一定时间后,使其丧失毒性,但仍保持良好的抗原性,称为类毒素。类毒素注入机体后仍可刺激机体产生抗毒素,可作为疫苗进行预防性免疫接种。⑤外毒素不耐热。外毒素对热较敏感,不耐热,多数外毒素一般在60～80 ℃经10～80 min,即可失去毒性,比如白喉毒素加热到58～60 ℃经1～2 h,破伤风毒素60 ℃经20 min即可被破坏。但少数例外,比如葡萄球菌肠毒素和大肠杆菌对热稳定肠毒素(ST)能耐100 ℃ 30 min。⑥外毒素易被灭活。外毒素和酶都是蛋白质,易被热、酸、蛋白水解酶灭活,许多外毒素具有酶的催化作用,有很高的生物学活性和特异性,比如霍乱毒素、肉毒毒素、破伤风毒素等。

2. 内毒素(endotoxin)

它是指某些病原菌在生长繁殖的过程中产生,但不释放到菌体外的毒素,只有当菌体破裂或用人工的方法裂解菌体后才释放出来。

(1)产生。大多数革兰氏阴性菌都能产生内毒素，比如沙门菌、痢疾杆菌、大肠杆菌等。另外，螺旋体、衣原体和立克次氏体中也存在内毒素。

(2)组成。主要成分是脂多糖(LPS)，由O特异多糖侧链、非特异核心多糖和类脂A三部分组成。具有毒性的部分是类脂A，由一个磷酸化的*N*-乙酰葡萄糖胺(NAG)双体和6～7个饱和脂肪酸组成，它将脂多糖固定在革兰氏阴性菌的外膜上。类脂A高度保守，肠杆菌科细菌的类脂A结构完全一样，因此，所有革兰氏阴性菌内毒素的毒性作用大致相同，引起发热、血液循环中白细胞骤减、弥散性血管内凝血、休克等，严重时亦可致死。

(3)特性。①内毒素耐热。加热100 ℃经1 h不被破坏，必须加热到160 ℃经2～4 h，或用强碱、强酸或强氧化剂煮沸30 min才能灭活。②内毒素的抗原性弱。不能刺激机体产生抗毒素，但能够刺激机体产生具有中和内毒素活性的抗多糖抗体，不能用甲醛脱毒后制成类毒素。③内毒素的毒性较弱，对组织细胞作用的选择性不强，不同革兰氏阴性菌的毒性作用大致相同，主要包括四个方面：a. 发热反应。少量内毒素注入体内，即可引起发热，内毒素能直接作用于体温调节中枢，使体温调节功能紊乱，引起发热；也可作用于嗜中性粒细胞及巨噬细胞等，使之释放一种内源性致热原，作用于体温调节中枢，间接引起发热反应。b. 对白细胞的作用。内毒素进入血流数小时后，能使外周血液的白细胞总数显著增多，这是由于内毒素刺激骨髓，使大量白细胞进入循环血液的结果，部分不成熟的中性粒细胞也可进入循环血液。绝大多数被革兰氏阴性菌感染动物的血流中白细胞总数都会增加。c. 弥漫性血管内凝血。内毒素能活化凝血系统的Ⅻ因子，当凝血作用开始后，使纤维蛋白原转变为纤维蛋白，造成弥漫性血管内凝血，之后由于血小板与纤维蛋白原大量消耗，以及内毒素活化胞浆素原为胞浆素，分解纤维蛋白，进而产生出血倾向。d. 内毒素血症与内毒素休克。当病灶或血流中革兰氏阴性病原菌大量死亡，释放出来的大量内毒素进入血液时，可发生内毒素血症。内毒素激活了血管活性物质(5-羟色胺、激肽释放酶与激肽)的释放。这些物质作用于小血管造成其功能紊乱而导致微循环障碍，临床表现为微循环衰竭、低血压、缺氧、酸中毒等，最终导致休克，这种病理反应叫作内毒素休克。

三、病毒的致病作用

病毒是严格在活细胞内寄生的微生物，其致病机制比较复杂，与细菌的差异较大。病毒的致病作用主要包括对宿主细胞的致病作用和对宿主机体的致病作用两个方面。病毒进入易感宿主体内后，可以通过其特定化学成分的直接毒性作用而致病，比如腺病毒能产生一种称为五邻体蛋白的毒性物质，它可使宿主细胞缩成一团而死亡。流感病毒产生毒素样物质与流感患病动物的畏寒、高热、肌肉酸痛等全身症状有关。病毒也可以通过干扰宿主细胞的营养和代谢，引起宿主细胞水平和分子水平的病变，导致机体组织器官的损伤和功能改变，造成机体持续性感染。病毒感染免疫细胞导致免疫系统损伤，造成免疫抑制及免疫病理也是重要的致病机制之一。

(一)病毒感染对宿主细胞的直接作用

1. 杀细胞效应

杀细胞效应是指病毒在宿主细胞内复制完成后，可在很短时间内一次释放大量子代病毒，导致细胞被裂解死亡，这种情况称杀细胞性感染。

(1)细胞膜融合。病毒通过改变宿主细胞膜的通透性，以完成其复制。最突出的是有囊膜病毒出芽过程中能将其融合蛋白直接插入宿主细胞膜，导致膜融合以及合胞体形成，导致细胞损伤称之为细胞病变(CPE)。比如慢病毒、副黏病毒、麻疹病毒等。

(2)细胞崩解。病毒破坏宿主细胞膜的结构，造成严重的细胞损伤(细胞病变)，导致细胞崩解。比如犬瘟热病毒、水疱性口炎病毒、痘病毒、疱疹病毒、肠病毒等。

(3)空斑形成。病毒接种、吸附于单层细胞，而后在细胞上覆盖一层含营养液的琼脂，经过一段时间培养，进行染色，病毒感染的细胞及病毒扩散的周围细胞会形成一个近似圆形的斑点，类似固体培养基上的菌落的形态，称为空斑或蚀斑。空斑是细胞病变(CPE)的一种特殊形式。借助空斑技术不仅可以纯化病毒，还可以病毒定量。

(4)细胞凋亡。细胞凋亡是由宿主细胞基因控制的程序性细胞死亡，是一种正常的生物学现象。有些病毒感染细胞后，病毒可直接或由病毒编码蛋白间接作为诱导因子诱发细胞凋亡。当细胞受到诱导因子作用激发并将信号传导入细胞内部，细胞的凋亡基因即被激活；启动凋亡基因后，便会出现细胞膜鼓泡、核浓缩、染色体 DNA 降解等凋亡特征。病毒引起细胞凋亡的机制有两种，一种是病毒产生的特异性蛋白(凋亡蛋白)直接作用于细胞，比如腺病毒、圆环病毒科的鸡贫血病毒等。另一种是通过病毒对细胞的间接作用引起细胞凋亡，有些病毒具有抗凋亡功能，拥有一个或多个抗凋亡基因或其产物，以延长细胞的生命，直至完成其子代病毒的复制周期。

2. 包涵体形成

包涵体是指某些病毒在细胞内增殖后，在细胞内形成可在普通光学显微镜看到的与正常细胞结构和着色不同的圆形或椭圆形斑块。包涵体形成的本质是：有些病毒的包涵体就是病毒颗粒的聚集体，比如狂犬病病毒产生的内基氏小体，是堆积的核衣壳；有些是病毒增殖留下的痕迹，比如痘病毒的病毒胞浆或称病毒工厂；有些是病毒感染引起的细胞反应物，比如疱疹病毒感染所产生的“猫头鹰眼”，是感染细胞中心染色质凝缩形成的一个圈。根据病毒包涵体的形态、染色特性及存在部位，对某些病毒病有一定的诊断价值，比如从可疑为狂犬病的脑组织切片或涂片中发现胞浆内有嗜酸性包涵体，即内基氏小体，就可诊断为狂犬病。

3. 持续性感染

稳定状态感染是指某些病毒在宿主细胞内的增殖过程中，对细胞代谢、溶酶体影响不大，以出芽方式释放病毒，过程缓慢，病变较轻，细胞暂时也不会出现溶解和死亡，并且大多数细胞能继续生长和分裂，不具有杀细胞效应的感染。常见于有囊膜病毒，比如流感病毒、麻疹病毒、某些披膜病毒等。稳定状态感染后可引起宿主细胞发生多种变化，其中以细胞融合及细胞表面产生新抗原更具有重要意义。对宿主动物而言，由于机体迅速地新陈代谢，持续感染并不影响器官的功能，但像神经元细胞例外。

4. 基因整合与细胞转化

基因整合是指某些病毒的全部或部分核酸结合到宿主细胞染色体上。见于某些 DNA 病毒和反转录病毒。反转录 RNA 病毒是先以 RNA 为模板反转录合成 cDNA，再以 cDNA 为模板合成双链 DNA，然后将此双链 DNA 全部整合于细胞染色体 DNA 中的；DNA 病毒在复制中，偶尔将部分 DNA 片段随机整合于细胞染色体 DNA 中。基因整合可使细胞的遗传性发生改变，引起细胞转化。细胞转化除基因整合外，病毒蛋白诱导也可发生。基因整合或其他机制引起的细胞转化与肿瘤形成密切相关。比如与人类恶性肿瘤密切相关的病毒有：人乳头瘤病毒——宫颈癌，乙型肝炎病毒——肝细胞癌，EB 病毒（爱泼斯坦-巴尔氏病毒）——鼻咽癌、恶性淋巴瘤，人 T 细胞白血病病毒Ⅰ型（HILV-Ⅰ）——白血病等。

（二）病毒对宿主组织和器官的直接损伤

（1）对呼吸道上皮的损伤。呼吸道病毒最初入侵并损伤上皮细胞，逐步损坏呼吸道黏膜的保护层，暴露出越来越多的上皮细胞。病毒感染的初期，呼吸道纤毛摆动有助于子代病毒沿呼吸道扩散，感染后期当上皮细胞损坏时，纤毛停止摆动。

（2）对消化道上皮的损伤。病毒的消化道感染多数潜伏期短，引起动物腹泻的病毒主要有轮状病毒、腺病毒等。相邻肠绒毛发生融合，肠道吸收面积减少，导致肠腔中黏液积累并腹泻；病毒感染病损伤分化中的肠腺上皮，切断肠绒毛上皮细胞的来源。

（三）无组织器官损伤所致的病理变化

某些病毒感染不引起明显的损伤，感染细胞仍处于低效能地执行正常细胞功能，但丧失了系统自身平衡必需的特定功能。比如淋巴细胞脉络丛脑膜炎病毒感染的小鼠，由于分泌细胞受病毒感染而使体内生长激素和甲状腺激素低于正常水平，导致感染鼠的侏儒综合征。

（四）细胞继发感染的组织和器官损伤

某些病毒感染除造成直接损伤外，还易使动物发生继发感染。比如副流感病毒 3 型或其他呼吸道病毒感染奶牛时，损伤纤毛上皮，引起体液渗出到呼吸道中，使曼氏杆菌（即溶血巴氏杆菌）和其他细菌侵入肺，引发继发细菌性肺炎。

（五）病毒的持续性感染

病毒的持续感染在急性症状转轻或转为亚临床后，还可引起轻微的慢性疾病，还可再次激活，引起宿主的疾病复发，并能引起免疫病理疾病，还与肿瘤的形成有关。病毒能在经免疫的动物体内以持续性感染的方式存活，成为传染源。病毒的持续性感染包括持续性感染、潜伏感染、慢性感染和迟发性临床症状的急性感染 4 种类型。

（六）病毒感染对免疫系统的损伤

病毒在感染宿主的过程中，通过与免疫系统相互作用，诱发免疫反应，导致组织器官损伤。特别是持续性病毒感染及主要与病毒感染有关的自身免疫性疾病。其原因可能为：病毒改变宿主细胞的膜抗原；病毒抗原和宿主细胞的交叉反应；淋巴细胞识别功能的改变；抑制性 T 淋巴细胞过度减弱。

（1）抗体介导的免疫病理作用。由于病毒感染细胞表面出现了新抗原，与特异性抗体结合后，在补体参与下引起细胞破坏。在病毒感染中病毒的囊膜蛋白、衣壳蛋白均为良好的抗原，能刺激机体产生相应抗体，抗体与抗原结合可阻止病毒扩散，导致病毒被清除。有许多病毒的抗原可出现宿主细胞表面，与抗体结合后，可激活补体，破坏宿主细胞，属Ⅱ型变态反应。有些病毒抗原与相应抗体结合形成免疫复合物，可长期存在于血液中，当这种免疫复合物沉积在某些器官组织的膜表面时，激活补体引起Ⅲ型变态反应，造成局部损伤和炎症。免疫复合物易沉积于肾小球基底膜，引起蛋白尿、血尿等症状；如果沉积于关节滑膜则引起关节炎；如果沉积在肺部，引起细支气管炎和肺炎，比如婴儿呼吸道合胞病毒感染；如果沉积于血管壁，则激活补体引起血管通透性增高，导致出血和休克，比如登革热病毒感染等。

(2)细胞介导的免疫病理作用。特异性细胞免疫是宿主机体清除细胞内病毒的重要机制，细胞毒性T淋巴细胞(CTL)对靶细胞膜病毒抗原识别后引起的杀伤，能终止细胞内病毒复制，对感染的恢复起关键作用。但细胞免疫也能损伤宿主细胞，造成宿主功能紊乱，是病毒致病机制中的一个重要方面。比如特异性细胞毒性T细胞对感染细胞造成损伤，易发生Ⅳ型变态反应。慢性病毒性肝炎、麻疹病毒和腮腺炎病毒感染后脑炎等疾病的发病机制可能与针对自身抗原的细胞免疫有关。

(3)免疫抑制作用。某些病毒主要损伤特定的免疫细胞，导致免疫抑制。比如人类免疫缺陷综合征(AIDS)病毒(HIV1和HIV2)、猴免疫缺陷病毒(SIV)、牛免疫缺陷病毒(BIV)和猫免疫缺陷病毒(FIV)等。人类免疫缺陷综合征(AIDS)病毒感染时，AIDS病人因免疫功能缺陷，最终因多种微生物或寄生虫的机会感染而死亡。传染性法氏囊病毒感染鸡的法氏囊时，导致囊萎缩和严重的B淋巴细胞缺失，易发生马立克氏病病毒、新城疫病毒、传染性支气管炎病毒的双重感染或多重感染。许多病毒感染可引起机体免疫应答降低或暂时性免疫抑制。比如流感病毒、猪瘟病毒、牛病毒性腹泻病毒、犬瘟热病毒、猫和犬细小病毒感染都能暂时抑制宿主体液免疫应答和细胞免疫应答。麻疹病毒感染能使病人结核菌素阳性转为阴性反应，持续1～2个月，以后逐渐恢复。病毒感染所致的免疫抑制反过来可激活体内潜伏的病毒复制或促进某些肿瘤生长，使疾病复杂化，成为病毒持续性感染的原因之一。如果当免疫系统被抑制时，潜在的疱疹病毒、腺病毒或乳头瘤病毒感染会被激活。

四、真菌的致病作用

(一)真菌性感染

(1)浅部真菌感染。外源性真菌感染，可造成皮肤、皮下和全身性感染，目前对其致病机制不完全明了，皮肤癣菌感染具有嗜角质性，在皮肤局部大量繁殖后，通过机械刺激和代谢产物的作用，引起局部的炎症和病变。比如手足癣、体癣、股癣、甲癣等。

(2)深部真菌感染。深部感染的真菌遭吞噬细胞吞噬后，不被杀死而能在细胞内繁殖，引起组织慢性肉芽肿性炎症和组织坏死溃疡形成。比如念珠菌病、新生(型)隐球菌、组织胞浆菌病、皮炎芽生菌病等。

(3)条件致病性真菌感染。一些内源性真菌，比如念珠菌、曲霉菌、毛霉菌等，致病性不强，只在机体免疫力降低或长期应用广谱抗生素、激素或放射性治疗后，发生机会感染。目前条件致病性真菌病逐渐增多，必须引起高度重视。比如白假丝酵母菌(白色念珠菌)引起的鹅口疮。

(二)真菌性超敏反应

有些真菌本身不致病，但引起超敏反应的发生。比如交链孢霉、曲霉、青霉、镰刀菌等，它们污染空气时，可引起接触性皮炎等疾病。

(三)真菌毒素的致病作用

有些真菌在粮食或饲料上生长，产生毒素，人、畜禽食用后可导致急性或慢性中毒。比如镰刀菌毒素引起的中毒可使肾、肝、心肌、脑组织发生病变；黄曲霉的黄曲霉毒素、杂色霉的杂色霉素等可引起肝损害；拟丝孢镰刀菌的毒素可引起动物消化道中毒性白细胞缺乏症，死亡率很高。

(四)真菌致肿瘤作用

有些真菌产物与肿瘤的发生有着密切关系,黄曲霉毒素毒性很强,小剂量即有致癌作用。自然界中,除黄曲霉外,黑曲霉、赤曲霉等也可产生黄曲霉毒素。

任务二 传染的发生

一、传染的概念

病原微生物突破机体的防御屏障,侵入机体,在一定的部位定居、生长、繁殖,并引起不同程度的病理反应过程称传染,又称感染或感染过程或传染过程。

在传染过程中,一方面是病原微生物的侵入、生长繁殖、产生有毒物质,破坏机体生理平衡;另一方面是动物机体为了保护自身生理平衡,对病原微生物发生一系列的防卫反应。因此,传染是病原微生物的致病作用与动物机体抗感染作用之间相互作用、相互斗争的一种复杂的生物学过程。

传染中病原体的来源,大多数是外源性的(即来自易感机体外),少数是内源性的(即来自易感机体的体表和体内正常菌群以及条件病原微生物)。当病原微生物有相当的数量和毒力,而机体抵抗力相对较弱时,动物就表现出明显的临床症状,称为显性感染;如果侵入病原微生物定居在某一部位,动物不表现任何临床症状,称为隐性感染。

二、传染发生的必要条件

(一)病原微生物的数量、毒力与侵入门户

毒力是病原微生物菌株或毒株致病能力的反映,人们常把病原微生物分为强毒株、中等毒力株、弱毒株、无毒株等。病原微生物的毒力不同,与机体相互作用的结果也不同。病原微生物须有较强的毒力才能突破机体的防御屏障引起传染。另外,病原微生物引起感染,还必须要有足够的数量,如果只有少量侵入,易被机体免疫系统的防御机能所清除。一般来说,病原微生物毒力越强,引起感染所需的数量就越少;反之需要量就较高。比如毒力较强的鼠疫耶尔森氏菌在机体无特异性免疫力的情况下,有数个细菌侵入就可引起感染,而毒力较弱的沙门菌属中引起食物中毒的病原菌常需要数亿个才能引起急性胃肠炎,大多数病原微生物需要一定的数量,才能引起感染。

具有较强毒力和足够数量的病原微生物要引起易感动物机体感染,还需经适宜的侵入途径,才可引起感染发病。有些病原菌只有经过特定的侵入门户,并在特定部位定居繁殖,才能造成感染。比如破伤风梭菌侵入机体后,如果有深部创伤才有可能引起破伤风;狂犬病病毒经患病或带毒动物咬伤造成感染;肺炎球菌、脑膜炎球菌、流感病毒、麻疹病毒经呼吸道传染;乙型脑炎病毒由蚊子为传播媒介叮咬皮肤后,经血液传染。但有些病原微生物的侵入途径是多种途径,比如口蹄疫病毒经消化道、呼吸道、皮肤黏膜创伤等可以造成感染;比如布鲁氏菌经消化道、呼吸道、损伤的皮肤黏膜、生殖道、吸血昆虫叮咬等感染。各种病原微生物之所以选择不同的侵入途径,是由病原微生物的习性及宿主机体不同组织器官的微环境的特性决定的。

（二）易感动物

对病原微生物具有感受性的动物称为易感动物。动物对病原微生物的感受性是动物“种”的特性，是在动物长期进化过程中，病原微生物与机体免疫系统相互作用、相互适应的结果。动物的种属特性决定了它对某种病原微生物的传染具有天然的免疫力或感受性。动物的种类不同对病原微生物的感受性不同，比如猪是猪瘟病毒、支气管败血波氏杆菌的易感动物，而牛、羊则是非易感动物；人和草食动物是炭疽杆菌的易感动物，而鸡不是易感动物。同种动物对病原微生物的感受性也有差异，比如肉鸡对马立克氏病病毒的易感性大于蛋鸡。也有多种动物，甚至人、畜和多种野生动物均对同一病原微生物有易感性，比如大肠杆菌、沙门菌、布鲁氏菌、结核分枝杆菌、口蹄疫病毒等。

另外，动物的易感性还受年龄、性别、营养状况等因素的影响，其中以年龄因素影响较大。比如猪丹毒杆菌容易感染 3～12 月龄的猪；大肠杆菌、沙门菌等容易感染幼龄动物；布鲁氏菌一般成年动物比幼龄动物易感，母畜比公畜易感。

（三）外界环境因素

外界环境因素包括气候、温度、湿度、地理环境、生物因素（比如传播媒介、贮存宿主）、饲养管理及使役情况等，是传染发生非常重要的诱因。环境因素改变时，一方面可以影响病原微生物的生长、繁殖和传播；另一方面可使动物机体抵抗力、易感性发生变化。比如夏季气温高，病原微生物易于生长繁殖，因此易发生消化道传染病；而寒冷的冬季能降低易感动物呼吸道黏膜抵抗力，易发生呼吸道传染病。另外，某些特定环境条件下，存在着一些传染病的传播媒介，影响传染病的发生和传播，比如有些传染病以昆虫为媒介，因此在昆虫盛繁的夏季和秋季容易发生和传播。因此在控制传染的发生，应采取加强饲养管理、保持圈舍清洁干燥、通风良好、温度湿度适宜等综合性措施，才能有效地预防和控制动物传染病。

【知识拓展】

高致病性动物病原微生物菌（毒）种或者样本运输包装规范

一、总则

为了加强动物病原微生物菌（毒）种和样本保藏管理，依据《中华人民共和国动物防疫法》《病原微生物实验室生物安全管理条例》和《兽药管理条例》等法律法规，制定本办法。本办法适用于中华人民共和国境内菌（毒）种和样本的保藏活动及其监督管理。所称菌（毒）种，是指具有保藏价值的动物细菌、真菌、放线菌、衣原体、支原体、立克次氏体、螺旋体、病毒等微生物。样本是指人工采集的、经鉴定具有保藏价值的含有动物病原微生物的体液、组织、排泄物、分泌物、污染物等物质。保藏机构是指承担菌（毒）种和样本保藏任务，并向合法从事动物病原微生物相关活动的实验室或者兽用生物制品企业提供菌（毒）种或者样本的单位。菌（毒）种和样本的分类按照《动物病原微生物分类名录》的规定执行。农业部主管全国菌（毒）种和样本保藏管理工作。县级以上地方人民政府兽医主管部门负责本行政区域内的菌（毒）种和样本保藏监督管理工作。国家对实验活动用菌（毒）种和样本实行集中保藏，保藏机构以外的任何单位和个人不得保藏菌（毒）种或者样本。

二、保藏机构

保藏机构分为国家级保藏中心和省级保藏中心。保藏机构由农业部指定。保藏机构保藏的菌(毒)种和样本的种类由农业部核定。保藏机构的职责:负责菌(毒)种和样本的收集、筛选、分析、鉴定和保藏;开展菌(毒)种和样本的分类与保藏新方法、新技术研究;建立菌(毒)种和样本数据库;向合法从事动物病原微生物实验活动的实验室或者兽用生物制品生产企业提供菌(毒)种或者样本。

三、菌(毒)种和样本的收集

从事动物疫情监测、疫病诊断、检验检疫和疫病研究等活动的单位和个人,应当及时将研究、教学、检测、诊断等实验活动中获得的具有保藏价值的菌(毒)种和样本,送交保藏机构鉴定和保藏,并提交菌(毒)种和样本的背景资料。保藏机构可以向国内有关单位和个人索取需要保藏的菌(毒)种和样本。保藏机构应当向提供菌(毒)种和样本的单位和个人出具接收证明。保藏机构应当在每年年底前将保藏的菌(毒)种和样本的种类、数量报农业部。

四、菌(毒)种和样本的保藏、供应

保藏机构应当设专库保藏一、二类菌(毒)种和样本,设专柜保藏三、四类菌(毒)种和样本。保藏机构保藏的菌(毒)种和样本应当分类存放,实行双人双锁管理。保藏机构应当建立完善的技术资料档案,详细记录所保藏的菌(毒)种和样本的名称、编号、数量、来源、病原微生物类别、主要特性、保存方法等情况。技术资料档案应当永久保存。保藏机构应当对保藏的菌(毒)种按时鉴定、复壮,妥善保藏,避免失活。保藏机构对保藏的菌(毒)种开展鉴定、复壮的,应当按照规定在相应级别的生物安全实验室进行。保藏机构应当制定实验室安全事故处理应急预案。实验室和兽用生物制品生产企业需要使用菌(毒)种或者样本的,应当向保藏机构提出申请。保藏机构应当按照以下规定提供菌(毒)种或者样本:提供高致病性动物病原微生物菌(毒)种或者样本的,查验从事高致病性动物病原微生物相关实验活动的批准文件;提供兽用生物制品生产和检验用菌(毒)种或者样本的,查验兽药生产批准文号文件。提供三四类菌(毒)种或者样本的,查验实验室所在单位出具的证明。

保藏机构应当留存前款规定的证明文件的原件或者复印件。保藏机构提供菌(毒)种或者样本时,应当进行登记,详细记录所提供的菌(毒)种或者样本的名称、数量、时间以及发放人、领取人、使用单位名称等。保藏机构应当对具有知识产权的菌(毒)种承担相应的保密责任。保藏机构提供具有知识产权的菌(毒)种或者样本的,应当经原提供者或者持有人的书面同意。保藏机构提供的菌(毒)种或者样本应当附有标签,标明菌(毒)种名称、编号、移植和冻干日期等。保藏机构保藏菌(毒)种或者样本所需费用由同级财政在单位预算中予以保障。

五、菌(毒)种和样本的销毁

有下列情形之一的,保藏机构应当组织专家论证,提出销毁菌(毒)种或者样本的建议:国家规定应当销毁的;有证据表明已丧失生物活性或者被污染,已不适于继续使用的;无继续保藏价值的。保藏机构销毁一、二类菌(毒)种和样本的,应当经农业部批准;销毁三、四类菌(毒)种和样本的,应当经保藏机构负责人批准,并报农业部备案。保藏机构销毁菌(毒)种和样本的，应当在实施销毁 30 d 前书面告知原提供者。保藏机构销毁菌（毒）种和样本的，应当制定销毁方案，注明销毁的原因、品种、数量，以及销毁方式方法、时间、地点、实施人和监督人等。保藏机构销毁菌（毒）种和样本时，应当使用可靠的销毁设施和销毁方法，必要时应当组织开展灭活效果验证和风险评估。保藏机构销毁菌（毒）种和样本的，应当做好销毁记录，经销毁实施人、监督人签字后存档，并将销毁情况报农业部。实验室在相关实验活动结束后，应当按照规定及时将菌（毒）种和样本就地销毁或者送交保藏机构保管。

【考核评价】

某猪场存栏 500 多头猪，初期断奶仔猪和架子猪中出现体温升高、咳嗽、呼吸困难，关节肿胀，初便秘后腹泻等主要临床症状。随后成年猪也有发病的，但发病率低，3%～4%。死亡后剖检发现腹股沟淋巴结肿胀、出血；肺脏肿胀、出血、淤血，表面有纤维素性渗出物，与胸膜发生粘连；心外膜和心脏发生粘连，形成“绒毛心”；脾脏边缘有针尖大小的出血性梗死，胃黏膜有出血点和出血斑。根据临床症状、病理变化等初步诊断为猪副嗜血杆菌和非典型性猪瘟混合感染，请您分析导致猪群发病和死亡的致病机理。

【知识链接】

1.《动物病原微生物分类名录》(2005 年 5 月 24 日中华人民共和国农业部令第 53 号公布)。

2.《病原微生物实验室生物安全管理条例》(2004 年 11 月 12 日中华人民共和国国务院令第 424 号公布)。

3.《畜禽规模养殖污染防治条例》(2013 年 11 月 11 日中华人民共和国国务院令第 643 号公布)。

4.《可感染人类的高致病性病原微生物菌（毒）种或样品运输管理规定》(2005 年 12 月 28 日中华人民共和国卫生部令第 45 号公布)。

5.《高致病性动物病原微生物菌（毒）种或样品运输包装规范》(2005 年 5 月 24 日中华人民共和国农业部令第 503 号公布)。

6.《动物微生物菌（毒）种保藏管理办法》(2008 年 11 月 26 日中华人民共和国农业部令第 16 号公布)。

模块二　免疫学基础及检验技术

项目一　非特异性免疫

项目二　特异性免疫

项目三　变态反应

项目四　血清学试验

一、免疫的概念

免疫学是研究抗原性物质、机体的免疫系统和免疫应答的规律以及免疫应答的各种产物和各种免疫现象的一门生物科学。免疫是从古典免疫到现代免疫的一个变迁过程。人们从最初认识传染的时候起，就已觉察到动物对于某一传染病的感受性因动物种类而不同，以及患某一传染病痊愈后对于同一疾病的再次感染具有抵抗力等事实。然而，许多免疫现象已远远超出抗病原微生物感染这一范畴，比如过敏反应、不同血型的输血反应、组织移植排斥反应等与抗感染无关。因此，现代免疫学认为，免疫是机体对自身内源性与非自身外源性物质异物的识别，排斥并清除的过程，从而维持机体内外环境平衡的生理学反应。免疫是一种复杂的生物学过程，也是动物正常的生理功能。执行免疫功能的是动物机体的免疫系统，它是动物长期进化过程中形成的与自身内(肿瘤)、外(病原微生物)物质斗争的防御系统，能对非经口途径进入体内的非自身大分子物质产生特异性的免疫应答，从而使机体获得特异性的免疫力，同时又能对内部的肿瘤产生免疫反应而加以清除，从而维持自身稳定。

二、免疫的功能

在多数情况下，免疫对机体组织有利，但有时也可能造成损害。免疫的功能包括以下 3 个方面。

(1)免疫防御。它又称抵抗感染，是机体抵御病原微生物的侵袭和抗感染的能力。正常机体平时能通过呼吸过程吸入或随食物摄入一些病原微生物，但并不引起感染，主要是机体能将侵入的病原微生物消灭清除，从而免除感染。

当这种功能异常亢进时，会造成机体组织损伤和功能障碍，导致变态反应的发生。如果大量的吞噬细胞吞噬病原微生物的同时，释放溶菌酶，能损伤邻近组织细胞，造成病变。当这种免疫功能低下或免疫缺陷时，可引起机体的反复感染。

(2)免疫稳定。它又称自身稳定，即清除体内各种衰老死亡的细胞和被损伤的细胞，以保持正常细胞的生理活动，维持机体的生理平衡。

如果这种功能失调，会将自身正常的细胞误认为异物而加以排斥和清除，导致自身免疫疾病。比如初生幼畜溶血症、人类白血病等。

(3)免疫监视。在物理、化学和病毒等致癌因素的诱导下，机体内经常产生少量的突变细胞，这些突变细胞可增生发展为肿瘤或癌。但是正常机体具有严密监视和及时清除体内出现的肿瘤细胞的功能，所以一般情况下人和动物不会发生肿瘤或癌。如果这种功能低下或被抑制，突变细胞不被发现和消灭，则会使肿瘤细胞大量繁殖，导致肿瘤疾病的发生。

三、免疫的类型

机体的抗感染免疫，除在相当程度上决定于动物的年龄、营养状况、一般机能等外，最重要的因素是机体的免疫力。它是机体为了抗御和清除病原微生物及其产物的有害作用，以保持或恢复生理平衡的一系列的保护性机制。这些机制极其复杂，但总的可概括为两大类，一类是先天性免疫，另一类是出生后获得的特异性免疫，即非特异性免疫和特异性免疫两大类。

(一)非特异性免疫

它是动物在长期进化过程中形成的可随其他生物性状一起遗传给后代的天然防御功能，

是个体生下来就有的，具有遗传性，又称先天性免疫。非特异性免疫对外来异物起着第一道防线的防御作用，是机体实现特异性免疫的基础和条件。非特异性免疫的作用范围相当广泛，对各种病原微生物都有防御作用。但它只能识别自身和非自身，对异物缺乏特异性区别作用，缺乏针对性。因此要特异性清除病原体，需在非特异性免疫的基础上，发挥特异性免疫的作用。

（二）特异性免疫

它又称获得性免疫，是动物出生前经被动（特异性母源抗体）和出生后经主动或被动方式获得的免疫力。特异性免疫具有严格的特异性和针对性，并具有免疫记忆的特点，在抗微生物感染中起关键作用，其效应比先天性免疫强，包括体液免疫和细胞免疫两种。以 T 细胞介导的免疫应答是细胞免疫应答，以 B 细胞介导的免疫应答是体液免疫应答。在具体的感染中，以何种免疫为主，因病原的不同而异，由于抗体难以进入细胞内对细胞内寄生的微生物发挥作用，故体液免疫主要对细胞外病原起作用，而对细胞内寄生的病原则主要靠细胞免疫发挥作用。特异性免疫的获得途径为主动免疫和被动免疫，获得方式为天然方式和人工方式。

1. 主动免疫

主动免疫是指动物受到某种病原体抗原刺激后，由动物自身免疫系统产生的针对该抗原的特异性免疫力。它包括天然主动免疫和人工主动免疫。

（1）天然主动免疫。天然主动免疫是指动物在感染某种病原微生物耐过后产生的对该病原体再次侵入的抵抗力，即不感染状态。某些天然主动免疫一旦建立，往往持续数年或终生存在。

（2）人工主动免疫。人工主动免疫是指用人工接种的方法给动物接种疫苗或类毒素等抗原性生物制品，刺激机体免疫系统发生应答反应而产生的特异性免疫力。

2. 被动免疫

被动免疫是指从母体直接获得抗体或通过直接注射外源性抗体而获得的特异性免疫保护。

（1）天然被动免疫。天然被动免疫是指新生动物通过母体胎盘、初乳或卵黄从母体获得母源抗体而获得对某种病原体的免疫力。

（2）人工被动免疫。人工被动免疫是指给机体注射免疫血清、康复动物血清或高免卵黄抗体而获得的对某种病原体的免疫力。

四、免疫与传染的关系

病原微生物侵入动物机体，在体内生长繁殖、蔓延扩散，并引起一系列病理反应的过程，其表现为传染；动物机体免疫系统，对内源性和外源性病原微生物要进行识别、排斥、清除，要阻止病原微生物生长繁殖，其表现为免疫。如果没有病原微生物的感染，就没有抵挡病原微生物的免疫的发生，因此传染和免疫的关系是既相互对抗，又相互依存。一方面，传染可激发动物机体产生免疫；另一方面，免疫的产生又可终止传染。如果机体的免疫功能良好，病原微生物激发强烈的免疫应答，病原微生物的毒力又较低，免疫可终止传染；如果动物机体由于某些原因使机体的免疫功能降低，这时病原微生物侵入机体，就容易引起传染的发生。

项目一

非特异性免疫

【学习目标】

掌握非特异性免疫的概念、特点和构成因素；熟悉非特异性免疫的影响因素。

一、非特异性免疫的概念和特点

非特异性免疫是动物在长期进化过程中形成的阻挡病原微生物侵入及杀灭和吞噬病原微生物的一系列防御机制，又称先天性免疫。其特点是：先天性的，具有遗传性；免疫力较稳固；发挥作用快，作用范围广；对抗原无特异性的识别作用；对外来异物起着第一道防线的防御作用，是机体实现特异性免疫的基础和条件。

二、非特异性免疫的构成

构成机体非特异性免疫的因素有多种，但主要体现在机体的生理性防御屏障、吞噬细胞的吞噬作用和体液的抗微生物作用，还包括炎症反应和机体的不感受性等。

（一）生理性防御屏障

生理性防御屏障是正常动物普遍存在的组织结构，包括皮肤和黏膜等构成的外部屏障和多种主要器官构成的内部屏障。生理性防御屏障既可阻止病原微生物侵入易感动物机体内，也可有效地控制病原微生物在易感动物体内的生长繁殖、蔓延、扩散。

1. 皮肤、黏膜屏障

（1）机械阻挡与排除作用。健康完整的皮肤和黏膜及其表面结构能阻挡和排除绝大多数病原微生物和其他异物的作用。体表上皮细胞的脱落和更新，可清除大量黏附于其上的细菌；气管和支气管黏膜表面的纤毛自下而上有节律的摆动，能把吸入的细菌和其他异物排至喉头，以痰液的形式被机体清除体外；眼睛、口腔、支气管、泌尿生殖道等部位黏膜分泌物（比如泪液、唾液等），通过冲洗可清除外来病原微生物和其他异物。

（2）局部分泌物的作用。皮肤和黏膜的分泌物有一定的杀菌作用。泪腺分泌的泪液、唾液腺分泌的唾液中的溶菌酶、汗腺分泌的乳酸、皮脂腺分泌的不饱和脂肪酸以及胃腺分泌的胃酸等都有抑菌和杀菌作用。

2. 器官内部屏障

动物机体有多种内部屏障，具有特定的组织结构，能保护体内重要器官免受感染。

(1)血脑屏障。血脑屏障是由脑毛细血管壁、软脑膜和胶质细胞等组成，能阻止病原体和大分子毒性物质由血液进入脑组织及脑脊液，是防止中枢神经系统感染的重要防御结构。幼小动物的血脑屏障发育尚未完善，容易发生中枢神经系统疾病的感染。

(2)胎盘屏障。胎盘屏障是胎盘绒毛组织和子宫血窦间的屏障，胎盘是由母体和胎儿双方的组织构成，由绒毛膜、绒毛间隙和基底膜共同构成。胎盘屏障是妊娠动物母体和胎儿之间的一种防御机构，可以阻止母体内的大多数病原体和其他异物通过胎盘感染胎儿。不过，这种屏障是不完全的，比如猪瘟病毒感染妊娠母猪后可经胎盘感染胎儿，妊娠母畜感染布鲁氏菌后引起胎盘发炎而导致胎儿感染。

(3)气血屏障。气血屏障是肺泡内氧气和肺泡隔毛细血管内血液之间的携带二氧化碳进行气体交换所通过的结构。它是由含肺表面活性物质的液体层、肺泡上皮细胞层、上皮基底膜、肺泡上皮和毛细血管之间的间隙(基质层)、毛细血管的基膜和毛细血管内皮细胞层。肺脏中的气血屏障能防止病原体和其他异物经肺泡壁进入血液。

(4)血生精小管屏障。血生精小管屏障是动物睾丸中血管与曲精小管之间的物理屏障。血生精小管屏障能防止病原体和其他异物进入曲精小管，从而影响精子的形成和质量。

(二)吞噬作用

吞噬作用是动物在长期进化的过程中建立起来的一种原始而有效的防御反应。单细胞生物具有吞噬和消化异物的功能，而哺乳动物和禽类吞噬细胞的吞噬功能更加完善。病原体及其他异物突破防御屏障进入机体后，将会遭到吞噬细胞的吞噬而被破坏。但是，吞噬细胞在吞噬过程中能向细胞外释放溶酶体酶，因而过度的吞噬可能损伤周围健康组织。

1. 吞噬细胞

吞噬细胞是吞噬作用的基础。

(1)小吞噬细胞。以血液中的嗜中性粒细胞为代表，具有高度移行性和非特异性吞噬功能，个体较小，属于小吞噬细胞。它们在血液中存活 12～48 h，在组织中只存活 4～5 d，能吞噬并破坏异物，还能吸引其他吞噬细胞向异物移动，增强吞噬效果。嗜酸性粒细胞具有类似的吞噬作用，还具有抗寄生虫感染的作用，但有时能损伤正常组织细胞而引起变态反应。

(2)大吞噬细胞。这类吞噬细胞形体较大，为大吞噬细胞，能黏附于玻璃和塑料表面，故又称黏附细胞。包括血液中的单核细胞、巨噬细胞、小胶质细胞等。比如肺脏中尘细胞、肝脏中的库普弗细胞、皮肤和结缔组织中的组织细胞、骨组织中的破骨细胞、神经组织中的小胶质细胞等。它们分布广泛，寿命长达数月或数年，不仅能分泌免疫活性分子，而且具有强大的吞噬能力。

2. 吞噬的过程

吞噬过程包括趋化、识别与调理、吞入及杀菌和消化。病原体和其他异物进入机体后，吞噬细胞在趋化因子的作用下向病原体等异物移动，吞噬细胞与病原微生物和其他异物接触后，通过识别后，能伸出伪足将其包围，并吞入细胞质内形成吞噬体。吞噬体逐渐向溶酶体靠近，并相互融合成吞噬溶酶体。在吞噬溶酶体内,溶酶体酶等物质释放出来,从而消化和破坏异物(图 2-1-1)。

3. 吞噬的结果

由于机体的抵抗力、病原菌的种类和致病性不同,吞噬发生后可能表现完全吞噬和不完全吞噬两种结果。

动物整体抵抗力和吞噬细胞的功能较强时,病原微生物在吞噬溶酶体中被杀灭、消化后连同溶酶体内容物一起以残渣的形式排出细胞外,这种吞噬称为完全吞噬。相反,当某些细胞内寄生的细菌,比如结核分枝杆菌、布鲁氏菌,以及部分病毒被吞噬后,不能被吞噬细胞破坏并排到细胞外,称为不完全吞噬。不完全吞噬有利于细胞内病原逃避体内杀菌物质及药物的作用,甚至在吞噬细胞内生长、繁殖,或随吞噬细胞的游走而扩散,引起更大范围的感染。

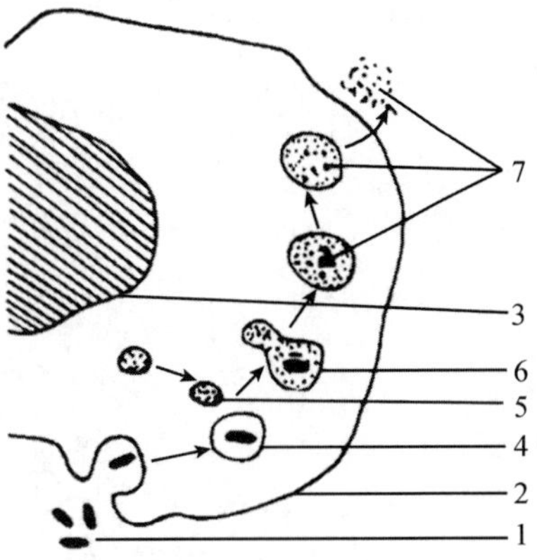

1. 细菌　2. 细胞膜　3. 细胞核　4. 吞噬体
5. 溶酶体　6. 吞噬溶酶体　7. 细菌残渣

图 2-1-1　吞噬细胞的吞噬和消化过程

吞噬细胞的吞噬作用是机体非特异性抗感染的重要因素,而在特异性免疫中,吞噬细胞会发挥更强大的清除异物的作用。

(三)体液的抗微生物物质

健康动物机体的组织和体液中存在多种非特异性抗微生物物质,具有广泛的抑菌、杀菌、溶菌及增强吞噬作用。比如补体、溶菌酶、干扰素等。

1. 补体

(1)补体的概念、组成及特性。补体是存在于健康动物血清及组织液中的一组具有酶活性的球蛋白。补体是由近 30 多种不同的分子组成的一个复杂的生物分子系统,又称为补体系统,常用符号 C 表示,按被发现的先后顺序分别命名为 C_1、C_2、C_3、C_9。广泛存在于哺乳类、鸟类及部分水生动物体内,占血浆球蛋白总量的 10%～15%。在血清学试验中常以豚鼠的血清作为补体的来源。

补体具有的特性:含量的稳定性,含量保持相对稳定,与抗原刺激无关,不因免疫次数增加而增加;性质不稳定,对热、剧烈振荡、酸碱环境、紫外线、蛋白酶等不稳定,经 56 ℃ 30 min 即可失去活性,在−20 ℃可以长期保存,因而,血清及血清制品必须在 56 ℃经 30 min 加热处理,称为灭活;作用的非特异性和两面性,补体可与任何抗原抗体复合物结合而发生反应,没有特异性;连锁反应性,绝大多数以酶原的形式存在,如果某一成分活化后,其他成分相继活化;合成部位的广泛性,体内的各种组织细胞均能合成补体蛋白,但肝细胞和巨噬细胞是补体产生的主要细胞。

(2)补体的激活途径与激活过程。补体系统各组分以无活性的酶原状态存在于血浆中,必须激活才能发挥作用。通常前一个组分的活化成分,成为后一组分的激活酶,补体成分按一定顺序被系列激活,从而发挥其相应的生物学作用。激活补体的途径主要有经典途径和旁路途径两种。

①经典途径。它又称传统途径或 C_1 激活途径,此途径的激活因子多为抗原抗体复合物,依次激活 C_1、C_4、C_2、C_3,形成 C_3 与 C_5 转化酶,这一激活途径是补体系统中最早发现的基联反

应，因此称之为经典途径（图 2-1-2）。

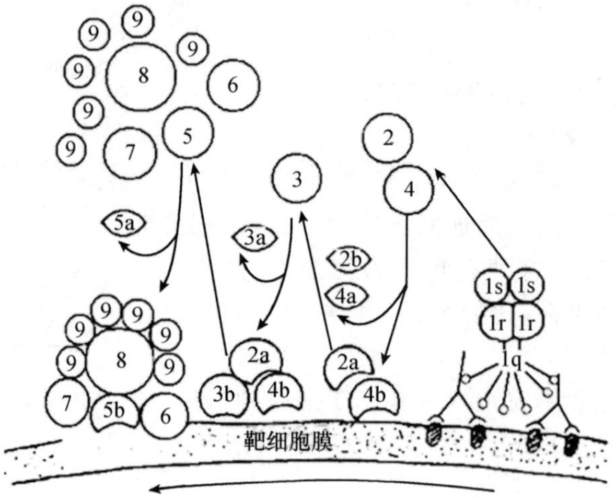

图 2-1-2 补体激活的经典途径示意图

C_1～C_9 种成分均参与经典途径的激活，当抗体和相应的抗原结合后，抗体构型发生改变，暴露补体结合位点，C_1 能识别此位点并与之结合，而被激活，激活的 C_1 是 C_4 的活化因子，活化的 C_1 使 C_4 断裂为两个片段：小片段的 C_{4a} 游离至血清中，另一大片段的 C_{4b} 则迅速的结合到抗原物质表面。C_{4b} 是 C_2 的活化因子，可使 C_2 裂解为两个片段：C_{2b} 和 C_{2a}，C_{2b} 游离于血浆中，C_{2a} 与 C_{4b} 结合形成具有酶活性的 C_{4b2a}，复合物能裂解 C_3，C_3 称为转化酶。

C_3 是补体系统中含量较多的组分，可表现多方面的功能。C_{4b2a}（C_3 转化酶）将其裂解为两个片段：很小的 C_{3a} 和较大的 C_{3b} 片段。C_{3a} 游离于血浆中，呈现过敏毒素和趋化因子的作用，C_{3b} 迅速与 C_{4b2a} 结合成 C_{4b2a3b} 复合物，此复合物即 C_5 转化酶。

C_5 被 C_{4b2a3b} 激活后，分解为 C_{5a} 和 C_{5b}，C_{5a} 游离于血清中。C_5 之后的过程为单纯的自身聚合过程，C_{5b} 与 C_6 共价结合形成一个牢固的复合体，然后再与 C_7 结合，形成稳定的 C_{5b67} 复合物，并插入靶细胞双层脂质膜中。C_{5b67} 能与 C_8 分子结合，形成 C_{5b678} 分子复合物，此复合物具有穿透脂质双层膜的能力，最后 C_{5b678} 再与多个 C_9 分子结合，形成 C_{5b6789} 复合物，即形成跨膜穿孔管道，将细胞溶解破坏。此外，$C_{5b\sim9}$ 还具有与孔道无关的膜效应，它们与膜磷脂的结合，打乱了脂质分子之间的顺序，使脂质分子重排，出现膜结构缺陷而失去通透屏障作用。

②旁路途径。旁路途径也称替代途径、C_3 激活途径、备解素途径。该途径不经过 C_1、C_4、C_2，而是从 C_3 开始激活的。旁路途径的激活物除免疫复合物外，还有革兰氏阴性菌的脂多糖、酵母多糖、菊糖等，在 IF、P 因子、D 因子等血清因子的参与下，完成 C_3～C_9 的激活。

IF（initiating factor，始动因子，血清中的一种球蛋白）在脂多糖等激活物质的作用下，成为活化的 IF，它在另一种未知因子的协同下，激活备解素（P 因子）。激活的 P 因子在 Mg^{2+} 参与下，激活 D 因子。激活的 D 因子是 C_3 激活因子前提的转化酶，可使 B 因子（C_3 激活因子前体）裂解为 B_a 和 B_b 两部分，B_b 片段为 C_3 激活因子，并与 C_3 结合形成 C_3B_b，C_3B_b 使 C_3 裂解成 C_{3a} 和 C_{3b}，C_{3b} 再与 B_b 结合形成 $C_{3b}B_b$，即 C_3 转化酶，进一步对 C_3 的裂解起放大作用；两个以上分子的 C_{3b} 与 B_b 结合形成 C_5 转化酶，C_5 以后的活化过程与经典途径一样，最后形成

C_{5b6789} 引起靶细胞的破坏。

机体由于有旁路途径激活补体的形式存在，大大增加了补体系统的作用，扩大了非特异性免疫和特异性免疫之间的联系。另外，还可以说明在抗感染免疫中，抗体未产生之前，机体即有一定的免疫力，其原因是细菌的脂多糖等激活物先于经典途径激活补体，杀死微生物，发挥抗感染免疫的功能。

(3)补体系统的生物学效应。

①溶菌、溶细胞作用。补体系统依次被激活，最后在细胞膜上形成穿孔复合物引起细胞膜不可逆的变化，导致细胞的破坏。可被补体破坏的有红细胞、血小板、革兰氏阴性菌、有囊膜的病毒等，故补体系统的激活可起到杀菌、溶细胞的作用。上述细胞对补体敏感，革兰氏阳性菌对补体不敏感，螺旋体则需补体和溶菌酶结合才能被杀灭，酵母菌、霉菌、癌细胞和植物细胞对补体不敏感。

②免疫黏附作用。免疫黏附是指抗原抗体复合物结合 C_3 后，能黏附到灵长类、兔、豚鼠、小鼠、大鼠、猫、犬和马等红细胞及血小板表面，然后被吞噬细胞吞噬。起黏附作用的主要是 C_{3b} 和 C_{4b}。

③免疫调理作用。补体的调理作用是通过 C_{3b} 和 C_{4b} 实现的。如果 C_{3b} 与免疫复合物及其他异物颗粒结合后，同时又以另一个结合部位与带有 C_{3b} 受体的单核细胞、巨噬细胞或粒细胞结合，C_{3b} 成了免疫复合物与吞噬细胞之间的桥梁，使两者互相连接起来，有利于吞噬细胞对免疫复合物和靶细胞的吞噬和清除，此即调理作用。

④免疫调节作用。补体中的一些成分具有免疫调节作用，其中 C_3 是最重要的免疫调节因子。对 T、B 淋巴细胞的繁殖有促进作用，而且也能提高细胞毒性 T 细胞(CTL 细胞)的活性。

⑤趋化作用。补体裂解成分中的 C_{3a}、C_{5a}、C_{5b67} 能吸引中性粒细胞到炎症区域，促进吞噬并构成炎症发生的先决条件。

⑥过敏毒素作用。C_{3a}、C_{5a} 等补体片段均能使肥大细胞和嗜碱性粒细胞释放组织胺等血管活性物质，引起毛细血管扩张，渗出增强，平滑肌收缩，局部水肿，支气管痉挛。

⑦抗病毒作用。抗体与相应病毒结合后，在补体参与下，可以中和病毒的致病力。补体成分结合到致敏病毒颗粒后，可显著增强抗体对病毒的灭活作用。此外，补体系统激活后可溶解有囊膜的病毒。

2. 溶菌酶

它是一种不耐热的碱性蛋白质，广泛分布于血清、唾液、泪液、乳汁、胃肠和呼吸道分泌液及吞噬细胞的溶酶体颗粒中。溶菌酶能分解革兰氏阳性细菌细胞壁中的肽聚糖，导致细菌崩解。如果有补体和 Mg^{2+} 存在，溶菌酶能使革兰氏阴性细菌的脂多糖和脂蛋白受到破坏，从而破坏革兰氏阴性细菌的细胞。

3. 干扰素

具体内容见模块一项目三中任务四。

(四)炎症反应

炎症既是一种病理过程，又是一种防御病原体入侵的免疫反应，是一种保护性反应。当病原微生物侵入机体时，被侵害局部往往汇集大量的吞噬细胞和体液杀菌物质，其他组织细胞还释放溶菌酶、白细胞介素等抗微生物物质。同时，炎症局部的糖酵解作用增强，产生大量的乳酸等有机酸。这些反应均有利于杀灭病原微生物。

(五)机体组织的不感受性

即某种动物或其他组织对该种病原或其毒素没有反应性。比如给龟皮下注射大量破伤风毒素而不发病,但几个月后取其血液注入小鼠体内,小鼠却死于破伤风。

三、影响非特异性免疫的因素

动物的种属特性、年龄及环境因素都能影响动物机体的非特异性免疫作用。

(1)种属特性。不同种属或不同品种的动物对病原微生物的易感性和免疫反应性有差异,这些差异决定动物的遗传因素。比如在正常情况下,草食动物对炭疽杆菌十分易感,而家禽却无感受性。

(2)年龄因素。不同年龄的动物对病原微生物的易感性和免疫反应性也不同。在自然条件下,某些传染病仅发生于幼龄动物,比如幼龄动物易患大肠杆菌病,而布鲁氏菌病主要侵害性成熟的动物。老龄动物器官组织功能及机体的防御能力趋于下降,因此容易发生肿瘤或反复感染。

(3)环境因素。气候、温度、湿度等环境因素的剧烈变化对机体免疫力有一定的影响。比如寒冷能使呼吸道黏膜的抵抗力下降。因此,加强管理和改善营养状况,可以提高机体的非特异性免疫力。另外,剧痛、创伤、烧伤、缺氧、饥饿、疲劳等应激也能引起机体机能和代谢的改变,从而降低机体的免疫功能。

【知识拓展】

非特异性免疫增强剂

自从肿瘤免疫被广泛重视以来,人们对非特异性免疫也有了重新的认识。在对肿瘤、自身免疫疾病及免疫缺陷的防治上,开始应用免疫增强剂。免疫增强剂是一类可以调节、增强和恢复动物机体免疫功能的制剂,其作用表现为对正常免疫功能无影响,而对异常的免疫功能具有双向调节的作用,即在一定的浓度范围内,对过低的免疫应答起促进作用,对过高的免疫应答起抑制作用,因此又称为免疫调节剂。免疫增强剂有以下几种类型。

1. 微生物疫苗制剂

卡介苗是减毒的结核分枝杆菌活疫苗,可活化巨噬细胞,增强细胞免疫的功能,对治疗肿瘤有辅助作用,对感冒和流感有一定的预防作用,因此广泛用于基础免疫和疫苗的增强剂。

革兰氏阳性厌氧短小棒状杆菌是一种非特异性的激活剂,能诱导淋巴系统组织高度增生,增强巨噬细胞的吞噬能力、黏附力,使溶酶体的酶活性增强,从而导致肝、脾和肺的体积增大,增强动物机体对各种抗原的免疫反应,促进抗体的合成和抗原抗体的结合力。局部注射对治疗黑色素瘤有一定的临床疗效。除细菌外,真菌多糖也可增强非特异性免疫,目前主要用于肿瘤的治疗。

2. 生物类制剂增强剂

胸腺素能诱导淋巴细胞转化,促进淋巴细胞分裂与再生,加强细胞免疫。可用胸腺素治疗胸腺功能不全及各种肿瘤疾病。用脾脏提取转移因子用于细胞免疫增强剂。根据治疗对象的不同，选择相应的动物做供体。比如治疗结核病，则选择结核菌素强阳性动物制备转移因子。免疫功能低下的人或动物，可使用人或相应动物的 γ-球蛋白或干扰素，均能增强非特异性免疫。生物制剂类增强剂主要应用于病毒感染性疾病、免疫缺陷病、自身免疫疾病和肿瘤的免疫治疗。

3. 化学免疫增强剂

一些化学合成物具有明显的免疫刺激作用，通过各种不同的方式增强动物机体的免疫功能，比如左旋咪唑能激活吞噬细胞、增强细胞免疫功能，使受抑制的吞噬细胞和淋巴细胞功能恢复正常，从而增强对细菌、病毒、原虫或肿瘤的抗御作用。聚肌胞是人工合成的人工诱生剂，不仅可以增强干扰素的产生，而且是强有力的免疫增强剂，同时对癌细胞有毒性反应，故可用于某些病毒性疾病或肿瘤的治疗。

4. 中草药免疫制剂

不少中草药及其提取成分都有增强或免疫调节的作用，提高机体抵抗各种微生物感染的能力。黄芪、党参、灵芝等能提高单核-吞噬细胞功能，有类似卡介苗的作用；当归、白术、黄芩、红花等有一定的刺激机体增强免疫功能的作用。这些药物均为非特异性免疫增强剂。

【考核评价】

目前，我国猪群中疫病的发生除呈现多种病原（细菌、病毒、寄生虫等）混合感染与并发感染、严重的免疫抑制、霉菌毒素中毒等危害之外，还出现病原体的变异、毒力增强，致病力增高，使病情更加复杂化。比如由于长期的滥用抗生素，诱发“超级细菌”的出现，致使许多细菌耐药性增高。超剂量的乱打疫苗，造成免疫麻痹，导致免疫失败。不但使我国动物疫病的防控难度越来越大，而且对养猪生产造成重大的威胁。目前，动物疫病防控最根本的是要坚持“预防为主，养防结合，防重于治”的方针，为了有效控制当前动物疫病的严峻局面，除了规范抗生素和疫苗使用，其次是提高猪群的抵抗力。请问您如何提高猪群的非特异性免疫力，以减少养殖户和养殖场的经济损失。

【知识链接】

1. GB/T 30990—2014 溶菌酶活性检测方法。
2. GB/T 25879—2010 鸡蛋蛋清中溶菌酶的测定　分光光度法。
3. 血清总补体活性测定。

项目二
特异性免疫

【学习目标】

掌握特异性免疫、体液免疫、细胞免疫、抗原和抗体等概念；掌握免疫应答的基本过程、抗原和抗体的分类，抗体产生的规律、影响抗体产生的因素等，熟悉体液免疫和细胞免疫的发生机理。

当机体非特异性免疫不足以抵抗或消灭入侵的病原体时，针对病原体的特异性免疫逐渐形成，并发挥主力军的作用。特异性免疫又称为获得性免疫，是动物机体在生活过程中受抗原物质的刺激而获得的(具有针对性的)免疫力。与非特异性免疫相比，其特点是：

- 后天获得，不是与生俱来
- 免疫期有长有短，不是终身
- 具有高度的特异性
- 不具有遗传性

这种免疫一旦建立，作用专一，具有高度的特异性，针对该种抗原物质的再次刺激产生强烈、迅速的排斥、清除效应。特异性免疫包括体液免疫和细胞免疫两大类，它们相互协调，发挥免疫作用。

任务一　免疫系统

免疫系统是机体执行免疫功能的组织机构，是产生免疫应答的物质基础，由免疫器官、免疫细胞和免疫效应分子组成。

一、免疫器官(immune organ)

免疫器官是淋巴细胞和其他免疫细胞发生、分化、成熟、定居和繁殖以及产生免疫应答的场所。根据免疫器官的功能不同，可分为中枢免疫器官和外周免疫器官。

(一)中枢免疫器官(central immune organ)

中枢免疫器官又称初级或一级免疫器官(primary immune organ),包括骨髓、胸腺和腔上囊。它们的共同特点是:起源于外内胚层接合部,为淋巴上皮结构;在胚胎早期出现,青春期后退化;是诱导淋巴细胞增殖分化为免疫活性细胞的器官(图 2-2-1),在新生动物被切除后,可造成淋巴细胞缺乏,影响免疫功能;虽然对机体免疫功能有控制作用,但对抗原刺激不会发生免疫应答,因此在无菌动物其大小正常。

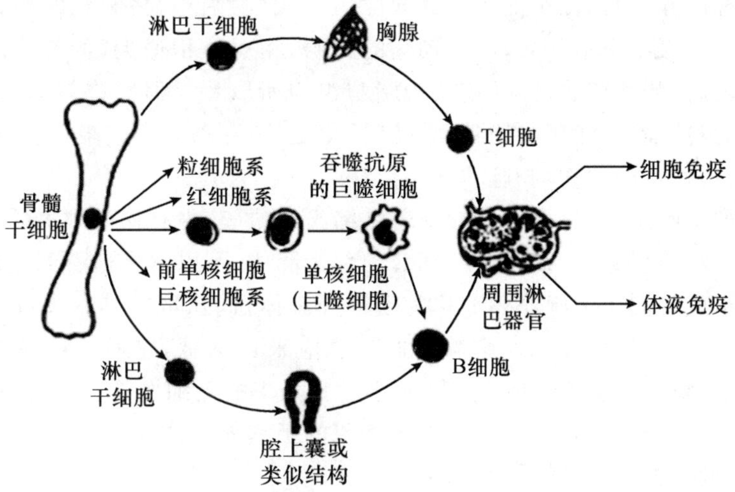

图 2-2-1 T 细胞和 B 细胞的来源、演化及迁移

1. 骨髓(bone marrow)

骨髓是机体重要的造血器官(图 2-2-2),动物出生后所有血细胞均来源于骨髓,同时骨髓也是各种免疫细胞发生和分化的场所,具有造血和免疫双重功能。骨髓中的多能干细胞是一种具有很大分化潜能的细胞,首先分化为髓样干细胞和淋巴干细胞。髓样干细胞进一步分化成红细胞系、单核细胞系、巨噬细胞系和粒细胞系等;淋巴干细胞则发育成各种淋巴细胞的前体细胞。一部分淋巴干细胞在骨髓中分化为 T 淋巴细胞的前体细胞,随血液进入胸腺,被诱导并分化为成熟的淋巴细胞,称胸腺依赖性淋巴细胞即 T 淋巴细胞,简称 T 细胞,主要参与细

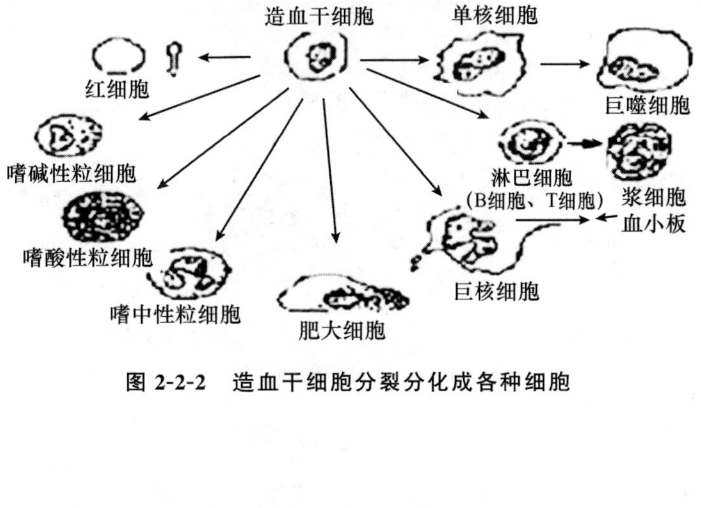

图 2-2-2 造血干细胞分裂分化成各种细胞

胞免疫。另一部分淋巴干细胞分化为B淋巴细胞的前体细胞。在鸟类，这些前体细胞随血液进入腔上囊，被诱导并分化为成熟的淋巴细胞，称腔上囊依赖淋巴细胞即B淋巴细胞，简称B细胞，主要参与体液免疫。在哺乳动物体内B淋巴细胞的前体细胞直接在骨髓中进一步分化发育为成熟的B细胞。骨髓也是形成抗体的重要部位，抗原免疫动物后，骨髓可缓慢、持久地产生大量抗体，所以骨髓也是重要的外周免疫器官。

2. 胸腺(thymus)

胸腺是一种淋巴样器官，位于前腔纵隔间隙，但马、牛、绵羊、猪和鸡的胸腺可向上延伸至颈部乃至甲状腺处。大小很不一致，新生动物的胸腺，相对体积最大，但其绝对大小则在青春期最大。青春期之后，胸腺实质萎缩，皮质为脂肪组织所取代。但在许多动物，胸部胸腺的残迹可持续留存到老龄。除了随年龄增长而逐渐退化之外，动物处于应激状态时，其胸腺也可较快萎缩。因此，久病死亡的动物，胸腺非常小。

胸腺由一系列小叶组成，每个小叶被覆着结缔组织包膜，内有松散堆集的上皮细胞。小叶的外层为皮质，它被大量的淋巴细胞所浸润。内部为髓质，可以清晰地看到上皮细胞。髓质内有称为胸腺细胞组成的圆形胸腺小体亦称为哈森氏小体，偶尔可在其中央看到一条小血管的残余；在牛可能含有高浓度的IgA。胸腺的血液供应来自动脉，它通过结缔组织隔膜进入胸腺，分成小动脉而分布于皮质-髓质结合部，由小动脉分支的毛细血管进入皮质并返回至髓质。毛细血管被覆一层由内皮细胞、基底膜和上皮细胞的延续外膜构成的隔障，这个隔障似乎可以有效地防止循环抗原进入胸腺髓质内(图2-2-3)。

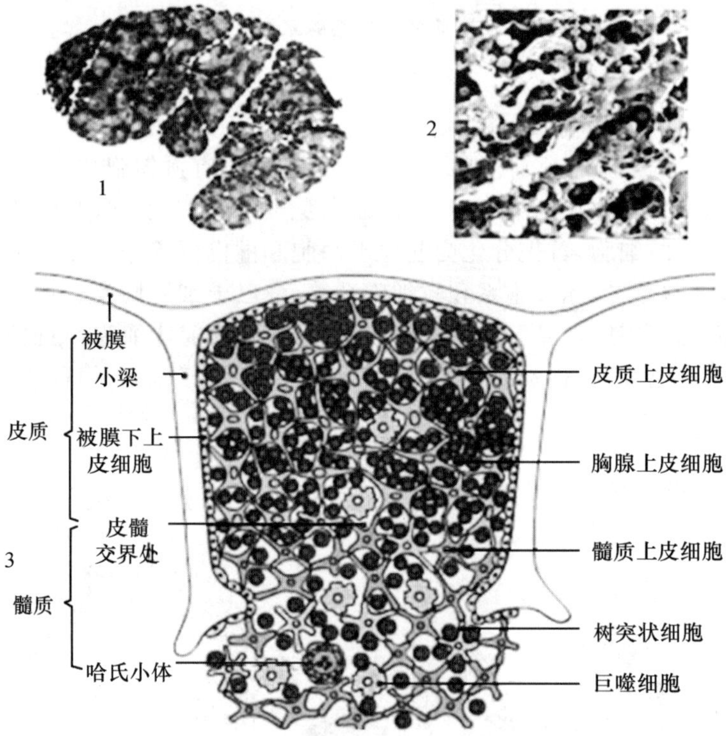

1. 胸腺切面(小叶结构) 2. 胸腺扫描电镜图 3. 胸腺组织结构模式图

图2-2-3 胸腺的构造

胸腺是T细胞分化成熟的免疫器官，骨髓中的前体T细胞经血液循环进入胸腺，首先进入浅皮质层中，在其上皮细胞的诱导下增殖和分化，随后移出浅皮质层，进入深皮质层继续增殖，通过与深皮质层的胸腺基质细胞接触后发生选择性分化过程，大部分死亡，少数能继续分化发育为成熟的胸腺细胞，并向髓质迁移，进一步分化为具有不同功能的T细胞亚群，成熟的T细胞随血液循环到达全身，并参与细胞免疫。胸腺也是一种内分泌腺，分泌许多不同的激素，比如胸腺素、胸腺生成素、胸腺因子、胸腺体液因子、胸腺替代因子和淋巴细胞刺激激素等。其中最重要的是胸腺素和胸腺生成素。胸腺素是一种多肽。它能代替(至少能部分地代替)胸腺对骨髓干细胞起作用，使其分化为具有某些T细胞的发育细胞。胸腺生成素有Ⅰ、Ⅱ两种，也是多肽，能影响胸腺细胞的发育。可以在血液中测出某些胸腺激素。一般来说，所有的胸腺激素均能影响胸腺淋巴细胞的分化，可能有些作用于尚未进入胸腺的细胞，有些作用于胸腺内的细胞，而另一些则作用于已经离开胸腺的细胞。

3. 腔上囊(bursa)

腔上囊又称法氏囊，是禽类所特有的一种淋巴上皮器官，位于泄殖腔上方(图2-2-4)，是一个囊状结构，起源于外内胚层接合部。鸡的腔上囊为圆形或椭圆形囊状，鸭和鹅的腔上囊呈圆筒形囊。腔上囊在性成熟前达到最大，以后逐渐退化、萎缩、变小，直到完全消失。

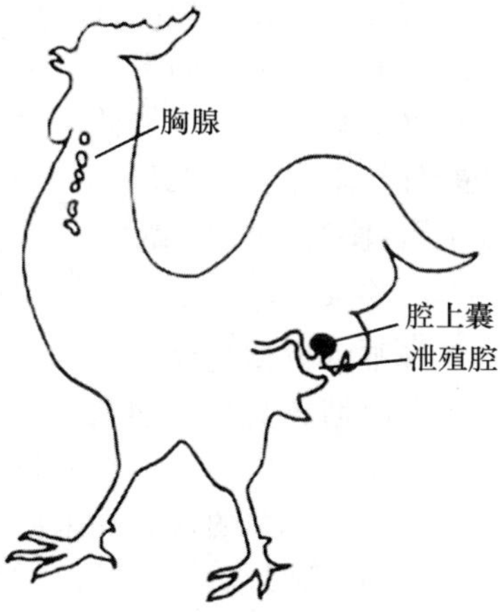

图2-2-4　腔上囊的解剖位置

腔上囊在结构上类似胸腺，由包藏在上皮组织内的淋巴细胞组成。上皮组织被覆着由一个管道连接泄殖腔的凹陷囊，囊内有延伸到腔内的一些上皮大皱褶，在皱褶上散在着淋巴滤泡。每个淋巴滤泡分为皮质与髓质两部分。皮质由淋巴细胞、浆细胞和巨噬细胞组成。皮质-髓质接合部有基底膜和毛细血管网，毛细血管内为上皮细胞，这些上皮细胞呈现频繁的有丝分裂相。靠近小结节中央，上皮细胞被淋巴细胞取代，因此，在滤泡中似乎全是淋巴细胞。腔上囊是B细胞诱导分化和成熟的场所，来自骨髓的淋巴干细胞在其内诱导分化为成熟的B细胞，经淋巴和血液循环到外周淋巴器官参与体液免疫。腔上囊分泌的囊素对B细胞的分化、成熟具有重要的作用。鸡传染性法氏囊病毒等病毒和某些化学药物等均能使腔上囊萎缩，如果鸡场存在传染性法氏囊病则导致免疫失败。

(二)外周免疫器官(peripheral immune organ)

外周免疫器官又称次级淋巴样器官(secondary immune organ)，动物体内的其他淋巴器官在胚胎发育的晚期起源于中胚层，并持续地存在于成年期。它们对抗原刺激起免疫应答作用，在无菌动物体内发育不良。切除外周淋巴器官，一般不影响动物的免疫能力。

外周免疫器官包括淋巴结、脾脏、扁桃体、哈德尔氏腺及肠道相关淋巴组织等，是成熟的T细胞和B细胞定居增殖和对抗原刺激进行免疫应答的场所。所以这些器官的总体解剖构造非常便于捕获抗原，并为处理后的抗原与免疫活性细胞的接触提供最大的机会。

1. 淋巴结

淋巴结呈圆形或豆状，分布于淋巴循环路径的各个部位，能捕获从身体外周部分进入血液、淋巴液的抗原。它由网状结构组成，其内充满淋巴细胞、巨噬细胞和树状细胞，淋巴窦通过这些网状结构穿入淋巴结内。在淋巴的结缔组织包膜下有包膜下窦，其他的淋巴窦则通过淋巴结体，而在髓质内尤为显著。淋巴管在淋巴结边缘的各处进入淋巴结内，输出管由淋巴结一侧的门或凹陷部离开淋巴结。血管也经此门进入或离开淋巴结。

淋巴结的实质分为外层的皮质，内部的髓质；皮质部的副皮质区占淋巴结相当大的部分，尤其是小鼠。在皮质内，主要是B细胞和由其构成的淋巴小结。淋巴小结随着抗体形成的增加或减少而增大或变小。淋巴小结为浓染的密集小淋巴细胞，小结中央为生发中心，是B细胞的主要集中区。在新生动物中未发现生发中心，无菌动物生发中心发育很差。副皮质区是T细胞的主要集中区，新生动物切除胸腺后，此处的淋巴细胞减少，故又称之为胸腺依赖区。髓质分为髓索和髓窦两部分，髓索为B细胞分布处所，并可见到许多浆细胞、网状细胞和巨噬细胞。髓窦位于髓索之间，是滤过淋巴的部分，其中有许多吞噬细胞，可以清除流经淋巴窦的微生物和其他异物。所含淋巴细胞有些是新生的，有些是再循环来的，其中T细胞占全部淋巴细胞的70%左右。猪淋巴结的构造和其他哺乳动物淋巴结的结构相反。

淋巴结的免疫功能：过滤和清除异物作用，侵入机体的致病菌、毒素及其他有害异物，通常随组织淋巴液进入局部淋巴结内，淋巴窦中的巨噬细胞有效地吞噬和清除细菌等异物，但对病毒和癌细胞的清除能力低；产生免疫应答的场所，淋巴实质中的巨噬细胞和树突状细胞能捕获和处理外来异物性抗原，并将抗原递呈给T细胞、B细胞，使其活化增殖，形成致敏T细胞和浆细胞，使生发中心增大。

2. 脾脏

脾脏可以滤过血液，能除去抗原颗粒和衰老的红细胞。此外，脾脏贮存红细胞和血小板，在胎儿时期还具有红细胞生成功能。脾脏分为两个部分：一部分贮存红细胞，捕获抗原和生成红细胞，称为红髓；另一部分发生免疫应答，称为白髓。白髓由淋巴样组织构成，并和血管组织联系。进入脾脏的血管在未到达功能区之前经过小梁，每条小动脉被小动脉周围淋巴样鞘所围绕。小动脉最后离开淋巴样鞘，并分支成毛笔样小动脉，具有独特的厚管壁，形成称为椭球的一种结构。这些小动脉直接或间接通向静脉窦，并注入脾脏的小静脉内。小动脉周围淋巴样鞘主要由T细胞组成，新生动物切除胸腺后，此处无T细胞，故称为胸腺依赖区。但是，在鞘的各处散见有主要由B细胞组成的一级滤泡。受到抗原刺激时，这些滤泡发育为生发中心，成为二级滤泡。每个滤泡由一侧T细胞包绕，称为外罩层或外罩区。白髓作为一个整体来看，是由边缘窦、网状鞘与细胞的边缘区，同红髓分开的。

脾脏的主要免疫功能：血液滤过作用，血液循环通过脾脏时，脾脏中的巨噬细胞可吞噬和清除混入血液的细菌等异物和自身衰老伤残的血细胞等废物；滞留淋巴细胞的作用，当抗原进入脾脏或淋巴结以后，引起淋巴细胞的滞留，使抗原敏感细胞集中到抗原集聚的部位附近，增进免疫应答的效应；产生免疫应答的主要场所，是体内产生抗体的主要器官；产生吞噬细胞增强激素，能产生一种含苏-赖-脯-精氨酸的四肽激素，能增强巨噬细胞及中心粒细胞的吞噬作用。

3. 扁桃体

一种重要的外周免疫器官，有许多淋巴小结和弥散淋巴组织，是机体的第一道防线的重要组成部分。

4. 哈德尔氏腺

禽类眼窝内分泌性腺体之一，又称瞬膜腺、副泪腺，是以B细胞为主的外周免疫器官。整个腺体由结缔组织分割成许多小叶，小叶由腺泡、腺管及排泄管组成。腺泡上皮由一层柱状腺上皮排列而成，上皮基膜下是大量浆细胞和部分淋巴细胞。它能分泌泪液润滑瞬膜，对眼睛具有机械保护作用。能接受抗原刺激，分泌特异性抗体，通过泪液带入上呼吸道黏膜分泌物内，成为口腔、上呼吸道的抗体来源之一，故在上呼吸道免疫方面起着重要作用。哈德尔氏腺不仅可以在局部形成坚实的屏障，而且能激发全身免疫系统，协调体液免疫。在幼雏免疫方面，疫苗点眼后哈德尔氏腺对其发生强烈的应答反应，并且不受母源抗体的干扰，确保早期免疫效果。

5. 黏膜相关淋巴组织

通常把消化道、呼吸道、泌尿生殖道等黏膜下层的许多淋巴小结和弥散淋巴组织，统称为黏膜相关淋巴组织。黏膜相关淋巴组织均含丰富的T细胞、B细胞和巨噬细胞等。黏膜下层的淋巴组织中B细胞数量比T细胞多，而且多是能产生分泌型IgA的B细胞，T细胞则多是具有抗菌作用的T细胞。虽然黏膜相关淋巴组织在形态学方面不具备完整的淋巴结结构，但它们却构成了动物机体重要的黏膜免疫系统。

二、免疫细胞

凡参与免疫应答或与免疫应答有关的细胞统称为免疫细胞。它们的种类繁多，功能各异，且相互作用，相互依存。根据它们在免疫应答中的功能及作用机理，可分为免疫活性细胞、辅佐细胞两大类。此外还有一些其他免疫细胞，比如K细胞、NK细胞、粒细胞、红细胞等。

（一）免疫活性细胞——T细胞和B细胞

免疫活性细胞是指在受到抗原刺激下，能特异性的识别抗原决定簇并发生免疫反应的一类细胞，包括T细胞和B细胞等，在免疫应答过程中起核心作用。

1. T细胞、B细胞的来源、分布及其特点

T细胞、B细胞均来源于骨髓多能干细胞，多能干细胞中淋巴细胞分为前T细胞和前B细胞。

前T细胞进入胸腺发育为成熟T细胞(胸腺依赖性淋巴细胞)，简称T细胞。成熟的T细胞经血流到外周免疫器官——淋巴结、脾脏、胸腺依赖区定居和增殖，再经血液及淋巴液分布到全身。T细胞受抗原刺激后活化、增殖、分化成为效应T细胞，参与细胞免疫。

前B细胞在禽类的腔上囊或哺乳动物骨髓中发育为成熟的B细胞又称骨髓淋巴细胞，简称B细胞。B细胞经血流到外周免疫器官——淋巴结、脾脏的生发中心定居和增殖。B细胞接受抗原刺激后，活化、增殖和分化为浆细胞，由浆细胞产生特异性抗体参与体液免疫功能。浆细胞一般只能存活2 d，一部分B细胞成为免疫记忆细胞，在血液循环中可存活100 d以上，参与淋巴细胞的再循环。

T细胞和B细胞均为小淋巴细胞，在光学显微镜下形态难以区别。在扫描电镜下观察，多数T细胞表面光滑，有较少绒毛突起，而B细胞表面较为粗糙，有较多绒毛突起，但这一区别，不能作为T细胞和B细胞特性标志和进一步鉴定其不同亚群的依据。

2. T、B细胞表面物质

T、B细胞表面存在着大量不同类的蛋白质，表面蛋白质为淋巴细胞的表面抗原和表面受体，不同种类淋巴细胞其表面抗原及表面受体不同，以鉴别各种淋巴细胞以及其亚群。

(1)T细胞表面标志。T细胞抗原受体(TCR)是指所有T细胞表面具有识别和结合特异性抗原的分子结构。每个成熟的T细胞克隆内各个细胞具有相同的TCR，能识别同种特异性抗原；同一动物机体内，可能有数百万种T细胞克隆及特异性TCR；故能识别多种抗原。

TCR 与细胞膜上的 CD_3 抗原通常紧密结合在一起形成复合物，称为 TCR-CD_3 复合体。TCR 识别和结合抗原是有条件的，只有当抗原片段与抗原递呈细胞上 MHC 分子结合在一起时，T 细胞的 TCR 才能识别或结合 MHC 分子——抗原片段复合物中的抗原部分，而 TCR 不能识别和结合单独存在抗原片段或决定簇。

CD_2 被称为红细胞受体(E)，一些动物和人的 T 细胞在体外与绵羊(或其他动物)红细胞结合，形成红细胞花环，用以测定 T 细胞数目。T 细胞表面 E 受体，现命名为 CD_2。不同动物 T 细胞 CD_2 性质有差异，所以花环实验时所要求指导细胞不完全相同，鸡的 E 花环实验较为困难。

CD_3 仅存在 T 细胞的表面，与 TCR 结合形成 TCR-CD_3 复合体。CD_3 分子功能是把 TCR 与外来结合的抗原信息传递到细胞内，启动细胞内的活化过程，在 T 细胞被抗原激活的早期过程起到重要作用，CD_3 也常用于检测外周血 T 细胞总数。

CD_4 和 CD_8 分别称为 MHCⅡ类分子和Ⅰ类分子的受体。CD_4 和 CD_8 分别出现在不同亚群的 T 细胞表面，同一种 T 细胞表面只表达其中一种，因此，T 细胞分为 CD_4^+ 的 T 细胞和 CD_8^+ 的 T 细胞两大类。CD_4^+ 与 CD_8^+ 比值是重要评估机体免疫状态，机体正常情况的比值 2∶1。

此外，在 T 细胞表面还有丝裂原受体，MHCⅠ类分子、IgG 的 Fc 受体、白细胞介素受体以及各种激素和介质的受体，比如组织胺的受体是 B 细胞的表面标志。

(2)B 细胞表面标志。B 细胞表面的抗原受体是细胞表面的免疫球蛋白(SmIg)，SmIg 的分子结构与血清中 Ig 相同，其 Fc 段的几个氨基酸镶嵌在胞膜脂质双层中，Fab 段则伸向细胞外侧，以便与抗原结合，SmIg 主要为单体的 IgM 和 IgD。每个 B 细胞表面有 $10^4 \sim 10^5$ 个 SmIg。SmIg 是鉴别 B 细胞的主要特征。

Fc 受体(FcR)与免疫球蛋白 Fc 片段结合，大多数 B 细胞由 IgG 的 Fc 受体，能与 IgG 的 Fc 片段结合，有利于 B 细胞对抗原捕获和结合及 B 细胞的激活和抗体产生。检测带有 Fc 受体，可用抗鸡(牛)红细胞抗体与鸡红细胞作 EA 花环实验。

补体受体(CR)是大多数 B 细胞表面存在 C_{3b} 和 C_{3d} 结合受体，CR 有利于 B 细胞捕捉与补体结合的抗原抗体复合物，结合后可促使 B 细胞活化。B 细胞的补体受体常用 EAC 花环实验。

此外，B 细胞表面还有丝裂原受体，CD_{79}(类似 CD_3)，白细胞介素受体及 CD_9、CD_{10}、CD_{19}、CD_{20} 等。

3. T 细胞、B 细胞亚群及功能

(1)T 细胞亚群及功能。T 细胞为不均一的细胞群体，根据其表面标志或功能，可分为不同的 T 细胞亚群。根据是否表达 CD_4 分子或 CD_8 分子，可分为 CD_4^+ 和 CD_8^+ 两个亚群；根据免疫功能状态，可分为辅助性 T 细胞、细胞毒性 T 细胞和调节性 T 细胞；根据 T 细胞的活化阶段，可分为初始 T 细胞、效应 T 细胞和记忆 T 细胞。

CD_4^+ T 细胞为 CD_4 分子表达阳性而 CD_8 表达阴性的 T 细胞。这类细胞约占外周血 T 细胞总数的 65%，识别抗原为抗原肽-MHCⅡ复合物，因此其抗原识别受 MHCⅡ类分子限制。CD_4^+ T 细胞主要通过分泌细胞因子来辅佐其他细胞发挥作用，因此多为辅助性 T 细胞(T_H)。

CD_8^+ T 细胞为 CD_8 分子表达阳性而 CD_4 表达阴性的 T 细胞。这类细胞约占外周血 T 细胞总数的 35%，识别抗原为抗原肽-MHCⅠ复合物，因此其抗原识别受 MHCⅠ类分子限制。多为细胞毒性 T(CTL 或 Tc)，能直接杀伤靶细胞。

辅助性 T 细胞(T_H)通过分泌细胞因子，发挥不同免疫效应。多为 CD_4^+ T 细胞，包括 Th1

细胞(主要分泌 IL-2、IFN 等,参与细胞免疫及迟发型超敏反应)和 Th2 细胞(主要分泌 IL-2、IL-5、IL-13 等,参与体液免疫)等。

细胞毒性 T 细胞(CTL 或 Tc)能直接特异性杀伤靶细胞,具有 MHC 限制性,多为 CD_8^+ T 细胞。

调节性 T 细胞(Treg)表达 CD_{25} 分子和 Foxp3 转录因子,主要通过细胞接触和表达 TGF 等来抑制免疫应答,在免疫应答的负调节和免疫耐受中起重要作用。

抑制性 T 细胞(Ts)能抑制 B 细胞产生抗体和其他 T 细胞的增殖分化,从而调节体液免疫和细胞免疫。

诱导 T 细胞(T_I)能诱导 T_H 和 Ts 细胞的成熟。

(2)B 细胞亚群及功能。根据细胞表面是否表达 CD_{25} 分子,B 细胞可分为 B_1 细胞和 B_2 细胞两个亚群,B_1 细胞表达 CD_5,占 B 细胞总数的 5%～10%,在机体内出现较早,其发生不依赖于骨髓,具有自我更新能力,存在于腹腔、肠道固有层等;B_1 细胞主要识别多糖等抗原,参与固有免疫。B_2 细胞不表达 CD_5 分子,在哺乳动物的骨髓或禽类法氏囊中发育成熟,是机体特异性体液免疫的主要细胞,为通常所称的 B 细胞。B 细胞除通过分泌特异性抗体介导体液免疫应答外,还是机体三大职业性抗原递呈细胞之一,递呈可溶性外源性抗原给 T 细胞。

(二)辅佐细胞

T 细胞和 B 细胞是免疫应答的主要承担者,但这一反应的完成,尚需单核吞噬细胞和树突状细胞等的协助,对抗原进行捕捉、加工和处理,这些细胞称为辅佐细胞。辅佐细胞在免疫应答中能将抗原递呈给免疫活性细胞,又称抗原递呈细胞。

1. 单核吞噬细胞

主要包括血液中的单核细胞、结缔组织中组织细胞、肺泡中尘细胞、肝脏中枯否氏细胞、骨组织中破骨细胞、神经组织中小胶质细胞、表皮朗罕氏细胞、淋巴结脾脏中巨噬细胞。

单核巨噬细胞系统的免疫功能主要表现在以下三个方面。

(1)吞噬和杀菌作用。组织中巨噬细胞可吞噬和杀灭多种病原微生物,并处理机体自身凋亡损伤的细胞,是机体非特异性免疫的重要因素。特别是结合有抗体(IgG)和补体(C3b)的抗原性物质更易被巨噬细胞吞噬。巨噬细胞可在抗体存在下发挥 ADCC 作用。巨噬细胞也是细胞免疫的效应细胞,经细胞因子比如 IFN-γ 激活的巨噬细胞更能有效地杀伤细胞内寄生菌和肿瘤细胞。

(2)递呈抗原作用。在免疫应答中,巨噬细胞是重要的抗原递呈细胞,外源性抗原物质经巨噬细胞通过吞噬、胞饮等方式摄取,经过胞内酶的降解处理,形成许多具有抗原决定簇的抗原肽,这些抗原肽与 MHCⅡ类分子结合形成抗原肽-MHCⅡ类分子复合物,并呈递到细胞表面,供免疫活性细胞识别。因此,巨噬细胞是免疫应答中不可缺少的免疫细胞。

(3)合成和分泌各种活性因子。活化的巨噬细胞能合成和分泌 50 余种生物活性物质、许多酶类(比如中性蛋白酶、酸性水解酶、溶菌酶);白细胞介素Ⅰ、干扰素和前列腺素;血浆蛋白和补体成分等。这些活性物质的产生具有调节免疫反应的功能。

2. 树突状细胞

树突状细胞简称 D 细胞,来源于骨髓和脾脏的红髓,成熟后主要分布于脾脏和淋巴结,结缔组织中也广泛存在。树突状细胞表面伸出许多树突状突起,胞内线粒体丰富,高尔基体发达,但无溶酶体和吞噬体,故无吞噬能力。大多数树突状细胞由较多的 MHCⅠ类分子和

MHCⅡ类分子组成，少数D细胞表面有Fc受体和C_{3b}受体，不能吞噬抗原，主要功能是处理与递呈不需细胞处理的抗原，尤其是可溶性抗原，能将病毒抗原、细菌内毒素抗原等递呈给免疫活性细胞。此外，B细胞、红细胞、朗罕氏细胞也具有抗原递呈作用。

(三)其他免疫细胞

1. 杀伤细胞

杀伤细胞简称K细胞，又称抗体依赖性淋巴细胞毒细胞。它是一种直接来源于骨髓的淋巴细胞，主要存在于腹腔渗出液、血液和脾脏中，淋巴结中很少，在骨髓、胸腺和胸导管中含量极微。其主要特点是细胞表面具有IgG的F_C受体。当靶细胞与相应的IgG结合，K细胞可与结合在靶细胞上的IgG的Fc片段结合，从而使自身活化，释放细胞毒，裂解靶细胞，这种作用称为抗体依赖性细胞介导的细胞毒作用(ADCC)(图2-2-5)。K细胞有很高的ADCC效应，可在微量特异性抗体的环境中发挥对靶细胞的杀伤作用。K细胞杀伤的靶细胞包括病原微生物感染的宿主细胞、恶性肿瘤细胞、移植物中的异体细胞及某些较大的病原体(比如寄生虫)等。K细胞具有抗肿瘤免疫、抗感染免疫和移植物排斥反应、清除自身的衰老细胞等作用。

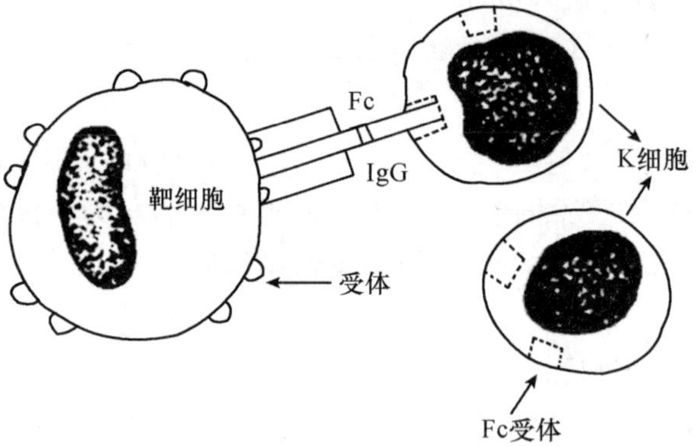

图2-2-5 K细胞破坏靶细胞作用示意图

2. 自然杀伤细胞

自然杀伤细胞简称NK细胞，又称自然杀伤淋巴细胞或无标志细胞，是一群既不依赖抗体，也不需要抗原刺激和致敏就能杀伤靶细胞的淋巴细胞，动物出生后2～3周由骨髓干细胞发育而来，称自然杀伤细胞。该细胞表面存在着识别靶细胞表面分子的受体结构，通过此受体与靶细胞结合而发挥杀伤作用。NK细胞在机体内分布较广，是机体抗肿瘤的第一道防线(属于非特异性免疫)。NK细胞来源于骨髓，主要存在于外周血和脾脏中，淋巴结和骨髓中很少，胸腺中不存在。NK细胞的主要生物学功能为非特异性地杀伤各种靶细胞(比如组织细胞、肿瘤细胞)，抵抗多种微生物感染及排斥骨髓细胞的移植，同时通过释放多种细胞因子，比如IL-1、IL-2、干扰素等发挥免疫调节作用。多数NK细胞具有IgG Fc受体，也具有ADCC作用(图2-2-6)。NK细胞主要以自身产生的淋巴毒而破坏或杀伤靶细胞，其杀伤作用较T、K细胞弱。

3. 粒细胞

胞浆中含有颗粒的白细胞统称为粒细胞，包括嗜中性、嗜碱性和嗜酸性粒细胞。嗜中性粒细胞是血液中的主要吞噬细胞，具有高度的移动性和吞噬功能。细胞膜上有Fc及补体C3b受体，在防御感染中起重要作用，并可分泌炎症介质，促进炎症反应，还可处理颗粒性抗原提供

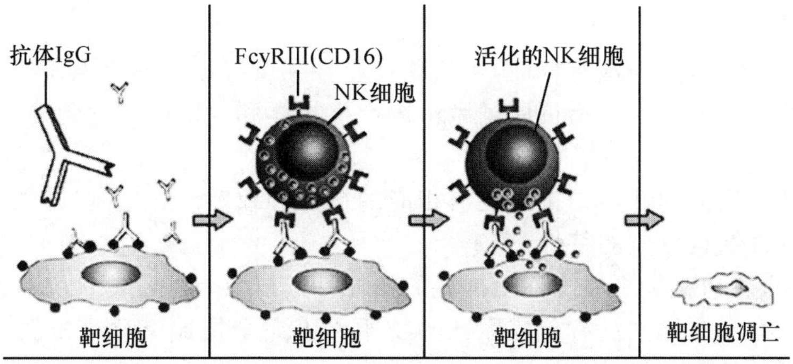

图 2-2-6　NK 细胞介导的 ADCC 作用

给巨噬细胞。嗜酸性粒细胞胞浆内有许多嗜酸性颗粒，颗粒内含有多种酶，尤其富含过氧化物酶。该细胞具有吞噬杀菌能力，并具有抗寄生虫的作用，寄生虫感染时往往嗜酸性粒细胞增多。嗜碱性粒细胞内含有大小不等的嗜碱性颗粒，颗粒内含有组织胺、白三烯、肝素等参与Ⅰ型变态反应的介质，细胞表面有 IgE 的 Fc 受体，能与 IgE 结合，带 IgE 的嗜碱性粒细胞与特异性抗原结合后，立即引起细胞脱离，释放组织胺等介质，引起过敏反应。

4. 红细胞

研究表明红细胞和白细胞一样具有重要的免疫功能，它具有能识别抗原、清除体内的免疫复合物、增强吞噬细胞的吞噬功能、递呈抗原及调节免疫等功能。

三、免疫效应分子

免疫效应分子包括抗体、补体和细胞因子。

细胞因子是指一类由免疫细胞（淋巴细胞、单核-巨噬细胞等）和相关细胞（成纤维细胞、血管内皮细胞、上皮细胞、某些肿瘤细胞等）产生的具有诱导、调节细胞发育及功能的高活性多功能多肽或蛋白质分子。细胞因子不包括免疫球蛋白和一般生理性细胞产物。

细胞因子可分为白细胞介素、干扰素、肿瘤坏死因子、集落刺激因子、生长因子和趋化性细胞因子等。这几类细胞因子具有多种共同特性：为糖蛋白；产生细胞与作用细胞多样性；生物学功能的多样性；生物学活力的高效性；合成分泌快；生物学作用的双重性。20 世纪 80 年代以来，应用分子生物学技术研究发现的细胞因子越来越多，对其结构与功能、在机体免疫中的作用及其临床应用的研究正迅速发展。

任务二　抗原

一、抗原及其特性

（一）抗原（Ag）

凡能刺激机体产生抗体和致敏淋巴细胞，并能与相应抗体和致敏淋巴细胞发生特异性结合反应的物质，称为抗原。

(二)抗原特性

抗原分子具有抗原性，即双重特性，包括免疫原性和反应原性两个方面的含义。

(1)免疫原性。免疫原性是指抗原刺激机体产生抗体和致敏淋巴细胞的特性，即产生免疫应答的特性。

(2)反应原性。反应原性是指抗原能与相应的抗体和致敏淋巴细胞(即能与相应的免疫反应产物)发生特异性结合反应的特性。

抗原的免疫原性和反应原性统称为抗原的抗原性。既具有免疫原性又具有反应原性的物质称完全抗原；只有反应原性没有免疫原性的物质称不完全抗原又称半抗原。完全抗原是免疫原，而半抗原不是免疫原。

二、构成抗原的条件

对于免疫的机体来说，抗原属于非自身，但并非任何非自身的异物都是抗原。抗原必须具备以下几个条件，才能具有抗原性。

(一)异物性

异物性又称异源性，是指抗原与自身物质之间的差异性。即非自身的物质或体内非正常的物质。一般认为，抗原首先是非自身的或称非己的高分子物质。这是由于免疫系统在个体发育过程中，对自身抗原产生耐受不能识别，而对非己抗原能够识别所致。在免疫机能正常情况下，只有异种或同种异体物质(不存在于机体内)，或有少数可隐藏在体内，但并不与免疫系统相接触的成分，才能诱导宿主的正常免疫应答。然而有的外来物质，比如一些非生物性高分子聚合物，仅能发生细胞的吞噬反应，而不能引起免疫应答，则不属于抗原。

(1)异种物质。异种动物之间的组织、细胞及蛋白质均是良好的抗原。异种动物之间的亲缘关系越远，生物种系差异越大，其组织成分的化学结构差异就越大，免疫原性就越强，称为异种抗原。

(2)同种异体物质。同种动物不同个体之间由于遗传基因的不同，其某些组织成分的化学结构也有差异，具有一定的抗原性，称为同种异体抗原。比如血型抗原、组织移植抗原等。

(3)自身抗原。机体自身组织细胞一般不具有免疫原性，但是由于烧伤、感染、电离辐射、机体免疫识别功能紊乱或某些药物的作用，使一些组织蛋白的结构与成分发生改变，具有了抗原性，称为自身抗原。

(二)分子质量大小及化学结构的复杂性

(1)分子质量大小。抗原物质的免疫原性与其分子量的大小有密切关系。一般来说，物质的分子量越大，其免疫原性越强。蛋白质的分子量一般较大，所以蛋白质的免疫原性强，比如细菌、病毒、外毒素、异种动物的血清等。如果把蛋白质降解为蛋白胨、蛋白䏡、肽类，则由于分子量变小而失去免疫原性。但并不是说所有的物质，分子量越大，免疫原性越强。比如明胶相对分子质量很大(高达 100 000)，免疫原性却很弱；胰岛素虽然相对分子质量不足 6 000，却具有良好的免疫原性。

(2)化学结构的复杂性。物质的免疫原性强弱还与其结构的复杂性有关。大分子物质不一定都具有抗原性。比如明胶分子量很大，但结构简单，肽链分子只有直链氨基酸，缺少苯环结构，稳定性差，进入机体易被酶所降解，所以无抗原性，但如果加入少量酪氨酸，就能大大提高其抗原性。胰岛素的相对分子质量较小(5 807)但化学组成复杂，结构稳定，进入机体不易被降解，刺激免疫系统的机会就多，所以免疫原性强。物质的化学组成和结构越复杂，免疫原性越强。含芳香族氨基酸和碱性氨基酸的蛋白质比含其他氨基酸的蛋白质免疫原性强。

（三）完整性

带有抗原决定簇的大分子胶体只有完整地进入免疫活性细胞所在场所，比如脾脏、淋巴结和血液等处，才能刺激机体产生抗体。如果在未进入这些场所之前，在消化道内被酶分解为小分子的氨基酸或短肽链时，由于氨基酸的结构在各种生物体内皆相同，则失去异物性，而没有免疫原性。因此，疫苗一般都采用注射接种，如果需口服，一般为弱毒苗。

（四）物理状态

不同物理状态的抗原物质其免疫原性也有差异。一般颗粒性抗原的免疫原性比可溶性抗原的免疫原性强。可溶性抗原聚合后或吸附在颗粒表面可增加其免疫原性。比如将甲状腺球蛋白与聚丙烯酰胺凝胶颗粒结合后，免疫家兔可使 IgM 的效价提高 20 倍。

三、抗原的特异性与交叉性

抗原物质具有特异性，因此抗原所引起的免疫应答也具有特异性。一种抗原物质刺激机体产生相应的抗体，这种抗原只能与相应的抗体发生结合反应，这就是抗原的特异性。抗原的特异性是由抗原分子表面有一定空间构型的特殊化学基团决定，这些化学基团称为抗原决定簇。抗原分子上抗原决定簇的种类数称为抗原的抗原价。大部分抗原分子上含有多种决定簇，称为多价抗原，只有一种决定簇的抗原称为单价抗原。

一种抗原决定簇只能刺激机体产生一种特异性抗体。因此，单价抗原只能刺激机体产生一种特异性抗体，多价抗原能刺激机体产生多种类型的特异性抗体。在一般情况下，不同的抗原其抗原决定簇不同。但有时在一些抗原之间，存在着相同的抗原决定簇，这种共有的决定簇称为共同抗原或交叉抗原。种属相关的生物之间的共同抗原又称类属抗原。如果两种细菌有共同抗原，它们与抗体之间可以发生交叉反应（图 2-2-7）。

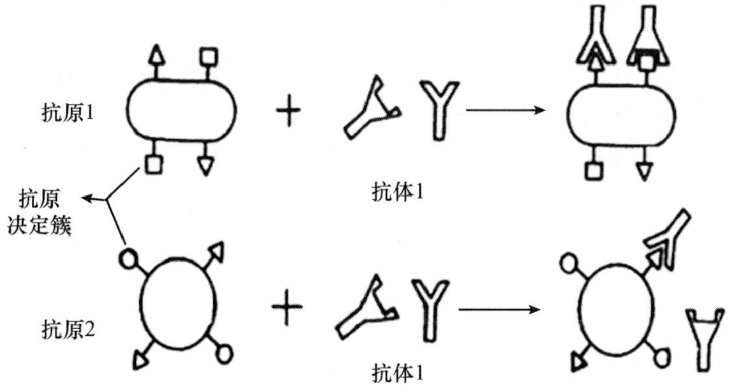

图 2-2-7　交叉反应图

四、抗原的类型

抗原物质种类繁多，目前主要有以下几种抗原分类方法。

(一)根据抗原性质分类

(1)完全抗原。既具有免疫原性,又具有反应原性的物质称为完全抗原。比如大多数蛋白质、细菌、病毒、立克次氏体等微生物是良好的完全抗原。

(2)半抗原。只具有反应原性而没有免疫原性的物质称为半抗原,也称不完全抗原。半抗原又有简单半抗原和复合半抗原之分,前者与特异性抗体发生不可见反应,但能阻断抗体与抗原结合能力,后者与特异性抗体发生可见反应。细菌的荚膜多糖、类脂质、脂多糖为复合半抗原,抗生素、酒石酸、苯甲酸等低分子化合物为简单半抗原。半抗原物质是小分子物质,不能诱导机体产生免疫反应,但如果与大分子物质(比如蛋白质)结合后则成为完全抗原,便可刺激机体产生抗体。与半抗原结合的大分子物质称为载体。任何一个完全抗原都可以看作半抗原与载体的复合物,载体在免疫反应过程中起很重要的作用。

(二)根据对胸腺的依赖性分类

随着免疫学研究的深入,发现抗原物质在激发免疫系统的应答反应过程中,某些抗原物质需要 T 细胞的辅助作用才能活化 B 细胞产生抗体,也有一些抗原物质不需要 T 细胞的辅助,因而可将抗原区分为 TI 抗原和 TD 抗原。

(1)胸腺依赖性抗原(TD 抗原)。这类抗原在刺激机体 B 细胞分化和产生抗体的过程中,需要巨噬细胞等抗原递呈细胞和辅助性 T 细胞的协助。绝大多数抗原属此类,比如异种红细胞、异种组织、异种蛋白质、微生物及人工复合抗原等。此种抗原刺激机体产生的抗体主要是 IgG,易引起细胞免疫和免疫记忆。

(2)非胸腺依赖性抗原(TI 抗原)。这类抗原在刺激机体产生免疫反应过程中不需要辅助性 T 细胞的协助,直接刺激 B 细胞产生抗体。仅少数抗原物质属 TI 抗原,比如大肠杆菌脂多糖、肺炎双球菌荚膜多糖、聚合鞭毛素和聚乙烯吡咯烷酮等。此种抗原的特点是由同一构成单位重复排列而成,刺激机体时仅产生 IgM 抗体,不易产生细胞免疫,也不引起回忆免疫。

(三)根据抗原的来源分类

(1)异种抗原。与免疫动物不同种属的抗原,比如微生物抗原、异种动物红细胞、异种动物蛋白等。

(2)同种异体抗原。与免疫动物同种属的抗原,能刺激同种而基因型不同的个体产生免疫应答,比如血型抗原、组织相容性抗原。

(3)自身抗原。动物的自身组织细胞、蛋白质在特定条件下形成的抗原,对自身免疫系统具有抗原性。

(4)异嗜抗原。它是指与种属特异性无关,存在于人、动物、植物及微生物之间的性质相同的抗原,即交叉抗原。

(5)外源性抗原与内源性抗原。所有自体外进入的微生物、疫苗、异种蛋白以及自身合成而是释放于细胞外的非自身物质,均为外源性抗原;自身细胞内合成的细菌抗原、病毒抗原、肿瘤抗原等均为内源性抗原。

(四)其他分类

根据抗原产生的方式不同,可将抗原分为天然抗原和人工抗原;根据其物理性状的不同,可将其分为颗粒性抗原和可溶性抗原;根据抗原决定簇的多少,可分为单价抗原和多价抗原;根据抗原的化学性质不同,可将其分为蛋白质抗原、多糖抗原及多肽抗原等;根据抗原诱导的免疫应答,可将其分为移植抗原、肿瘤抗原、反应原及耐受原等。

五、重要的微生物抗原

（一）细菌抗原

细菌的各种结构都有多种抗原成分，其抗原结构比较复杂，因此细菌具有较强的抗原性。细菌抗原主要有以下几种类型。

（1）菌体抗原（O 抗原）。主要指革兰氏阴性菌细胞壁抗原，位于细胞壁上，其成分是脂多糖（LPS），耐热，性质较稳定。

（2）鞭毛抗原（H 抗原）。主要指鞭毛蛋白的抗原性。细菌鞭毛抗原，其主要成分是蛋白质。

（3）荚膜抗原（K 抗原）。它也叫表面抗原，主要是指荚膜多糖或荚膜多肽的抗原性。包围在细菌细胞壁外周的抗原，比如大肠杆菌的 K 抗原，伤寒杆菌的 Vi 抗原。

（4）菌毛抗原（F 抗原）。为许多革兰氏阴性菌和少数革兰氏阳性菌，具有菌毛，是由菌毛素组成，有很强的抗原性。

因此每种细菌都是由多种抗原成分构成的复合体。动物被细菌感染后可产生针对细菌各种抗原的多种抗体。由于细菌有多种抗原，根据抗原组成的不同，同一种细菌又可分为不同的血清型。

（二）毒素抗原

很多细菌（比如破伤风梭菌、肉毒梭菌和白喉杆菌等）产生的外毒素，其成分为糖蛋白或蛋白质，具有很强的抗原性，能刺激机体产生抗体，称毒素抗原。外毒素经甲醛处理，其毒力减弱或完全丧失，但仍保留很强的免疫原性，称为类毒素，能刺激机体产生抗体（抗毒素）。类毒素对预防白喉、破伤风等细菌外毒素引起的疾病有重要作用，并能防治毒蛇咬伤。

（三）病毒抗原

各种病毒都有相应的抗原结构。病毒很小，结构简单，有囊膜病毒的抗原特异性由囊膜上的纤突所决定，将病毒表面的囊膜抗原称为 V 抗原。比如流感病毒在其囊膜上有两种表面 V 抗原即血凝素 HA 和神经氨酸酶 NA，V 抗原具有型和亚型的特异性。没有囊膜的病毒，在衣壳上是蛋白质成分，有些病毒与核酸相连蛋白质（核蛋白）称为 P 抗原。比如口蹄疫病毒在核衣壳上含有 4 种抗原 VP1（病毒保护性抗原）、VP2、VP3、VP4。另外在活的口蹄疫病毒产生 VIA 抗原，而用灭活疫苗时，机体不产生 VIA 抗体。另外，还有 S 抗原（可溶性抗原）、NP 抗原（核蛋白抗原）。

（四）真菌和寄生虫抗原

真菌、寄生虫及其虫卵都有特异性抗原，由于寄生虫属于真核生物，其组织结构复杂，因而寄生虫抗原的结构也很复杂。寄生虫抗原包括：可溶性外抗原，它是从活的寄生虫或寄生虫培养细胞内释放的抗原，即寄生虫分泌或排出的抗原（ES 抗原）。可溶性抗原，它是自寄生虫或被寄生虫寄生的细胞浸出或内部抗原。

（五）保护性抗原

病原微生物具有多种抗原成分，但其中只有 1～2 种抗原成分能刺激动物机体产生的抗体具有保护性免疫力，其他成分不能刺激机体免疫系统产生有效的保护作用，有时还可能引起不良反应。因此制备微生物疫苗时，应选择保护性抗原。

任务三　免疫应答

一、免疫应答的概念

免疫应答是动物机体免疫系统受到抗原物质刺激后，免疫细胞对抗原分子的识别，并产生一系列复杂的免疫反应和清除异物的过程。机体通过有效的免疫应答，来保持内环境的平衡和稳定。免疫应答的过程包括抗原递呈细胞对抗原的摄取、识别、捕获、处理、加工和递呈，T细胞和B细胞对抗原的识别、活化、增殖和分化，最后产生效应性分子抗体、细胞因子以及免疫效应细胞(细胞毒型T细胞和迟发型变态反应性T细胞)，并最终将抗原物质消除和对再次进入机体的抗原物质产生清除效应。

二、免疫应答的参与细胞、表现形式、场所及特点

1.免疫应答的参与细胞

参与机体免疫应答的核心细胞是T细胞和B细胞，巨噬细胞等是免疫应答的辅佐细胞，也是免疫应答不可缺少的细胞。

2.免疫应答的表现形式

免疫应答的表现形式为体液免疫和细胞免疫，分别由B细胞、T细胞介导。

3.免疫应答的场所

淋巴结、脾脏等外周免疫器官是发生免疫应答的主要场所。抗原进入机体后一般先通过淋巴循环进入淋巴结，进入血液的抗原则滞留于脾脏和全身各淋巴组织，随后被淋巴结和脾脏中的抗原递呈细胞捕获、加工和处理，而后表达于抗原递呈细胞表面。与此同时，血液循环中成熟的T细胞和B细胞，经淋巴组织中的毛细血管后静脉进入淋巴器官，与表达于抗原递呈细胞表面的抗原接触而被活化、增殖和分化为效应细胞，并滞留于该淋巴器官内。由于正常淋巴细胞的滞留，特异性增殖，以及因血管扩张所致体液成分增加等因素，引起淋巴器官的迅速增长，导致感染部位附近的淋巴结肿大。待免疫应答减退后才逐渐恢复到原来的大小。

4.免疫应答的特点

(1)特异性。免疫应答是针对某种特异性抗原物质而发生的，因此具有特异性。

(2)记忆性。当机体再次接触到同样抗原物质时，能迅速大量增殖、分化成致敏淋巴细胞和浆细胞。记忆性T细胞对相同抗原的刺激更加敏感，对刺激信号的依赖性低，分泌更多的细胞因子；记忆性B细胞再次受到抗原刺激，其数量增长10～100倍，产生抗体的量及其亲和力增高，抗原提呈能力增强。

(3)一定的免疫期。免疫期的长短与抗原性质、免疫次数、机体的反应性有关，短则数月，长则数年，甚至终身。

三、免疫应答抗原的引入途径

抗原的引入包括皮内注射、皮下注射、肌内注射和静脉注射等多种途径，皮内注射可为抗

原提供进入淋巴循环的快速入口；皮下注射为一种简单的途径，抗原一般局限于局部淋巴结中，可被缓慢吸收；肌内注射可使抗原快速进入血液和淋巴循环；静脉注射进入的抗原局限在骨髓、肝脏和脾脏，可很快地接触到淋巴细胞。抗原物质无论以何种途径进入机体，均由淋巴管和血管迅速运至全身，其中大部分被吞噬细胞降解清除，只有少部分滞留于淋巴组织中诱导免疫应答。

四、免疫应答的基本过程

免疫应答是一个十分复杂、连续不可分割的生物学过程，但可人为地划分为三个阶段：致敏阶段、反应阶段和效应阶段（图 2-2-8）。

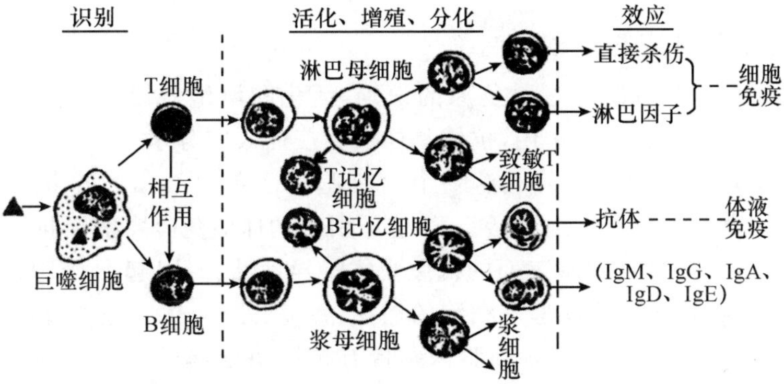

图 2-2-8 免疫应答基本过程示意图

（一）致敏阶段

致敏阶段又称感应阶段、识别阶段，是抗原物质进入体内，抗原递呈细胞对其摄取、识别、捕获、加工处理和递呈以及 T 细胞和 B 细胞对抗原的识别阶段。

当抗原物质进入机体后，抗原递呈细胞对抗原物质进行识别，然后通过吞噬、吞饮等作用或细胞内噬作用将其吞入细胞内，经过胞内酶消化降解为抗原肽，与主要组织相容性复合体分子结合形成抗原肽-组织相容性复合物，将其运送到抗原递呈细胞的表面，供 T、B 细胞的识别。

（二）反应阶段

反应阶段又称活化、增殖、分化阶段，是 T 细胞和 B 细胞识别抗原后活化，进行增殖和分化，以及产生效应性淋巴细胞和效应分子的过程。诱导产生细胞免疫时，上述活化的 T_H 细胞分化、增殖为淋巴母细胞，而后再转化为致敏 T 细胞。诱导产生体液免疫时，抗原刺激 B 细胞分化，增殖为浆母细胞，而后成为产生抗体的浆细胞。T 细胞、B 细胞在分化过程中均有少数细胞中途停止分化而转变为长寿的记忆细胞（T 记忆细胞及 B 记忆细胞）。记忆细胞贮存着抗原的信息，在体内可存活数月、数年或更长的时间，以后再次接触同样抗原时，便能迅速大量增殖成致敏淋巴细胞或浆细胞。

（三）效应阶段

效应阶段是活化的免疫效应性细胞（细胞毒性 T 细胞与迟发型变态反应性 T 细胞）和效

应分子(细胞因子和抗体)发挥细胞免疫效应和体液免疫效应的阶段。这些效应细胞与效应分子共同作用清除抗原物质。当致敏 T 细胞再次遇到同样抗原时,即通过 T_D 细胞释放一系列可溶性活性介质(淋巴因子)或通过 T_C 细胞与靶细胞特异性结合,最后使靶细胞溶解破坏(细胞毒效应)而发挥细胞免疫作用;浆细胞则通过合成分泌抗体,发挥体液免疫作用。

任务四 免疫应答的效应物质及作用

一、体液免疫

(一)体液免疫及其应答过程

体液免疫效应是由 B 细胞通过对抗原的识别、活化和增殖,最后分化成浆细胞并分泌或合成抗体来实现特异性体液免疫作用,抗体是体液免疫的效应分子。

B 细胞是体液免疫应答的核心细胞,一个 B 细胞表面有 10^4～10^5 个抗原受体,可以和大量的抗原分子相结合而被选择性地激活。TI 抗原引起的体液免疫不需要抗原递呈细胞和 T_H 细胞的协助,抗原能直接与 B 细胞表面的抗原受体特异性结合,引起 B 细胞活化。T_D 抗原引起的体液免疫,抗原必须经过抗原递呈细胞的捕捉、吞噬、处理,然后把含有抗原决定簇的片段呈递到抗原递呈细胞表面。只有 T_H 细胞识别带有抗原决定簇的抗原递呈细胞后,B 细胞才能与抗原结合并被激活。B 细胞被激活后,增殖、分化为浆母细胞(体积较小、胞体为球形),进一步分化为成熟的浆细胞(卵圆形或圆形,胞核偏于一侧),由浆细胞(浆细胞寿命一般只有 2 d,每秒钟可合成 300 个抗体球蛋白)合成并分泌抗体球蛋白(免疫效应物质)。在正常情况下,抗体产生后很快排出细胞外,进入血液,并在全身发挥免疫效应。

由 T_D 抗原激活的 B 细胞,一小部分在分化过程中停留下来不再继续分化,成为记忆性 B 细胞。当记忆性 B 细胞再次遇到同种抗原时,可迅速分裂,形成众多的浆细胞,表现快速免疫应答。而由 TI 抗原活化的 B 细胞,不能形成记忆细胞,并且只产生 IgM 抗体,不产生 IgG。

(二)抗体

1. 抗体的概念

抗体是机体受到抗原物质的刺激后,由 B 细胞转化为浆细胞产生的,能与相应抗原发生特异性结合反应的免疫球蛋白(简称 Ig)。抗体通常存在于血液、淋巴液、组织液及其他外分泌液中。抗体分子根据其大小、电荷、可溶性和化学结构等理化特性及其抗原性可分为 IgG、IgM、IgA、IgE 和 IgD 五大类。

2. 免疫球蛋白的基本结构

(1)免疫球蛋白单体的分子结构。各类免疫球蛋白的基本结构都由一至几个单体组成,IgG、血清型 IgA、IgE 和 IgD 均是以单体分子形式存在的,IgM 是以 5 个单体分子构成的五聚体,分泌型 IgA 是以两个单体分子构成的二聚体。每个单体免疫球蛋白均由四条多肽链组成,其中两条较大的相同分子质量的肽链称为重链(H 链),两条较小的相同分子质量的肽链称为轻链(L 链),两条 H 链之间有双硫键和非共价键相连,L 链分别以二硫键连接在相应的 H 链上,从而构成对称的 T 形或 Y 形分子。轻链由 213～214 个氨基酸构成,相应分子质量约

22 500，重链含 420～440 个氨基酸，为轻链的 2 倍，相对分子质量 55 000～75 000。

每条重链或轻链又分为两个部分：多肽链氨基端（N 端），轻链的 1/2 与重链的 1/4，这个区约有 118 个氨基酸，其氨基酸排列顺序随抗体种类不同而变化，称为可变区（简称 V 区），V 区是与抗原特异性结合的部位；多肽链羟基端（C 端），轻链的 1/2，重链的 3/4，这个区的氨基酸排列顺序比较稳定称为稳定区（简称 C 区）。轻链的稳定区（CL）约有 110 个氨基酸，重链的稳定区（CH）约有 330 个氨基酸，两条 H 链之间、两条 L 链与 H 链之间借二硫键相互连接，故免疫球蛋白是对称的高分子物质（图 2-2-9）。

（2）免疫球蛋白的水解片段。用木瓜蛋白酶消化免疫球蛋白，可将 IgG 重链间二硫键近氨基端切断，水解后得两个游离的 Fab 段（抗原结合片段）和一个 Fc 段（结晶片段）。每一 Fab 段含有一条完整的轻链和部分的重链。Fc 段含有两条重链的剩余部分。Fab 段具有抗体活性，其与抗原的特异结合点位于该段 VL 及 VH 的可变区。Fc 段无抗体活性，免疫球蛋白的特异性抗原多数存在于 Fc 段上。用胃蛋白酶水解，可将 IgG 重链间二硫键近羧基端切断，得到一个具有双价抗体活性的 F(ab′)2 片段。F(ab′)2 片段的特性与 Fab 片段完全相同。至于切断后剩余的小片段类似于 Fc 段，称为 pFc′片段，pFc′片段可持续被胃蛋白酶水解成更小的低分子片段，不呈现任何生物活性（图 2-2-10）。

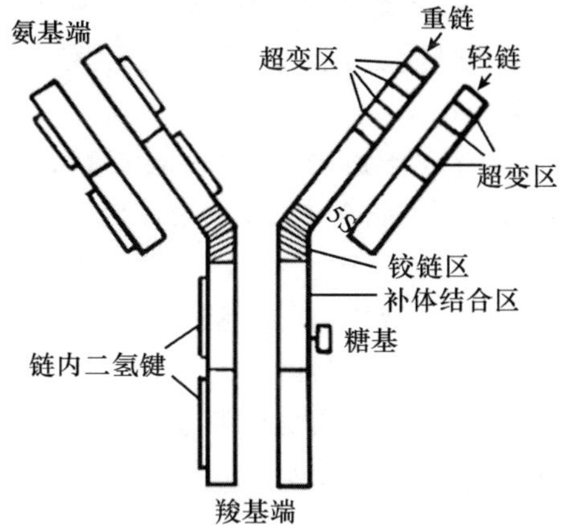

图 2-2-9　免疫球蛋白的基本结构示意图

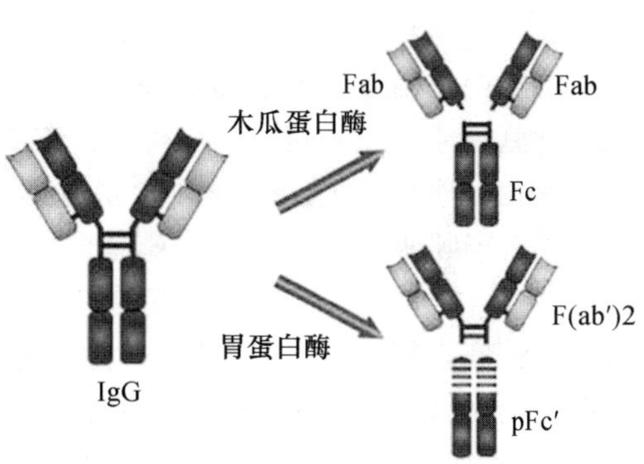

图 2-2-10　免疫球蛋白的水解片段示意图

3. 各类免疫球蛋白的特性与功能

人类的各类免疫球蛋白中，IgG、IgE、IgD 及血清型 IgA 都是由四肽链构成的单体，分泌型 IgA 为二聚体，IgM 为五聚体（图 2-2-11）。

（1）IgG。它是人类和动物血清中含量最高的免疫球蛋白，占血清中免疫球蛋白总量的 75％～80％，是介导体液免疫的主要抗体，以单体形式存在，相对分子质量为 160 000，IgG 主要由脾脏、淋巴结及扁桃体的浆细胞产生，大部分存在于血浆中，其余的存在于组织液和淋巴液中，是动物机体抗感染免疫的主力，在抗感染免疫中起“主力军”作用，也是血清学诊断和疫苗免疫后监测的主要抗体。IgG 是唯一能通过人（兔）胎盘的抗体，因此在新生儿的抗感染中起着重要的作用。IgG 在动物体内不仅含量高，而且持续时间长，可发挥抗菌、抗病毒、抗毒素以及抗肿瘤等作用，也能调理、凝集和沉淀抗原，并可协助 K 细胞、巨噬细胞杀伤靶细胞。此外，IgG 还是参与Ⅱ型、Ⅲ型变态反应。

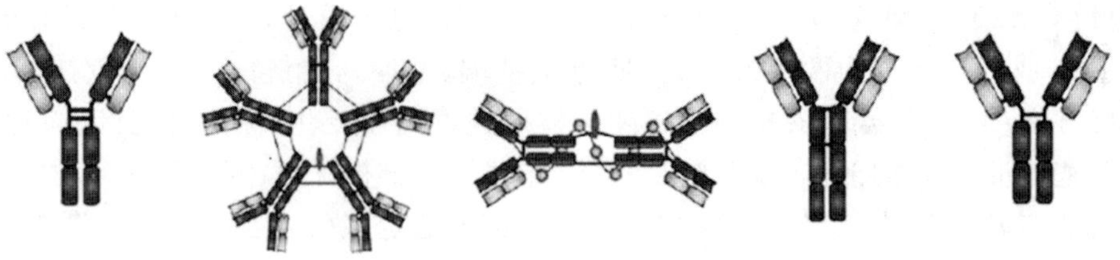

图 2-2-11　各类免疫球蛋白结构

(2)IgM。它是动物机体初次体液免疫应答最早产生的免疫球蛋白,约占血清中免疫球蛋白总量的 10%,主要是由脾脏和淋巴结中的 B 细胞产生,分布于血液中。IgM 是由五个单体分子构成的五聚体,是所有免疫球蛋白中相对分子质量最大的(900 000,19S),因此又称巨球蛋白,是一种高效能抗体。半衰期为 5 d,机体受抗原刺激后,IgM 在体内产生最早,但持续时间短,在抗感染免疫早期起着十分重要的作用,也可通过检测 IgM 抗体进行疫病的血清学早期诊断。IgM 具有抗菌、抗病毒,中和毒素等免疫活性,由于其分子上含有多个抗原结合位点,所以 IgM 是一种高效能的抗体,其杀菌、溶菌、溶血、调理及凝集作用均比 IgG 高,在抗感染中起着“先锋军”作用。IgM 也有抗肿瘤作用,此外,IgM 也是参与Ⅱ型、Ⅲ型变态反应的抗体。

(3)IgA。它是以单体和二聚体两种形式存在,单体 IgA 存在于血清中,称为血清型 IgA,占血清免疫球蛋白总量 15%~20%,作用同 IgG 一样具有抗菌、抗病毒作用;二聚体为分泌型 IgA,是由呼吸道、消化道、泌尿生殖道部位的黏膜固有层的浆细胞所产生的,因此分泌型 IgA 主要存在于呼吸道、消化道、生殖道的外分泌液以及初乳、唾液、泪液中,此外,脑脊髓液、羊水、腹水、胸膜液中也含有 IgA,含量较血清中高 6~8 倍。分泌型 IgA 对机体呼吸道、消化道等局部黏膜免疫起着相当重要的作用,是机体黏膜免疫的一道“屏障”,可抵御经黏膜感染的病原微生物,具有抗菌、抗病毒、中和毒素的作用。在传染病的预防接种中,经滴鼻、点眼、饮水及喷雾途径免疫,均可产生分泌型 IgA 而建立相应的黏膜免疫力。

(4)IgE 。它又称皮肤致敏性抗体或亲细胞抗体,是一个单体分子形式存在,相对分子质量为 190 000,IgE 产生部位与分泌型 IgA 的相似,是由呼吸道、消化道黏膜固有层中的浆细胞所产生的,在血清中的含量甚微,占免疫球蛋白的 0.002%。IgE 是一种亲细胞抗体,易与皮肤组织、肥大细胞和嗜碱性粒细胞结合,引起Ⅰ型变态反应。此外,IgE 在抗寄生虫及某些真菌感染中也起重要作用。

(5)IgD。它是近年来一类仅在人体内发现的一种抗体,基本结构与 IgG 相似,有一个单体结构,相对分子质量为 170 000。在血清中含量极低,不稳定,易被降解。目前认为 IgD 是 B 细胞的重要表面标志,是作为成熟 B 细胞膜上的抗原特异性受体,而且与免疫记忆有关。有报道称,IgD 与某些过敏反应有关。

4.抗体产生的一般规律(图 2-2-12)

(1)初次应答。动物机体初次(首次)接触抗原,也就是某种抗原首次进入体内引起抗体产生的过程,称为初次应答。抗原初次进入动物机体后,在一定时期内体内查不到抗体或抗体产生很少,这一时期称为潜伏期,又称为诱导期。潜伏期的长短视抗原的种类而异,比如初次注射的是细菌苗，需经 5～7 d 血液中有抗体出现；如果初次注射的是类毒素，则需 2～3 周才出现抗体；如果初次注射的是病毒苗，则需 3～4 d 才出现抗体。

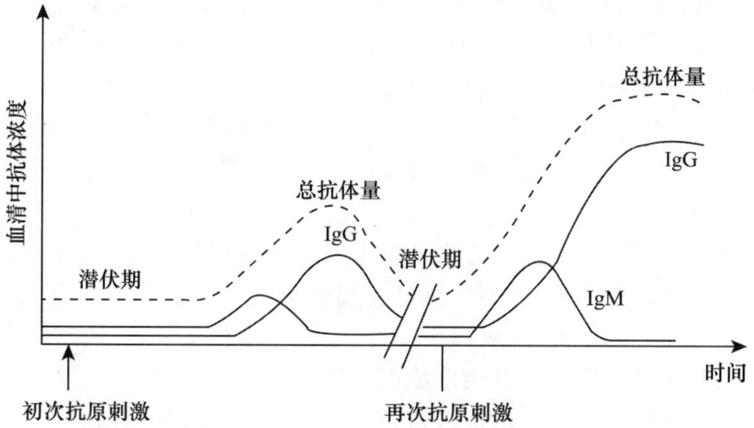

图 2-2-12　初次应答及再次应答抗体产生的一般规律

初次应答最早产生的抗体为 IgM，可在几天内达到高峰，然后开始下降，接着才产生 IgG，即 IgG 的潜伏期更长，IgA 产生最迟。初次应答产生的抗体总量较低，维持时间也较短。其中，IgM 的维持时间最短，IgG 可在较长时间内维持较高水平，其含量也比 IgM 高。

(2)再次应答。动物机体再次(第二次)接触相同的抗原物质引起抗体产生的过程，称为再次应答。初次应答产生抗体量为下降期时，再次用相同抗原免疫，可直接活化记忆 B 细胞，反应性高、增殖快，抗体水平很快上升，与初次应答相比潜伏期显著缩短、抗体含量高、维持时间长、抗体亲和力高，以产生 IgG 为主，而 IgM 很少。再次应答的发生是由于上次应答时形成了记忆 T 细胞和记忆 B 细胞。根据抗体产生的规律指导预防接种，制订最佳免疫方案，以产生高滴度、高亲和力的抗体，获得良好的免疫效果。在免疫应答中，根据 IgM 产生早、消失快的特点，可通过检测特异性 IgM 抗体作为传染病的早期诊断指标之一。此外，也可根据抗体含量的动态变化了解病程及评估疾病转归。

(3)回忆应答。抗原刺激机体产生的抗体经一定时间后，在体内逐渐消失，此时，如果机体再次接触相同的抗原物质，可使逐渐消失的抗体快速回升，称为抗体的回忆应答。

再次应答和回忆应答的存在取决于体内记忆 T 细胞和记忆 B 细胞的存在。根据再次应答和回忆应答的特点，通常在预防接种时，间隔一定时间进行疫苗的再次接种，可起到强化免疫的作用。

5. 影响抗体产生的因素

抗体是机体免疫系统受抗原物质刺激后产生的，因此影响抗体产生的因素有抗原和机体两个方面。

(1)抗原方面。

①抗原的性质。抗原的性质影响免疫应答的类型、速度和免疫期的长短及免疫记忆等。一般情况下，异源性强的抗原激活 B 细胞，引起体液免疫；病原微生物多引起体液免疫。此外抗原的物理性状、化学结构和毒力不同，产生的免疫效果也不一样。如果给动物机体注射颗粒性抗原，只需 2～5 d 血液中就有抗体出现，而注射可溶性抗原类毒素则需 2～3 周才出现抗毒

素；一般地说，活菌苗比死菌苗免疫效果好，因为活菌苗抗原性比较完整。制造死菌苗必须选用毒力强、抗原性良好和当地流行菌株作为种毒。此外，应用联苗时，要注意各种抗原之间的相互影响。比如二联病毒疫苗，就要注意两种病毒之间是否存在干扰现象。

②抗原用量。在一定限度内抗体产生的量随抗原用量的增加而增加，但抗原用量超过了一定限度，反而会抑制抗体的产生，这种现象称为免疫麻痹；相反，抗原用量过小，不足以刺激机体产生抗体。因此，在进行预防接种时，疫苗的用量必须按照规定剂量使用，不能随意增减。

③抗原接种次数和间隔时间。为了获得再次应答，灭活苗和类毒素通常可在一定的间隔时间内，连续接种 2～3 次。

④抗原的免疫途径。抗原进入机体的途径也影响抗体的产生。进入途径的选择应以能刺激机体产生良好的免疫反应为原则，但不一定是自然感染的侵入门户。由于抗原易被消化酶降解而失去免疫原性，因此，多数抗原（灭活苗）不能经口服途径接种，可通过肌肉、皮下和皮内注射等途径接种。但某些弱毒疫苗可以经口免疫。

(2)机体方面。机体的年龄因素、遗传因素、营养状况、某些内分泌激素以及疾病等均可影响抗体的产生。比如初生或出生不久的动物对许多抗原的刺激不能产生有效的免疫反应。其原因：一是机体免疫应答的能力差；二是受母源抗体的抑制。所谓母源抗体是指初生动物通过胎盘、初乳和卵黄等途径从母体获得的抗体。母源抗体一方面可保护幼龄动物免于感染；另一方面也能抑制或中和相应抗原，使抗原对机体的刺激强度大为减弱，从而削弱机体对该抗原的免疫反应。因此，给幼龄动物初次免疫时，必须考虑到母源抗体的影响。另外，雏鸡感染传染性法氏囊炎病毒，可使法氏囊受到损害，导致雏鸡体液免疫应答能力下降，影响抗体的产生。

(三)体液免疫效应

抗体作为机体体液免疫的效应分子，在体内可发挥多种免疫功能。由抗体介导的免疫效应在大多数情况下对机体是有利的，但有时也会造成机体的免疫损伤。抗体的免疫学功能有以下几个方面。

(1)中和作用。体内针对细菌毒素（外毒素或类毒素）和针对病毒的抗体，可对相应的毒素和病毒产生中和效应。毒素的抗体与相应的毒素结合，一方面，可改变毒素分子的构型，使其失去毒性作用；另一方面，毒素与相应抗体形成的复合物容易被单核-巨噬细胞吞噬。病毒的抗体可通过与病毒表面抗原结合，从而使病毒失去对细胞的感染性，保护细胞免受感染，发挥中和作用。

(2)局部黏膜免疫作用。由黏膜固有层中的浆细胞产生的分泌型 IgA 是机体抵抗从呼吸道、消化道及泌尿生殖道感染的病原微生物的主要防御力量，分泌型 IgA 可阻止病原微生物吸附黏膜上皮细胞。

(3)免疫调理作用。对一些毒力较强的细菌，特别是一些有荚膜的细菌，相应的抗体（IgG 或 IgM）与之结合后，则容易被吞噬，如果再激活补体形成细菌-抗体-补体复合物，则更容易被吞噬。这是由于单核-巨噬细胞表面具有抗体分子的 Fc 片段和 C3b 的受体，体内形成的抗原-抗体或抗原-抗体-补体复合物容易受到它们的捕获，抗体的这种作用称为免疫调理作用。

(4)免疫溶解作用。对某些革兰氏阴性菌（比如霍乱弧菌）和某些原虫（比如锥虫）与体内相应的抗体结合后，可激活补体，最终导致菌体或虫体溶解。

(5)免疫损伤作用。抗体在体内引起的免疫损伤主要是介导Ⅰ型（IgE）、Ⅱ型和Ⅲ型（IgG 和 IgM）变态反应，以及一些自身免疫疾病。

(6)抗体依赖性细胞介导的细胞毒作用(ADCC)。一些效应性淋巴细胞(比如 K 细胞),其表面具有抗体分子的 Fc 片段的受体,当抗体分子与相应的靶细胞(比如肿瘤细胞)结合后,效应细胞可借助于 Fc 受体与抗体的 Fc 片段结合。从而发挥其细胞毒作用,将靶细胞杀死。另外 NK 细胞、巨噬细胞等具有细胞毒作用。

(7)对病原微生物生长的抑制作用。一般而言,细菌的抗体与细菌结合后,不会影响其生长和代谢,仅表现为凝集和制动现象,只是支原体和钩端螺旋体,其抗体与之结合后可表现出抑制作用。

二、细胞免疫

(一)细胞免疫及其应答过程

细胞免疫是指特异性的细胞免疫。T 细胞在抗原的刺激下,增殖分化为效应淋巴细胞,并产生细胞因子,从而发挥免疫效应的过程。广义的细胞免疫还包括吞噬细胞的吞噬作用,K 细胞和 NK 细胞等介导的细胞毒作用。

细胞免疫也要经过抗原识别,一般 T 细胞只能结合肽类抗原,对于其他异物和细胞性抗原须经抗原递呈细胞的吞噬,将其消化降解成抗原肽,再与 MHC 分子结合成复合物,提呈于抗原递呈细胞表面,供 T 细胞识别。T 细胞识别后开始活化即母细胞化,增殖、分化出大量的具有不同功能的效应 T 细胞,同时产生多种细胞因子,共同清除抗原,实现细胞免疫。其中一部分 T 细胞在分化初期就形成记忆 T 细胞而暂时停止分化,受到同种抗原的再次刺激时,便迅速活化增殖,产生再次应答。

(二)细胞免疫的效应细胞及细胞因子

在细胞免疫应答中最终发挥免疫应答的是效应性 T 细胞和细胞因子。效应性细胞包括细胞毒性 T 细胞和迟发型变态反应性 T 细胞;细胞因子是细胞免疫的效应因子,对细胞性抗原的清除作用较抗体明显。

1. 细胞免疫的效应细胞

(1)细胞毒性 T 细胞(Tc)与细胞毒效应。细胞毒性 T 细胞在动物机体内以非活化的前体形式存在,当 Tc 与抗原结合并活化的 T_H 产生的白细胞介素的作用下,Tc 前体细胞活化、增殖,并分化为具有杀伤能力的效应 Tc。效应 Tc 是细胞内感染、急性异体移植排斥反应、肿瘤排斥反应三种情况下最重要的效应细胞。它能与靶细胞特异性结合,使靶细胞发生不可逆的损伤,直接杀伤靶细胞。Tc 对靶细胞杀伤破坏后可完整无缺地与裂解的靶细胞分离,又可继续攻击其他靶细胞,产生细胞毒作用。

(2)迟发型变态反应性 T 细胞(T_D)与炎症反应。T_D 细胞也是 T 细胞的一个亚群,在动物体内也是以非活化前体形式存在,当 T_D 与抗原结合后,并在活化的 T_H 细胞释放的白细胞介素的作用下活化、增殖和分化成具有免疫效应的 T_D 细胞。其免疫效应是通过释放多种可溶性淋巴因子而发挥作用的,主要引起以局部的单核细胞浸润为主的炎症反应,即迟发型变态反应。

2. 细胞因子

(1)细胞因子的概念。细胞因子是免疫细胞(比如单核-巨噬细胞、T 细胞、B 细胞、NK 细胞等)和某些非免疫细胞合成和分泌的一类高活性多功能的蛋白质多肽分子。能产生细胞因子的细胞很多,有活化的免疫细胞、基质细胞类(血管内皮细胞、上皮细胞和成纤维细胞等)和某些肿瘤细胞。抗原刺激、感染、炎症等许多因素都可以刺激细胞因子的产生，而且各细胞因子之间也可彼此促进合成和分泌。

(2)细胞因子的种类。细胞因子的种类繁多，包括白细胞介素、干扰素、肿瘤坏死因子和集落刺激因子4大系列几十种。

①白细胞介素。把免疫系统分泌的主要在白细胞间起免疫调节作用的蛋白称为白细胞介素，根据发现的先后顺序命名为IL-1、IL-2、IL-3……，现已命名了23种白细胞介素。

②干扰素。根据其来源和理化性质区分为Ⅰ型(IFN-α、IFN-β)和Ⅱ型(IFN-γ)。IFN-α由病毒感染的白细胞产生，IFN-β由病毒感染的成纤维细胞产生，IFN-γ由灭活病毒或活病毒作用于致敏T细胞和NK细胞产生。Ⅰ型干扰素具有很强的抗病毒和抗肿瘤作用，但抑制病毒的程度却因病毒不同而不同，甚至同一种病毒的不同血清型对干扰素的敏感性也不同。Ⅱ型干扰素主要发挥免疫调节作用。

③肿瘤坏死因子。肿瘤坏死因子是一类直接造成肿瘤细胞死亡的细胞因子，主要由活化的单核-巨噬细胞产生，也可由抗原刺激的T细胞、活化的NK细胞和肥大细胞产生。可引起肉瘤出血、坏死，具有免疫调节作用。

④集落刺激因子。它是一组促进造血细胞，尤其是造血干细胞增殖、分化和成熟的因子。

(三)细胞免疫效应

(1)抗感染作用。对某些细胞内寄生菌(比如结核分枝杆菌、布鲁氏菌、李氏杆菌等)、病毒、真菌等有抗感染作用。效应淋巴细胞释放出一系列发挥细胞毒作用的细胞因子，与Tc细胞一起参与细胞免疫，杀死抗原和携带抗原的靶细胞，使机体具有抗感染能力。

(2)抗肿瘤作用。当体内出现肿瘤细胞时，因其具有特异的肿瘤抗原，因此可被识别为异物，从而激活T细胞分化成Tc细胞，能直接杀伤肿瘤细胞，发挥其免疫监视的作用。

(3)免疫损伤作用。T_D细胞与相应抗原接触后，产生多种细胞因子，除抗感染和抗肿瘤作用外，有时可引起Ⅳ型变态反应、移植排斥反应等。

任务五　免疫应答的抗感染作用

一、抗细菌感染免疫

细菌为单细胞微生物，其主要结构抗原存在于细胞质和细胞壁，有些细菌还有荚膜、鞭毛、菌毛等抗原，有些细菌还能分泌多种有害物质比如蛋白质、毒素和毒性酶等造成机体感染。细菌感染的部位和致病力不同，引起机体发生疾病的性质也不同。第一类为细胞外寄生菌，比如葡萄球菌、链球菌、沙门菌、巴氏杆菌、炭疽杆菌等，主要在吞噬细胞外繁殖，引起急性感染。它们大多具有能抵抗吞噬细胞的表面抗原结构和酶，比如荚膜、溶血性链球菌的黏蛋白、伤寒杆菌的Vi抗原、金黄色葡萄球菌的凝血浆酶等。破伤风梭菌等细胞外寄生菌侵袭力很弱，但能产生毒性很强的外毒素引起机体发病。第二类细胞内寄生菌，比如结核分枝杆菌、布鲁氏菌、李氏杆菌、鼻疽杆菌等，被吞噬后能抵抗吞噬细胞的杀菌作用，并能在吞噬细胞内长期生存，甚至繁殖，不仅可以随吞噬细胞的移行扩散至其他部位，还可逃避体液因子和药物的作用。此类细菌多引起慢性感染。

细菌的种类不同，感染的部位不同，机体抗感染免疫的成分及作用方式就不同（表 2-2-1）。

表 2-2-1　抗细菌感染免疫

细菌抗原来源	免疫作用的成分	作用方式
细胞外寄生菌细胞壁、荚膜等	抗体、补体、溶菌酶共同作用 抗体、补体、吞噬细胞共同作用	溶菌或杀菌作用、调理作用、吞噬作用
细菌蛋白质、毒素、酶或菌体成分	抗体	中和作用
细胞内寄生菌宿主细胞的结构成分	巨噬细胞、巨噬细胞武装因子 IgG、K 细胞等	细胞内杀菌作用、ADCC 作用、破坏靶细胞及细菌

（一）抗细胞外寄生细菌感染

（1）杀菌、溶菌作用。细胞外寄生菌通常被体液中的杀菌物质所杀灭。血清中参与杀菌的免疫活性物质主要有抗体、补体和溶菌酶。抗体与细菌表面抗原结合后，可以激活补体，引起细胞膜的损伤。大多数革兰阴性菌，补体被激活后，还要有溶菌酶的同时参与，才能破坏细菌表层的黏多糖，破坏细胞膜，最后使细胞溶解。

（2）吞噬作用。已形成荚膜的细菌，抗体直接作用于荚膜抗原，使其失去抗吞噬能力，被吞噬细胞吞噬、消化；无荚膜的细菌，抗体作用于 O 抗原，通过 IgG 的 Fc 段与巨噬细胞上的 Fc 受体结合，以促进吞噬活性。与细菌结合的抗体（IgG 和 IgM）又可激活补体，并通过活化的补体成分，与巨噬细胞表面的补体受体结合，也可增强吞噬作用。

（3）免疫调理作用。在调理吞噬作用中，IgM 的作用比 IgG 强；在补体参与的溶菌作用中，IgM 的作用比 IgG 强。因此，在初次免疫反应期间，体液中 IgM 含量虽然较少，但其免疫效率极高，是感染早期机体免疫保护的主要因素。

（4）中和作用。抗毒素能与细菌的外毒素特异性结合，使之失去活性。外毒素的 B 亚单位易于刺激机体产生抗体。B 亚单位的功能是与宿主细胞上相应受体结合，介导毒素 A 亚单位进入细胞并发挥毒性作用。抗毒素的应用时机和剂量对中和毒素的致病作用极其重要，在破伤风、肉毒中毒等疾病治疗中及时使用足量抗毒素是十分有效的。

（5）局部黏膜免疫作用。黏膜表面的分泌型 IgA 能阻止细菌吸附于上皮细胞，在局部黏膜抗感染中起着重要作用。比如抗大肠杆菌 K88 和 K99 抗体可阻止大肠杆菌菌毛与肠上皮微绒毛的黏附，从而保护仔猪免受感染。

（二）抗细胞内寄生细菌感染

动物抵抗细胞内寄生菌主要依靠细胞免疫。当细胞内寄生菌初次感染未免疫动物时，其巨噬细胞不具有杀死此类病原的能力，在感染后 10 d 左右动物的巨噬细胞才能获得此种能力。T 细胞在接触细菌抗原刺激后被致敏，致敏 T 细胞分泌多种淋巴因子，其中淋巴细胞武装因子使巨噬细胞活化为武装巨噬细胞，从而有效杀灭细胞内寄生菌。武装巨噬细胞的杀灭作用是强大的，有时是非特异性的。比如李氏杆菌感染时，武装巨噬细胞能杀灭多种通常对巨噬细胞有抵抗力的细菌。结核分枝杆菌不产生毒素，但能在单核巨噬细胞中存活和增殖从而致病。卡介苗能激发动物体内细胞免疫机能，使淋巴因子和武装巨噬细胞数量增多，增强动物对结核病的特异性免疫力。如果对儿童应用卡介苗（BCG）适时进行免疫接种，能获得对结核分枝杆菌的终身免疫效果，在人类广泛推广应用，成为预防细胞内寄生菌感染的成功范例。

二、抗真菌感染免疫

致病性真菌主要是多细胞真菌，通过大量繁殖和产生毒素而致病。真菌侵入皮肤黏膜后可导致局部或全身感染，常造成皮肤、毛发的损伤或全身性疾病。真菌的生活和增殖能力比其他微生物都强，并且能产生破坏性酶及毒素。机体感染后往往造成皮肤真菌病，或引起深部组织疾病，或发生真菌毒素中毒。机体对真菌的防御也依赖于非特异性免疫和特异性免疫。

(1)非特异性免疫。结构和功能完整的皮肤及黏膜能防止真菌孢子或菌丝的侵入。但是，真菌孢子一旦从皮肤及黏膜侵入，就可在皮肤真皮层或组织细胞间繁殖，形成菌丝等结构，并能吸引嗜中性粒细胞到达感染部位，发生吞噬作用。小的孢子及菌丝片段能被巨噬细胞或NK 细胞直接吞噬杀灭，但是，大的孢子和菌丝不能被完全吞噬和破坏。真菌能在细胞内增殖，刺激局部组织增生，引起嗜中性粒细胞和淋巴细胞的聚集和浸润，形成肉芽肿。

(2)特异性免疫。真菌侵入机体深部组织器官时，其抗原可以刺激机体产生抗体。但细胞免疫对真菌感染更为重要，被真菌致敏的 T 淋巴细胞释放细胞因子，对吞噬细胞发挥趋化作用，通过吞噬功能破坏真菌细胞，并引发迟发型变态反应。

三、抗病毒感染免疫

(一)病毒感染的方式和免疫应答

1. 病毒感染的方式

病毒为细胞内寄生的微生物，通过在细胞中的复制完成增殖过程。病毒在组织细胞中扩散感染的方式有细胞外扩散、细胞内扩散和核内扩散三种。

(1)细胞外扩散。病毒在细胞内复制、成熟后，有的病毒能使寄生细胞溶解从而从细胞内释放出来，比如口蹄疫病毒、猪水疱病病毒、脊髓灰质炎病毒等。此类病毒感染并不改变寄生细胞膜的成分，而是直接以病毒抗原的形式作用于机体。但是，有的病毒是以出芽的方式从宿主细胞中释放出来，比如流感病毒、新城疫病毒、猪瘟病毒等。它们在出芽时，虽然不破坏宿主细胞，但能使宿主细胞表面带上病毒抗原，从而使机体细胞具有抗原性。

(2)细胞内扩散。病毒通过细胞间的融合、接触或细胞间桥来进行细胞间的扩散，比如疱疹病毒、痘病毒等，此类病毒常常能使宿主细胞表面带上病毒抗原。

(3)核内扩散。病毒的核酸潜伏在寄生细胞核内或整合到寄生细胞的染色体中，在寄生细胞分裂时，病毒从亲代细胞传递给子代细胞，表现为垂直传播，比如肿瘤病毒。在感染细胞癌变后，细胞膜表面除病毒抗原外，还可出现新的肿瘤相关抗原。

病毒的三种扩散途径并不能截然分开，胞内扩散的病毒有时也可经胞外扩散，核内扩散的病毒有时也通过细胞内途径扩散。

2. 机体的抗病毒免疫应答

病毒在宿主体内复制、扩散和感染的方式直接影响着机体抗病毒感染免疫的过程。一般来说，细胞外扩散的病毒通常引发体液免疫，而细胞内或核内病毒感染时则以细胞免疫为主。机体的免疫应答还与传染的类型有关。有些病毒引起局部感染，比如鼻病毒感染，机体产生的免疫应答主要是体液免疫反应，特别是产生分泌型抗体。这种免疫持续时间短，免疫力较弱。

多数病毒，比如猪瘟病毒、马传染性贫血病毒、新城疫病毒等，主要引起全身感染，它们侵入机体后首先引起轻度病毒血症，然后侵害与病毒亲和力最强的易感组织器官，引起局部病变。有的还可引起第二次病毒血症。引起全身感染的病毒可激发体液免疫和细胞免疫，所产生的免疫力坚强而持久。

(二)抗病毒感染机理

机体对病毒感染的抵抗力十分复杂，包括非特异性的天然抵抗力和特异性的免疫力。

1.非特异性天然抵抗力

各种动物对病毒感染具有遗传性抵抗力，比如牛不感染马传染性贫血病毒；完整的皮肤、黏膜和器官间特定的组织结构等天然屏障作用；具有吞噬功能的吞噬细胞的吞噬作用；宿主机体的营养、年龄等状态能影响对病毒的易感性和抵抗力；许多动物血清中具有非特异性、不耐热的病毒抑制因子的作用。

2.干扰素的作用

在病毒感染初期，机体主要通过细胞因子(比如 TNF-α、IL-12、IFN)和 NK 细胞发挥抗病毒作用，其中干扰素是机体抗病毒的主要因子。干扰素是由培养的细胞或机体细胞因病毒感染或在其他诱生剂的作用下产生的一类非特异性抗病毒物质和防御因素，具有广谱抗病毒作用，入侵部位的细胞产生的干扰素，可渗透到邻近细胞而限制病毒向四周扩散。机体感染病毒后在数小时内即可产生干扰素，几天内达到高峰，以行使早期抗感染作用。比如给牛静脉注射牛疱疹病毒，血清中干扰素水平在 2 d 后即达到高峰，7 d 之后仍能检出，而抗体在病毒感染后 5～6 d 才能在血清中检出。

3.特异性抗病毒免疫

(1)体液免疫。抗体是抗病毒体液免疫的主要因素，在机体抗病毒感染免疫中起重要作用的是 IgG、IgM 和 IgA。分泌型 IgA 可防止病毒的局部入侵，IgG 和 IgM 可阻断已入侵的病毒通过血液循环扩散。其抗病毒机制主要是中和病毒和调理作用。病毒感染之后，首先出现的是 IgM，经过数天或十几天之后，才为 IgG 所代替，IgM 的增高往往是短暂的(2 周以内)，当再感染时则通常只出现 IgG 而不出现 IgM，因此，测定特异性 IgM 可作为病毒早期诊断。但 IgM 对病毒的中和能力不强，有补体参与时可增强其中和作用。IgG 是病毒感染后的主要免疫球蛋白，在病毒感染后 2～3 周达到高峰，之后可持续一个相当长的时期，具有免疫记忆特性，是抗病毒的主要抗体，在病毒的中和作用和 K 细胞参与的 ADCC 反应中占主要地位，它发生中和反应不需补体的参与，有补体参与时，可加强其作用，而且 IgG 可通过调理作用使巨噬细胞发挥最大的作用。分泌型 IgA 在病毒的体液免疫中占有相当重要的地位，它的合成主要在局部组织细胞而不是脾脏。消化道、呼吸道黏膜的免疫作用与分泌型 IgA 有重要关系。IgA 与抗原的复合物不结合补体。抗体依赖性细胞介导的细胞毒作用和免疫溶解作用。

(2)细胞免疫。细胞内病毒的消灭依靠细胞免疫，参与抗病毒感染的细胞免疫主要有：①被抗原致敏的细胞毒性 T 细胞能特异性识别病毒和感染细胞表面的病毒抗原，杀死病毒或裂解感染细胞，CTL 一般出现于病毒感染早期，其效应迟于 NK 细胞，早于 K 细胞。②致敏 T 细胞释放细胞因子，或直接破坏病毒，或增强巨噬细胞的吞噬、破坏病毒的活力，或分泌干扰素抑制病毒复制。③K 细胞的 ADCC 作用。④在干扰素激活下，NK 细胞识别和破坏异常细胞。

有些病毒能逃避宿主的免疫反应，呈持续感染状态；有些病毒可直接在淋巴细胞(比如白血病病毒)或巨噬细胞(比如马传染性贫血病毒、猪繁殖与呼吸综合征病毒)中生长繁殖,直接破坏了机体的免疫功能。在大多数情况下,机体抗病毒感染免疫反应需要干扰素、体液免疫和细胞免疫的共同参与,以阻止病毒复制,消除病毒感染。新型病原的出现,给机体的抗感染免疫提出了挑战。比如引起牛海绵状脑病和绵羊痒病的朊病毒,感染机体后既不引起明显的免疫应答,又不诱发干扰素的产生。

四、抗寄生虫感染免疫

寄生虫的结构、组成和生活史比微生物复杂得多,因此宿主对寄生虫感染的免疫反应也是多种多样的,有多种表现形式。多数寄生虫是有充分抗原性的,但在对寄生生活的适应过程中,它们发展了许多使其在免疫应答存在下得以生存的机制,比如某些寄生虫产生免疫抑制作用,或者改变自身抗原,或者自身吸附宿主的血清蛋白,或红细胞抗原呈抗原隐蔽状态等。

(一)对原虫的免疫

原虫是单细胞生物,其免疫原性的强弱取决于入侵宿主组织的程度。比如肠道的痢疾阿米巴原虫,只有当它们侵入肠壁组织后,才激发抗体的产生。引起弓形虫病的龚地弓形虫,在滋养体阶段,其寄生性几乎完全没有种的特异性,能感染所有哺乳动物和多种鸟类。

(1)非特异性免疫防御机制。通常认为非特异性免疫机制在性质上与细菌性和病毒性疾病中的机制相似。种的影响可能是最重要的因素,比如路氏锥虫仅见于大鼠,而肌肉锥虫仅见于小鼠,两者都不引起疾病;布氏锥虫、刚果锥虫和活泼锥虫对东非野生偶蹄兽不致病,但对家养牛毒力很大。这种种属的差异可能与长期选择有关,由动物的遗传性能决定对原虫病的抵抗力。在这方面,研究得最透彻的就是镰刀状细胞贫血病。

(2)特异性免疫防御机制。大多数寄生虫具有完全的抗原性,但当它适应寄生生活时,逐渐能形成抵抗免疫反应的机制,故能赖以生存。原虫既能刺激机体产生体液免疫,又能刺激细胞免疫应答。抗体通常作用于血液和组织液中游离生活的原虫,而细胞免疫则主要针对细胞内寄生的原虫。

抗体对原虫作用的机制与其他颗粒性抗原相类似,针对原虫表面抗原的血清抗体能调理、凝集或使原虫不能活动;抗体和补体以及细胞毒性细胞一起杀死这些原虫。有的抗体(称抑殖素)能抑制原虫的酶,从而使其不能繁殖。

龚地弓形虫和小泰勒虫的免疫应答主要为细胞介导免疫。因为这些原虫为专性细胞内寄生。抗体与补体联合作用能消灭体液中的游离原虫,但对细胞内的寄生虫则很少或没有影响,对细胞内的原虫是由细胞介导的免疫应答加以破坏的,其机理与结核分枝杆菌的免疫应答相似。

某些原虫病比如球虫病,其保护性免疫机制尚不清楚。鸡感染肠道寄生的巨型艾美耳球虫产生对感染有保护作用的免疫力,这种免疫力能抑制侵袭期的滋养体在肠上皮细胞内的生长。免疫鸡血清中能检出巨型艾美耳球虫的抗体,免疫鸡的吞噬细胞对球虫孢子囊的吞噬能力增强。

(二)对蠕虫的免疫

蠕虫是多细胞生物,同一蠕虫在不同的发育阶段,既可有共同的抗原,也可有某一阶段的特异性抗原。高度适应的寄生蠕虫很少引起寄生强烈的免疫应答,它们很容易逃避寄生的免疫应答，所以这种寄生虫引起的疾病，一般很轻微或不显临床症状。只有当它们侵入不能充分适应的宿主体内，或者有异常大量的蠕虫寄生时，才会引起急性病的发生。

（1）非特异性免疫防御机制。影响蠕虫感染的因素多而复杂，不仅包括宿主方面的因素，而且也包括宿主体内其他蠕虫产生的因素。已知存在种类和种间的竞争作用。这种竞争作用使蠕虫之间对寄生场所和营养的竞争，对动物体内蠕虫群体的数量和组成起着调节作用。宿主方面影响蠕虫寄生的因素包括宿主的年龄、品种和性别。性别和年龄对蠕虫寄生的影响与激素有很大关系。动物的性周期是有季节性的，寄生虫的繁殖周期往往与宿主的繁殖周期相一致。比如母羊粪便中的线虫在春季明显增多，这与母羊产羔和开始泌乳相一致。另外，遗传因素对蠕虫的抵抗力也有较大影响。

（2）特异性免疫防御机制。蠕虫在宿主体内以两种方式存在：一是以幼虫形式存在于组织中；二是以成虫形式寄生于胃肠道或呼吸道。虽然针对蠕虫抗原的免疫应答能产生常规的IgM、IgG和IgA类抗体，但参与抗蠕虫感染的免疫球蛋白主要是IgE。分叶核粒细胞、巨噬细胞和NK细胞可能参与对蠕虫的免疫，但主要的防护机制是由嗜碱性粒细胞和肥大细胞介导的（这两种细胞表面都有与IgE结合的Fc受体）。在许多蠕虫感染中，血液内IgE抗体显著增高，可以出现Ⅰ型变态反应，出现嗜酸性粒细胞增多、水肿、哮喘和荨麻疹性皮炎等。由IgE引起的局部过敏反应，可能有利于驱虫。蠕虫感染动物时，嗜碱性粒细胞和肥大细胞向感染部位集聚，当该虫抗原与吸附于这些细胞表面IgE抗体相遇时，脱颗粒而释放出的血管活性胺，可导致肠管的强烈收缩，从而驱出虫体。除IgE外，其他免疫球蛋白也起着重要的作用。如嗜酸性粒细胞也有IgA受体，并曾显示当这些受体交联时可释放它们的颗粒内容物。在脱颗粒时，嗜酸性粒细胞释放出效力强大的拮抗性化学物质和蛋白质，包括阳离子蛋白、神经毒素和过氧化氢，这些可能也有助于造成蠕虫栖息的有害环境。蠕虫感染通常使免疫系统朝向Th2应答，产生IgE、IgA以及Th2细胞因子和趋化因子。Th2细胞因子IL-3、IL-4和IL-5以及趋化因子对嗜酸性粒细胞和肥大细胞有趋化性。

细胞免疫通常对高度适应的寄生蠕虫不引起强烈的排斥反应，但其作用也是不可忽视的，致敏T淋巴细胞以两种机制抑制蠕虫的活性。第一，通过迟发型变态反应将单核细胞吸引到幼虫侵袭的部位，诱发局部炎症反应。第二，通过细胞毒性淋巴细胞的作用杀伤幼虫，在组织切片中可以看到许多大淋巴细胞吸附在正在移动的线虫幼虫上。

【知识拓展】

MHC和MHC限制现象

一、组织相容性复合体及其产物

20世纪初，人们发现了不同种属或同种动物不同系别的个体之间存在正常组织的移植排斥反应，而且这种排斥反应具有记忆性、特异性和可转移性。研究表明，这种排斥反应是一种典型的免疫反应，是由细胞表面的某种抗原诱导的，称这些抗原为组织相容性抗原。这种抗原存在于细胞表面，不同程度地分布在各种组织细胞上。一般同种动物不同个体之间，这种抗原的特异性是互不相同。但是从同一个卵细胞产生的孪生儿之间或同一纯系动物的不同个体之间，这种抗原的特异性却完全相同，说明它是受遗传基因控制的。组织相容性抗原包括许多复杂的抗原，其中，引起强烈而迅速地移植排斥反应的称为主要组织相容性抗原系统，引起弱的移植排斥反应的称为次要组织相容性抗原，它们由相应的基因编码产生。编码主要组织相容性抗原系统的一组基因，包括多个不同的位点，集中分布于各种脊椎动物的某一染色体上的特定区域，是一组紧密连锁的基因群，称为主要组织相容性复合体（MHC）。

MHC 主要表达两类分子：MHCⅠ类分子和 MHCⅡ类分子。MHCⅠ类分子广泛分布于体内各种有核细胞表面，MHCⅡ类分子主要分布在某些免疫细胞表面，比如 B 细胞、单核-巨噬细胞、树突状细胞、激活的 T 细胞等。

MHC 产物行使着将抗原递呈给 T 细胞的重要作用。抗原的加工和递呈有两条不同的途径：一是内源性抗原途径，抗原在内质网和高尔基体内加工并与 MHCⅠ分子结合后，被递呈到细胞表面，加工后的抗原能被 CD_8^+ T 细胞识别。二是外源性抗原途径，抗原在内吞体内被加工降解，并与 MHCⅡ类分子结合后，转运到细胞表面，它可被 CD_4^+ T 细胞识别。MHC 分子的抗原递呈功能是免疫应答和免疫调节的关键，因为 MHC 分子是免疫细胞间沟通信息，相互协作的基础。

二、免疫应答的 MHC 限制(约束)现象

免疫应答的产生，需要有抗原的刺激和免疫细胞间的相互作用。在免疫应答发生的过程中，无论是 T 细胞和 B 细胞、T 细胞和巨噬细胞、T 细胞和 T 细胞间的相互作用，或是 T 细胞对靶细胞的裂解作用，都需涉及一个重要问题：即 T 细胞对细胞表面抗原的反应不仅是对抗原的特异性识别，而且也必须识别细胞上的自身抗原或 MHC 分子，否则反应即不会发生，可见反应的发生受限于 MHC 分子（MHCⅠ类抗原为 α 链，几乎分布于所有的有核细胞和血小板表面；MHCⅡ类抗原为 α、β 链），称此为 MHC 限制（约束）现象。

单克隆抗体

单克隆抗体是应用细胞融合技术，使骨髓瘤细胞和免疫动物淋巴细胞融合而成的杂交瘤细胞单克隆所产生的一种特异性高度专一和化学性状高度统一的抗体。

骨髓瘤细胞在补体中生长旺盛，可以继代培养，但不产生特定的特异性抗体；免疫动物的脾脏淋巴细胞能产生相应抗体，但不能在体外培养中长期存活。两者在促融剂（通常用聚乙二醇）作用下，即可融合成为既能产生特定的特异性抗体，又能“永生”的杂交瘤细胞。

在融合处理时，细胞的融合是随机进行的。因此在处理之后，必须用选择培养的方法，除去未发生融合的和单种细胞自家融合的细胞，将杂交瘤细胞筛选出来。即便如此，培养物中的杂交瘤细胞仍然是由各个不同的淋巴细胞与骨髓瘤细胞杂交而来，其产生抗体的能力和性质并不全然相同。因而尚须进行克隆化培养，以获得单个细胞克隆，并通过检测选出其性能符合理想者。此后即可用此杂交瘤细胞株进行大量增殖培养，制备单克隆抗体。

单克隆抗体的制备不需用大量抗原，并且可以不用纯净的抗原，即可长期随时获得特异性高度专一且化学性高度统一的抗体，其性质稳定，重复性良好，在许多方面具有极为宝贵的用途。这一技术的兴起，对分子生物学、免疫学和医学科学的各个领域产生着影响，具有十分重要的意义。

【考核评价】

2015 年 10 月，李某的养鸡场饲养 5 000 只产蛋鸡，23 日龄时滴鼻、点眼免疫接种新城疫Ⅳ系弱毒苗（Lasota 株），接种后 15 d，随机采集 50 只鸡血清送至相关实验室检测新城疫抗体水平。结果显示，超过 90% 的鸡抗体滴度较低（2log2），只有少数鸡抗体滴度较高（超过 4log2）。分析表明，本次鸡群新城疫免疫失败。请您为该养殖户综合性分析本次新城疫免疫失败的原因。

【知识链接】

1. GB/T 18089—2008 蓝舌病病毒分离、鉴定及血清中和抗体检测技术。
2. GB/T 18649—2014 牛传染性胸膜肺炎诊断技术。
3. GB/T 17494—2009 马传染性贫血病间接 ELISA 诊断技术。

项目三

变态反应

【学习目标】

掌握变态反应的概念、类型，掌握临床上常见的各型变态反应；熟悉各型变态反应发生的过程、特点以及变态反应的防治。

变态反应是免疫系统对再次进入机体的抗原产生的一种过于强烈或不适当的异常免疫反应，从而导致组织器官损伤的过程。引起变态反应的物质称为变应原或过敏原，可以是完全抗原(微生物、寄生虫、异种动物血清、异体组织细胞、花粉、生物提取物、疫苗以及某些食物等)，也可以是半抗原(药物、油漆、染料分子等)，当半抗原和蛋白质结合就变成变应原。变应原可通过呼吸道、消化道或皮肤、黏膜等途径进入动物体内，使其致敏，当再次接触到同种变应原时导致变态反应。

变态反应的发生可分为致敏阶段和发生阶段。

致敏阶段：当机体初次接触到变应原后，产生相应的抗体(IgG、IgM)或致敏淋巴细胞(T细胞分化形成)及淋巴因子，使动物机体进入致敏状态，此过程需要 10～21 d。

发生阶段：当处于致敏阶段的动物机体再次接触到同一种变应原时就会发生变态反应，此过程需要几分钟至 2～3 d。

根据变态反应中所参与的细胞、活性物质、损伤组织器官的机制和产生反应所需时间等，将变态反应分为Ⅰ～Ⅳ 4 个型，即：过敏反应(Ⅰ型)、细胞毒型或细胞溶解反应(Ⅱ型)、免疫复合物型或血管类型变态反应(Ⅲ型)和迟发型或细胞免疫型变态反应(Ⅳ)。前三型均由抗体介导，反应较快。Ⅳ型由细胞介导，至少 12 h 后才发生。各型变态反应产生的机理及临床表现均不相同。兽医临床常见的某些重要的疾病(比如新生畜溶血性贫血、血清病、肾小球肾炎等)，本质均为变态反应。

任务一　Ⅰ型变态反应

Ⅰ型变态反应(过敏反应)是指机体再次接触抗原时引起的在数分钟至数小时内出现的以急性炎症为特点的反应，也称速发型变态反应。引起过敏反应的抗原又被称为过敏原。变应原有异种血清、生物提取物(花粉、胰岛素、肝素)、疫苗、抗生素、尘埃、油漆、食物、霉菌孢子、动物的毛发和皮屑等，可通过呼吸道、消化道、皮肤、黏膜等途径进入动物体内。

一、Ⅰ型变态反应的基本过程

过敏原首次进入机体内，刺激机体产生一种亲细胞性的过敏性抗体 IgE，IgE 吸附于皮肤、消化道和呼吸道黏膜毛细血管周围组织中的肥大细胞和血液中的嗜碱性粒细胞的表面，使机体处于致敏状态。当致敏机体再次接触相应的过敏原，过敏原与细胞表面的 IgE 抗体结合，形成抗原抗体复合物，导致细胞内分泌颗粒迅速地释放出具有药理作用的活性介质，比如组织胺、慢性反应物质 A、5-羟色胺和过敏毒素等，这些介质能引起炎症反应，导致毛细血管扩张，通透性增加，皮肤黏膜水肿，血压下降及呼吸道和消化道平滑肌收缩等一系列过敏反应症状，在临床上可表现为呼吸困难、腹泻和腹痛，以及全身性休克（图 2-3-1）。

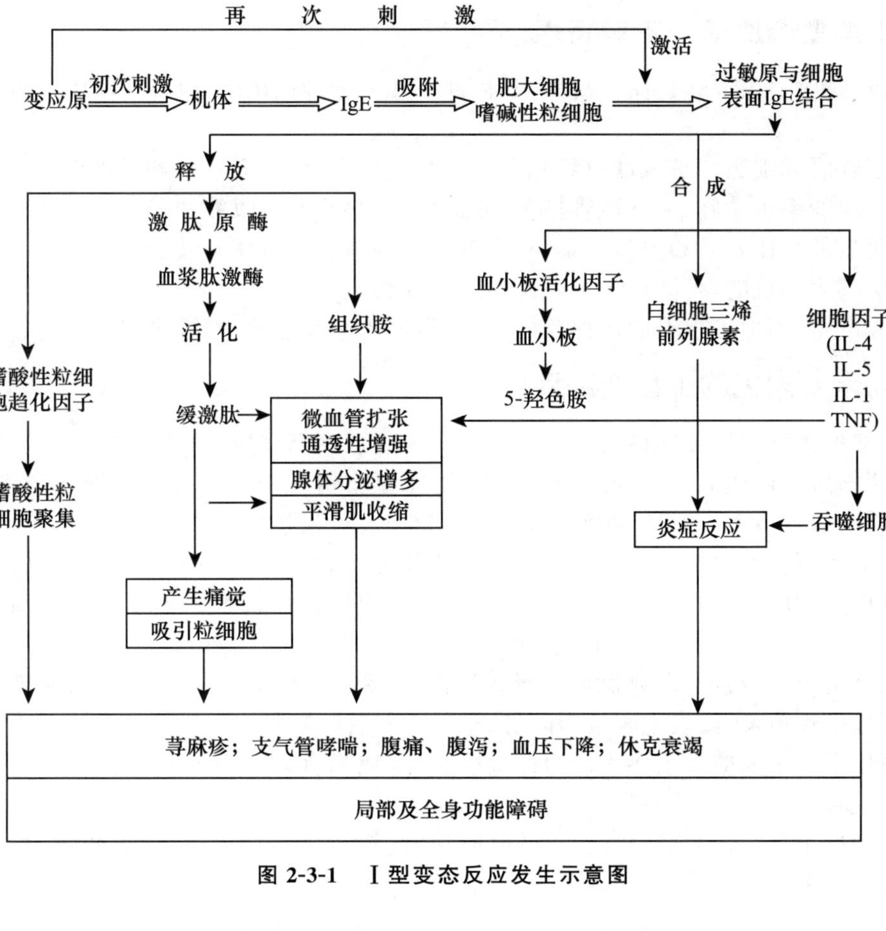

图 2-3-1　Ⅰ型变态反应发生示意图

二、过敏反应的条件和原因

1. T 细胞缺陷

在 IgE 免疫应答中 T 细胞起着重要作用，所以 T 细胞功能缺陷，尤其是 Ts 细胞缺陷，可促使形成过敏反应。过敏性湿疹病人的 E-玫瑰花形成细胞和 Ts 细胞的数量均大大减少。此外，离体的 T 细胞对有丝分裂原的免疫应答活性和皮肤试验中细胞介导免疫应答也均降低。

2. 介质的反馈机制紊乱

组胺是引起过敏反应的最主要的介质，组胺对过敏者 T 细胞增殖的抑制比非过敏者的更强烈，组胺能刺激过敏者的单核细胞产生前列腺素；而前列腺素又能促进离体 T 细胞的反应和体内炎症反应的产生。

3. 其他因素

过敏原的结构、大小；机体的遗传性和形成 IgE 的各种因素；机体被感染的状态，免疫抑制机能降低，尤其在 IgA 缺陷的动物中，IgE 的应答亢进，有的病毒（比如单纯疱疹病毒）能使嗜碱性粒细胞释放组胺，加剧了过敏反应的程度；病原微生物感染部位的损伤易于过敏原进入机体，使相应器官组织对组胺的敏感性提高。

三、I 型变态反应的主要特点

①反应速度快，很快达到反应高峰，几秒钟至几十分钟内出现症状，症状消退也快，为可逆性反应。

②由结合肥大细胞和嗜碱性粒细胞上的 IgE 抗体介导，没有补体和淋巴因子的参与。

③主要病变在小动脉，毛细血管扩张，通透性增加，平滑肌收缩。

④有明显的个体差异和遗传背景，只有少数过敏体质的机体易发。

⑤只引起生理机能紊乱，而无后遗性的组织损伤。

⑥反应严重，不但可以引起局部反应，而且可发生全身症状，严重者因休克死亡。

四、临床上常见的 I 型变态反应

（1）过敏性休克。过敏性休克是最严重的一种 I 型变态反应性疾病，主要由药物或异种血清引起。药物过敏性休克，以青霉素最常见。青霉素本身无免疫原性但其降解产物可与机体内的蛋白质结合获得免疫原性，刺激机体产生抗体 IgE，当机体再次接触青霉素后，可诱发过敏反应，严重者可导致过敏性休克。血清过敏性休克，当动物用过免疫血清后，机体就处于致敏状态，再接触相同的血清时，发生过敏反应。比如用破伤风抗毒素治疗或紧急预防时，可出现这种反应。

（2）呼吸道过敏反应。少数机体因吸入细菌、花粉、尘埃等抗原物质时，出现鼻部发痒、喷嚏、流涕等过敏性鼻炎，或发生气喘、呼吸困难等支气管哮喘等。

（3）消化道过敏反应。主要表现为过敏性肠炎，比如食入海鲜或某种食物会引起呕吐、腹泻、腹痛等症状。

（4）皮肤过敏反应。主要表现为皮肤荨麻疹、湿疹或血管性水肿，比如药物、花粉、感染病灶、肠道寄生虫等引起。

过敏反应的确诊比较困难，因为无论是确定过敏原还是检测特异性抗体 IgE 或 IgE 水平，都不是一般实验室能做到的。易行的控制措施为使用非特异性脱敏药，避免动物接触可能的过敏原，比如更换垫料或饲料等。

任务二 Ⅱ型变态反应

Ⅱ型变态反应又称抗体依赖性细胞毒型变态反应。引起Ⅱ型变态反应的抗体主要是 IgG 和 IgM，当其与细胞上的相应抗原或吸附在细胞（比如红细胞、血小板）表面（或和细胞结合）的相应抗原发生特异性结合，形成抗原抗体复合物，通过激活补体系统引起细胞溶解，或者被吞噬细胞吞噬。参与Ⅱ型变态反应的变应原，可以是外源性的变应原（某些药物、某些微生物的荚膜多糖、细菌内毒素等），也可以是机体本身存在的天然抗体（血型抗体）。

一、Ⅱ型变态反应的基本过程

变应原可刺激机体产生细胞溶解性抗体（IgG 和 IgM），这些抗体与血型抗原结合或与吸附在血细胞上的药物半抗原发生结合，形成抗原-抗体-血细胞复合物。通过以下三种途径将复合物中的血细胞杀死：①激活补体，使细胞溶解；②通过吞噬细胞吞噬而被溶解；③通过结合 K 细胞而将其杀死（图 2-3-2）。

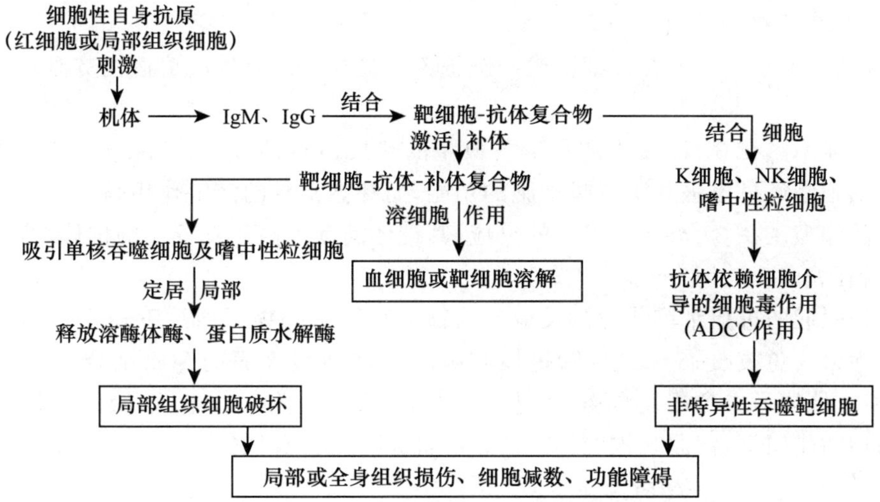

图 2-3-2　Ⅱ型变态反应的基本过程

二、Ⅱ型变态反应的主要特点

①较快到达反应高峰。

②发生过程中有细胞性抗原。

③有抗体和补体参与，无淋巴因子参与。

④既有功能障碍，又有组织损伤。

三、临床上常见的Ⅱ型变态反应

1. 输血反应

各种动物有其血型系统，如果输入血液的血型不同，就会造成输血反应，严重的可导致死亡。这是因为在红细胞表面存在着各种抗原，而在不同血型的个体血清中有相应的天然抗体，通常为 IgM。当输血者的红细胞进入不同血型的受血者的血管，红细胞与抗体结合而凝集，并激活补体系统，产生血管内溶血；在局部则形成微循环障碍等。临床表现为溶血性黄疸、震颤、发热和血红蛋白尿。治疗方法是停止输血和服用利尿剂，使积存在肾脏中的血红蛋白尽快排出，以免破坏肾小管。其实在输血过程中除了针对红细胞的抗原，还有针对血小板和淋巴细胞抗原的抗体反应，但因为它们数量较少，反应不明显。

2. 新生畜溶血性贫血

这也是一种因血型不同而产生的溶血反应。在母畜妊娠期间，胎儿不同血型的红细胞可能通过胎盘进入母体血液循环，引起母畜致敏而产生抗同种异型红细胞的抗体，这种抗体不能通过胎盘，可在初乳中大量存在，因此幼畜在吃母乳不久便会迅速发生溶血反应。

以新生骡驹为例，有 8%～10%的骡驹发生这种溶血反应。这是因为骡的亲代血型抗原差异较大，所以母马在妊娠期间或初次分娩时易被致敏而产生抗体。这种抗体通常经初乳进入新生驹的体内引起溶血反应。这与人因 RhD 血型导致的溶血反应类似。所以在临床上初产母马的幼驹发生的可能性较经产的要少。

3. 自身免疫溶血性贫血

由抗自身红细胞抗体或在红细胞表面沉积免疫复合物而导致的溶血性贫血。这类反应可分为下述三种类型。

(1)热反应型。在 37 ℃发生的反应。典型的热反应抗原是 RhD 系统，它不引起输血反应，溶解红细胞是通过增强脾脏巨噬细胞的功能，而补体介导的溶解作用是次要的。

(2)冷反应型。在 37 ℃以下发生的反应，其抗体滴度远高于热反应的抗体，溶解红细胞与补体的作用有关。

(3)药物引起的抗血细胞成分的反应。药物及其代谢产物可通过下述几种形式产生抗红细胞的(包括自身免疫变态)反应：①抗体与吸附于红细胞表面的药物结合，激活补体系统；②药物和相应抗体形成免疫复合物，通过 C_{3b} 或 Fe 受体吸附于红细胞，激活补体而损伤红细胞；③在药物的作用下，使原来被“封闭”的自身抗原产生自身抗体。

4. 感染病原微生物引起的溶血反应

有些病原微生物，比如沙门菌的脂多糖，马传性贫血病毒、貂阿留申病毒和某些原虫的抗原成分，能吸附宿主红细胞，这些红细胞受自身免疫系统的攻击，发生溶血反应。

5. 组织移植排斥反应

在器官或组织的受体已有相应抗体时，被移植的器官在几分钟或 48 h 后发生排斥反应，发生排斥反应的根本原因是受体与供体间主要组织相容性复合体第一类(MHC-I)抗原不一致。

任务三 Ⅲ型变态反应

Ⅲ型变态反应也称免疫复合物型反应、血管炎型，抗原刺激机体产生的抗体主要是 IgG，也有 IgM 和 IgA，进而形成抗原抗体免疫复合物。参与Ⅲ型变态反应的变应原是异种动物的血清、微生物、寄生虫和药物等。

一、Ⅲ型变态反应的基本过程

抗原进入机体刺激机体产生相应的抗体，形成抗原抗体免疫复合物。由于抗原抗体的比例不同，所以形成免疫复合物的大小和溶解性也不同。当抗体量大于抗原量或两者比例相当时，可形成分子较大的不溶性免疫复合物，此时被吞噬细胞吞噬而清除；当抗原量过大时，则形成较小的可溶性免疫复合物，此时可通过肾小球随尿液排出体外。所以，以上两种情况不影响机体的正常机能。但当抗原略多于抗体时，可形成中等大小的免疫复合物，此时，它既不能被吞噬细胞吞噬，也不能通过肾小球随尿液排出体外，便沉积于血管壁基底膜、肾小球基底膜、关节滑膜和皮肤等，此时激活补体，同时迁移而至的吞噬细胞就开始吞噬它们。但吞噬细胞不能将沉积与组织的复合物与组织分开，也不能把复合物连同组织细胞一起吞噬在细胞内，结果只能释放胞内的溶解酶。这些活性物质尽管溶解了复合物，但同时也损伤了周围的组织，引起炎症、水肿、出血、局部坏死等一系列反应（图 2-3-3）。由此可见，免疫复合物不断产生和持续存在是形成并加剧炎症反应的重要前提，而免疫复合物在组织的沉积则是导致组织损伤的关键。

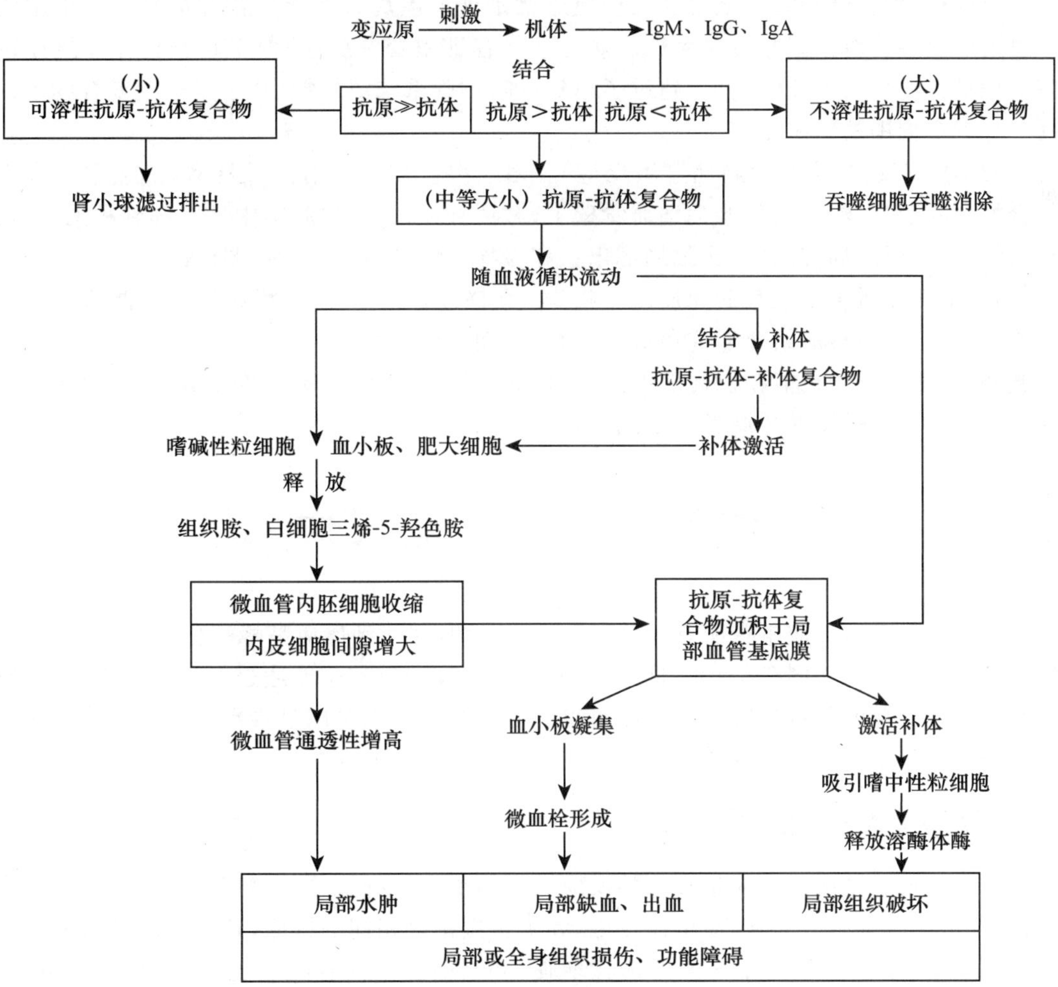

图 2-3-3　Ⅲ型变态反应发生示意图

二、Ⅲ型变态反应的主要特点

①较慢达到反应高峰。

②由抗原-抗体复合物引起，抗原为可溶性分子。

③有抗体和补体的参与，无淋巴因子参与。

④既有功能障碍，又有组织损伤。

三、临床上常见的Ⅲ型变态反应

(1)血清病。因血液循环中的免疫复合物吸附并沉积于组织，导致血管通透性增高并形成炎症性病变。比如在使用异源抗血清治疗时，一方面抗血清具有中和毒素的作用，另一方面异源性蛋白质却诱导相应免疫反应，当再次使用这种血清时就会产生免疫复合物，引起肾小球肾炎和关节炎等。

(2)自身免疫复合物病。全身性红斑狼疮就是这类疾病。因产生各种抗自身红细胞的抗体而发生溶血性贫血。某些自身免疫疾病也常伴有Ⅲ型变态反应，由于自身抗体和抗原以及相应免疫复合物持续不断的生成，超过了单核巨噬细胞系统清除能力，于是这些复合物也同样吸附并沉积在周围的组织器官。

(3)Arthus 反应(实验性局部过敏反应)。由于多次皮下注射同种抗原，形成中等大小免疫复合物，并沉积于注射局部的毛细血管壁上，激活补体系统，引起嗜中性粒细胞积聚等，最后导致组织损伤，引起局部反应，比如局部出血和血栓，严重时可发生组织坏死。

(4)感染病原微生物引起的免疫复合物病。在慢性感染过程中，病原持续刺激机体产生大量的抗体，并与相应抗原结合形成免疫复合物，从而引起肾小球肾炎。

此外，免疫复合物也能在机体表面产生，比如在肺部因反复吸入来自动物、植物和霉菌等抗原物质。外源性过敏性牙周炎就是因此而产生的。

任务四　Ⅳ型变态反应

经典的Ⅳ型变态反应是指所有在 12 h 或更长的时间达到反应高峰产生的变态反应，故又称迟发型变态反应。不同于Ⅰ、Ⅱ、Ⅲ三型变态反应，这类反应不能通过血清在动物之间转移，是由细胞因子介导的免疫反应。变应原可以是异种蛋白。也可以是蛋白质为载体结合的半抗原复合物。

一、Ⅳ型变态反应的基本过程

Ⅳ型变态反应是由免疫细胞参与的反应。机体受到某种抗原刺激时，导致 T 淋巴细胞活化、增殖分化成致敏淋巴细胞，使机体致敏，如果再次接触相同的抗原，致敏淋巴细胞即释放出各种淋巴因子，淋巴因子使血管的通透性增强，并吸引和激活吞噬细胞，使得吞噬作用加强。形成以单核细胞浸润、巨噬细胞释出溶酶体和淋巴细胞释出淋巴毒素等多种淋巴因子引起组织损伤(图 2-3-4)。

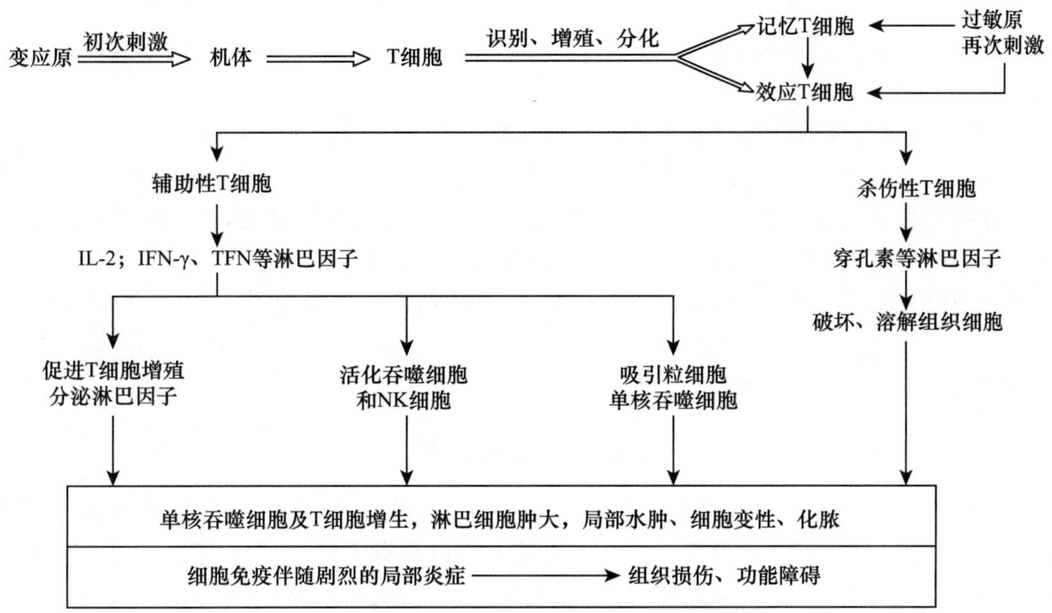

图 2-3-4　Ⅳ型变态反应发生示意图

二、Ⅳ型变态反应的主要特点

(1)缓慢达到反应高峰。

(2)与抗体和补体无关，属细胞免疫。

(3)既有功能障碍，又有组织损伤。

(4)无明显个体差异。

三、Ⅳ型变态反应常见的疾病

(1)Jones-Mote 反应(琼斯—莫特反应)。由碱性粒细胞在皮内直接浸润为特点的反应。在再次接触抗原 24 h 后在皮肤出现最大的肿胀，持续最长为 7～10 d。由可溶性抗原也能引起这种反应。Jones-Mote 反应的细胞浸润过程中有大量碱性粒细胞，而结核菌素变态反应中这类细胞极少。

(2)接触性变态反应。它是指人和动物接触部位的皮肤湿疹，一般发生在再次接触抗原物质 48 h 后。镍、丙烯酸盐和含树胶的药物等可成为抗原或半抗原。在正常情况下，这类物质并无抗原性，但它们进入皮肤，以共价键或其他方式与机体的蛋白质结合，即能产生免疫活性，致敏 T 细胞。被致敏的 T 细胞再次接触这些物质时，就产生一系列反应：在 6～8 h，出现单核细胞浸润，在 12～15 h 反应最强烈，伴有皮肤水肿和形成水泡。这种变态反应与化脓性感染的区别在于病变部位缺少中性多形粒细胞。

(3)结核菌素变态反应。在患结核病动物皮内注射结核菌素 48 h 后，该部位发生肿胀和硬变。该反应用于结核杆菌感染的诊断。鼻疽菌素点眼检测马鼻疽，也是根据同样的原理。一些其他可溶性抗原，包括非微生物来源的物质也能引起这种反应。在接种抗原 24 h 后，局部发生大量单核巨噬细胞浸润，其中一半来自淋巴细胞和单核细胞；48 h 后淋巴细胞从血管迁移并以芽肿为特点的反应，其过程取决于抗原存在的时间。在此期间无嗜碱性粒细胞的出现。

(4)肉芽肿变态反应。在迟发型变态反应中肉芽肿具有重要的临床意义。在许多细胞介导的免疫反应中都产生肉芽肿，其原因是微生物持续存在并刺激巨噬细胞，而后者不能溶解消除这些异物。由免疫复合物持续刺激也能形成上皮细胞的肉芽肿增生，其组织学不同于结核菌素反应，前者是抗原持续性刺激的结果，而后者是对抗原的局部限制性反应。免疫病理肉芽肿不仅可由感染的微生物引起，也可由非抗原性的锆、滑石粉等引起，但无巨噬细胞参与。

【知识拓展】

新生儿溶血症

目前已经发现的并为国际输血协会承认的血型系统有 30 种，而其中以 ABO 血型系统和 Rh 血型系统(恒河猴因子)最为重要。血型系统对输血具有重要意义，以不相容的血型输血可能导致溶血反应的发生，造成溶血性贫血、肾衰竭、休克以至死亡、新生儿溶血症等。

新生儿溶血症，是由于母儿血型不合，母亲与胎儿之间产生抗原抗体反应，造成胎儿红细胞被破坏，引起的同种被动免疫性疾病，故称本病为新生儿母子血型不合性溶血病。患新生儿溶血症的宝宝会出现各种症状，主要表现为黄疸、肝脾肿大、贫血等。症状轻的进展缓慢，对全身状况影响小；严重的病情进展快，出现嗜睡、厌食，甚至发生胆红素脑病或死亡。

(1)ABO 血型不合溶血病。多数是母亲 O 型、胎儿 A 型或 B 型。少数为母亲 A 型、胎儿 B 型或 AB 型，或母亲 B 型、胎儿 A 型或 AB 型时发病。因为 A 型或 B 型母亲的天然抗 A 或抗 B 抗体主要为不能通过胎盘的 IgM 抗体，而存在于 O 型母亲中的同种抗体以 IgG 为主，因此 ABO 溶血病主要见于 O 型母亲、A 型或 B 型胎儿。ABO 溶血病可发生在第一胎，这是因为食物、革兰阴性细菌、肠道寄生虫、疫苗等也具有 A 血型或 B 血型物质，持续的免疫刺激可使机体产生 IgG 抗 A 或抗 B 抗体，怀孕后这类抗体通过胎盘进入胎儿体内可引起溶血。由于 A 和 B 抗原也存在于红细胞外的许多组织中，通过胎盘的抗 A 或抗 B 抗体仅少量与红细胞结合，其余都被其他组织和血浆中的可溶性 A 血型和 B 血型物质的中和和吸收，因此虽然母婴 ABO 血型不合很常见，但发病者仅占少数。

(2)Rh 血型不合溶血病。Rh 阴性的母亲孕育了 Rh 阳性的胎儿后，胎儿的红细胞如果有一定数量进入母体时，即可刺激母体产生抗 Rh 阳性抗体，如果母亲再次怀孕生第二胎时，此种抗体便可通过胎盘，溶解破坏胎儿的红细胞造成新生儿溶血。如果孕妇曾输过 Rh 阳性血液，则第一胎即可发生新生儿溶血。Rh 血型无天然抗体，其抗体多由输血(Rh 阴性者被输入 Rh 阳性血液)或妊娠(Rh 阴性母亲孕育着 Rh 阳性胎儿)免疫生成，具有重要临床意义。一旦形成抗体，如果再输入 Rh 阳性血液，可发生严重输血反应。再孕育 Rh 阳性胎儿可发生新生儿溶血症。因此 Rh 阴性的女性在输了 Rh 阳性的血后，血液里产生了抗体，就不能再怀 Rh 阳性的孩子了，否则婴儿多半难以存活。也有部分存活胎儿由于溶血所产生的大量胆红素进入脑细胞，引起新生儿中枢神经细胞病变(称为核黄疸，核黄疸残废率极高)即使幸存也会影响病儿的智力发育和运动能力。女性如果不输 Rh 阳性的血，则可生育第一胎，这是由于第一胎怀孕时，孕妇体内产生的抗体量较少，还不足以引起胎儿发病。如果第一胎是 Rh 阳性，那么以后就不能继续生育了。如果男性是 Rh 阴性，那么生完 Rh 阳性的孩子后也不要生育第二胎。但是男性输完 Rh 阳性的血后不会丧失生育能力。

【考核评价】

某奶牛场，1 000 头规模。牛场兽医发现有 2 头奶牛出现产奶量下降，呼吸加快，有短而干的咳嗽。按感冒治疗，没有效果，后用青霉素等药物进行治疗，没有明显效果。随着病程的增长，病牛逐渐消瘦，咳嗽明显。其中有 1 头奶牛表现为极度消瘦，咳嗽加剧，呼吸急促，产乳量明显下降，乳汁稀薄如水样，1 个月后死亡。死后剖检发现肺脏、淋巴结等器官上有很多白色突起，切开后，切面有干酪样物质。另外，胸膜、腹膜等处有许多粟粒大到豌豆大小的半透明灰白色结节。初步诊断为奶牛结核病，采病料进行实验室诊断，最后确诊为奶牛结核病。为了防止更多奶牛发病，造成不必要的经济损失，要对该牛场的奶牛通过注射牛型提纯结核菌素进行群体检疫，请您试述应用哪一型变态反应，原理是什么？

【知识链接】

1. DB65/T 3296—2011 牛结核病防治技术规范。
2. GB/T 18645—2020 动物结核病诊断技术。
3. GB/T 18646—2018 动物布鲁氏菌病诊断技术。

项目四
血清学试验

【学习目标】

了解免疫电泳、免疫标记和中和试验；掌握血清学试验的特点和影响血清学试验的因素；掌握凝集试验、沉淀试验等试验的原理、操作技术和判定标准。

任务一　血清学试验概述

一、血清学试验的概念

抗原抗体反应是指抗原与相应的抗体之间发生的特异性结合反应。抗原抗体反应既可以发生在体内，也可发生在体外。在体内发生的抗原抗体反应是体液免疫应答的效应作用。抗体主要存在于血清中，体外条件下抗原抗体反应称为血清学试验或血清学反应。体外的抗原抗体结合反应广泛应用于微生物的鉴定、传染病及寄生虫病的诊断和监测。

二、血清学试验的一般特点

(1)特异性和交叉性。抗原抗体的特异性结合是指抗原分子上的抗原决定簇和抗体分子可变区结合的特异性，是两者之间空间结构互补决定的。只有抗原决定簇的立体构型和抗体分子的立体构型完全吻合，才能发生结合反应。比如抗禽流感病毒的抗体只能与禽流感病毒结合，而不能与其他病毒结合。

较大分子抗原(比如天然抗原)常含有多种抗原决定簇，如果两种不同的抗原之间含有部分共同的抗原决定簇，则发生交叉反应。比如肠炎沙门菌的抗血清能凝集鼠伤寒沙门菌。一般亲缘关系越近，交叉反应的程度越高。单因子血清、单克隆抗体可避免交叉性的干扰。根据抗原抗体反应高度特异性的特点，在疾病诊断中可用抗原和抗体中任何一方作为已知条件来检测另一未知方。

(2)敏感性。抗原抗体的结合还具有高度敏感性的特点，不仅可定性检测，还可定量检测微量、极微量的抗原或抗体，其敏感度大大超过当前所应用的化学分析方法，因此其应用十分广泛。血清学试验的敏感性视种类而异(表 2-4-1)。

表 2-4-1　血清学试验的敏感性比较

测定方法	敏感性
双向免疫扩散试验	<1 mg/L
火箭电泳	<0.5 mg/L
对流电泳	<0.1 mg/L
免疫电泳	<5～10 mg/L
凝集试验	1 μg/L
血凝抑制试验	0.1 μg/L
补体结合试验	0.1 μg/L
放射免疫分析法	<1 pg/L
酶联免疫吸附试验	<1 ng/L
定量免疫荧光分析	<1 pg/L

(3) 可逆性。抗原与抗体的结合是分子表面的结合,其结合的温度为 0～40 ℃、pH 为 4～9 范围内。如果温度超过 60 ℃或 pH 降到 3 以下,或加入解离剂(比如硫氰化钾、尿素等)时,则抗原与抗体复合物又可重新解离,并且分离后的抗原或抗体的性质仍不改变。如果抗原是细菌,分离后的细菌仍可在培养基上生长繁殖。免疫技术中的亲和层析法,常用改变 pH 和离子强度促使抗原抗体复合物解离,从而纯化抗原或抗体。

(4) 反应的二阶段性。血清学试验可人为的分为两个阶段,第一阶段为抗原与抗体的特异性结合阶段,形成单个的抗原抗体复合物,反应快,几秒钟至几分钟即可,但不出现可见反应;第二阶段为抗原抗体复合物的聚合阶段,在环境因素的影响下可出现各种肉眼可见反应,比如凝集、沉淀、补体结合等。此阶段反应进行较慢,需几分钟、几十分钟或更长时间。两个阶段无严格界限区分,第二阶段的反应受电解质、温度和酸碱度等的影响。

(5) 最适比例与带现象。大多数抗体为二价,抗原为多价,因此只有两者比例合适时,才能形成彼此连接的大复合物,血清学反应才出现凝集、沉淀等可见反应现象。如果抗原过多或抗体过多,则抗原抗体的结合不能形成大的复合物,因而抑制可见反应的出现,称为带现象。当抗体过量时,称为前带;抗原过量时,称为后带。为克服带现象,在进行血清学反应时,需将抗原或抗体作适当稀释,通常是固定一种成分,而稀释另一种成分。

(6)用已知测未知。所有的血清学试验都是用已知抗原测定未知抗体,或用已知抗体测定未知抗原。在反应中只能有一种材料是未知的,但可以用两种或两种以上的已知材料检测一种未知抗原或抗体。

三、影响血清学试验的因素

(1)电解质。抗原与抗体发生结合后,在由亲水胶体变为疏水胶体的过程中,须有电解质参与才能进一步使抗原抗体复合物表面失去电荷,水化层破坏,复合物相互靠拢聚集形成大块的凝集物或沉淀物。如果无电解质参加,则不出现可见反应。为了促使沉淀物或凝集物的形成,常用 0.85%～0.9%(人、畜)或 8%～10%(禽)的氯化钠溶液或各种缓冲液(免疫标记技术),作为抗原和抗体的稀释液或反应液。常用的电解质溶液有生理盐水、磷酸盐缓冲液

(PBS)。但电解质的浓度不宜过高，否则会出现盐析现象，影响血清学试验结果的判定。

(2)温度。在一定温度范围内，温度越高，抗原、抗体分子运动速度越快，这可以增加其碰撞的机会，加速抗原抗体结合和反应现象的出现，比如凝集和沉淀反应通常在 37 ℃水浴或 37 ℃温箱内(即将试验材料加盖保湿恒温作用薄膜或玻璃板)一定时间，以促进反应现象的出现，如果用 56 ℃水浴则反应更快。但有的抗原抗体结合则需长时间在低温下，才能使反应完成得比较充分、彻底，比如有的补体结合试验在 0～4 ℃冰箱结合效果更好。

(3)酸碱度。血清学试验要求在一定的 pH 下进行，常用的 pH 为 6～8，pH 过高或过低都可使已结合的抗原抗体复合物重新解离。当 pH 降至抗原或抗体的等电点时，可引起非特异性的酸凝集，造成假象，影响血清学试验结果的判定。

(4)振荡。适当的机械振荡能增加分子或颗粒间的相互碰撞，加速抗原抗体的结合反应。但是强烈的、频繁的振荡可使抗原抗体复合物重新解离。

(5)杂质和异物。试验中如果存在与反应无关的杂质、异物(比如蛋白质、类脂质和多糖等)存在时，会抑制反应的进行或引起非特异性反应。因此，进行血清学试验时除把所用的试管、吸管、玻璃板等清洗干净外，还要在试验中设阳性对照和阴性对照。

四、血清学试验的应用及发展趋向

近年来，血清学试验与现代科学技术相结合，发展很快。加之半抗原连接技术的发展，几乎所有小分子活性物质均能制成人工复合抗原，以制备相应抗体，从而建立血清学检测技术，使血清学技术的应用范围越来越广，涉及生命科学的所有领域，成为生命科学进入分子水平不可缺少的检测手段。

(1)血清学试验的应用。血清学试验在医学和兽医学领域已广泛应用，可直接或间接从传染病、寄生虫病、肿瘤、自身免疫病和反应性疾病的感染组织、血清、体液中检出相应的抗原或抗体，从而作为确切诊断。对传染病来说，几乎没有不能用血清学试验确诊的传染病。实验室只要备有各种诊断试剂盒和相应的设备，就可对多种疾病做出确切诊断。在动物疫病的群体检疫、疫苗免疫效果监测和流行病学调查中，也已广泛应用血清学试验以检测抗原或抗体。血清学试验还广泛应用于生物活性物质的超微定量、物种及微生物鉴定和分型等方面。此外，血清学试验也用于基因分离，克隆筛选，表达产物的定性、定量分析和纯化等，已经成为现代分子生物学研究的重要手段。

(2)血清学试验的发展趋向。随着免疫学技术的飞速发展，在原有经典免疫学实验方法的基础上，新的免疫学测定方法不断出现，在抗原抗体反应基础上发展起来的固相载体、免疫比浊、放射免疫、酶联免疫、荧光免疫、发光免疫及免疫学的生物传感技术和流式免疫微球分析都极大地推动了免疫学和生物化学的融合，促进了各种自动化免疫分析仪的推出和应用，比如散射比浊、化学发光、电化学发光、酶免疫分析、荧光偏振、微粒子酶免疫分析、荧光酶免疫分析等，使血清学试验具有更高的特异性、高度敏感性、精密的分辨能力以及简便快速的特点。

血清学试验的发展趋向应该是反应的微量化和自动化，方法的标准化和试剂的商品化，技术的敏感、特异和精密化，检测技术的系列化以及方法简便快速。

任务二　凝集试验

一、凝集试验的概念

颗粒性抗原(比如细菌、红细胞等)或可溶性抗原吸附于某些载体(比如红细胞、离子交换树胶、白陶土、活性炭等)表面,与相应抗体结合,在适量电解质存在下,经过一定时间,复合物互相凝集形成肉眼可见的凝集团块,称为凝集试验。参与试验的抗原称为凝集原,参与试验的抗体称为凝集素。参与凝集试验的抗体主要为 IgG 和 IgM。凝集试验可用于检测抗体或抗原,最突出的优点是操作简便,深受基层工作者欢迎。

二、凝集试验的类型

根据抗原的性质、反应的方式,可将凝集试验分为直接凝集试验和间接凝集试验两种(图 2-4-1)。

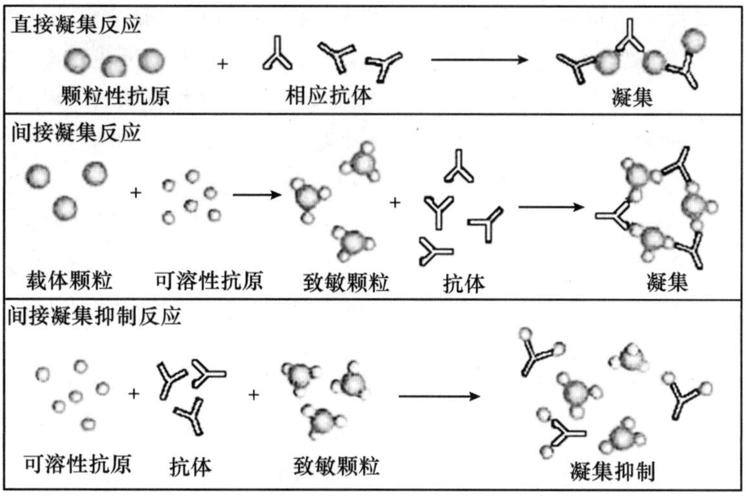

图 2-4-1　凝集试验模式图

(一)直接凝集试验

颗粒性抗原与相应抗体直接结合并出现肉眼可见凝集物现象的试验称直接凝集试验。按操作方法可分为玻片法和试管法两种。

(1) 玻片法。它是一种定性试验,在玻璃板或瓷片上进行。将含有已知抗体的诊断血清与待检悬液各一滴在玻璃板上混合,数分钟后,如果出现颗粒状或絮状凝集,为阳性反应。此法简便快速,适用于血型鉴定、新分离菌的鉴定或定型,比如沙门菌、链球菌的鉴定,血型的鉴定等多采用此法。也可用已知的诊断抗原悬液,检测待检血清中是否存在相应的抗体,比如布鲁氏菌的平板凝集试验、鸡白痢全血平板凝集试验及血型鉴定等。

(2) 试管法。它是一种定量试验,在试管中进行,用于检测待检血清中是否存在相应抗体和测定该抗体的含量(检测抗体效价或滴度),以协助临床诊断或流行病学调查。操作时,将待检血清用生理盐水作倍比稀释,然后加入等量一定浓度的抗原,混匀,37 ℃水浴或温箱中数小时后观察。视不同凝集程度记录为＋＋＋＋(100％凝集)、＋＋＋(75％凝集)、＋＋(50％凝集)、＋(25％凝集)和－(不凝集)。根据每管内细菌的凝集程度判定血清中抗体的含量,以出现 50％凝集(＋＋)以上的血清最高稀释倍数为该血清的凝集价(或称效价、滴度)。生产中常用此法诊断和检疫牛、羊布鲁氏菌病。

(二)间接凝集试验

将可溶性抗原(或抗体)吸附于与免疫无关的小颗粒表面,再与相应的抗体(或抗原)结合,在适宜电解质参与下,所发生的特异性凝集反应,称为间接凝集试验。可溶性抗原主要有可溶性蛋白质(比如细菌裂解物或浸出液、病毒、寄生虫分泌物、裂解物或浸出液)、各种蛋白质抗原以及某些细菌的可溶性多糖等。用于吸附抗原(或抗体)的颗粒称为载体,常用的载体有动物的红细胞、聚苯乙烯凝胶、硅酸铝、活性炭和葡萄球菌 A 蛋白等。吸附抗原(或抗体)后的颗粒称为致敏颗粒。将抗原吸附于载体颗粒,然后与相应的抗体反应产生的凝集现象,称为正向间接凝集反应,又称正向被动间接凝集反应。将特异性抗体吸附于载体颗粒表面,再与相应的可溶性抗原结合产生凝集现象,称为反向间接凝集反应。

(1) 间接血凝试验。间接血凝试验是以红细胞为载体的间接凝集试验。将可溶性抗原致敏于红细胞表面,用以检测未知抗体,与相应抗体反应时出现肉眼可见的红细胞凝集现象,称此为正向间接血凝试验。将已知抗体吸附于红细胞表面,用以检测样本中相应抗原,致敏红细胞在与相应抗原反应时发生凝集,称为反向间接血凝试验。由于红细胞几乎能吸附任何抗原,而红细胞是否凝集又容易观察。因此,利用红细胞作载体进行的间接血凝试验广泛应用于多种疫病的诊断和检疫,比如病毒性传染病、支原体病、寄生虫病的诊断与检疫。

(2) 乳胶凝集试验。乳胶又称胶乳,是聚苯乙烯聚合的高分子乳状液,乳胶微球直径约 0.8 μm,对蛋白质、核酸等大分子物质具有良好的吸附性能,用它作载体吸附抗原(或抗体),可用以检测相应的抗体(或抗原)。本法具有快速简便、保存方便、比较准确等优点。在对组织抗原、激素等的检测中已广泛应用。

(3) 协同凝集试验。该试验中的载体是一种金黄色葡萄球菌的特异性表面抗原(葡萄球菌 A 蛋白缩写为 SPA),SPA 能与人和大多数哺乳动物血清中 IgG 分子的 F_c 片段发生结合,将 IgG 分子的 F_{ab} 片段暴露于葡萄球菌的表面,并保持其抗体活性。当结合于葡萄球菌表面的抗体与相应抗原结合时,形成肉眼可见的小凝集块,该方法称为协同凝集试验。在多种细菌病和某些病毒病的快速诊断中已广泛应用。

任务三　沉淀试验

一、沉淀试验的概念

可溶性抗原(比如细菌的外毒素、内毒素、菌体裂解液、病毒的可溶性抗原、血清和组织浸出液等)与相应的抗体结合,在适宜电解质存在下,经一定时间,形成肉眼可见的白色沉淀,称为沉淀试验。参与沉淀试验的抗原称为沉淀原,参与沉淀试验的抗体称为沉淀素。

二、沉淀试验的类型

沉淀试验可分为液相沉淀试验和固相沉淀试验，液相沉淀试验有环状沉淀试验和絮状沉淀试验，以前者应用较多；固相沉淀试验有琼脂扩散试验和免疫电泳技术。

(一)环状沉淀试验

环状沉淀试验是最简单、最古老的一种沉淀试验，是一种在两种液体界面上进行的试验，目前仍应用广泛。方法为在小口径试管中先加入已知沉淀素血清(抗血清)，然后小心沿试管壁加入等量待检抗原于血清表面，使之成为分界清晰的两层。数分钟后，两层液面交界处出现白色环状沉淀，即为阳性反应。试验中应设阳性、阴性对照。本法主要用于抗原的定性试验，比如诊断炭疽的 Ascoli 试验、链球菌的血清型鉴定、血迹鉴定、沉淀素的效价滴定等。试验时出现白色沉淀带的最高抗原的稀释倍数为血清的沉淀价。

(二)琼脂凝胶扩散试验

琼脂凝胶扩散试验又称琼脂免疫扩散或简称琼脂扩散或免疫扩散，可溶性抗原与相应抗体的反应在琼脂凝胶中进行。琼脂是一种含有硫酸基的酸性多糖体，高温时能溶于水，冷却凝固(45 ℃时)后形成凝胶，琼脂凝胶是一种多孔的网状结构，1%琼脂凝胶的孔径约为 85 nm，孔内充满水分，可允许小于孔径的各种抗原或抗体分子在琼脂凝胶中自由扩散，当二者在比例适当处相遇时，即可发生沉淀反应，因形成的抗原抗体复合物为大于凝胶孔径的颗粒，不能在凝胶中再扩散，所以在凝胶中形成肉眼可见的沉淀带，称此试验为琼脂凝胶扩散试验。

琼脂扩散试验可分为单扩散和双扩散。单扩散是抗原抗体中一种成分扩散，另一种成分均匀分布于凝固的琼脂凝胶中；双扩散则是两种成分在凝胶内彼此都扩散。根据扩散的方向不同又分为单向扩散和双向扩散，向一个方向直线扩散者称为单向扩散，向四周辐射扩散者称为双向扩散。因此琼脂扩散试验可分为单向单扩散、单向双扩散、双向单扩散和双向双扩散 4 种类型。其中以双向单扩散和双向双扩散最常用。

(1) 双向单扩散。它又称辐射扩散，试验在玻璃板或平皿上进行，用 1.6%～2.0%琼脂加一定浓度的等量抗血清浇成琼脂凝胶板，厚度为 2～3 mm，在其上打直径为 2 mm 的小孔，孔内滴加相应抗原液，放入密闭湿盒中扩散 24～48 h。抗原在孔内向四周辐射扩散，在比例适当处与凝胶中的抗体结合形成白色沉淀环。此白色沉淀环的大小随扩散时间的延长而增大，直至平衡为止。沉淀环面积与抗原浓度成正比，因此可用已知浓度抗原制成标准曲线，即可用以测定抗原的量。

此法在兽医临床已广泛用于传染病的诊断，比如鸡马立克氏病的诊断。可将马立克氏病毒高免血清浇成血清琼脂平板，拔取病鸡新换的羽毛数根，自毛根尖端 1 cm 处剪下插入琼脂凝胶板上，阳性者毛囊中病毒抗原向周围扩散，形成白色沉淀环。

(2) 双向双扩散。它简称双扩散，是以 1%琼脂浇成厚 2～3 mm 的凝胶板，在其上按设计图形打圆孔或长方形槽，封底后在相邻孔(槽)内滴加抗原和抗体，在饱和湿度下扩散 24～96 h，观察沉淀带。抗原抗体在琼脂凝胶中相向扩散，在两孔间比例最适的位置上形成沉淀带，如果抗原抗体的浓度基本平衡时，沉淀带的位置主要决定于两者的扩散系数。但如果抗原过多，则沉淀带向抗体孔增厚或偏移；如果抗体过多，则沉淀带向抗原孔偏移。

双扩散主要用于抗原的比较和鉴定，两个相邻的抗原孔(槽)与其相对的抗体孔之间，各自形成自己的沉淀带。此沉淀带一经形成，就像一道特异性屏障，继续扩散而来的相同抗原抗体，只能使沉淀带加浓加厚，而不能再向外扩散，但对其他抗原抗体系统则无屏障作用，它们可以继续扩散。沉淀带的基本形式有以下 3 种。两相邻孔为同一抗原时，两条沉淀带完全融合，如果二者在分子结构上有部分相同抗原决定簇，则两条沉淀带不完全融合并出现一个叉角。两种完全不同的抗原，则形成两条交叉的沉淀带。不同分子的抗原抗体系统可各自形成两条或更多的沉淀带（图 2-4-2）。

双扩散也可用于抗体的检测。测抗体时，加待检血清的相邻孔应加入标准阳性血清作为对照，以资比较。测定抗体效价时可倍比稀释血清，以出现沉淀带的血清最大稀释度为抗体效价（图 2-4-3）。

本法广泛应用于传染病的诊断和细菌、病毒的鉴定，比如鸡马立克氏病、鸡传染性法氏囊炎、禽流感、支原体病、马传染性贫血和蓝舌病等。

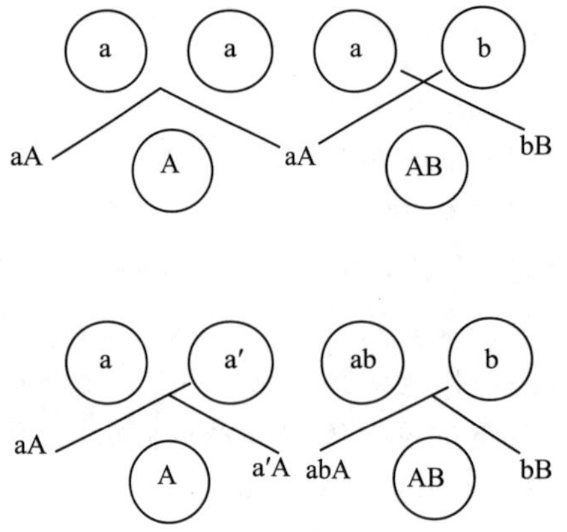

a、b. 单一抗原
ab. 同一分子上 2 个决定簇
A、B. 抗 a、抗 b 抗体
A′. 与 a 部分相同的抗原

图 2-4-2 琼脂扩散 4 种基本类型

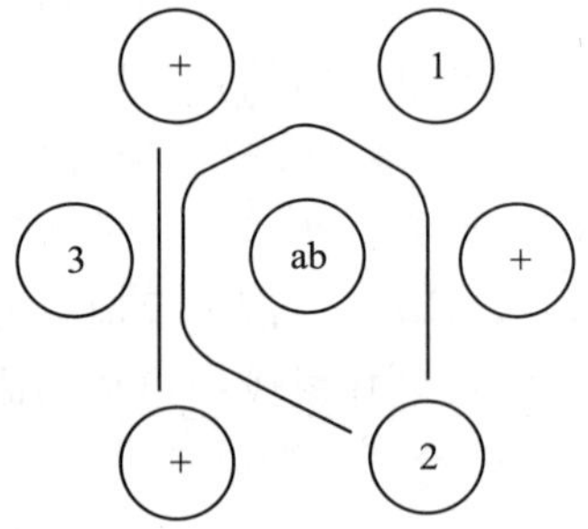

ab 为两种抗原的混合物
+为抗 b 的标准阳性血清
1、2、3 为待检血清
结果：1 为抗 b 阳性，2 为阴性，
3 为抗 a 抗 b 双阳性

图 2-4-3 双扩散用于检测抗体

（三）免疫电泳技术

免疫电泳技术是把凝胶扩散试验与电泳技术相结合的免疫检测技术。即将琼脂扩散置于直流电场中进行，让电流来加速抗原与抗体的扩散并规定其扩散方向，在比例合适处形成可见的沉淀带。此技术在琼脂扩散的基础上，提高了反应速度、反应灵敏度和分辨率。在临床上应用比较广泛的有对流免疫电泳和火箭免疫电泳等。

（1）对流免疫电泳。它是将双扩散与电泳技术相结合的免疫检测技术。大部分抗原在碱性溶液（pH>8.2）中带负电荷，在电场中向正极移动；而抗体球蛋白带电荷弱，在琼脂电泳时，由于电渗作用，向相反的负极移动。如果将抗体置于正极端，抗原置于负极端，则电泳时抗原抗体相向泳动，在两孔之间形成沉淀带（图 2-4-4）。

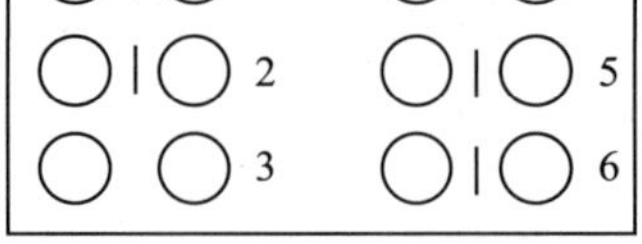

Ag 为抗原；Ab 为抗体；
Ab1 为阳性参考血清；
Ab4 为阴性参考血清；
Ab2、3、5、6 为待检血清

图 2-4-4 对流电泳示意图

试验时，首先制备琼脂凝胶板(免疫电泳需选用优质琼脂或琼脂糖)，以 pH 为 8.2～8.6 的巴比妥缓冲液制备 1%～2%琼脂，浇注凝胶板，厚约 4 mm，待其凝固后，在琼脂板上打孔，挑去孔内琼脂后，将抗原置负极一侧孔内，抗血清置正极一侧孔内。加样后电泳 30～90 min，观察结果。沉淀带出现的位置与抗原抗体含量和泳动速度相关。如果抗原抗体含量相当，沉淀带在两孔间呈一条直线；如果二者含量和泳动速度差异较大，沉淀带出现在对应孔附近，呈月牙形；如果抗原或抗体含量过高，可使沉淀带溶解。有时抗原量极微，沉淀带不明显，在这种情况下，可置于 37 ℃中保温数小时，以增加清晰度。

对流免疫电泳比双向扩散敏感 10～16 倍，并大大缩短了沉淀带出现的时间，简易快速，现已用于多种传染病的快速诊断。比如口蹄疫、猪传染性水疱病等病毒病的诊断。

(2)火箭免疫电泳。它是将辐射扩散与电泳技术相结合的一项检测技术，简称火箭电泳。将 pH 为 8.2～8.6 的巴比妥缓冲液琼脂融化后，冷至 56 ℃左右，加入一定量的已知抗血清，浇成含有抗体的琼脂凝胶板。在板的负极端打一列孔，孔径 3 mm，孔距 8 mm，滴加待检抗原和已知抗原，电泳 2～10 h。电泳时，抗原在含抗血清的凝胶板中向正极迁移，其前锋与抗体接触，形成火箭状沉淀弧，随抗原继续向前移动，此火箭状锋也不断向前推移，原来的沉淀弧由于抗原过量而重新溶解。最后抗原抗体达到平衡时，即形成稳定的火箭状沉淀弧(图 2-4-5)。在试验中由于抗体浓度保持不变，因而火箭沉淀弧的高度与抗原浓度成正比，本法多用于检测抗原的量(用已知浓度抗原做对比)。

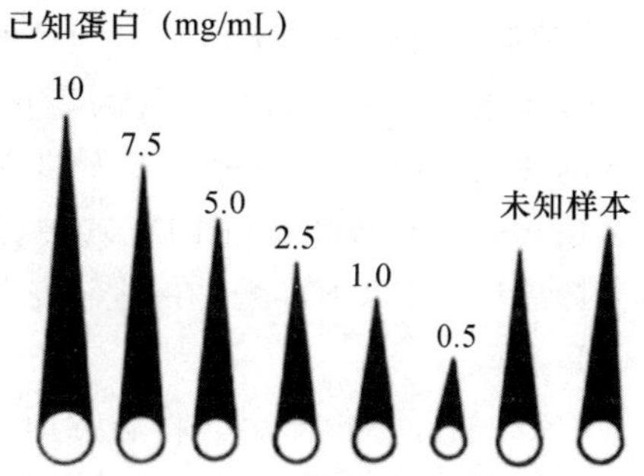

图 2-4-5　火箭免疫电泳

任务四　中和试验

一、中和试验的概念

根据抗体能否中和病毒的感染性而建立的免疫学试验，称中和试验。中和试验极为特异和敏感，既能定性又能定量，主要用于病毒感染的血清学诊断、病毒分离株的鉴定、病毒抗原性的分析、疫苗免疫原性的评价、免疫血清的质量评价和血清抗体效价的检测等。中和试验可在体内进行也可在体外进行。

体内中和试验也称保护性试验，试验时先对试验动物接种疫苗或抗血清，间隔一定时间后，再用一定量病毒攻击，最后根据动物是否得到保护来判定结果。常用于疫苗免疫原性的评价和抗血清的质量评价。

体外中和试验是将抗血清与病毒混合，在适宜条件下作用一定时间后，接种于敏感细胞、鸡胚或动物，以检测混合液中病毒的感染力。根据保护效果的差异，判断病毒是否被中和，并可计算中和指数，即中和抗体的效价。根据测定方法不同，中和试验有终点法中和试验和空斑减数法中和试验等方法。

毒素和抗毒素也可进行中和试验。其方法与病毒的中和试验基本相同。

二、中和试验的分类

(一)终点法中和试验

终点法中和试验是通过滴定使病毒感染力减少至50%时血清的中和效价或中和指数。有固定病毒稀释血清法和固定血清稀释病毒法两种方法。

1. 固定病毒稀释血清法

将已知的病毒量固定,血清作倍比稀释,常用于测定抗血清的中和效价。

(1)病毒毒价单位。病毒毒价(毒力)的单位过去多用最小致死量(MLD),此法比较简单,但由于剂量的递增与死亡率递增的关系不是一条直线,而是呈S形曲线,在越接近100%死亡时,对剂量的递增越不敏感。而死亡率越接近50%时,剂量与死亡率呈直线关系,所以现基本上采用半数致死量(LD_{50})作为毒价单位,而且LD_{50}的计算应用了统计学方法,减少了个体差异的影响,因此比较准确。以感染发病作为指标的,可用半数感染量(ID_{50})。用鸡胚测定时,可用鸡胚半数致死量(ELD_{50})或鸡胚半数感染量(EID_{50});用细胞培养测定时,可用组织细胞半数感染量($TCID_{50}$)。在测定疫苗的免疫性能时,则用半数免疫量(IMD_{50})或半数保护量(PD_{50})。

(2)病毒毒价测定。将病毒原液作10倍递进稀释即10^{-1}、10^{-2}、10^{-3}……,选择4~6个稀释倍数接种一定体重的试验动物(或鸡胚、细胞),每组3~6只(个、孔)。接种后,观察一定时间内的死亡(或出现细胞病变)数和生存数。根据累计死亡数和生存数计算致死百分率。然后按Reed-Muench法、内插法或Karber法计算半数剂量。

以$TCID_{50}$测定为例说明如下。

按Karber法计算,其公式为$\lg TCID_{50}=L+d(S-0.5)$,L为病毒最低稀释度的对数;d为组距,即稀释系数,10倍递进稀释时d为-1;S为死亡比值之和(计算固定病毒稀释血清法中和试验效价时,S应为保护比值之和),即各组死亡(感染)数/试验数相加。

如果以测定某种病毒的$TCID_{50}$为例,病毒作10^{-4}~10^{-7}稀释,记录其出现细胞病变(CPE)的情况(表2-4-2)。则$L=-4$,$d=-1$,$S=6/6+5/6+2/6+0/6=2.16$。

$\lg TCID_{50}=(-4)+(-1)\times(2.16-0.5)=-5.66$　$TCID_{50}=10^{-5.66}$,0.1 mL。

$TCID_{50}$为毒价单位,表示该病毒经稀释至$10^{-5.66}$($1/10^{5.66}$)时,每孔细胞接种0.1 mL,可使50%的细胞孔出现CPE。而病毒的毒价通常以每毫升或每毫克含多少$TCID_{50}$或LD_{50}等表示。如上述病毒毒价为$10^{5.66}$ $TCID_{50}$/0.1 mL,即$10^{6.66}$ $TCID_{50}$/mL。

表2-4-2　病毒毒价滴定(接种剂量0.1 mL)

病毒稀释	CPE		
	阳性数	阴性数	%
10^{-4}	6	0	100
10^{-5}	5	1	83
10^{-6}	2	4	33
10^{-7}	0	6	0

(3)正式试验。将病毒原液稀释成每一单位剂量含 200 LD_{50}(EID_{50}、$TCID_{50}$),与等量递进稀释的待检血清混合,置 37 ℃感作 1 h。每一稀释度接种 3～6 只(个、管)试验动物(或鸡胚、细胞),记录每组动物的存活数和死亡数,同样按 Reed-Muench 法或 Karber 法计算其半数保护量(PD_{50}),即该血清的中和价。

2. 固定血清稀释病毒法

将病毒原液作 10 倍递进稀释,分装两列无菌试管,第一列加等量正常血清(对照组),第二列加等量待检血清(中和组);混合后置 37 ℃感作 1 h,每一稀释度接种 3～6 只试验动物(或鸡胚、组织细胞),记录每组动物死亡数、累计死亡数和累计存活数,按 Karber 法计算 LD_{50},然后计算中和指数。中和指数＝中和组 LD_{50}/对照组 LD_{50}。按表的结果(表 2-4-3):中和指数＝$10^{-2.2}/10^{-5.5}=10^{3.3}$,查 3.3 的反对数为 1 995,即 $10^{3.3}=1\ 995$,也就是说该待检血清中和病毒的能力比正常血清大 1 994 倍。通常待检血清的中和指数大于 50 者即可判为阳性,10～40 为可疑,小于 10 为阴性。

表 2-4-3　固定血清稀释病毒法中和指数测定举例

病毒稀释	10^{-1}	10^{-2}	10^{-3}	10^{-4}	10^{-5}	10^{-6}	10^{-7}	LD_{50}	中和指数
正常血清组				4/4	3/4	1/4	0/4	$10^{-5.5}$	$10^{3.3}=1\ 995$
待检血清组	4/4	2/4	1/4	0/4	0/4	0/4	0/4	$10^{-2.2}$	

(二)空斑减数试验

空斑或蚀斑是指把病毒接种于单层细胞,经过一段时间培养,进行染色,原先感染病毒的细胞及病毒扩散的周围细胞会形成一个近似圆形的斑点,类似固体培养基上的菌落形态。空斑减数试验是应用空斑技术,使空斑数减少 50%的血清稀释度作为该血清的中和效价。试验时,将已知空斑形成单位(PFU)的病毒稀释成每一接种剂量含 100 PFU,加等量递进稀释的血清,37 ℃感作 1 h。每一稀释度至少接种 3 个已形成单层细胞的培养瓶,每瓶 0.2～0.5 mL,37 ℃感作 1 h,使病毒与血清充分作用,然后加入在 44 ℃水浴预温的营养琼脂(在 0.5%水解乳蛋白或 Eagles 液中,加 2%犊牛血清、1.5%琼脂及 0.1%中性红 3.3 mL)10 mL,平放凝固后,将细胞面朝上放入无灯光照射的 37 ℃ CO_2 培养箱中。同时用稀释的病毒加等量 Hank's 液同样处理作为病毒对照。数天后分别计算空斑数,用 Reed-Muench 法或 Karber 法计算血清的中和滴度。

任务五　补体结合试验

一、补体结合试验的概念

补体结合试验是指以溶血系统作为指示剂来检测溶菌系统中抗原与抗体是否相对应的试验。

二、补体结合试验的两个系统、五种成分

溶血系统又称指示系统,即红细胞、溶血素和补体。红细胞一般采用绵羊的红细胞,配成

2%～2.5%的悬液。溶血素是抗绵羊红细胞的抗体，一般用红细胞免疫家兔制备，抗血清经56 ℃ 30 min灭活后，加等量甘油4 ℃保存，不加甘油于－20 ℃冻结保存。用前测定其效价。在充足补体下，能使标准量红细胞悬液全部溶血的最小溶血素量，为该溶血素的效价。实验时将2个单位的溶血素加等量的一定浓度的红细胞液，制成致敏红细胞。按需要取2%的红细胞悬液加入等量的溶血素(2 IU/0.1 mL)，室温或37 ℃温箱反应15 min，保存于4 ℃备用。

溶菌系统又称检测系统或反应系统，即抗原、抗体和补体。抗原为可溶性抗原，比如蛋白质、多糖、类脂、病毒等。抗原多用细菌浸出液、病毒含组织的裂解液、细胞培养液以及鸡胚尿囊液等，也用细菌悬液(比如布鲁氏菌)。待检血清应无菌采取(牛、马、猪、羊等)的血液，待凝固后分离血清，防止溶血，保持新鲜，用前在温水浴中灭活30 min，以破坏血清中的补体和抗补体物质。灭活温度因动物种类不同而不同，牛、马和猪的血清一般用56～57 ℃，羊血清为58～59 ℃，驴骡血清为63～64 ℃，兔血清为63 ℃，人血清60 ℃。灭活温度高的血清应事先用稀释液稀释成1∶5或1∶10，再进行灭活，以免凝固。

补体多采用正常健康成年雄性豚鼠的血清，为克服个体含量的差异，一般将3～4只及以上豚鼠的血清混合使用。补体必须新鲜，用前需测定效价。

稀释液一般采用生理盐水，也可用明胶巴比妥缓冲液，加入钙离子、镁离子，这种稀释液能增加补体的活性，促进红细胞溶解，提高补体结合反应的敏感性和稳定性。

三、补体结合试验的基本原理

抗原与血清混合后，如果抗原和抗体是相对应的，则发生特异性结合，成为抗原-抗体复合物，这时如果加入补体，补体与各种抗原-抗体复合物结合(但不能单独和抗原或抗体结合)而被固定，不再游离存在。如果抗原和抗体不相对应或没有抗体存在，则不能形成抗原-抗体复合物，加入补体后，补体不被固定，依然游离存在。

由于许多抗原是非细胞性的，而且抗原、抗体和补体都是用缓冲液稀释的比较透明的液体，补体是否与抗原-抗体复合物结合，肉眼看不到，所以还要加入溶血系统。如果不发生溶血现象，就说明补体不游离存在，表示溶菌系统中的抗原和抗体是相对应的，它们所组成的复合物和补体结合了。如果发生了溶血现象，则说明补体仍然游离存在，表示溶菌系统中的抗原和抗体不相对应，或者两者缺一，不能结合补体(图2-4-6)，因此，补体与红细胞-溶血素形成的复合物结合，使红细胞破裂，出现溶血现象。

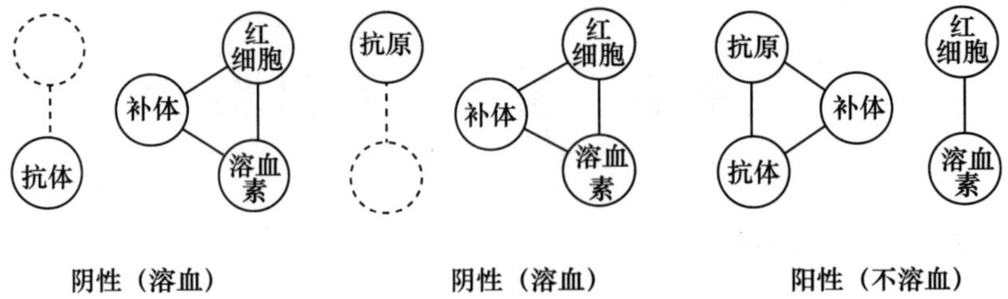

图 2-4-6 溶血现象

四、补体结合试验的基本过程

补体结合试验分两步进行。第一步为反应系统作用阶段，由倍比稀释的待检血清加最适浓度的抗原和补体。混合后 37 ℃水浴作用 30～90 min 或 4 ℃冰箱过夜。第二步是溶血系统作用阶段，在上述管中加入致敏红细胞，置 37 ℃水浴作用 30～60 min，观察是否有溶血现象。如果最终表现是不溶血，说明待检的抗体与相应的抗原结合了，反应结果是阳性；如果最终表现是溶血，则说明待检的抗体不存在或与抗原不相对应，反应结果是阴性。

补体结合反应操作繁杂，且需十分细致，参与反应的各个因子的量必须有恰当的比例。特别是补体和溶血素的用量。补体的用量必须恰如其分，如果抗原抗体呈特异性结合，吸附补体，不应溶血，但因补体过多，多余部分转向溶血系统，发生溶血现象。如果抗原抗体为非特异性，抗原抗体不结合，不吸附补体，补体转向溶血系统，应完全溶血，但由于补体过少，不能全溶，影响结果判定。此外，溶血素的量也有一定影响，比如阴性血清应完全溶血，但溶血素量少，溶血不全，可被误以为弱阳性。而且这些因子的量又与其活性有关：活性强，用量少；活性弱，用量多。故在正式试验前，必须准确测定溶血素效价、溶血系统补体价、溶菌系统补体价等，测定活性以确定其用量。

五、补体结合试验的应用

补体结合试验具有高度的特异性和一定的敏感性，是诊断人、畜传染病常用的血清学诊断方法之一。不仅可用于诊断传染病，比如结核病、副结核、牛肺疫、马传染性贫血、乙型脑炎、布鲁氏菌病、钩端螺旋体病、锥虫病等。也可用于鉴定病原体，比如对流行性乙型脑炎病毒的鉴定和口蹄疫病毒的定型等。

任务六　免疫标记技术

一、免疫标记技术的概念

免疫标记技术是指用荧光素、酶、放射性同位素等易于检测的物质标记在抗体或抗原上，利用抗原抗体特异性结合的原理，从而检测相应抗原或抗体的存在及部位的一种血清学方法。

二、免疫标记技术的分类

免疫标记技术是一项新技术，具有敏感性和特异性大大超过常规血清学方法，而且快速的优点，能定性和定量、甚至定位，便于观察。现已广泛用于传染病的诊断、病原微生物的鉴定、分子生物学中基因表达产物分析等领域。免疫标记技术主要有荧光抗体标记技术、酶标抗体技术和同位素标记抗体技术、胶体金免疫技术等，其中酶标抗体技术最为简便，应用较广。这里主要介绍荧光抗体标记技术和酶标抗体技术。

(一)荧光抗体标记技术

荧光抗体标记技术是用荧光色素标记在抗体或抗原上，与相应的抗原或抗体特异性结合，然后用荧光显微镜观察所标记的荧光，以分析示踪相应的抗原或抗体的方法。其中，最常用的是荧光素标记抗体或抗抗体，用于检测相应的抗原或抗体。

1. 基本原理

荧光素在 10^{-6} mg/L 的超低浓度时，仍可被专门的短波长光源激发，在荧光显微镜下可观察到荧光。将荧光染料标记在抗体球蛋白分子上，制成荧光抗体。抗体经荧光色素标记后，不影响与抗原的结合能力和特异性，荧光抗体与抗原结合后，可形成带有荧光的抗原抗体复合物，在荧光显微镜下，可观察到其发出的荧光。荧光抗体标记技术就是将抗原抗体反应的特异性、荧光检测的高敏性，以及显微镜技术的精确性三者结合起来的一种免疫检测技术。

2. 荧光色素

荧光色素是能产生明显荧光，又能作为燃料使用的有机化合物。主要是以苯环为基础的芳香族化合物和一些杂环化合物。它们收到激发光（比如紫外光）照射后，可发射荧光。可用于标记的荧光色素有异硫氰酸荧光黄（FITC）、四乙基罗丹明（RB200）和四甲基异硫氰酸罗丹明（TMRITC）。其中 FITC 应用最广，为黄色结晶，最大吸收光波长为 490～495 nm，最大发射光波长 520～530 nm，可呈现明亮的黄绿色荧光。FITC 分子中含有异硫氰基，在碱性（pH 为 9.0～9.5）条件下能与 IgG 分子的自由氨基结合，形成 FITC-IgG 结合物，从而制成荧光抗体。

3. 荧光抗体染色及荧光显微镜检查

(1)标本片的制备。标本制作的要求首先是保持抗原的完整性，并尽可能减少形态变化，使抗原位置保持不变。同时还必须使抗原标记抗体复合物易于接受激发光源，以便很好地观察和记录。这就要求标本要相当薄，并要有适宜的固定处理方法。根据被检样品的不同，采用不同的制备方法。细菌培养物、血液、浓汁、粪便、尿沉渣及感染的动物组织等，可制成涂片或压印片；感染组织最好制成冰冻切片或低温石蜡切片，也可用生长在盖玻片上的单层细胞培养作标本。

标本的固定有两个目的，一是防止被检材料从玻片上脱落，二是消除抑制抗原抗体反应的因素。最常用的固定剂是丙酮和 95%的乙醇，8%～10%福尔马林溶液较适合于脂多糖抗原。固定后用 PBS 反复冲洗，干后即可用于染色。

(2)染色方法。荧光抗体染色法有多种类型，常用的有直接法和间接法两种。

直接法（图 2-4-7）：取待检抗原的标本片，滴加荧光抗体染色液于其上，置湿盒中，于 37 ℃作用 30 min，用 pH 为 7.2 的 PBS 液漂洗 15 min，冲去游离的染色液，干燥后滴加缓冲甘油（分析纯甘油 9 份加 PBS 1 份）封片，在荧光显微镜下观察。标本片中如果有相应抗原存在，即可与荧光抗体结合，在镜下见有荧光抗体围绕在受检的抗原周围，发出黄绿色荧光。直接法应设以下对照：标本自发荧光对照、阳性标本和阴性标本对照。该方法优点是简便、特异性高，非特异性荧光染色少。缺点是敏感性偏低，而且每检一种抗原就需要制备一种荧光抗体。

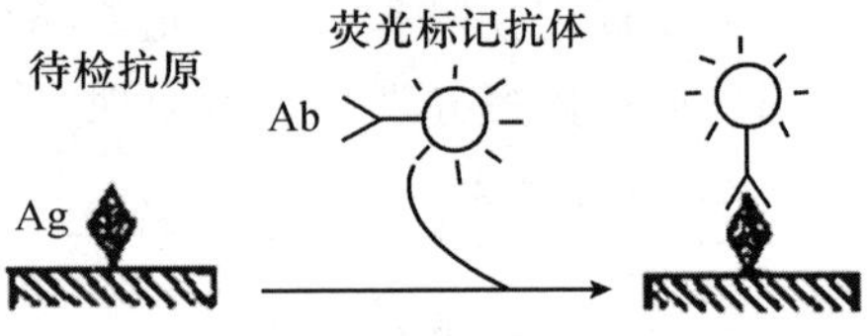

图 2-4-7　直接荧光抗体染色法示意图

间接法：取待检抗原的标本，首先滴加特异性抗体，置湿盒中，于 37 ℃作用 30 min，用 pH 为 7.2 的 PBS 液漂洗后，再滴加荧光色素标记的第 2 抗体（抗抗体）染色，再置湿盒中，于 37 ℃作用 30 min，用 PBS 液漂洗，干燥后封片镜检。阳性者形成抗原-抗体-荧光抗抗体复合物，发黄绿色荧光。间接法对照除自发荧光、阳性和阴性对照外，首次试验应设无中间层对照（标本加标记抗抗体）和阴性血清对照（中间层用阴性血清代替特异性抗血清）。间接法的优点是，比直接法敏感，对一种动物而言，只需制备一种荧光抗抗体，即可用于多种抗原或抗体的检测，镜检所见荧光也比直接法明亮。

抗补体法：将抗血清与补体等量混合，滴加于待检抗原的标本片上，使其形成抗原-抗体-补体复合物，漂洗后再滴加荧光标记的抗补体抗体染色液，感作一定时间，漂洗、干燥后镜检。此法特异性和敏感性均高，但易产生非特异性荧光。

（3）荧光显微镜检查。标本滴加缓冲甘油后用盖玻片封载，即可在荧光显微镜下观察。荧光显微镜不同于光学显微镜之处，在于它的光源是高压汞灯或溴钨灯，并有一套位于集光器与光源之间的激发滤光片，它只让一定波长的紫外光及少量可见光（蓝紫光）通过。此外，还有一套位于目镜内的屏障滤光片，只让激发的荧光通过，而不让紫外光通过，以保护眼睛并能增加反差。为了直接观察微量滴定板中的抗原抗体反应，感染细胞培养物上的荧光，可使用现已有商品的倒置荧光显微镜观察。

4. 荧光抗体标记技术的应用

荧光抗体标记技术具有快速、操作简单的特点，同时又有较高的敏感性、特异性和直观性，已广泛用于细菌、病毒、原虫的鉴定和传染病的快速诊断。此外还可用于淋巴细胞表面抗原的测定和自身免疫病的诊断等方面。

（1）细菌病诊断。能利用荧光抗体标记技术直接检出或鉴定的细菌有30余种，均具有较高的敏感性和特异性，其中较常用的是链球菌、致病性大肠杆菌、沙门菌、马鼻疽杆菌、猪丹毒杆菌等。动物的粪便、黏液拭子涂片、病变部渗出物、体液或血液涂片、病变组织的触片或切片以及尿沉渣均可作为检测样本，经直接法检出目的菌，这对于细菌病的诊断具有很高的价值。

（2）病毒病诊断。用荧光抗体标记技术直接检出患畜病变组织中的病毒，已成为病毒感染快速诊断的重要手段，比如猪瘟、鸡新城疫等可取感染组织做成冰冻切片或触片，用直接或间接免疫荧光染色可检出病毒抗原，一般可在2 h内做出诊断报告；猪流行性腹泻在临床上与猪传染性胃肠炎十分相似，将患病小猪小肠冰冻切片，用猪流行性腹泻病毒的特异性荧光抗体做直接免疫荧光检查，即可对猪流行性腹泻进行确诊。

（二）酶标抗体技术

酶标抗体技术是根据抗原抗体反应的特异性和酶催化反应的高度敏感性而建立起来的免疫检测技术。酶标抗体技术是继免疫荧光抗体技术之后发展起来的一大新型的血清学技术，目前该技术已成为免疫诊断、检测和分子生物学研究中应用最广泛的免疫学方法之一。

1. 基本原理

通过化学方法使酶与抗体相结合，酶标记后的抗体仍然保持着与相应抗原结合的活性及酶的催化活性。酶是一种有机催化剂，催化反应过程中不被消耗，能反复作用，微量的酶即可导致大量地催化过程，如果产物为有色可见产物，则极为敏感。酶标抗体技术的基本程序如下。

①将酶分子与抗原或抗体分子共价结合，这种结合既不改变抗体的免疫反应活性，也不影响酶的催化活性。

②将此种酶标记的抗体（抗抗体）与存在于组织细胞或吸附在固相载体上的抗原（抗体）发

生特异性结合，并洗下未结合的物质。

③滴加底物溶液后，底物在酶作用下水解呈色；或者底物不呈色，但在底物水解过程中由另外的供氢体提供氢离子，使供氢体由无色的还原型变为有色的氧化型，呈现颜色反应。

因而可通过底物的颜色反应来判定有无相应的免疫反应发生。颜色反应的深浅与标本中相应抗原(抗体)的量呈正比。此种有色产物可用肉眼或在光学显微镜或电子显微镜下看到，或用分光光度计加以测定。这样，就将酶化学反应的敏感性和抗原抗体反应的特异性结合起来，用以在细胞或亚细胞水平上示踪抗原或抗体的所在部位，或在微克、纳克水平上测定它们的量。所以，本法既特异又敏感，是目前应用最为广泛的免疫检测方法之一。

2. 用于标记的酶

用于标记的酶有辣根过氧化物酶(HRP)、碱性磷酸酶、葡萄糖氧化酶等，其中以 HRP 应用最广泛，其次是碱性磷酸酶。HRP 广泛分布于植物界，辣根中含量最高。HRP 是由无色的酶蛋白和深棕色的铁卟啉构成的一种糖蛋白，相对分子质量为 40 000。其作用底物为过氧化氢，催化时需要供氢体，无色的供氢体氧化后生成有色产物，使不可见的抗原抗体反应转化为可见的呈色反应。常用的供氢体有 3,3′-二氨基联苯胺(DAB)和邻苯二胺(OPD)，二者作为显色剂。因为它们能在 HRP 催化 H_2O_2 生成 H_2O 过程中提供氢而自己生成有色产物。

邻苯二胺(OPD)反应后形成不溶性的棕色物质，适用于免疫酶组织化学染色法；3,3′-二氨基联苯胺(DAB)反应后形成可溶性的橙色产物，敏感性高，易被酸中止反应，呈色的颜色可数小时不变，是 ELISA 试验中常用的供氢体。

3. 免疫酶组织化学染色法

免疫酶组织化学染色技术又称免疫酶染色法，是将酶标记的抗体应用于组织化学染色，以检测组织和细胞中或固相载体上抗原或抗体的存在及其分布位置的技术。

(1)标本制备和处理。标本的制备和固定与荧光抗体技术相同，但尚要进行一些特殊处理。用酶结合物作细胞内抗原定位时，由于组织和细胞内含有内源性过氧化酶，可与标记在抗体上的过氧化物酶在显色反应上发生混淆。因此，在滴加酶结合物之前通常将制片浸于 0.3% H_2O_2 中室温处理 15～30 min，以消除内源酶。应用 1%～3% H_2O_2 甲醇溶液处理单纯细胞培养标本或组织涂片，低温条件下作用 10～15 min，可同时起到固定和消除内源酶的作用，效果比较好。

组织成分对球蛋白的非特异性吸附所致的非特异性背景染色，可用 10% 卵蛋白作用 30 min 进行处理，用 0.05%吐温-20 和含 1%牛血清白蛋白(BSA)的 PBS 对细胞培养标本进行处理，同时可起到消除背景染色的效果。

(2)染色方法。可采用直接法、间接法、抗抗体搭桥法、杂交抗体法、酶抗酶复合物法、增效抗体法等各种染色方法，其中直接法和间接法最常用。反应中每加一种反应试剂，均需于 37 ℃作用 30 min，然后以 PBS 反复洗涤 3 次，以除去未结合物。

直接法：以酶标抗体处理标本，然后浸入含有相应底物和显色剂的反应液中，通过显色反应检测抗原抗体复合物的存在。

间接法(图 2-4-8)：标本首先用相应的特异性抗体处理后，再加酶标记的抗抗体，然后经显色揭示抗原-抗体-抗抗体复合物的存在。

(3)显色反应。免疫酶组化染色中的最后一环是用相应的底物使反应显色。不同的酶所用底物和供氢体不同。同一种酶和底物如用不同的供氢体，则其反应物的颜色也不同。比如辣根过氧化物酶，在组化染色中最常用 DAB，用前应以 0.05 mol/L pH 为 7.4～7.6 Tris-HCl 缓冲液配成 0.5～0.75 mg/mL 溶液，并加少量(0.01%～0.03%)H_2O_2 混匀后加于反应物中置室温 10～30 min，反应产物呈深棕色；如果用甲萘酚，则反应产物呈红色，用 4-氯-1-萘酚，则呈浅蓝色或蓝色。

(4)标本观察。显色后的标本可在普通显微镜下观察，抗原所在部位 DAB 显色呈棕黄色。也可用常规燃料作反衬染色，使细胞结构更为清晰，有利于抗原的定位。本法优于免疫荧光抗体技术之处，在于无须应用荧光显微镜，且标本可以长期保存。

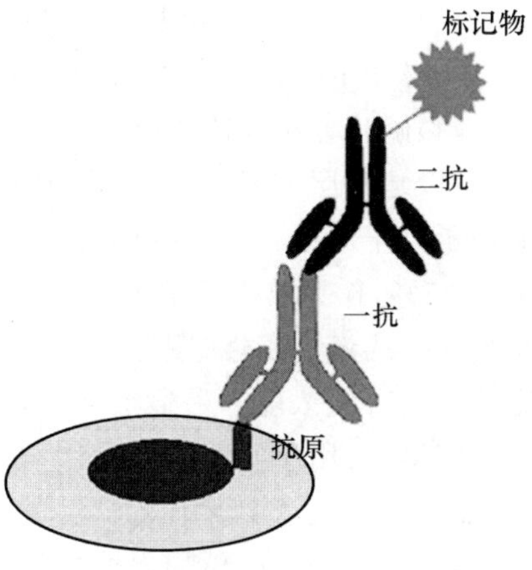

图 2-4-8　间接酶组化染色法示意图

4.酶联免疫吸附试验(ELISA)

ELISA 是应用最广、发展最快的一项新技术。其基本过程是将抗原(或抗体)吸附于固相载体，在载体上进行免疫酶反应，底物显色后用肉眼或分光光度计判定结果。

(1)固相载体。有聚苯乙烯微量滴定板、聚苯乙烯球珠等。聚苯乙烯微量滴定板(40 孔或 96 孔)是目前最常用的载体，小孔呈凹形，操作简便，有利于大批样品的检测。新板在应用前一般无须特殊处理，直接使用或用蒸馏水冲洗干净，自然干燥后备用。一般均一次性使用，如果用已用过的微量滴定板，需进行特殊处理。

用于 ELISA 的另一种载体是聚苯乙烯球珠，由此建立的 ELISA 又称微球 ELISA。珠的直径 0.5～0.6 cm，表面经过处理以增强其吸附性能，并可做成不同颜色。此小珠可事先吸附或交联上抗原或抗体，制成商品。检测时将小球放入特制的凹孔板或小管中，加入待检标本将小珠浸没进行反应，最后在底物显色后比色测定。本法现已有半自动化装置，用以检验抗原或抗体，效果良好。

(2)包被。将抗原或抗体吸附于固相表面的过程，称载体的致敏或包被。用于包被的抗原或抗体，必须能牢固地吸附在固相载体的表面，并保持其免疫活性。大多数蛋白质可以吸附于载体表面，但吸附能力不同。可溶性物质或蛋白质抗原，比如病毒蛋白、细菌脂多糖、脂蛋白、变性的 DNA 等均较易包被上去。较大的病毒、细菌或寄生虫等难以吸附，需要将它们用超声波打碎或用化学方法提取抗原成分，才能供试验用。用于包被的抗原或抗体需纯化，纯化抗原和抗体是提高 ELISA 敏感性与特异性的关键。蛋白质(抗原或抗体)很易吸附于未使用过的载体表面，适宜的条件更有利于该包被过程。包被的蛋白质数量通常为 1～10 μg/mL。提高 pH 和低离子强度缓冲液一般有利于蛋白质包被，通常用 0.1 mol/L pH 为 9.6 碳酸盐缓冲液作包被液。一般包被均在 4 ℃过夜，也有在 37 ℃经 2～3 h 达到最大反应强度。包被后的滴定板可置于 4 ℃冰箱，可贮存 3 周。如果真空塑料封口，于－20 ℃冰箱可贮存更长时间，用时充分洗涤。

(3)洗涤。在 ELISA 的整个过程中，需进行多次洗涤，目的是防止重叠反应，避免引起非特异性吸附现象。因此，洗涤必须充分。通常采用含有助溶剂吐温-20(最终质量分数

0.05%)的 PBS 作洗涤液。洗涤时,先将前次加入的溶液倒空,吸干,然后加入洗涤液洗涤 3 次,每次 3 min,倒空,并用滤纸吸干。

(4)试验方法。ELISA 的核心是利用抗原抗体的特异性吸附,在固相载体上一层层地叠加,可以是两层、三层甚至多层。整个反应都必须在抗原抗体结合的最适条件下进行。每层试剂均稀释于最适合抗原抗体反应的稀释液(0.01~0.05 mol/L pH 为 7.4 PBS 中加吐温-20 至 0.05%,10%犊牛血清或 1%BSA)中,加入后置 4 ℃过夜或 37 ℃ 1~2 h。每加一层反应后均需充分洗涤。阳性、阴性应有明显区别。阳性血清颜色深,阴性血清颜色浅,二者吸收值的比值最大时的浓度为最适浓度。试验方法主要有以下几种。

间接法:用于检测抗体。用抗原包被固相载体,然后加入待检血清样品,经孵育一定时间后,如果待检血清中含有特异性的抗体,即与固相载体表面的抗原结合形成抗原-抗体复合物。洗涤除去其他成分,再加上酶标记的抗抗体,反应后洗涤,加入底物,在酶的催化作用下底物发生反应,产生有色物质。样品中含抗体越多,出现颜色越快越深。

夹心法:又称双抗体法,用于测定大分子抗原。将纯化的特异性抗体包被于固相载体,加入待检抗原样品,孵育后,洗涤,再加入酶标记的特异性抗体,洗涤除去未结合的酶标抗体结合物,最后加入酶标记的底物,显色,颜色的深浅与样品中的抗原含量成正比。

双夹心法:用于测定大分子抗原。此法是采用酶标抗体检测多种大分子抗原,它不仅不必标记每种抗体,还可提高试验的敏感性。将抗体(比如豚鼠免疫血清 Ab1)吸附在固相载体上,洗涤除去未吸附的抗体,加入待测抗原(Ag)样品,使之与固相载体上的抗体结合,洗涤除去未结合的抗原,加入不同种动物制备的特异性相同的抗体(比如兔免疫血清 Ab2),使之与固相载体上的抗原结合,洗涤后加入酶标记的抗 Ab2 抗体(比如羊抗兔球蛋白 Ab3),使之结合在 Ab2 上。结果形成 Ab1-Ag-Ab2-Ab3-HRP 复合物。洗涤后加底物显色,呈色反应的深浅与样品中的抗原量成正比。

酶标抗原竞争法:用于测定小分子抗原及半抗原。用特异性抗体包被固相载体,加入含待测抗原的溶液和一定量的酶标记抗原共同孵育,对照仅加酶标抗原,洗涤后加入酶底物。被结合的酶标记抗原的量由酶催化底物反应产生有色产物的量来确定。如果待检溶液中抗原越多,被结合的酶标记抗原的量越少,显色就越浅。可用不同浓度的标准抗原进行反应绘制出标准曲线,根据样品的 OD 值求出检测样品中抗原的含量。

PPA-ELISA:以 HRP 标记 SPA 代替间接法中的酶标抗抗体进行的 ELISA。因 SPA(葡萄球菌蛋白 A)能与多种动物的 IgG Fc 片段结合,可用 HRP 标记制成酶标记 SPA,而代替多种动物的酶标抗抗体,该制剂有商品供应。

此外,还有酶-抗酶抗体法、酶标抗体直接竞争法、酶标抗体间接竞争法等。

(5)底物显色。与免疫酶组织化学染色法不同,本法必须选用反应后的产物为水溶性色素的供氢体,最常用的为邻苯二胺(OPD),产物呈棕色,可溶,敏感性高,但对光敏感,因此要避光进行显色反应。底物溶液应现用现配。底物显色时间以室温 10~20 min 为宜。反应结束,每孔加浓硫酸 50 μL 终止反应。也常用四甲基联苯胺(TMB)为供氢体,其产物为蓝色,用氢氟酸终止(如果用硫酸终止,则为黄色)。

(6)结果判定。ELISA 试验结果可用肉眼观察,也可用 ELISA 测定仪来测量样本的光密度 A 值。每次试验都需设阳性和阴性对照,肉眼观察时,如果样本颜色反应超过阴性对照,则判为阳性。用 ELISA 测定仪来测定 A 值,所用波长随底物供氢体的不同而异,如果以 OPD

为供体,测定波长为 492 nm,TMB 为 650 nm(氨氟酸终止)或 450 nm(硫酸终止)。

定性结果通常有两种表示方法:以 P/N 表示,求出该样本的 A 值与一组阴性样本吸收值的比值,即为 P/N 比值,如果≥2 或 3,则判为阳性。如果样本的吸收值≥规定吸收值(阴性样本的平均吸收值+2 标准差)为阳性。定量结果以终点滴度表示,可将样本稀释,出现阳性(如 $P/N>2$ 或 3,或样品吸收值仍然大于规定吸收值)的最高稀释度为该样本的 ELISA 滴度。

5. 斑点-酶联免疫吸附试验(Dot-ELISA)

该试验是近几年创建的一项新技术,不仅保留了常规 ELISA 的优点,而且还弥补了抗原或抗体对载体包被不牢的缺点。本试验的原理及其步骤与 ELISA 基本相同,不同之处在于:一是将固相载体以硝酸纤维素滤膜、硝酸醋酸混合纤维素滤膜、重氮苄氧甲基化纸等固相化基质膜代替,用以吸附抗原或抗体;二是显色底物的供氢体为不溶性的。结果以在基质膜上出现有色斑点来判定。可采用直接法、间接法、双抗体法、双夹心法等。

6. 酶标抗体技术的应用

酶标抗体技术具有敏感、特异、简便、快速、易于标准化和商品化等优点,是当前应用最广、发展最快的一项新技术。目前已广泛应用于多种细菌和病毒病的诊断和检测,并多数是利用 ELISA 试剂盒进行操作,比如猪传染性胃肠炎、牛副结核病、牛结核病、鸡新城疫、牛传染性鼻气管炎、猪伪狂犬病、蓝舌病、猪瘟、口蹄疫等传染病的诊断和抗体监测常用此技术。

任务七　凝集试验操作技术

一、实训目的

掌握鸡白痢全血平板凝集试验的操作方法及结果判断;掌握布鲁氏菌病的平板凝集试验和试管凝集试验的操作方法及结果判定。

二、仪器材料

鸡白痢禽伤寒多价染色平板凝集抗原、鸡白痢阳性血清、生理盐水、洁净玻璃板、记号笔、7 号或 9 号注射针头、75%酒精棉球、移液器、手电筒;恒温箱、冰箱、水浴箱、磁力搅拌器、离心机、试管(1 cm×8 cm)、刻度吸管(5 mL、10 mL、0.5 mL、0.2 mL)、玻璃板、酒精灯、火柴或牙签等,0.01 mol/L PBS 液(pH 为 7.4)、0.5%石炭酸生理盐水、琼脂斜面培养基,布鲁氏菌平板凝集抗原、虎红平板凝集抗原、试管凝集抗原、被检血清、布鲁氏菌标准阳性血清及标准阴性血清等。

三、方法步骤

(一)鸡白痢全血平板凝集试验

1. 鸡白痢全血平板凝集试验的操作方法

(1)划格编号。用记号笔将玻璃板划分成 9 cm^2 方格,并对方格进行编号。

(2)将抗原充分摇匀，在每个方格内分别滴加一滴(0.05 mL)鸡白痢禽伤寒多价染色平板凝集抗原。

(3)用注射针头刺破鸡的冠尖或翅静脉，用移液器或吸管吸取，或用金属环提取全血一滴(0.05 mL)加入待检的方格内抗原旁边。

(4)用移液器或吸管吸取鸡白痢阳性血清一滴(0.05 mL)加入阳性对照的方格内，吸取阴性血清一滴(0.05 mL)加入阴性对照的方格内。

(5)用牙签随即搅匀，并使散开至直径约 2 cm 为度，不同检样不能用同一牙签，即牙签不能混用。

(6)反应 2 min 后，可仔细观察并判定。

2. 鸡白痢全血平板凝集试验的结果判定

＋＋＋＋：出现大的凝集块、液体完全透明，即完全凝集。

＋＋＋：有明显凝集块、液体几乎完全透明，即 75％凝集。

＋＋：有可见凝集块，液体不甚透明，即 50％凝集。

＋：液体混浊，有小的颗粒状物，即 25％凝集。

－：液体均匀混浊，无凝集物。

在 2 min 内出现明显颗粒状或块状凝集者为阳性。2 min 以内不出现凝集，或出现均匀一致的极微小颗粒，或在边缘处由于临干前出现絮状者为阴性反应。在上述情况之外而不易判断为阳性或阴性者，判为可疑反应(二维码 2-4-1，视频 2-4-1)。

二维码 2-4-1　鸡白痢平板凝集　　　**视频 2-4-1　鸡白痢全血平板凝集试验**

3. 注意事项

(1)抗原应在 2～15 ℃冷暗处保存，有效期 6 个月。

(2)本抗原适用于产卵母鸡及 1 年以上公鸡，幼龄鸡敏感度较差。

(3)本试验应在 20 ℃以上室温中进行。冬季检疫室内温度达不到 20 ℃时，应先将载玻片在酒精灯加热达 20 ℃左右。

(4)吸血的滴管每次先用蒸馏水反复吹吸 4～5 次，再用生理盐水冲洗 1～2 次，最后以吸水纸将水吸干。加样时吸管不能混用，移液器需更换吸头。

(5)试验完后应迅速止血，以减少失血。给鸡饮用电解多维，以减少应激。

(二)布鲁氏菌病凝集试验

1. 平板凝集试验

(1)平板凝集试验的操作方法。

①取洁净的玻璃板，用记号笔按(表 2-4-4)划成 4 cm^2 小格若干后编号。

②吸取被检血清，按 0.08 mL、0.04 mL、0.02 mL 和 0.01 mL 量，分别加在第一横行的四个格内。大规模检疫时可只做 2 个血清量，大动物用 0.04 mL 和 0.02 mL，中小动物用 0.08 mL 和 0.04 mL。每检一份血清更换一支吸管。同时设立标准阳性血清、标准阴性血清、生理盐水对照。

③每格内加入布鲁氏菌平板抗原 0.03 mL 于血清附近，然后用牙签或火柴杆自血清量最少的一格开始，依次向前将抗原与血清混匀。每份被检血清用 1 根牙签(表 2-4-4)。

表 2-4-4　布鲁氏菌平板凝集试验　　mL

成分	试验组				对照		
	1	2	3	4	阳性血清	阴性血清	生理盐水
生理盐水							0.5
阳性血清					0.03		
阴性血清						0.03	
被检血清	0.08	0.04	0.02	0.01			
平板抗原	0.03	0.03	0.03	0.03	0.03	0.03	0.03

④将玻璃板置于酒精灯上方较远处稍加温，使之达到 30 ℃左右，于 3～5 min 记录结果。

(2)平板凝集试验的结果判定。

＋＋＋＋：出现大的凝集片或粒状物，液体完全透明，即 100%菌体凝集。

＋＋＋：有明显凝集片，液体几乎完全透明，即 75%菌体凝集。

＋＋：有可见凝集片，液体不甚透明，即 50%菌体凝集。

＋：仅可勉强看到颗粒物，液体混浊，即 25%菌体凝集。

－：无凝集现象，液体均匀混浊。

阳性血清对照出现“＋＋”以上的凝集，阴性血清对照无凝集，生理盐水对照无凝集。反应强度：在对照试验出现正确反应结果的前提下，根据被检血清各血清量凝集片的大小及液体透明程度，判定各血清量凝集反应的强度。

判定标准：牛、马、鹿、骆驼 0.02 mL 血清量出现“＋＋”以上凝集时，判为阳性反应；0.04 mL 血清量出现“＋＋”凝集时，判为疑似反应。猪、绵羊、山羊和犬 0.04 mL 血清量出现“＋＋”以上凝集时，判为阳性反应；0.08 mL 血清量出现“＋＋”凝集时，判为凝集反应。

2. 虎红平板凝集试验

吸取被检血清和布鲁氏菌虎红凝集抗原各 0.03 mL 加到玻璃板方格内，用牙签或火柴杆混匀，4 min 内观察结果。同时设立标准阳性血清、标准阴性血清、生理盐水对照。在对照标准阳性血清出现凝集颗粒、标准阴性血清和生理盐水对照不出现凝集的前提下，被检血清出现大的凝集片或小的颗粒状物，液体透明判阳性；液体均匀混浊，无任何凝集物判阴性(二维码 2-4-2)。

二维码 2-4-2　布鲁氏菌虎红平板凝集

3. 试管凝集试验

(1)试管凝集试验的操作方法

①取 7 支小试管置于试管架上，4 支用于被检血清，3 支作对照。

如果检测多份血清，可只做一份对照。

②按(表 2-4-5)操作，先加入 0.5%石炭酸生理盐水 2.3 mL，然后另取吸管吸取被检血清 0.2 mL 加入第 1 管中，反复吹吸 5 次充分混匀，吸出 1.5 mL 弃去，再吸出 0.5 mL 加入第 2 管，以第 1 管的方法吹吸混匀第 2 管，再吸出 0.5 mL 加入第 3 管，依此类推至第 4 管，混匀后吸出 0.5 mL 弃掉。第 5 管中不加血清，第 6 管加 1∶25 稀释的布鲁氏菌阳性血清 0.5 mL，第 7 管加 1∶25 稀释的布鲁氏菌阴性血清 0.5 mL。

③用 0.5%石炭酸生理盐水将布鲁氏菌试管抗原进行 1∶20 稀释后，每管加入 0.5 mL。

④全部加完后，充分振荡，加入 37 ℃恒温箱中 24 h，取出后观察并记录结果。阳性血清对照管出现"＋＋"以上的凝集现象，阴性血清和抗原对照管无凝集。

表 2-4-5　布鲁氏菌试管凝集反应　　mL

试管号	1	2	3	4	5	6	7
最终血清稀释度	1∶25	1∶50	1∶100	1∶200	对照		
					抗原对照	阳性对照 1∶25	阴性对照 1∶25
0.5%石炭酸生理盐水	2.3	0.5	0.5	0.5	0.5	—	—
被检血清	0.2	0.5	0.5	0.5	—	0.5	0.5
抗原(1∶20)	0.5	0.5	0.5	0.5	0.5	0.5	0.5
		弃1.5			弃0.5		

(2)试管凝集试验的结果判定。

反应强度：在对照试验出现正确反应结果的前提下，根据被检血清各管中上层液体的透明度及管底凝集块的形状，判定各管凝集反应的强度。

＋＋＋＋：管底有极显著的伞状凝集物，上层液体完全透明，表示菌体 100%凝集。

＋＋＋：管底凝集物与"＋＋＋＋"相同，但上层液体稍有混浊，表示菌体 75%凝集。

＋＋：管底有明显凝集物，上层液体不甚透明表示菌体 50%凝集。

＋：管底有少量凝集物，上层液体混浊，不透明表示菌体 25%凝集。

－：液体均匀混浊，不透明，管底无凝集，由于菌体自然下沉，管底中央有圆点状沉淀物，振荡时立即散开呈均匀混浊。

判定标准：马、牛、骆驼在 1∶100 稀释度出现"＋＋"以上的反应强度判为阳性；在 1∶50 稀释度出现"＋＋"的反应强度判为可疑。绵羊、山羊、猪在 1∶50 稀释度出现"＋＋"以上反应强度判为阳性；在 1∶25 稀释度出现"＋＋"的反应强度判为可疑。

可疑反应的家畜，经 3～4 周后采血重检。对于来自阳性畜群的被检家畜，如果重检仍为可疑，可判为阳性；如果畜群中没有临床病例及凝集反应阳性者，马和猪重检仍为可疑，可判为阴性；牛和羊重检仍为可疑，可判为阳性(二维码 2-4-3，视频 2-4-2)。

二维码 2-4-3　布鲁氏菌试管凝集　　　**视频 2-4-2　布鲁氏菌试管凝集试验**

4. 注意事项

(1)每次试验必须设立标准阳性血清、标准阴性血清和生理盐水对照。

(2)抗原保存在 2～8 ℃,用前置室温 30～60 min,使用前摇匀,如果出现摇不散的凝块,不得使用。

(3)被检血清必须新鲜,无明显的溶血和腐败现象。加入防腐剂的血清应自采血之日起,15 d 内检完。

(4)大规模检疫时,吸管量不足可将用完吸管用灭菌生理盐水清洗 6 次以上,再吸取另一份血清。

(5)平板凝集反应温度最好在 30 ℃左右,于 3～5 min 内记录结果,如果反应温度偏低,可于 5～8 min 内判定。用酒精灯加温玻璃板时,不能离火焰太近,以防抗原和血清干燥。

(6)平板凝集反应适用于普查初筛,筛选出的阳性反应血清,需做试管凝集试验,以试管凝集的结果为被检血清的最终判定。

任务八　沉淀试验操作技术

一、实训目的

掌握琼脂扩散试验操作方法及结果判定;掌握炭疽环状试验的操作方法及结果判定。

二、仪器材料

优质琼脂粉、鸡传染性法氏囊诊断血清、抗原、被检抗原(取疑似传染性法氏囊病鸡的法氏囊组织匀浆后制成的组织悬液)、生理盐水、NaCl、KH_2PO_4、Na_2HPO_4、蒸馏水、平皿、打孔器(直径 4 mm、6 mm)、微量移液器、酒精灯、恒温箱及湿盒;炭疽沉淀素血清、炭疽标准抗原、疑似被检材料(脾、皮张等)、试管(5 mm×50 mm)、滴管、带胶头毛细管、0.5%石炭酸生理盐水等。

三、方法步骤

(一)琼脂扩散试验(以鸡传染性法氏囊病为例)

1. 琼脂板的制备

称取 NaCl 8.0 g、KH_2PO_4 0.3 g、Na_2HPO_4 2.9 g、优质琼脂粉 10 g,加入 1 000 mL 蒸馏

水，煮沸 30 min 使其完全融化，加蒸馏水补足水分，加入硫柳汞 0.1 g，用四层纱布或两层纱布之间加脱脂棉过滤，然后注入直径 90 mm 的平皿中，每个平皿中加入 18～20 mL，琼脂凝胶厚度 3 mm，加盖冷却凝固后，将平皿倒置，放入普通冰箱的冷藏室中备用(二维码 2-4-4)。

二维码 2-4-4　1%琼脂板的制备

2. 操作方法

(1)打孔。将琼脂凝胶板置于图纸(7 孔一组的梅花形)上，用打孔器打孔，中央孔径 4 mm，外周孔径 6 mm，中央孔与外周孔间距 3 mm，用注射针头斜面向上从右侧边缘插入，轻轻挑出孔内的琼脂。将平皿倒置，用记号笔在底板上标明外周孔的孔号。

(2)封底。将打好孔的平皿，在酒精灯火焰上通过数次，微烤平皿底部使琼脂板底部的琼脂融化(微烫手背为宜)进行封底，防止侧漏。

(3)加样。如果用已知抗体测待检抗原，操作过程是：中央孔加入鸡传染性法氏囊病阳性血清，外周孔的 1、4 孔加入鸡传染性法氏囊病诊断抗原，其余孔加入待检抗原，加样时用滴管或微量移液器滴加，每孔均以加满不溢为度，每种样品用一个滴管或吸头。如果用已知抗原测待检血清中的抗体，操作过程是：中央孔加入鸡传染性法氏囊诊断抗原，外周孔的 1、4 孔加入鸡传染性法氏囊阳性血清，其余孔加入待检血清。

(4)反应。加样品完毕后，静置 5～10 min，然后将平板倒置放入湿盒中，放入 37 ℃恒温箱反应 24～72 h，观察结果(二维码 2-4-5)。

二维码 2-4-5　琼脂扩散试验的操作

3. 结果判定

标准阳性血清与诊断抗原孔之间有明显致密的白色沉淀线，如果被检抗原孔与阳性血清孔之间出现白色沉淀线，并与相邻的诊断抗原沉淀线融合，判为阳性。被检抗原与阳性血清之间不出现沉淀线，诊断抗原相邻端的沉淀线仍为直线向外侧偏弯者为阴性，或出现的沉淀线与诊断抗原沉淀线交叉判为阴性。

标准阳性血清与诊断抗原孔之间有明显致密的白色沉淀线，如果被检血清孔与诊断抗原孔之间出现白色沉淀线，并与相邻的标准阳性血清孔的沉淀线融合，判为阳性。被检血清孔与诊断抗原孔之间不出现沉淀线，标准阳性血清孔相邻端的沉淀线仍为直线或外侧偏弯者为阴性，或出现的沉淀线与标准阳性血清孔沉淀线交叉判为阴性。

4. 注意事项

(1)将融化的琼脂注入平皿时，要从一侧注入，防止产生气泡。

(2)封底要适度，不能过轻或过重。

(3)加样品时，不要溢出孔外，以免影响试验结果。

(4)移动平皿时，不要让样品溢出。

(二)炭疽环状沉淀试验

1. 待检抗原的提取

(1)取可疑为炭疽而死的病畜的实质脏器 1 g，放入试管或小三角烧瓶中，加生理盐水 5～10 mL，煮沸 30～40 min，冷却后用滤纸过滤，取上清液，即为待检抗原。

（2）如果病料是皮张，可采用冷浸法。将样品高压灭菌后，剪成小块并称重，加 5～10 倍的生理盐水，室温浸泡 18～24 h，滤纸过滤，取上清液，即为待检抗原。

2. 操作方法

（1）取沉淀试验用的小试管（直径 4 mm）3 支置于试管架上，编号。用带胶乳头的毛细吸管吸取炭疽沉淀素血清，每管大约 0.1 mL（试管的 1/3）分别沿试管内壁加入小试管中，切勿产生气泡。

（2）另取 1 支带胶乳头的毛细吸管，吸取等量待检抗原，沿试管内壁轻轻加入第 1 支试管中，使之重叠在炭疽沉淀素血清的上面。

（3）另取 1 支带胶乳头的毛细吸管，吸取等量炭疽阳性抗原，沿试管内壁轻轻加入第 2 支试管中，使之重叠在炭疽沉淀素血清的上面。

（4）另取 1 支带胶乳头的毛细吸管，吸取等量生理盐水，沿试管内壁轻轻加入第 3 支试管中，使之重叠在炭疽沉淀素血清的上面。

（5）在试管架上静置 5～15 min，观察结果。

3. 结果判定

“＋”：抗原与血清接触后，经 5～15 min 在两液接触面处，出现致密、清晰明显的白色沉淀环为阳性反应。

“±”：白色沉淀环模糊，不明显者为疑似反应。

“－”：两液接触面清晰，无白色沉淀环者为阴性反应。

“0”：两液接触面界限不清，或其他原因不能判定者为无结果。

对可疑和无结果者，须重做一次。

加炭疽标准抗原管应出现致密、清晰明显的白色沉淀环，为阳性对照，加生理盐水管应无沉淀环出现，为阴性对照，如果待检抗原管出现致密、清晰明显的白色沉淀环，则为阳性反应，如果不出现，则为阴性反应。

此法可用于诊断牛、羊、马的炭疽病，但不能诊断猪的炭疽病，因为猪患炭疽时，用此法诊断常为阴性。

4. 注意事项

（1）反应物必须清澈，如果不清澈，可离心，取上清液或冷藏后使脂类物质上浮，用吸管吸取底层的液体。

（2）必须进行对照观察，以免出现假阳性。

（3）采用环状沉淀反应，用以沉淀素效价滴定时，可将抗原作 100×、1 000×、2 000×、4 000×、8 000×等稀释，分别叠加于抗血清上，以出现环状沉淀的最大稀释倍数，即为该血清的沉淀素效价。

任务九　酶联免疫吸附试验操作技术（ELISA）

一、实训目的

掌握 ELISA 的基本操作步骤和结果判断，了解猪群猪瘟抗体效价监测的意义。

二、仪器材料

酶联检测仪、酶联板、微量移液器(配带枪头)、猪瘟弱毒单抗纯化酶联抗原,猪瘟强毒单抗纯化酶联抗原,酶标结合物,猪瘟阳性血清、猪瘟阴性血清、待检血清、pH 为 9.6 碳酸盐缓冲液、洗涤液(PBS-T)、BSA(牛血清白蛋白)、稀释液、底物溶液、30% H_2O_2、2 mol/L H_2SO_4 溶液、邻苯二胺(OPD)。

三、方法步骤

(一)酶联免疫吸附试验的操作过程(以猪瘟单抗酶联免疫吸附试验为例)

(1)抗原包被。用包被液将猪瘟弱毒单抗纯化酶联抗原、猪瘟强毒单抗纯化酶联抗原分别作 100 倍稀释,以每孔 100 μL 分别加入做好标记的酶联板孔中,置于湿盒 4 ℃过夜。

(2)洗涤。甩掉酶联板孔内的液体,加入洗涤液,室温下浸泡 3 min,甩去洗涤液,再重新加入洗涤液,连续洗涤 3 次,最后一次甩掉洗涤液后,吹干酶联板。

(3)加入被检血清。用稀释液将被检血清作 400 倍稀释,每孔加 100 μL。同时,将猪瘟标准阴、阳性血清以 100 倍稀释作对照,置湿盒于 37 ℃作用 1.5~2 h,甩掉酶联板中稀释的血清,用洗涤液冲洗 3 次,洗涤方法同上。

(4)加入酶标抗体结合物。用稀释液将酶标抗体结合物作 100 倍稀释,每孔加入 100 μL,置湿盒于 37 ℃孵育 1.5~2 h。甩掉酶标抗体结合物,用洗涤液冲洗 3 次,洗涤方法同上。

(5)加底物。每孔加入新配制的底物溶液(每块 96 孔酶联板所需底物溶液按邻苯二胺 10 mg 加底物缓冲液 10 mL 加 30%过氧乙酸 37.50 μL 配制)100 μL,室温下观察显色反应,一旦阴性对照孔略显微黄色,立即终止反应。

(6)终止反应。每孔加入终止液 50 μL 后,迅速用酶联读数仪 490 nm 波长测定每孔的光吸收值(A 值),并以阴性血清孔作为空白对照调零孔。

(二)结果判定

1. 判定标准

①在猪瘟弱毒酶联板上:

$A \geqslant 0.2$,为猪瘟弱毒抗体阳性;

$A < 0.2$,为猪瘟弱毒抗体阴性。

②在猪瘟强毒酶联板上:

$A \geqslant 0.5$,为猪瘟强毒抗体阳性;

$A < 0.5$,为猪瘟强毒抗体阴性。

2. 结果判定

(1)同一份被检血清,当在猪瘟弱毒酶联板上,结果为阳性,而在猪瘟强毒酶联板上,结果为阴性时,表明被检猪为猪瘟疫苗免疫猪。

(2)同一份被检血清,当在猪瘟弱毒酶联板上,结果为阴性,但猪瘟强毒酶联板上为阳性时,表明被检猪是猪瘟强毒抗体阳性猪,该猪应做猪瘟抗原检查,以确定是否为带毒猪。

（3）同一份被检血清，当在猪瘟弱毒和强毒酶联板上，结果均为阳性时，表明被检猪为猪瘟强、弱毒抗体阳性猪，该猪应做猪瘟抗原检查，以确定是否为带毒猪。

（4）同一份被检血清，当在猪瘟弱毒和强毒酶联板上，结果均为阴性时，表明被检猪为猪瘟抗体阴性猪，该猪应做猪瘟抗原检查，以确定是否为带毒的免疫麻痹猪或是真正的猪瘟阴性猪（二维码 2-4-6）。

二维码 2-4-6 酶联免疫吸附试验

任务十 间接凝集试验操作技术

一、实训目的

初步学会间接血凝的操作方法及结果判定。

二、仪器材料

96 孔 V 形医用血凝板、10～100 μL 可调微量移液器、吸头、微型振荡器、猪瘟间接血凝抗原（猪瘟正向血凝诊断液）、猪瘟标准阳性血清和阴性血清、被检血清（56 ℃水浴灭活 30 min）、2%兔血清 PBS 液（取 pH 为 7.6 0.01 mol/L PBS 98 mL，灭能兔血清 2 mL，于 4 ℃冰箱保存即成 2% NRS 液）。

三、方法步骤

（一）猪瘟间接血凝试验的操作方法

（1）按表 2-4-6 进行操作。

表 2-4-6 猪瘟间接血凝操作术式

V 形板孔号	1	2	3	4	5	6	7	8
血清稀释倍数	1∶2	1∶4	1∶8	1∶16	1∶32	1∶64	1∶128	对照
2% NRS/μL	50	50	50	50	50	50	50	50
待检血清/μL	50 →	50 →	50 →	50 →	50 →	50 →	50 →	弃去
抗原/μL	25	25	25	25	25	25	25	25

振荡 1 min 室温下（15 ℃以上）静置 1.5～2 h。

（2）阴性和阳性对照。在血凝板上的第 11 排第 1 孔加 2% NRS 60 μL，取阴性血清 20 μL 加入后混匀，取出 30 μL 弃去，然后加入抗原 25 μL，此孔即为阴性血清对照孔。

在血凝板的第 12 排第 1 孔加 2% NRS 70 μL，第 2 至第 7 孔各加 2% NRS 50 μL，取阳性血清 10 μL，加第 1 孔混匀，并从中取出 50 μL 加入第 2 孔混匀后取出 50 μL 加入第 3 孔……直到第 7 孔混匀后弃去 50 μL，该孔的阳性血清稀释度为 1∶512，然后每孔各加抗原 25 μL，此即为阳性血清对照。

(二)结果判定

先观察阴性血清对照孔和2% NRS对照孔，红细胞应全部沉入孔底，无凝集现象(－)或呈(＋)的轻度凝集为合格；阳性血清对照应呈(＋＋＋)凝集为合格。

在以上3孔对照合格的前提下，观察待检血清各孔的凝集程度，以呈“＋＋”凝集的被检血清最大稀释度为其血凝效价(血凝价)。血清的血凝价达到1∶16为免疫合格。

＋＋＋＋：表示100%红细胞凝集。

＋＋＋：表示75%红细胞凝集。

＋＋：表示50%红细胞凝集。

＋：表示25%红细胞凝集。

－：表示红细胞100%沉于孔底，完全不凝集。

任务十一　补体结合试验操作技术

一、实训目的

学会钩端螺旋体病补体结合试验操作方法和步骤，学会钩端螺旋体病补体结合试验结果判定。

二、仪器材料

抗原、溶血素、补体、1%红细胞悬液、阳性血清、阴性血清、生理盐水。

三、方法步骤

(一)溶血素效价测定

(1)溶血素稀释。先将溶血素作1∶1 000基础稀释，见表2-4-7。

表2-4-7　溶血素稀释表　　滴

项目	1∶1 000	1∶2 000	1∶3 000	1∶4 000	1∶5 000	1∶6 000	1∶7 000	1∶8 000
生理盐水	—	1	2	3	4	5	6	7
1∶1 000溶血素	1	1	1	1	1	1	1	1

(2)溶血素效价测定(表2-4-8)。

表2-4-8　溶血素效价测定表　　滴

项目	1∶1 000	1∶2 000	1∶3 000	1∶4 000	1∶5 000	1∶6 000	1∶7 000	1∶8 000
溶血素	1	1	1	1	1	1	1	1
1∶60补体	2	2	2	2	2	2	2	2
生理盐水	2	2	2	2	2	2	2	2
1%红细胞悬液	1	1	1	1	1	1	1	1
置微型振荡器振荡3～5 min后，放37 ℃水浴10 min								
溶血程度举例	#	#	#	#	#	＋＋＋	＋	－

根据上述结果，溶血素效价为 1∶5 000 即为一个工作单位，2 个工作单位溶血素效价为 1∶2 500 稀释度。

(二)补体效价测定

(1)补体稀释度(表 2-4-9)。

表 2-4-9　补体稀释表　　mL

项目	1	2	3	4	5	6	7	8	9	10	11	12
1∶60 补体	0.05	0.08	0.10	0.12	0.14	0.16	0.05	0.08	0.1	0.12	0.14	0.16
生理盐水	0.25	0.22	0.20	0.18	0.16	0.14	0.25	0.22	0.20	0.18	0.16	0.14

(2)补体效价测定(表 2-4-10)。

表 2-4-10　补体效价滴定表　　滴

项目	3	3	3	3	3	3	3	3	3	3	3	3
抗原	—	—	—	—	—	—	1	1	1	1	1	1
生理盐水	1	1	1	1	1	1	—	—	—	—	—	—
置微型振荡器 3～5 min 后，放入 37 ℃水浴 10 min												
1%致敏红细胞	2	2	2	2	2	2	2	2	2	2	2	2
振荡 3～5 min 后放入 37 ℃水浴 10 min												
溶血程度(举例)	−	+	++	#	#	#	−	+	++	#	#	#

以 2 个单位补体稀释度计算。按上表所示，在两列中达到完全溶血(#)时，最小补体量 1∶60 稀释为 0.12 mL，(即为第 4 管与第 10 管)作为 1 个补体单位。在抗原效价测定和正式试验时，使用补体 0.20 mL 中应含 2 个单位补体。所以补体的稀释度应为：$60:(0.12\times 2)=x:0.20$，$x=50$，即取 1 mL 补体原液加 49 mL 生理盐水即成。

(三)抗原效价测定

新生产的抗原可按瓶签说明效价用，贮藏过久的抗原，应做效价测定后使用。

(1)抗原稀释。用血清稀释板做，见表 2-4-11。

表 2-4-11　抗原稀释表　　mL

项目	1∶2	1∶4	1∶8	1∶16	1∶32	1∶64	1∶128
生理盐水	2.00	2.00	2.00	2.00	2.00	2.00	—
抗原	2.00 →	2.00 →	2.00 →	2.00 →	2.00 →	2.00 →	2.00

(2)抗原效价测定(表 2-4-12)。

表 2-4-12 抗原效价测定表 滴

项目	1∶2	1∶4	1∶8	1∶16	1∶32	1∶64	1∶128	对照
抗原	1	1	1	1	1	1	1	—
阳性血清	1∶10	1	1	1	1	1	1	1
	1∶100	1	1	1	1	1	1	—
2U 补体	2	2	2	2	2	2	2	2
生理盐水	—	—	—	—	—	—	—	2
振荡 3～5 min,37 ℃水浴 10 min								
1%致敏红细胞	2	2	2	2	2	2	2	2
振荡 3～5 min,37 ℃水浴 10 min								

(3)抗原效价判定(表 2-4-13)。

表 2-4-13 抗原效价判定表

项目		1∶2	1∶4	1∶8	1∶16	1∶32	1∶64	1∶128	对照
阳性血清	1∶10	#	#	#	#	#	+++	+	
	1∶100	#	#	#	#	#	#	—	
阴性血清		—	—	—	—	—	—	—	
生理盐水		—	—	—	—	—	—	—	

以抗原的最高稀释度与最高稀释度的阳性血清呈完全抑制溶血者,作为抗原效价。按表 2-4-13,抗原效价为 1∶32,即在使用时将抗原以生理盐水做 1∶32 倍稀释。阴性血清对照完全溶血。抗原抗补体对照不超过 1∶2 稀释度,为合格。

(四)诊断试验

把待检血清置 58 ℃水浴中 30 min 灭活。按表 2-4-14 步骤进行试验。

表 2-4-14 微量补反试验表 滴

项目	1	2	3	4	5	6	7	8	9
	被检血清		阳性血清	阴性血清	抗原抗补体对照	被检血清抗补体对照		阳性血清抗补体对照	阴性血清抗补体对照
血清	1∶10	1∶20	1∶100	1∶10	1∶10	1∶10	1∶20	1∶100	1∶19
抗原	1	1	1	1	1	—	—	—	—
2U 补体	2	2	2	2	2	2	2	2	2
生理盐水	—	—	—	—	1	1	1	1	1
振荡 3～5 min,37 ℃水浴 10 min									
1% 致敏红细胞	2	2	2	2	2	2	2	2	2
振荡 3～5 min,37 ℃水浴 10 min									
抑制溶血程度	#	#	#	—	—	—	—	—	±

(五)结果判定

血清 8×滴度抑制细胞溶血为阳性。

(六)注意事项

(1)结果判定时,完全透明为 100%溶血(♯),混浊为 50%溶血(++)时,判定以后者标准为依据。

(2)抗原效价低于 1∶4 时,不可使用。阳性血清效价低于 1∶100(抑制溶血程度♯)者,不能用于抗原效价测定。但如果抑制程度在++以上者,尚可供正式试验时阳性血清对照用。

(3)V 形血清板较 U 形血清板反应观察清晰。

(4)由于血清板传热性能较差,所以感作时间应适当延长。一般以阴性血清对照孔完全溶血为止。

【知识拓展】

葡萄球菌蛋白 A(SPA)的应用

SPA 是大多数金色葡萄球菌细胞壁上所含的一种特殊成分,能与多种哺乳动物的 IgG 结合,但不影响抗体活性,现已广泛应用于免疫学的许多领域。

(一)协同凝集试验

取富含 SPA 的标准菌株培养后,做成 10%浓菌液,经 0.5%甲醛灭活后即成菌体制剂。每毫升菌体制剂加 0.1 mL 抗血清,37 ℃致敏 30 min,洗涤后加 0.1%叠氮钠即成致敏菌液,用时稀释成 1%左右。取 1 滴待检抗原加 1 滴致敏 SPA 菌液在平板上混合 2~5 min 内观察结果。阳性者菌体凝集呈羽片状。本法可用于多种细菌性疾病和病毒性疾病的快速诊断,其优点是能直接检出病料中的抗原,而无须纯培养,也可用此法对钩端螺旋体、沙门菌等作菌型鉴定。

(二)用于放射免疫测定

在固相放射免疫测定中可用 ^{125}Ⅰ-SPA 代替标记抗抗体,此法灵敏度高,非特异性反应少,重复性好,可测出 ng/mL 的抗体含量。液相放射免疫测定中,可用 SPA 菌体制剂代替抗抗体作分离剂。用抗抗体作为分离剂时,必须将其调整至等价带,才能产生最佳的沉淀作用,而用 SPA 菌沉淀,则不受此限制,能保证彻底沉淀。也可采用 SPA 菌作固相载体,将一定量标记抗原和待检抗原混合孵育后,加入抗体被覆的 SPA 菌,作用一定时间后,离心沉淀,测定放射性量,即可算出待检抗原浓度。

(三)用于酶标记抗体技术

可用 HRP-SPA 代替抗抗体(HRP-抗 IgG)用于免疫酶组化染色和 ELISA 的间接法。它对多种哺乳动物的 IgG 均能应用,其中与猪的 IgG 亲和力最强,依次为犬、兔、人、猴、豚鼠、小鼠、牛和绵羊;与犊牛、马、山羊的 IgG 无亲和力。SPA 与 IgG 结合快,可缩短孵育时间,且提取容易,性质稳定,易纯化,易标记均优于抗抗体。

(四)用于荧光抗体技术

可用 FITC-SPA 代替 FITC-抗 IgG 作间接荧光染色。也可用荧光素标记 SPA 菌体用以检测淋巴细胞表面免疫球蛋白(直接法)、Fc受体(间接法)和细胞上的表面抗原(间接法)。

(五)用于检出IgG抗体

在待检血清中加入SPA菌体制剂,以吸收血清中IgG。离心后取上清液作血清学试验。如效价与吸收前未见显著降低,表明该血清中存在IgM抗体。可用于病毒的早期诊断或近期感染诊断。

(六)用于制备抗IgG抗体

用吸附IgG的SPA菌体制剂免疫动物,可获得高价的抗IgG抗体,不仅可省去提纯IgG的一系列步骤,同时SPA菌在免疫过程中又起到良好的佐剂作用。

【考核评价】

2015年6月,某养羊场饲养的2 000只种羊,陆续出现母羊流产的病例,至同年10月已有数百只母羊流产,造成了很严重的经济损失。当地兽医根据流行病学、症状、病理变化、实验室检查等,诊断为流产羊感染布鲁氏菌病。为了避免该病造成更大的经济损失,请您为该羊场制定一个布鲁氏菌病的检疫方案。

【知识链接】

1. GB/T 16551—2020 猪瘟诊断技术。
2. GB/T 18643—2021 鸡马立克氏病诊断技术。
3. GB/T 18646—2018 动物布鲁氏菌病诊断技术。
4. GB/T 18936—2020 高致病性禽流感诊断技术。
5. DB 62T 4534—2022 鸡传染性法氏囊病防控技术规范。
6. GB/T 18649—2014 牛传染性胸膜肺炎诊断技术。
7. GB/T 17494—2009 马传染性贫血病间接ELISA诊断技术。

模块三　免疫学和微生物的应用

项目一　免疫学的应用

项目二　微生物的其他应用

项目一

免疫学的应用

【学习目标】

熟悉疫苗、免疫血清和卵黄抗体的制备及检验技术；掌握生物制品的概念、类型和命名方法以及生物制品在免疫预防、诊断和治疗上的应用；了解免疫失败的原因及其对策。

任务一　免疫诊断与防治

一、免疫诊断与检测

(一)血清学技术诊断与检测

(1)疾病诊断。用免疫血清学技术通过检测相应抗原、抗体对人和动物的传染病、寄生虫病、肿瘤、自身免疫病和变态反应性疾病进行诊断，是免疫血清学技术最突出的应用领域。目前血清学技术已成为诊断畜禽传染病及寄生虫病不可缺少的手段。疾病的诊断的目的是寻找致病因素，或者确定发病后特异性产物。微生物及寄生虫分别是传染病和寄生虫病的病原，它们能刺激机体产生特异性抗体。取患病动物的组织或血清作为检测材料，利用适当的血清学试验，能够定性或定量地检测微生物或寄生虫抗原，确定它们的血清型及亚型，或者检测相应的抗体，从而对疾病进行确诊。目前，诊断用抗原已从微生物和寄生虫抗原扩展到肿瘤抗原等多种。

(2)妊娠诊断。动物妊娠期间能产生新的激素，并从尿液排出。以该激素作为抗原，将激素抗原或抗激素抗体吸附到乳胶颗粒上，利用间接凝集试验或间接凝集抑制试验，检测孕妇或妊娠动物尿液标本中是否有相应激素存在，进行早期妊娠诊断。根据反应类型和条件不同，这些反应在室温下经过 3～20 min 就能观察到结果。比如母马在怀孕 40 d 后，子宫内膜能分泌促性腺激素并进入血液，在 40～120 d 期间含量最高，由于该激素具有抗原性，故可用它免疫其他动物制备相应抗体，进行血清学试验诊断马是否怀孕。另外，间接血凝抑制试验、琼脂扩散试验等也可用于妊娠诊断。

(3)生物活性物质的超微定量。动物、植物体中存在一些活性物质，比如激素、维生素等，在体内含量极微少，但在调节机体的生理活动中起主要作用。利用血清学技术，尤其是酶免疫标记技术和放射免疫标记技术，可以检测出 ng (10^{-9} g)及 pg (10^{-12} g)水平的物质，实现对动物、植物和昆虫体内其他方法难以测出的微量激素、白细胞介素(IL)等生物活性物质的超微量测定，成为研究动物生理、植物生理和生物防治的重要手段。

(4)物种鉴定。各种生物之间的差异都表现在抗原性不同，物种种源越远，抗原性差异越大，因此还可用免疫学技术揭示不同物种之间抗原性差异的程度，作为分析物种鉴定和生物分类的依据。另外，血清学试验还能用于人和动物血型的分类与鉴定。

(5)动植物性状的免疫标记。通过分析动物、植物的一些优良性状的特异性抗原，然后用血清学方法进行标记选择育种。

(6)免疫增强药物和疫苗研究。血清学试验还可用于研究疫苗免疫效力和评价免疫增强药物的功效，比如抗肿瘤药物筛选中，需要测定药物对细胞免疫功能的作用。

(7)抗原抗体在细胞和亚细胞水平的定位。以荧光抗体染色法和免疫酶组化染色，可以在细胞水平上确定病毒等病原微生物的感染细胞，也可以用免疫电镜方法在亚细胞水平上对抗原分子进行精确定位。还可以用于研究自身免疫疾病和变态反应性疾病的发病机理，比如免疫复合物的沉积部位的分析。

(8)分子生物学研究。在基因工程中，基因的分离、克隆的筛选、表达产物的定性与定量分析等均涉及免疫技术，如定量分析基因表达产物的免疫印迹技术等。

(二)变态反应诊断

某些病原体在引起抗感染免疫的同时，也可使机体发生变态反应。因此，利用变态反应原理，通过已知微生物或寄生虫抗原在动物机体局部引发变态反应，能确定动物机体是否已被感染相应的微生物或寄生虫，并能分析动物的整体免疫功能。迟发型变态反应常用于诊断结核分枝杆菌、鼻疽杆菌、布鲁氏菌等细胞内寄生菌的感染。比如将结核菌素进行皮内注射同时点眼，可以诊断动物是否已经感染结核分枝杆菌。目前，用结核菌素进行皮内注射、点眼诊断是动物结核病的规范化检疫方法。

(三)细胞免疫测定技术

细胞免疫检测技术主要包括 T 细胞及其亚群的计数、T 细胞活性测定、各种淋巴因子的检测以及 K 细胞、NK 细胞活性测定试验。常用的细胞免疫测定试验有 E 玫瑰花环试验、T 淋巴细胞转化试验和细胞毒性 T 细胞试验。

(1)T 细胞 E 玫瑰花环试验。它是分析和计数 T 淋巴细胞的经典方法。T 细胞表面具有 CD_2 红细胞受体，可以将动物红细胞结合在 T 细胞周围，在光学显微镜下呈现为玫瑰花环。通常用动物外周血淋巴细胞与绵羊红细胞在一定条件下孵育，经涂片、染色、镜检计数，可以确定血液中 T 淋巴细胞的比例和总数。

(2)T 淋巴细胞转化试验。它是体外检测 T 淋巴细胞功能的一种方法。T 淋巴细胞与特异性抗原在体外共同培养时，细胞内代谢旺盛，蛋白质和核酸合成加强，细胞体积增大，转化为能分裂的淋巴母细胞。转化率的高低反映了机体针对这一抗原的特异性细胞免疫功能。如果用有丝分裂原(如 PHA 和 ConA)与 T 淋巴细胞培养，则转化率体现了机体细胞免疫功能的强弱。目前已广泛应用于机体免疫细胞功能的测定。

(3)细胞毒性T细胞试验。它是抗原刺激产生的一类T细胞亚群，无须补体参与就能特异性溶解、破坏靶细胞，在肿瘤免疫和病毒免疫中起重要作用。如果将肿瘤细胞、病毒感染的细胞等靶细胞与被同种抗原致敏的患者淋巴细胞共同培养，然后检查靶细胞的死亡情况，就可以反映肿瘤病患者或病毒感染者特异性细胞免疫功能的强弱，判断疾病预后。也可以借以分析抗肿瘤药物和抗病毒药物的疗效。

细胞免疫检测技术也可用于测定白细胞介素和干扰素等。

二、免疫防治

(一)免疫预防

自然环境中的病原微生物可通过呼吸道、消化道、皮肤或黏膜侵入动物机体，在体内不断增殖，与此同时刺激机体的免疫系统产生免疫应答，如果机体的免疫系统不能将其识别和清除，就会给机体造成严重损害，甚至导致死亡。如果机体的免疫系统能将其彻底清除，动物即可耐过发病过程而康复，耐过的动物对该病原体的再次入侵具有坚强的特异性抵抗力，但对另一种病原体，甚至同种但不同型的病原体，却没有抵抗力或仅有部分抵抗力。机体的这种特异性免疫力是自身免疫。

人工主动免疫所接种的物质是各种疫苗、类毒素等，能刺激产生抗体来完成特异性免疫应答。免疫有一定的诱导期，出现免疫力的时间与抗原种类有关，比如病毒抗原需3～4 d，细菌抗原需5～7 d，毒素抗原需2～3周。然而人工主动免疫产生的免疫力持续时间长，免疫期可达数月甚至数年，而且有回忆反应，某些疫苗免疫后，可产生终生免疫。生产中人工主动免疫是预防和控制传染病的行之有效的措施之一。由于人工主动免疫不能立即产生免疫力，需要一定的诱导期，所以在免疫防治中应着重考虑到这一特点。

天然被动免疫是免疫防治中非常重要的内容之一，在临床上应用广泛。由于动物在生长发育的早期(比如胎儿和幼龄动物)，免疫系统还不够健全，对病原体的抵抗力较弱，此时可通过获得母源抗体增强免疫力，以保证早期的生长发育。比如用小鹅瘟疫苗免疫母鹅以防雏鹅患小鹅瘟，种母猪配种前10～14 d接种猪瘟疫苗，可预防仔猪的猪瘟。天然被动免疫持续时间较短，只有数周至几个月，但对保护胎儿和幼龄动物免于感染，特别是对于预防某些幼龄动物特有的传染病具有重要的意义。

在初乳中的IgG、IgM可抵抗败血性感染，IgA可抵抗肠道病原体的感染。然而母源抗体可干扰弱毒疫苗对幼龄动物的免疫效果，导致免疫失败是其不利的一面。

畜禽群发生疫病时，可对假定健康的畜禽进行紧急免疫接种来防止发病和疫情蔓延，因为注射免疫血清可使抗体立即发挥作用，无诱导期，免疫力出现快。然而，抗体在体内逐渐减少，免疫维持时间短，根据半衰期的长短，一般维持1～4周。

(二)免疫治疗

1. 免疫血清治疗

畜禽群感染发病时，可注射免疫血清进行早期治疗，注射免疫血清可使抗体立即发挥作用，与病原体结合，被机体免疫系统清除。比如抗犬瘟热病毒血清可治疗犬瘟热，精制的破伤风抗毒素可治疗破伤风，尤其是患病毒性传染病的珍贵动物，用抗血清治疗更有意义。

2. 单克隆抗体治疗

单克隆抗体在动物疫病治疗中的途径有三种。

(1)免疫效应机制和调节。单克隆抗体与病变细胞结合后，通过 ADCC 作用杀伤靶细胞或形成抗原抗体复合物激活补体系统裂解靶细胞。调节免疫系统，通过激发宿主主动抗肿瘤免疫，达到治疗效果。利用单克隆抗体治疗病毒性疾病，就是通过免疫效应机制和免疫调节，杀伤或裂解靶细胞。比如用 M_{12} 和 D_{291} 临床治疗传染性法氏囊病，效果与免疫血清相当。利用单克隆抗体直接注入动物体内治疗畜禽细菌性疾病，比如用大肠埃希氏菌 K88 黏附素特异单克隆抗体治疗仔猪黄痢效果显著。

(2)抗体导向药物治疗。利用单克隆抗体为载体，与对病原体和肿瘤细胞具有很强杀伤作用的药物、干扰素、肿瘤坏死因子等偶联，特异性的杀死病原体或杀伤肿瘤细胞，同时降低对正常组织细胞和宿主的损害作用。

(3)阻断和中和作用。通过单克隆抗体的阻断和中和作用达到治疗效果。比如抗 $TNF_{2\alpha}$ 抗体治疗类风湿性关节炎，此药物结合并阻断引起炎症反应的细胞因子。

(三)动物保健

干扰素、白细胞介素、γ 球蛋白等制剂，能增强动物机体的免疫能力，可用于动物保健；乳酸杆菌、双歧杆菌等微生态制剂能调节机体代谢和维持体内正常菌群平衡，能防治动物胃肠道疾病，也可用于动物保健。

任务二 生物制品及应用

一、兽用生物制品、兽用生物制品技术的概念

(1)兽用生物制品。兽用生物制品即应用于动物的生物制品，是指利用微生物、寄生虫及其代谢产物或免疫动物而制成的，用于动物疫病的预防、诊断和治疗的各种抗原、抗体制剂。

广义上讲，兽用生物制品是指利用微生物、寄生虫及其组成成分或代谢产物以及动物或人的血液与组织液等生物材料为原料，通过生物学、生物化学以及生物工程学的方法制成的，用于动物传染病或其他疾病的预防、诊断和治疗的生物制剂。主要包括多种血液制剂(比如血浆、白蛋白、球蛋白等)、脏器制剂(比如胰蛋白酶、胰岛素、胸腺肽、肝素等)及非特异性免疫制剂(比如干扰素、微生态制剂、白细胞介素等)。

(2)兽用生物制品技术。它是在动物微生物学、免疫学、动物传染病学的基础上，采用生物学、生物化学、生物工程等技术和方法，研究和制备兽用生物制品，用于解决动物疫病防治的一门应用技术。

二、兽用生物制品的命名原则

根据《中华人民共和国兽用生物制品质量标准》和《兽用新生物制品管理办法》规定，兽用生物制品命名主要遵循以下 11 项原则。

①生物制品的命名原则以明确、简练、科学为基础原则。

②生物制品名称不采用商品名或代号。

③生物制品名称一般采用“动物种名＋病名＋制品名称”的形式，比如猪丹毒活疫苗、牛巴氏杆菌病灭活疫苗、马传染性贫血活疫苗。诊断制剂则在制品种类前加诊断方法名称，比如布鲁氏菌病虎红平板凝集抗原、鸡白痢禽伤寒多价染色平板凝集抗原，特殊的制品命名可参照此方法。病名应为国际公认的、普遍的称呼，译音汉字采用国内公认的习惯定法。

④共患病一般可不列动物种名。比如气肿疽灭活疫苗、狂犬病灭活疫苗等。

⑤由特定细菌、病毒、立克次氏体、螺旋体、支原体等微生物以及寄生虫制成的主动免疫制品，一律称为疫苗。比如仔猪副伤寒活疫苗、牛瘟活疫苗、牛环形泰勒虫疫苗等。

⑥凡将特定细菌、病毒等微生物及寄生虫毒力致弱或采用异源毒制成的毒苗，称“活疫苗”；用物理或化学方法将其灭活后制成的疫苗，称“灭活疫苗”。

⑦同一种类不同毒（菌、虫）株（系）制成的疫苗。可在全称后加括号注明毒（菌、虫）株（系）。比如猪丹毒活疫苗（GC_{42} 株）、猪丹毒活疫苗（G_4T_{10} 株）。

⑧由两种以上的病原体制成的一种疫苗，命名采用“动物种名＋若干病名＋X 联疫苗”的形式。比如羊黑疫-快疫二联灭活疫苗，猪瘟-猪丹毒-猪肺疫三联活疫苗。

⑨由一种病原两种以上血清型制备的一种疫苗，命名采用“动物种名＋病名＋若干型名＋X 价疫苗”的形式。比如口蹄疫 O 型-A 型双价灭活疫苗。

⑩制品的制造方法、剂型、灭活剂、佐剂一般不标明。但为区别已有的制品，可以标明。

⑪一般用法均不要标明，但作特定用途使用则应标明。

三、兽医临床常用的生物制品分类及其应用

生物制品按性质可分为疫苗、免疫血清、诊断液和微生物活性制剂，主要用于传染病的预防、诊断和治疗。按兽用生物制品的制法和物理性状分为普通生物制品、精制生物制品、液状和佐剂制品、干燥制品。

（一）疫苗

1. 疫苗的概念和特点

疫苗是指利用病原微生物、寄生虫及其组分或代谢产物制成的用于人工主动免疫的生物制品。通过接种疫苗，刺激动物体产生免疫应答、从而抵抗特定病原微生物或寄生虫的感染，以达到预防疫病的目的。也可用于预防非传染性疾病（比如自身免疫性疾病和肿瘤等）、治疗性疫苗（比如肿瘤、过敏和一些传染性疾病等）及生理调控性疫苗（比如促进生长和控制生殖等）。

疫苗与一般药物具有明显的不同点，主要区别在于：①疫苗主要用于健康动物，而药物一般主要用于患病动物；②疫苗主要通过免疫机制使健康动物预防疾病，药物一般主要用于治疗疾病和减轻发病症状；③疫苗均为生物制品，一般药物包括天然药物、化学合成药物、生化药品等。

2. 疫苗的种类

已有的疫苗概括起来分为活疫苗、灭活疫苗、代谢产物疫苗、微生物亚单位疫苗以及生物技术疫苗。其中生物技术疫苗又分为基因工程亚单位疫苗、合成肽疫苗、抗独特型疫苗、基因

工程活疫苗以及 DNA 疫苗等(二维码 3-1-1)。

(1)活疫苗。简称活苗,有强毒苗、弱毒苗和异源苗三种,其中弱毒苗是目前使用最广泛的疫苗。

二维码 3-1-1　疫苗种类

①强毒苗。它是应用最早的疫苗种类,比如我国古代民间预防天花所使用的痂皮粉末就含有强毒。使用强毒进行免疫有较大的危险,免疫的过程就是散毒的过程,所以在现在的生产中应严格禁止。

②弱毒苗。它是指用人工的方法致弱的毒(菌)株或天然弱毒株制成的疫苗。在一定条件下,使病原微生物毒力减弱,但仍保持良好的免疫原性或筛选自然弱毒株,扩大培养后制成的疫苗为弱毒疫苗,比如鸡新城疫Ⅱ系、Ⅳ系弱毒苗。

弱毒苗的优点:能在动物体内有一定程度的增殖,免疫剂量小,产生免疫力快,维持时间较长,生产成本低,产量高,不需要使用佐剂等。

弱毒苗的缺点:弱毒苗具有散毒可能或有一定的组织反应,难以制成联苗,运输和保存条件要求高,现多制成冻干苗,通常需低温冷冻保存。

③异源苗。它是用具有共同保护性抗原的不同种病毒制成的疫苗。比如用火鸡疱疹病毒(HVT)预防鸡马立克氏病,用鸽痘病毒疫苗预防鸡痘等。

(2)灭活疫苗。它又称死疫苗,简称死苗,是目前较受欢迎的疫苗,是选用免疫原性强的病原微生物经人工培养后用理化方法将其灭活制成的疫苗。比如鸡传染性法氏囊病油乳剂灭活苗、猪伪狂犬病灭活疫苗等。

灭活苗的优点:研制周期短;生产方便,使用安全,无全身性副作用,无毒力增强和返祖现象;受外界环境影响小,易于保存和运输,通常低温冷藏保存;容易制成联苗或多价苗。

灭活苗的缺点:不能在动物体内增殖;使用剂量大,产生免疫力较慢,维持时间较短;常需多次免疫,且只能注射免疫,可能有毒性等副作用;一般只能诱导机体产生体液免疫和免疫记忆,通常需加佐剂以增强免疫效果。

(3)代谢产物疫苗。它是利用细菌的代谢产物(比如毒素、酶等)经脱毒后制成的疫苗。类毒素是将细菌生长代谢过程中产生的外毒素经甲醛脱毒后制成的具有良好免疫原性的生物制剂。比如破伤风毒素、白喉毒素、肉毒毒素经甲醛灭活后制成的类毒素有良好的免疫原性,可作为主动免疫制剂,预防破伤风用的破伤风类毒素就是一个成功的例子。另外,致病性大肠杆菌肠毒素、多杀性巴氏杆菌的攻击素和链球菌的扩散因子等都可用作代谢产物疫苗。

(4)微生物亚单位疫苗。它是将病原体用理化的方法处理,除去其无效的毒性物质,提取其有效的抗原部分制备的一类疫苗。病原体的免疫原性结构成分包含细菌的荚膜和鞭毛、病毒的囊膜和衣壳蛋白,以及一些寄生虫虫体的分泌物和代谢产物等,经过提取纯化,或根据这些有效免疫成分分子组成,再通过化学合成,制成不同的亚单位疫苗。比如病毒的衣壳蛋白与核酸分开,除去核酸,用提纯的蛋白质衣壳制成的疫苗,此类疫苗仅含有病毒的抗原成分,无核酸,因而无不良反应,使用安全,效果较好,比如猪口蹄疫、伪狂犬病、狂犬病等亚单位疫苗。亚单位疫苗的优点是没有病原微生物的遗传信息,无感染力,使用安全,免疫效果好;缺点是生产技术指标要求高,制备困难,价格昂贵。降低成本是推广的关键。

(5)生物技术疫苗。生物技术疫苗是指利用生物技术制备的分子水平的疫苗。包括基因工程亚单位疫苗、合成肽疫苗、抗独特型疫苗、DNA 疫苗以及基因工程活疫苗。

①基因工程亚单位疫苗。基因工程亚单位疫苗是将编码病原微生物保护性抗原的基因片段切割分离后，插入载体，导入受体菌(比如大肠杆菌)或细胞，使其在受体细胞中高效表达，获得重组免疫保护性蛋白(抗原肽链)，提取保护性抗原肽链并加入佐剂制成一类疫苗。目前，该类疫苗在人医和兽医临床应用尚不多，预防仔猪和犊牛下痢的大肠杆菌菌毛基因工程疫苗，是一个成功的例子。

②合成肽疫苗。合成肽疫苗是用 DNA 重组技术人工合成对病原微生物的保护性多肽，并将其连接到大分子载体上，再加入佐剂制成疫苗。合成肽疫苗的优点是可在同载体上连接多种保护性肽链或多个血清型的保护性抗原肽链，这样只要一次免疫就可预防几种传染病或几个血清型；合成肽疫苗的性质稳定，不发生返祖现象，不需要低温保存。缺点是免疫原性一般较弱，需要加入佐剂，成本高，而且只能具有线性构型。至今尚不能普遍使用。

③抗独特型疫苗。抗独特型疫苗是免疫调节网络学说发展到新阶段的产物。独特型是针对免疫球蛋白可变区的抗原决定簇。抗独特型抗体可以模拟抗原物质，刺激机体产生与抗原特异性抗体具有同等免疫效应的抗体，由此制成的疫苗称抗独特型疫苗又称内影像疫苗。抗独特型疫苗不仅能诱导体液免疫，也能诱导细胞免疫，并不受主要组织相容性复合体(MHC)的限制，而且具有广谱性，即对发生抗原性变异的病原能提供良好的保护力。抗独特型疫苗主要适用于目前尚不能培养或很难培养的病毒以及直接用病原体制备疫苗有潜在危险的疫病，但制备不易，成本较高。

④DNA 疫苗。它是一种最新的分子水平的生物技术疫苗，将编码保护性抗原的基因与能在真核细胞中表达的载体 DNA 重组，重组的 DNA 可直接注射(接种)到动物(比如小鼠)体内，刺激机体产生体液免疫和细胞免疫。

⑤基因工程活疫苗。包括基因缺失疫苗、重组活载体疫苗及非复制性疫苗。

基因缺失疫苗：是用基因工程技术切去致病基因的某一核苷酸片段，使其丧失致病力，但仍保留很强的抗原性，制备而成的疫苗。这种疫苗安全性好，不易返祖。其免疫接种与强毒感染相似，机体可对病毒的多种抗原产生免疫应答，尤其是适于局部接种，诱导产生黏膜免疫力，是较理想的疫苗。目前已有多种基因缺失苗问世，比如霍乱弧菌基因缺失苗、口蹄疫基因缺失苗、猪伪狂犬病基因缺失苗等已商品化生产并普遍使用。

重组活载体疫苗：是用基因工程技术将保护性抗原基因(目的基因)克隆到活的载体(病毒或细菌)中，使之表达，构建成重组病毒或细菌，经培养后制备的一种疫苗。这种疫苗不仅具备活疫苗和死疫苗的优点，而且对载体病毒或细菌以及插入基因相关病原体的侵染均具有保护力，同时，一个载体可表达多个免疫基因，可获得多价或多联疫苗。目前，痘病毒、腺病毒、疱疹病毒、大肠杆菌、沙门菌等都可用作载体。痘病毒的 TK 基因可插入大量的外源基因，大约能容纳 25 kb，而多数目的基因都在 2 kb 左右。因此可在 TK 基因中插入多种病原的保护性抗原基因，制成多价苗或联苗。比如以腺病毒为载体的乙肝疫苗，以疱疹病毒为载体的新城疫疫苗、以痘病毒为载体的禽流感疫苗等已经被广泛使用。

(6)单价苗、多价苗和联苗。

①单价苗。它是指利用同一种微生物菌(毒)株或同一种微生物中的单一血清型菌(毒)株的增殖培养物制备的疫苗。单价苗对单一血清型微生物所致的疫病有免疫保护力，比如鸡新城疫疫苗能使接种鸡获得完全的免疫保护。但单价苗只对多血清型微生物所致疾病中的对应血清型有保护作用，而不能使免疫动物获得完全的保护力，比如猪肺疫氢氧化铝灭活疫苗，是

由6∶B血清型猪源多杀性巴氏杆菌强毒株灭活后而制成，对A型多杀性巴氏杆菌引起的猪肺疫则无免疫保护作用。

②多价苗。它是指将细菌(或病毒)的不同血清型菌(毒)株增殖培养物混合制成的疫苗。多价苗能使免疫动物获得完全的保护力，而且可以在不同的地区使用，比如禽霍乱多价苗灭活苗、大肠杆菌多价苗灭活苗、口蹄疫O、A型双价灭活疫苗。

③联苗。它是指由两种以上的细菌或病毒增殖培养物按免疫学原理和方法联合制成的疫苗。一次免疫可达到预防几种疾病的目的，比如猪瘟-猪丹毒-猪肺疫三联苗、羊肠毒血症-羊快疫-羊猝狙三联苗、新城疫-减蛋综合征-传染性法氏囊病三联苗，犬的六联苗等。

联苗或多价苗的应用可减少接种次数，减少接种动物的应激反应，是一种针防多种疫病的生物制品，因而利于畜牧生产管理。

(7)寄生虫疫苗。由于寄生虫大多有复杂的生活史，具有功能抗原和非功能抗原，其虫体抗原极其复杂并具有高度多变性，因此，较为理想的寄生虫疫苗不多。多数研究者认为，只有活的虫体才能诱发机体产生保护性免疫。国际上有些国家使用犬钩虫疫苗、抗球虫活疫苗等收到了良好的免疫效果，有些国家还相继生产了旋毛虫虫体组织佐剂苗、猪全囊虫匀浆苗、弓形虫佐剂苗和伊氏锥虫致弱苗等。我国生产的弓形虫疫苗、鸡球虫疫苗、棘球蚴疫苗等，也广泛应用于生产实践。

3.疫苗使用的注意事项

(1)疫苗的质量。疫苗应购自国家批准的生物制品厂家。购买及使用前检查包装、有效期、生产批号、封口、瓶体及物理性状(色泽、外观、透明度、有无异物等)等。

(2)疫苗的保存和运输。供免疫接种的疫苗购买后，必须按规定的条件保存和运输，否则会使疫苗的质量明显下降而影响免疫效果甚至会造成免疫失败。一般来说，灭活苗要保存于2～15 ℃的阴暗环境中，非经冻干的活菌苗(湿苗)要保存于4～8 ℃的冰箱中，这两种疫苗都不应冻结保存。冻干的弱毒苗，一般都要求低温冷冻－15 ℃以下保存，并且保存温度越低，疫苗病毒(或细菌)死亡越少。比如猪瘟兔化弱毒冻干苗在－15 ℃可保存12个月，0～8 ℃保存6个月，25 ℃约10 d。有些国家的冻干苗因使用耐热保护剂而保存于4～6 ℃。所有疫苗的保存温度均应保持稳定，温度高低波动大，尤其是反复冻融，疫苗病毒(或细菌)会迅速大量死亡。马立克氏病疫苗有一种细胞结合型疫苗，必须于液氮罐中保存和运输，要求更为严格。

疫苗运输的理想温度应与保存的温度一致，常用疫苗冷藏车、冷藏箱、冷藏包等运输。在疫苗运输时通常都达不到理想的低温要求，因此，运输时间越长，疫苗中病毒(或细菌)的死亡率越高，如果中途转运多次，影响就更大，生产中要注意此环节。

(3)疫苗的稀释与及时使用。

①器械的消毒：用于疫苗稀释的一切器具，包括注射器、针头及容器等，使用前必须洗涤干净，并经高压灭菌或煮沸消毒，不干净的和未经灭菌的用具，容易造成疫苗的污染或将疫苗病毒(或细菌)杀死。注射器和针头尽量做到一头(只)换一个，绝不能一个针头从头打到尾。用清洁的针头吸药，使用完毕的疫苗瓶、剩余疫苗及给药用具进行消毒灭菌处理。

②稀释剂的选择：必须选择符合要求的稀释剂来稀释疫苗，除马立克氏病疫苗等个别疫苗要用专用的稀释剂以外，一般用于滴鼻、点眼、刺种、擦肛及注射的疫苗，可用灭菌的生理盐水或灭菌的蒸馏水作为稀释剂；饮水免疫时，稀释剂最好用蒸馏水或去离子水，也可用洁净的深井水、凉开水，但不能用含消毒剂的自来水；气雾免疫时，稀释剂可用蒸馏水或去离子水。为了

保护疫苗病毒，可在饮水或气雾的稀释剂中加入0.1%的脱脂奶粉或山梨糖醇。

③稀释方法：稀释疫苗时，首先将疫苗瓶盖消毒，然后用注射器把少量的稀释剂注入疫苗瓶中，充分摇振，使疫苗完全溶解后，再加入其余量的稀释剂。如果疫苗瓶太小，不能装入全部的稀释剂，应把疫苗吸出来放于另一容器中，再用稀释剂把原疫苗瓶冲洗若干次，以便将全部疫苗病毒（或细菌）都洗下来。

疫苗临用前才由冰箱内取出，稀释后应尽快使用。尤其是活毒疫苗稀释后，在高温条件下或被太阳光照射易死亡，时间越长，死亡越多。一般来说，马立克氏病疫苗应于稀释后1～2 h内用完，其他疫苗也应于2～4 h内用完，超过此时间的要灭菌后废弃，更不能隔天使用。

二维码 3-1-2 免疫接种途径及仪器

（4）选择适宜的免疫途径。接种疫苗的方法有滴鼻、点眼、刺种、皮下或肌肉注射、饮水、气雾、滴肛或擦肛等，应仔细阅读疫苗说明书，根据疫苗的类型、疫病特点及免疫程序来选择每次适宜的接种途径，一般应以疫苗使用说明为准。比如灭活疫苗、类毒素和亚单位疫苗不能经消化道接种，一般用于肌肉或皮下注射。注射时应选择适宜的注射部位，比如颈部皮下，禽胸部肌肉、大中动物颈部肌肉等（二维码 3-1-2）。

（5）制定合理的免疫程序。目前没有适用于各地区及各养殖场的固定的免疫程序，应根据当地的实际情况制定合理的免疫程序。由于影响免疫效果的因素很多，免疫程序应根据疫病在本地区的流行情况及规律、畜禽的用途（种用、肉用或蛋用）、年龄、母源抗体水平和饲养条件，以及使用疫苗的种类、性质、免疫途径等方面的因素制定，不宜作统一要求。免疫程序应随情况的变化而作适当调整，不存在普遍适用的最佳免疫程序。血清学抗体检测是重要的参考依据。

（6）免疫剂量、接种次数及间隔时间。通常，疫苗用量与免疫效果呈正相关。疫苗用量过低刺激强度不够，不能产生足够强烈的免疫反应；疫苗用量超过一定限度后，免疫效果不但不增加，还可能导致免疫受到抑制，称为免疫麻痹。因此疫苗的剂量应按照规定使用，不得任意增减。

疫苗使用时，在初次应答之后，间隔一定时间重复免疫，可刺激机体产生再次应答和回忆应答，产生较高水平的抗体和持久免疫力。所以生产中常进行2～3次的连续接种，间隔时间视疫苗种类而定，细菌或病毒疫苗免疫产生快，间隔7～10 d或更长一些。类毒素是可溶性抗原，免疫反应产生较慢，时间间隔至少4～6周。

（7）疫苗的型别与疫病型别的一致性。有些传染病的病原有多种血清型，并且各血清型之间无交互免疫性，因此对于这些传染病的预防就需要对型免疫或用多价苗。比如口蹄疫、禽流感、鸡传染性支气管炎的免疫就应注意对型免疫或使用多价苗。

（8）药物的干扰。使用活菌苗前后10 d不得使用抗生素及其他抗菌药，活菌苗和活病毒苗均不能随意混合使用。

（9）防止发生不良反应。免疫接种时，应注意被免疫动物的年龄、体质和特殊的生理时期（比如怀孕和产蛋期）。幼龄动物应选用毒力弱的疫苗免疫，比如鸡新城疫的首次免疫用Ⅳ系而不用Ⅰ系，鸡传染性支气管炎首次免疫用 H_{120}，而不用 H_{52}；对体质弱或正患病的动物应暂缓接种；对怀孕母畜和产蛋期的家禽使用弱毒疫苗，可导致胎儿的发育障碍和产蛋下降，因此，生产中应在母畜怀孕前、家禽产蛋前做好各种疫病的免疫工作，必要时，可选择灭活疫苗，以防引起流产和产蛋下降等不良后果。

免疫接种完毕，注意观察动物的状态和反应，有些疫苗使用后会出现短时间的轻微反应，比如发热、局部淋巴结肿大等，属正常反应。如果出现剧烈或长时间的不良反应，应及时治疗。

（二）免疫血清

动物经反复多次注射同一种抗原物质（菌苗、疫苗、类毒素等）后，机体体液中尤其是血清中存在大量抗体，由此分离所得的血清称为免疫血清，又称高免血清或抗血清。免疫血清注入机体后免疫产生快，但免疫持续期短，常用于传染病的紧急预防和早期治疗，属人工被动免疫。为了防止在使用血清中的过敏反应，可采用纯化的免疫球蛋白。临床上常用的有抗炭疽血清、抗猪瘟血清、抗猪丹毒血清、抗小鹅瘟血清、抗鸭病毒性肝炎血清、破伤风抗毒素、肉毒抗毒素等。

二维码 3-1-3　免疫血清

1. 免疫血清的分类

（1）根据制备免疫血清所用抗原物质的不同，免疫血清（二维码 3-1-3）可分为抗菌血清、抗病毒血清和抗毒素（抗毒素血清）。

（2）根据制备免疫血清所用动物的不同，将免疫血清分为同种血清和异种血清。用同种动物制备的血清称同种血清，用异种动物制备的血清称异种血清，抗细菌血清和抗毒素通常用大动物（马、牛等）制备，比如用马制备破伤风抗毒素，用牛制备猪丹毒血清均为异种血清。抗病毒血清常用同种动物制备，比如用猪制备猪瘟血清、用鸡制备鸡新城疫血清等，同种动物血清的产量有限，但免疫后不引起应答反应，因而比异种血清免疫期长。

除了用免疫血清进行人工被动免疫外，在家禽常用卵黄抗体制剂进行人工接种，比如鸡群暴发鸡传染性法氏囊病（IBD）时，用高效价 IBD 卵黄抗体进行紧急接种，可起到良好的防治效果。卵黄抗体的应用应考虑防止内源和外源病原微生物的污染。

2. 免疫血清使用的注意事项

免疫血清一般保存于 2～8 ℃的冷暗处，冻干制品在－15 ℃以下保存。使用时应注意以下几点。

（1）早期使用。抗病毒血清具有中和病毒的作用，这种作用仅限于未和组织细胞结合的外毒素和病毒，而对已经和组织细胞结合的外毒素、病毒及产生的组织损害无作用。因此，用免疫血清治疗时，越早越好，以便使毒素和病毒在未达到侵害部位之前，就被中和而失去毒性。

（2）多次足量。应用免疫血清治疗虽然有收效快，疗效高的特点，但维持时间短，因此必须多次足量注射才能收到好的效果。

（3）血清用量。要根据动物的体重、年龄和使用目的来确定血清用量，一般大动物预防用量为 10～20 mL，中等动物预防用量 5～10 mL，家禽预防用量 0.5～1 mL，治疗用量 2～3 mL。

（4）途径适当。使用免疫血清适当的途径是注射，而不能经口接种。注射时以选择吸收较快者为宜。静脉吸收最快，但易引起过敏反应，应用时要注意预防。另外，也可选择皮下或肌肉注射。静脉注射时应预先加热到 30 ℃左右，皮下注射和肌内注射量较大时应多点注射。

（5）防止过敏。异种动物制备的免疫血清使用时可能会引起过敏反应，要注意预防，最好用提纯制品。给大动物注射异种血清时，可采取脱敏疗法注射，必要时应准备好抢救措施。

(三)诊断液

利用微生物、寄生虫或其代谢产物,以及含有其特异性抗体的血清制成的,专供传染病、寄生虫病或其他疾病诊断以及机体免疫状态检测及鉴定病原体用的生物制品,称为诊断液(二维码 3-1-4)。诊断液包括诊断抗原和诊断抗体(血清)。

二维码 3-1-4　诊断液

(1)诊断抗原。诊断抗原包括血清反应性抗原和变态反应性抗原。结核菌素、布鲁氏菌素等均是变态反应性抗原,对于已感染的机体,此类诊断抗原能刺激机体发生迟发型变态反应,从而来判断机体的感染情况;血清学反应抗原包括各种凝集反应抗原,比如鸡白痢全血平板凝集抗原、鸡毒支原体全血平板凝集抗原、布鲁氏菌病试管凝集及平板凝集抗原等;沉淀反应抗原,比如炭疽环状沉淀反应抗原、马传染性贫血琼脂扩散抗原等;补体结合反应抗原,比如鼻疽补体结合反应抗原、马传染性贫血补体结合反应抗原等。在各种类型的血清学试验中,用同一种微生物制备的诊断抗原,会因试验类型的不同而有差异,因此,在临床使用时,应根据试验类型加以适当选择。

(2)诊断抗体。诊断抗体包括诊断血清和诊断用特殊抗体。诊断血清是用抗原免疫动物制成的,比如鸡白痢血清、炭疽沉淀素血清、产气荚膜梭菌定型血清、大肠杆菌和沙门菌的因子血清等。此外,单克隆抗体、荧光抗体、酶标抗体等也已作为诊断制剂而得到广泛应用,研制出的诊断试剂盒也日益增多。

(四)微生物活性制剂

微生物活性制剂包括微生物酶制剂和微生态制剂。微生物酶制剂是用非病原微生物产生的酶而制成的制剂,应用价值较高的酶制剂有纤维素酶、β-半乳糖苷酶、α-淀粉酶等;微生态制剂是用非病原微生物本身制成,可调节机体代谢和维持体内正常菌群平衡。比如用乳酸杆菌、双歧杆菌、蜡样芽孢杆菌制成的活菌制剂。微生态制剂可防治动物胃肠道疾病,作为动物饲料添加剂,能起到动物保健和促进生长的作用。

任务三　常用生物制品的制备及检验

生物制品作为一类特殊的药品,其生产环节和质量检验必须按照严格的法规、程序和标准进行,才能保证其对动物疾病防治和诊断的可靠性和准确性,以及对人畜和环境的安全性。生物制品种类繁多,生产中用量较大的有疫苗、免疫血清和诊断液。

一、疫苗的制备及检验

(一)菌种、毒种的标准

菌种、毒种是国家的重要生物资源,世界各国都为此设置了专业性保藏机构。用于疫苗生产的菌种和毒种除毒力强弱标准不同外,还应该符合以下标准。

(1)来源清楚,资料完整。我国《兽医生物制品制造及检验规程》规定,疫苗、诊断液等生物制品生产所用的菌(毒)种,必须由中国兽药监察所或其委托单位提供,生产厂家及任何单位不经批准不得分发和转发。各地菌(毒)种由中国兽药监察所统一鉴定,统一保管或其委托有关单位负责保管。任何来历不明或传代历史不清的菌(毒)种不能用于兽用生物制品生产。菌(毒)种分离地、分离纯化时间等背景资料必须记录完整。

(2)生物学特性典型。生物学特性包括菌(毒)种的形态特征、生化特性、培养特性、免疫学特性以及对动物的致病性和引起细胞病变等特征,以及感染后动物的临床表现、病理变化等均应符合标准。尤其是用作疫苗菌(毒)种的抗原性和安全性更应符合标准。

(3)血清型相符。为了保证良好的免疫效果,在选择制苗的菌(毒)种时,应注意其血清型与当地流行菌(毒)种型别相符。同时,用于制苗的菌(毒)种的血清型必须清楚。

(4)遗传性状稳定。菌(毒)种遗传性状的稳定是保证生物制品质量的重要因素之一,为了保持或提高菌(毒)种的纯一性和相对稳定性,生产用的菌(毒)种要定期传代、筛选和鉴定。保存、传代和使用过程中,因受各种因素影响容易变异,因此,菌种和毒种遗传性状必须稳定。

(5)反应原性和免疫原性优良。优良的反应原性和免疫原性是生物制品菌(毒)种的重要指标。反应原性高,即使微量抗原进入机体也能产生强烈的免疫反应,在血清学反应上具有很高的特异性。免疫原性良好的物质能使免疫动物发生完善的免疫应答,从而获得坚强的免疫力。通常通过浓缩、提纯或加入佐剂等方法提高生物制品的免疫效果。

(6)毒力应在规定范围内。用于制备弱毒疫苗的菌(毒)种,在保持良好免疫原性的前提下,毒力要尽可能弱些;用于制备灭活疫苗、诊断抗原、抗血清和效力检验的菌(毒)种,则为强毒株,经处理后也应保持很强的抗原性。强毒株在制备灭活苗时,必须灭活彻底,否则对动物不安全。

(二)菌种、毒种的鉴定与保存

(1)菌种、毒种的鉴定。在疫苗生产之前,要鉴定所用菌(毒)种的毒力、免疫原性及稳定性,确定强毒菌(毒)种对本动物、实验动物或鸡胚的致死剂量,弱毒株的致死和不致死动物范围及接种的安全程度,通过强毒攻击免疫后动物,确定制造疫苗所用菌(毒)种的免疫原性;对制造弱毒活苗菌(毒)种需反复传代和接种易感动物,以检查其毒力是否异常增强。

(2)菌种、毒种的保存。为了保持稳定性,最好采用冷冻真空干燥法保存菌种和毒种。冻干的细菌,病毒分别保存于 4 ℃和－20 ℃以下,液氮是长期保存菌种的理想介质。

(三)疫苗的制备

1.细菌性灭活苗的制备

(1)菌种与种子培养。选取毒力强、免疫原性好的 1～3 个品系菌株,按规定定期复壮和鉴定,将合格菌种增殖培养并经无菌检验、活菌计数达到标准后作为种子液。种子液保存于之 2～8 ℃冷暗处,在有效期内用于菌苗生产种子使用。

(2)菌液培养。用于规模化细菌培养的方法很多,有手工式、机械化、自动化等方式。选用固体表面培养、液体静置培养、液体深层通气培养和透析培养法,对种子液进行培养。一般固体培养易获得高浓度细菌悬液,含培养基成分少,但生产量较小,因此大量生产疫苗时常用液体培养法。

(3)灭活与浓缩。灭活在疫苗制备上是指细菌及其产生的毒素经物理或化学方法处理,使其丧失毒力或致病性,而保留其抗原性的过程。灭活时要根据细菌的特性选用有效的灭活剂和最适灭活条件。比如猪丹毒氢氧化铝苗可加入 0.2%～0.5%甲醛, 37 ℃灭活 18～24 h。此外,为提高某些灭活苗的免疫力,常采用离心沉降、氢氧化铝吸附沉淀和羧甲基纤维沉淀法等方法使菌液浓缩1倍以上。

(4)配苗与分装。配苗就是在菌苗的制备过程中加入佐剂,以增强免疫效果。灭活苗所用佐剂不同,配苗方法不同,可根据具体情况在灭活同时或之后进行。配苗须充分振荡混匀,分装、轧盖、贴签、包装,然后入待检库,检验合格后,可以销售使用。

2.细菌性活疫苗的制备

(1)菌种与种子培养。弱毒菌苗多数是冻干制品,在使用之前应按规程规定进行复壮、挑选,并作形态、免疫原性等的鉴定,合格后将菌种接种于规定的培养基进行增殖培养,经纯粹检查及有关检查合格者,可作为种子液。种子液在0~4 ℃可保存2个月。在保存期内用作菌苗生产的批量种子使用。

(2)菌液培养。按1%~3%的比例将种子液接种于培养基,依不同菌苗的要求制备菌液。比如猪丹毒弱毒苗在深层通气培养中要加入适当植物油作消泡剂,并通入过滤除菌的热空气。菌液于0~4 ℃暗处保存,经抽样无菌检验、活菌计数合格后使用。

(3)浓缩。经检验合格的菌液进行浓缩,目的是提高单位体积活菌数,进而提高免疫的效果。常用的浓缩方法有吸附剂吸附沉降和离心沉降等方法浓缩菌液。浓缩菌液应抽样作纯粹检验、无菌检验及活菌计数。

(4)配苗与冻干。将检验合格的菌液按比例加入冻干保护剂(比如5%蔗糖脱脂乳)配苗,充分摇匀后立即分装。随后将菌苗迅速放入冻干柜预冻和真空干燥,并立即加塞、抽空、封口,移入冷库保存后由质检部门抽样检验。

3.类毒素的制备

(1)菌种与毒素。选用中国兽药监察所分发或批准的产毒效价高、免疫力强的菌株,必要时可对菌种进行筛选。菌种应定期作全面性状检查,并有完整的传代、鉴定记录。菌种应用冻干或其他适宜方法保存在2~8 ℃。选择适宜培养基制备种子菌及毒素。毒素制备过程应控制杂菌污染,必须经除菌过滤后方可进行下一步制备 ,也可杀菌后进行精制。

(2)脱毒。目前采用最可靠的脱毒方法仍然是甲醛溶液法,温度控制在37~39 ℃,终浓度控制在0.3%~0.4%。脱毒后的制品即成粗制的类毒素,经检验合格,置2~8 ℃保存,有效期可达3年。

(3)类毒素的精制。对粗制类毒素进行浓缩精制,以获得纯的或比较纯的类毒素制品,浓缩精制的方法主要有物理学方法、化学沉淀法、层析法。类毒素精制后加入终浓度0.01%的硫柳汞防腐,并尽快除菌过滤。保存于2~8 ℃有效期为3年。

4.病毒性组织苗的制备

(1)动物选择。动物质量对组织疫苗的质量有着直接影响,特别是对疫苗的安全性和效力有着决定性的作用。所选择动物应是SPF动物,对所接种的病毒易感性高,在品种、年龄、性别、体重等方面要合乎要求。

(2)种毒与接种。种毒可选用抗原性优良、致病力强的自然毒株的脏器组织毒,也可选用强毒株的增殖培养物,还可选用弱毒株组织毒种,但都必须经纯度检验及免疫原性检验合格后才能使用。生产不同批次的疫苗也可使用同一批检验合格的种毒批,以减少疫苗批次间的质量差别。将检验合格的种毒接种到动物体内进行病毒的增殖培养。接种途径可依生产目的和病毒性质分别选用脑内、静脉、肌内、皮下或腹腔注射等,比如狂犬病疫苗是用兔脑毒种通过绵羊脑内接种途径获得、猪瘟结晶紫疫苗采取猪肌肉注射血液毒种、牛瘟兔化弱毒疫苗向兔耳静脉注射脾和淋巴结毒种。

(3)观察与收获。动物在接种毒种后应每天观察和检查规定的各项指标,常规检查项目有精神、食欲、体温、活动状态、粪尿、血液变化等。根据观察和检查的结果选出符合要求的发病动物,按规定方式剖杀,收集含毒量高的组织器官,比如兔出血症组织灭活苗通常收获病兔肝脏、猪瘟结晶紫疫苗采取发病猪的血液制备、狂犬病疫苗利用发病羊的羊脑组织制备。

(4)制苗。制备弱毒苗组织疫苗需按无菌操作剔除含毒脏器上的脂肪与结缔组织,称重后剪碎并加适量保护剂制成匀浆,过滤和适当稀释后加余量保护剂及青霉素和链霉素各 500～1 000 IU/mL,充分摇匀并置 0～4 ℃处理,再检验纯度并测定毒价,合格者分装、冷冻真空干燥制成冻干疫苗。

制备组织灭活苗可收获含毒组织脏器,经纯度检验和毒价测定合格后,按比例加平衡液和灭活剂制成匀浆,然后按不同病毒的灭菌温度、时间进行灭活。比如猪瘟结晶紫疫苗配制,按血毒 4 份、结晶紫甘油溶液 1 份混合,于 37～38 ℃减毒 6～8 d 制成。

5.病毒性禽胚疫苗的制备

(1)禽胚的选择与孵化。生产用的禽胚(常选择鸡胚)应来自 SPF 鸡群或未用抗生素的非免疫鸡群的受精卵,蛋壳为白色且薄厚均匀。按常规无菌孵化至所需日龄时用于接种。

(2)种毒与毒种的继代。种毒由中国兽药监察所或其委托单位供应,适应于鸡胚的种毒多系弱毒且为冻干毒种,试用期需在鸡胚上继代复壮 3 代以上和检验合格后方可用于生产。毒种鉴定内容包括无菌检验、毒价测定和其他项目的鉴定。目前,痘病毒、鸡新城疫、禽流感等疫苗仍利用禽胚特别是鸡胚制备。

(3)接毒和收获。鸡胚接种可根据不同的病毒与不同疫苗生产程序选择最佳接种途径和最佳接种量,目的在于获得最高毒价。常用的接种途径有:卵黄囊接种(5～8 日龄鸡胚)、尿囊腔接种(9～11 日龄鸡胚)、羊膜腔接种(10～12 日龄鸡胚)、绒毛尿囊膜接种(11～13 日龄鸡胚)。鸡胚接毒后观察胚的活力,记录鸡胚死亡时间,增殖时间、培养温度、培养湿度以及收获的标准与内容物依据病毒的种类和鸡胚接种的途径而异,弃去接毒后 24 h 内死胚。通常选择接毒后 48～120 h 内死亡的鸡胚,收获的组织依接种途径、病毒种类而定,主要有绒毛尿囊膜、尿囊液、羊水及胎儿,冷却后经纯度检验。

(4)配苗。按规定收获的尿囊液和卵黄囊液经无菌检验合格后,可直接配苗。胎体和绒毛尿囊膜需剪碎制成乳剂后,再经无菌检验合格,方可配苗。湿苗将经无菌检验合格的病毒液按规定加入双抗(青霉素、链霉素),放置 2～8 ℃冷暗处处理后分装;冻干苗将经无菌检验合格的病毒液,按 1∶1 比例加入保护剂(5%蔗糖脱脂乳),按规定加入双抗,混匀后分装冻干;灭活苗将经无菌检验合格的病毒液,加入适当浓度的灭活剂,在适当条件下灭活后,加入佐剂,充分混匀后分装。

6.病毒性细胞苗的制备

(1)种毒与毒种。种毒由中国兽药监察所或其委托单位供应,多为冻干品。按规定在细胞中继代培养后用作毒种。继代培养控制在一定代数以内。

(2)营养液配制与细胞制备。营养液通常分为细胞培养用的生长液和病毒增殖用的维持液,前者含 5%～10%血清,而后者血清仅含 2%～5%。不同细胞需要不同的营养成分,根据需要选择合适的营养液。常选用来源广、生命力强及病毒适应性强的细胞，比如鸡胚成纤维细胞（生产鸡新城疫Ⅰ系苗）、地鼠肾细胞（BHK21 细胞）以及非洲绿猴肾细胞（Vero 细胞）等培养病毒。

（3）接毒与收获。病毒接种可与细胞同步（分装同时或分装不久后接种病毒）或异步（细胞形成单层后接种病毒）。将种毒继代培养在适宜细胞的单层培养物上，适应后用作毒种。通常先培养出完整的细胞单层，倾去培养液，然后接种病毒，比如猪水疱病弱毒病毒，待病毒吸附后加入维持液继续培养，待出现 70% 以上细胞病变时即可收获病毒，这称为异步接种。有的病毒采取同步接种，即在接种细胞同时或不久接种病毒，使细胞和病毒同时增殖，比如细小病毒，培养一定时间后收获。

收毒的时间和方法根据疫苗性质而定，有的将培养瓶冻融数次后收集，或者加入 EDTA-胰蛋白酶液将细胞消化分散后收取。收获的细胞毒经纯度检验和毒价测定合格后，供配苗用。

（4）配苗。灭活苗和冻干苗的配制方法同禽胚培养疫苗。

（四）成品检验

成品检验是保证疫苗品质的重要环节，一般由专门机构在接到检验通知书后执行。按规定需对产品随机抽样，分别用于成品检验和留样保存。我国规定灭活苗在 500 L 以下、500～1 000 L 以及 1 000 L 以上者分别每批抽样 5 瓶、10 瓶和 15 瓶；冻干苗每批 5 瓶。抽样后必须在规定期限内进行检验和出示结论。

1. 纯度检验及活菌计数

（1）纯度检验。即无菌检验。活菌苗及灭活苗灭活之前不得混有杂菌，因此，必须进行纯度检验。凡含有防腐剂、灭活剂或抗生素的疫苗需用培养基稀释后再移植培养。不同疫苗无菌检验所用培养基种类不同，通常选择最适合各种容易污染的需氧或厌氧杂菌生长而不适宜活菌苗细菌的培养基，比如马丁肉汤琼脂斜面、普通琼脂斜面、血琼脂斜面及厌气肉肝汤和改良沙氏培养基等，分别将被检物 0.2～1 mL 接种到 50～100 mL 培养基中。除改良沙氏培养基置 20～30 ℃外，其余均置 37 ℃培养 3～10 d，观察有无杂菌生长，或按要求再作移植培养后判定结果。灭活苗培养应无细菌生长，弱毒活苗应无杂菌生长。某些组织苗（比如鸡新城疫鸡胚组织苗）按规程允许存在一定数量的非病原性杂菌，如果经纯度检验证明含污染菌，必须进行污染菌病原性鉴定及杂菌计数再做结论。

（2）活菌计数。弱毒活菌苗需通过活菌计数来计算头份数和保证免疫效果。通常用适量稀释的疫苗均匀接种最适平板培养基，置 37 ℃培养 24～48 h 后计数，以 3 瓶样品中最低菌数者确定每批菌苗的使用头剂。

2. 安全与效力检验

（1）安全检验。安全性是疫苗的首要条件，它主要包括外源性细菌污染、灭活或脱毒状况以及残余毒力检验等内容。用于疫苗安全检验的动物多属普通级或清洁级，且敏感性高，符合一定的品种或品系、年龄、体重等规定，比如猪丹毒菌以鸽子和 10 日龄小鼠最敏感。除禽类疫苗可用本动物外，其他多用小实验动物进行安全检验。安全检验疫苗剂量常用免疫剂量 5～10 倍以上，以确保疫苗使用的安全性。只有安全检验合格的疫苗方可出具证明，允许出厂。

（2）效力检验。主要包括免疫原性、免疫产生期与持续期的检验。菌（毒）种的免疫原性决定疫苗的免疫力，但在生产过程中如处理不当，会使其免疫原性受到影响，从而影响疫苗的免疫效果。此外，通常抗原性强的疫苗株对同源动物的免疫力产生较早，而且免疫保护期长。

任何疫苗免疫动物时均需一定的抗原量，即最小免疫量，通常以半数保护量(PD_{50})或半数免疫量(IMD_{50})表示。测定时，细菌或病毒的量应以菌落单位(CFU)或空斑单位(PFU)作为疫苗分装的剂量单位，而不是以稀释度为标准，比如马立克病火鸡疱疹病毒苗以 1 500 PFU 作为一个最小免疫量。

疫苗的效力检验可采用活菌计数、病毒量滴定或血清学试验等多种方法，但最常用的仍是动物保护试验。设立对照动物，用疫苗对敏感实验动物或同源动物实行定量或变量免疫一定时间后用强毒攻击，如果对照组动物死亡而免疫组动物受保护，且符合规定要求，表明疫苗效力合格；也可检测免疫动物血清中特异性抗体效价来检验疫苗的效力。

3. 其他检验

(1)物理性状检验。各种液体疫苗均有其规定的外在和内在的物理性状检验标准。凡含有异物、凝块、霉团或变色、变质者均应剔除；装量不准、封口不严、外观不洁及标签不符者均应废弃。灭活的铝胶苗静置时上部为黄棕色、黄褐色、粉红色或褐色透明液体，下部为铝胶沉淀，振摇后为均匀的混悬液。

冻干苗应为海绵状疏松物，呈微白、微黄或微红色，无异物和干缩现象，安瓿瓶口无裂缝及碳化物，常温下加水后应在 5 min 内完全溶解成均匀一致的混悬液。

(2)真空度检查。冻干苗在入库保存时或出库前 2 个月均应做真空度检查，剔除无真空制品，不符合真空标准的不得重抽真空后出厂。目前多用高频火花真空测定器检查，凡瓶内出现蓝紫色、紫色或白色亮光者为合格。

(3)残余水分测定。冻干苗残余水分含量不得超过 4%，否则会严重影响疫苗的保存期和质量。每批疫苗随机抽取 4 瓶(每瓶冻干物不少于 0.3 g)，用真空烘箱测定法或卡氏测定法测定其含水量。

二、治疗用生物制品的制备及检验

(一)免疫血清的制备及检验

1. 动物的选择与管理

(1)动物的选择。用于制备免疫血清的动物有马、牛、山羊、绵羊、猪、兔、犬、鸡等，可选择本动物或异种动物。动物存在个体免疫应答能力的差异，所以用于制备血清的动物应为一个群体，达到一定数量，而且必须是来自非疫区的、经过严格检疫的健康动物。通常制备抗病毒血清常用同种动物制备，比如抗猪瘟血清用猪制备；抗菌血清和抗毒素用异种动物，一般选择体型较大、体质强健的青壮年动物为宜。比如破伤风抗毒素多用青年马制备。

(2)动物的管理。制血清用动物应制定严格的管理制度，在隔离条件下，由专人负责精心饲养和管理，并详细登记每头动物的来源、品种、性别、年龄、体重、特征、营养状况、体温记录、检疫结果等，建立生产血清用动物档案。

2. 免疫原与免疫程序

(1)免疫原。制备抗菌血清可用弱毒活苗、灭活苗及强毒菌株。抗病毒血清制备可用弱毒疫苗、血毒或脏器强毒。制备抗毒素的免疫原多用类毒素，也可根据需要使用毒素或细菌全培养物等。制备免疫血清用的免疫原均须经过无菌检验。

(2)免疫程序。一般分为基础免疫和高度免疫两个阶段。基础免疫多用弱毒疫苗或灭活疫苗,而高度免疫则选用毒力较强毒株或自然强毒株。注射途径常为皮下或肌肉多部位分点注射,每一注射点的抗原,特别是油佐剂抗原不宜过多。

3. 采血与抗血清的分离

(1)采血。按程序完成免疫的动物,经检验血清效价符合标准时即可通过无菌操作采血。一般血清抗体效价高峰在最后一次免疫后 7～11 d,可采用全放血或多次采血的方法。一次性放血可用动物的颈动脉或颈静脉放血;多次采血时,豚鼠、家兔、家禽由心脏穿刺采血,马、羊、牛等大动物可从颈静脉采血。

(2)抗血清的分离。一般不加抗凝剂,将采集的血液置于灭菌容器中,使之与空气有较大的接触面,置室温自然凝固,血液凝固后进行剥离或将血液凝块切成若干小块使之与容器剥离,先置于 37 ℃ 1～2 h,然后置于 4 ℃冰箱过夜,次日离心收获血清。大量血液置于较大的事先用灭菌生理盐水或 PBS 湿润的玻璃容器中,然后静置于室温自然凝固 2～4 h,待有血清析出时在筒中加入灭菌不锈钢压砣,24 h 后用虹吸法将血清吸入灭菌瓶中。也可将血液采入 50 mL 离心瓶内,在血液自然凝固后离心分离血清。血清加 0.5%石炭酸或 0.01%硫柳汞防腐,放置数日后再做纯度检验和分装。

4. 免疫血清的检验

免疫血清检验的抽检比例同灭活苗,抽样后除了要做无菌检验外,还要按规定进行安全检验、效力检验和防腐剂残留量测定等。所有血清制品都应为微带乳光橙黄色或茶色清朗液体,不应有摇不散的絮状沉淀和异物。如果有沉淀时,稍加摇动,即成轻度均匀混浊。装量、封口、瓶签同时检查。

(二)卵黄抗体的制备及检验

我国已批准生产精制高免卵黄抗体。尽管抗不同病原卵黄抗体的制备过程有所不同,但制备原理和程序基本相同。现以鸡传染性法氏囊病(IBD)卵黄抗体制备为例。

用鸡 IBDV 组织灭活油乳剂抗原通过肌肉注射接种健康产蛋鸡,一般免疫 2～3 次,每次间隔 7～14 d,免疫剂量逐步增加。最后一次免疫完成后第 7 天开始,每隔 3 d 抽样测定,收集卵黄,待卵黄琼扩反应效价达 1∶128 时开始收集高免蛋,降至 1∶64 时停止收蛋。无菌操作取出卵黄,加入适量灭菌生理盐水或 PBS,充分捣匀后用纱布过滤,再用辛酸提取抗体,加入终浓度 0.01%硫柳汞及青、链霉素使终浓度为 1 000 IU(μg)/mL 而制成,4 ℃或冷冻保存。本品为略带棕色或淡黄色透明液体,久置后瓶底有少许白色沉淀,琼扩抗体效价应≥1∶32。成品除按《成品检验的有关规定》检验外,还必须进行安全检验和效力检验,合格者才能临床应用。

本品于 2～8 ℃保存,有效期 18 个月。用于鸡 IBD 早期和中期感染的治疗和紧急预防,皮下、肌肉或腹腔注射均可。每次注射的被动免疫保护期为 5～7 d。

【知识拓展】

其他兽用生物制品

一、类毒素

类毒素是指细菌生长繁殖过程中产生的外毒素，经化学药品（如 0.3%～0.5%甲醛）处理后，成为无毒性而保留免疫原性的生物制品。类毒素失去了外毒素的毒性，保留其抗原性，接种动物后能产生自动免疫，也可用于注射动物制备抗毒素。类毒素经过盐析并加入适量磷酸铝或氢氧化铝等吸附剂吸附后的类毒素即为精制类毒素。精制类毒素注入动物体后，能延缓吸收，长久地刺激机体产生高滴度抗毒素，增强免疫效果，比如破伤风类毒素和明矾沉降破伤风类毒素等。

二、血液制品

由动物血液分离提取各种组分，包括血浆、白蛋白、球蛋白、纤维蛋白原以及胎盘球蛋白等。此外，还包括非特异性免疫活性因子，比如白细胞介素、干扰素、转移因子、胸腺因子及其他免疫增强剂等。

三、副免疫制品

现代免疫学研究表明，许多非特异性免疫成分参与了特异性免疫应答，而特异性免疫通常是靠非特异性免疫作用来实现，特异性免疫可通过提高非特异性免疫而增强。为此，免疫学研究人员一直在寻找各种免疫增强剂来提高动物整体免疫力，人们把由免疫增强剂刺激动物体产生特异性和非特异性免疫后提高的免疫力称为副免疫，而把这类增强剂统称为副免疫制品。副免疫制品包括脂多糖、多糖和佐剂产品（比如油乳剂、脂质体、无机化合物、免疫刺激复合物、缓释微球等）。

【考核评价】

某猪场为了预防猪瘟的发生，用猪瘟兔化弱毒疫苗对 2 000 头育肥猪进行肌肉注射免疫接种，结果 15 d 以后猪群当中仍然有部分猪发生猪瘟，全面分析造成本次免疫失败的原因。

【知识链接】

1.《中华人民共和国兽用生物制品规程》。

2.《中华人民共和国兽用生物制品质量标准》。

3.《兽用生物制品经营管理办法》。

4. NY/T 1952—2010 动物免疫接种技术规范。

项目二
微生物的其他应用

【学习目标】

熟悉微生物类饲料的类型及其作用和畜产品中微生物的来源及其作用；掌握微生物酶制剂和微生态制剂的含义及其应用；了解抗生素、植物杀菌素、细菌素的应用。

任务一　饲料中微生物的应用

微生物饲料是原料经微生物及其代谢产物转化而成的新型饲料，没有使用药剂，其生产环境很少受到污染，是动物的“绿色食品”。饲料微生物是指作为畜、禽和鱼类的饲料以及适用于加工或改善饲料质量的微生物。用于生产微生物类饲料的微生物主要有细菌、酵母菌、霉菌、放线菌、单细胞藻类等。

微生物在饲料生产中的作用主要有3个方面。一是改变原料的理化性状，提高其营养价值和适口性，比如青贮饲料和发酵饲料；二是分解原料中的有害成分，比如饼粕类发酵脱毒饲料；三是将各种原料转化为菌体蛋白而制成单细胞蛋白质饲料，比如酵母饲料和藻体饲料。常见微生物类饲料的应用包括：青贮饲料、发酵饲料和单细胞蛋白质饲料等。

一、青贮饲料与微生物

青贮饲料是利用乳酸细菌类微生物发酵产生乳酸，使绿色植物的茎叶饲料(玉米秆、牧草等)在密闭条件下，经微生物发酵后制成的有利于贮存、消化率提高的粗饲料。青贮饲料能在较长期间内保持颜色黄绿、气味酸香、柔嫩多汁和适口性好。通常将玉米等禾谷类青料切碎，加一定量的豆类、块根作物的青料、淀粉质饲料、盐和发酵饲料的酸液(即乳酸细菌类的接种剂)混拌后，装进青贮塔或窖中，压实、密封。在缺氧条件下，饲料中所含的简单碳水化合物，逐渐被乳酸细菌类微生物发酵，产生乳酸和醋酸，因而能对引起饲料腐败的各类氨化微生物的活动进行控制，由青贮塔中的酵母菌(醭酵母)进行发酵，产生乙醇、乳酸和醋酸。这些发酵产物的积累，既可保持饲料不腐败，又能改善它的营养价值和适口性。

(一)作用原理

发酵秸秆饲料的原理是通过有效微生物的生长繁殖使分泌酸大量增加，秸秆中的木聚糖链和木质素聚合物酯链被酶解，促使秸秆软化，体积膨胀，木质纤维素转化成糖类。连续重复发酵又使糖类二次转化成乳酸和挥发性脂肪酸，使 pH 降低到 4.5～5.0，抑制了腐败菌和其他有害菌类的繁殖，达到秸秆保鲜的目的。其中所含淀粉、蛋白质和纤维素等有机物降解为单糖、双糖、氨基酸及微量元素等，促使饲料变软、变香而更加适口。最终使那些不易被动物吸收利用的粗纤维转化成能被动物吸收的营养物质，提高了动物对粗纤维的消化、吸收和利用率。

(二)青贮饲料中的微生物及其作用

天然植物体上附着多种微生物，它们在青贮原料中相互制约，巧妙配合，才能制成青贮饲料。

(1)乳酸菌。它是驱动青贮饲料进行乳酸发酵的菌类，是最重要的菌类，包括乳酸链球菌、胚芽乳酸杆菌、棒状乳酸杆菌等，它们能分解青贮原料而产生乳酸，使饲料中的 pH 急剧下降，从而抑制腐败菌或其他有害菌的繁殖，起到防腐保鲜作用。乳酸菌都是革兰氏阳性菌，无芽孢，大多数无运动性，厌氧或微需氧，能利用饲料中的氨基酸。乳酸链球菌是兼性厌氧菌，要求 pH 为 4.2～8.6；乳酸杆菌为专性厌氧菌，要求 pH 为 3.0～8.6，产酸能力较强。利用乳酸菌进行乳酸发酵，每个细胞产生的乳酸为其体重的 1 000～10 000 倍，所以在调制青贮饲料时，原料本身自然附着的乳酸菌作为发酵菌种就足够了，如果自然界存在的杂菌比较复杂而且多，则为了使乳酸菌迅速成为优势菌群，则必须添加发酵剂。

(2)酵母菌。与青贮饲料有关的酵母有表面生长的假丝酵母、汉逊氏酵母和毕赤氏酵母，也有深层生长的球拟酵母。在青贮初期的有氧及无氧环境中，酵母菌能迅速繁殖，分解糖类产生乙醇，使青贮饲料产生良好的香味。随着氧气的耗尽和乳酸的积累，酵母菌的活动很快停止。

(3)丁酸菌。它是一类革兰氏阳性、严格厌氧的梭状芽孢杆菌。它们分解糖类而产生丁酸和气体；将蛋白质分解成胺类及有臭味的物质；还破坏叶绿素，使青贮饲料带有黄斑，含量越多，青贮饲料的品质越差，并严重影响其营养价值和适口性。但丁酸菌不耐酸，在 pH 为 4.7 以下时则不能活动。

(4)肠道杆菌。它是一类革兰氏阴性无芽孢的兼性厌氧菌，以大肠杆菌和产气杆菌为主。大肠杆菌是一类需氧或兼性厌氧，能发酵乳糖产酸产气，不形成芽孢的革兰氏阴性菌。但能使青贮饲料异常发酵，能使蛋白质腐败分解，使青贮饲料变质，从而降低青贮饲料的营养价值。

(5)腐败菌。凡能强烈分解蛋白质的细菌统称为腐败菌，包括枯草杆菌、马铃薯杆菌、腐败梭菌、变形杆菌等。大多数能强烈地分解蛋白质和碳水化合物，并产生臭味和苦味，严重降低青贮饲料的营养价值和适口性。

另外，青贮原料密封不严时，霉菌、放线菌、纤维素分解菌等可以生长而使饲料发霉变质，甚至产生毒素。

(三)青贮饲料发酵过程中微生物的变化

(1)预备发酵期。它是从原料装填密封后到酸性、厌氧环境形成为止。最初，需氧和兼性厌氧的微生物迅速繁殖，产生了多种有机酸。同时，微生物和植物细胞的呼吸作用使原料中的氧气逐渐耗尽。在酸性、厌氧的环境中，乳酸菌能大量繁殖，并抑制多种腐败菌、酵母菌、肠道细菌和霉菌的生长。

(2)发酵竞争期。在厌氧条件下，很多厌氧微生物或兼性厌氧菌都可在青贮饲料中进行发酵，其中乳酸菌发酵能否占主要地位，是青贮成败的关键。必须创造乳酸发酵所需的厌氧、低pH的环境，以控制有害微生物的繁殖，乳酸菌耐酸能力强。

(3)酸化成熟期。先是乳酸链球菌占优势，随着酸度的增加，乳酸杆菌迅速繁殖。乳酸的积累使饲料酸化成熟，其他微生物进一步受到抑制而死亡。

(4)保存使用期。青贮饲料的pH降到4.0～4.2及以下时，乳酸杆菌逐渐停止活动而死亡，青贮饲料也已制作完成。开窖使用后，由于空气进入，开窖后的青贮饲料应连续、尽快用完，每次取用后用薄膜盖紧，否则好氧微生物(比如霉菌)会利用青贮饲料的营养成分进行发酵和产热，引起青贮饲料品质败坏。

(四)影响乳酸菌发酵的因素

(1)青贮原料的糖分。糖分是乳酸发酵的主要物质，青贮原料含糖量的多少影响青贮效果的好坏。玉米、高粱、甘薯等比豆科作物含糖量高，易于青贮。一般来说，原料含糖量应不低于青贮原料重量的1%～5%。如果原料含糖量低，可添加玉米粉、麸皮、糖渣、酒糟等。

(2)原料含水量。青贮原料的适宜含水量是保证乳酸菌正常活动的主要条件，原料中适宜含水量为65%～75%。如果水分不足，则原料不易压实而好氧菌大量繁殖，容易使青贮饲料腐烂；水分过多，则过早形成厌氧环境，引起丁酸菌活动过强，降低饲料品质。

(3)厌氧环境。含氧量是青贮能否取得成功的关键因素，如果青贮原料切割过长，没有压紧或封闭不严，好氧微生物活动加强，产生热量，不利于乳酸菌的繁殖，易引起饲料变质、腐败，因此，将原料铡碎、压实、密封是青贮成功的关键。

(4)发酵温度。在青贮饲料制作过程中，青贮窖内温度的高低直接影响着乳酸菌的生长繁殖，乳酸菌适宜发酵的温度为19～37℃，过高或过低的温度均不利于青贮饲料的发酵。

(5)添加剂。添加纤维素酶、淀粉酶等微生物酶制剂，可促进乳酸发酵。添加0.2%～0.3%甲酸、甲酸钙、焦亚硫酸钠或0.6%～1.2%甲醛等，可防止二次发酵。添加0.5%的尿素，能提高青贮料的产酸量和蛋白质含量。

二、发酵饲料与微生物

发酵饲料是以微生物和复合酶作为生物饲料发酵剂菌种，将饲料原料转化为微生物菌体蛋白、生物小肽类氨基酸、微生物活性益生菌、复合酶制剂为一体发酵饲料。粗饲料经过微生物发酵而制成的饲料称为发酵饲料，粗饲料富含纤维素、半纤维素、果胶物质、木质素等粗纤维和蛋白质，但难以被动物直接消化吸收，必须经过微生物发酵分解，才能提高利用率。发酵饲料包括米曲霉发酵饲料、纤维素酶解饲料、瘤胃液发酵饲料、担子菌发酵饲料等。

(1)米曲霉发酵饲料。米曲霉属于曲霉属，生长快，菌落为绒毛状，初期为白色，以后变为绿色。米曲霉繁殖时需要温度30～32℃，pH为6～6.5的最适条件，但在25～40℃及pH为5～7时均能生长。米曲霉能进行需氧呼吸，能利用无机氮和蔗糖、淀粉、玉米粉等碳源，具有极高的淀粉酶活性，能将较难消化的动物蛋白，比如鲜血、血粉、羽毛等降解为可消化的氨基酸，形成自身蛋白。米曲霉在畜禽新鲜血液与米糠、麦麸的混合物中繁殖后，形成的发酵饲料含粗蛋白质达干重的30%以上。

(2)纤维素酶酶解饲料。它是富含纤维素的原料在微生物纤维素酶的催化下制成的饲料。

细菌、霉菌和担子菌是生产纤维素酶解饲料的主要微生物。秸秆粉或富含纤维素的工业废渣，比如蔗渣等，都可作为生产的原料。

(3)瘤胃液发酵饲料。瘤胃液发酵饲料是粗饲料经瘤胃液发酵而成的一种饲料。牛、羊瘤胃液中含有细菌和纤毛虫，它们能分泌纤维素酶，将纤维素降解。向秸秆粉中加入适量水、无机盐和氮素(硫酸铵)，再接种瘤胃液，在密闭缸内保温发酵后，就可得到瘤胃液发酵饲料。

(4)担子菌发酵饲料。将担子菌接种于由粗饲料粉、水、铵盐组成的混合物中，担子菌就能使其中的木质素分解，形成粗蛋白质含量较高的担子菌发酵饲料。

三、单细胞蛋白饲料与微生物

1. 单细胞蛋白的概念

单细胞蛋白(single cell protein，SCP)是单细胞或具有简单构造的多细胞生物的菌体蛋白的统称。单细胞蛋白的生产是利用某些含有丰富营养源的废水废液或其他低氮或无氮原料培养某些非致病性细菌、酵母菌(有时为丝状霉菌)或微藻类获得蛋白质的方式。单细胞蛋白不仅可用于饲料生产，而且对开发人类新型食品有重要意义。

2. 单细胞蛋白的特点

(1)单细胞蛋白的优点。①蛋白质含量高，一般SCP蛋白质含量为40%～80%，其中酵母类45%～55%，霉菌类30%～50%，细菌类69%～80%，藻类60%～70%；②富含畜禽生长发育所必需的氨基酸、维生素和其他生理活性物质，不但适用于饲料行业，还可用于人类食品、制药、饮料和发酵工业；③生物效价高，在畜禽体内经水解后，转化为多肽和氨基酸，吸收率可达90%左右；④原料来源丰富，石油、天然气、淀粉、废糖蜜、废酒糟水等均可作原料；⑤生产过程易控制，可工业化生产，不受气候、土壤和自然灾害的影响，可连续生产，成功率高，特别对于缓解世界面临食物短缺、环境污染和能源缺乏等问题显得尤为重要。

(2)单细胞蛋白的缺点。①核酸含量过高，尤其是RNA的含量高。易引起痛风、风湿性关节炎、尿结石及代谢失衡。所以应限制SCP在日粮中的用量，使其不超过蛋白补给量的15%。②某些SCP还可能对动物具有毒性作用，尤其是细菌蛋白和在培养基中含有石油衍生物时。③含SCP的饲料，其消化率比常规蛋白质低10%～15%，这是因为SCP中含有毒菌肽，能与饲料中的蛋白质结合，阻碍蛋白质的消化。④喂食SCP也可造成氨基酸供应不平衡的弊端，可以在加工SCP过程中，添加适量的蛋氨酸和精氨酸，使氨基酸的比例趋于合理。

3. 单细胞蛋白质饲料的种类

由单细胞或简单多细胞生物组成、蛋白质含量较高的饲料，称为单细胞蛋白质饲料。单细胞蛋白饲料不仅营养价值高，而且随着生物工程技术的不断发展，在利用酒精、啤酒副产品废水等生产单细胞蛋白饲料的技术方面有了很大进展，单细胞蛋白饲料在我国已有批量生产，具有很好的生产和应用前景。单细胞蛋白饲料包括酵母饲料、白地霉饲料、石油蛋白饲料和藻体饲料等。

(1)酵母饲料。将酵母菌繁殖在工农业的副产品中制成的饲料称为酵母饲料。酵母饲料营养齐全，风干制品中粗蛋白质含量为50%～60%，其有效能值近似玉米，与鱼粉和优质豆饼相当，B族维生素及脂肪含量也比较丰富，矿物元素中的锌、铁等的含量也较高，常作为畜禽蛋白质及维生素的添加饲料。

常用的酵母菌有产朊假丝酵母、热带假丝酵母、啤酒酵母等。它们可利用植物组织中的戊糖作为碳源，并且能利用各种廉价的铵盐作为氮源。如果用农作物秸秆、玉米芯、糠壳、棉籽壳、锯末、畜禽粪便时，须预先水解为糖。上述各种原料中以利用亚硫酸盐纸浆废液最为经济。

制造酵母饲料的制造方法是在原料中加入适量的无机含氮物，液体原料需要通入足够的空气，使酵母菌 pH 在 4.5～5.8 及适宜的温度下迅速繁殖，即得到酵母饲料。如果将其中的酵母菌分离出来，经干燥、磨碎，就能得到纯酵母粉。

(2)白地霉饲料。它是将白地霉培养在工农业副产品中形成的单细胞蛋白质饲料。白地霉又称乳卵孢霉，属于霉菌。白地霉为需氧菌，适合在 28～30 ℃及 pH 为 5.5～6.0 的条件下生长。在麦芽汁中生长可形成菌膜，在麦芽汁琼脂上生长能形成菌落。菌膜和菌落都为白色绒毛状或粉状。白地霉能利用蛋白胨、氨基酸、尿素、硫酸铵等作为氮源，利用多种糖作为碳源。酵母饲料生产时多采用液体培养法。

(3)石油蛋白饲料。以石油或天然气为碳源生产的单细胞蛋白饲料称为石油蛋白饲料，又称烃蛋白饲料。能利用石油和天然气的微生物种类很多，包括酵母菌、细菌、放线菌和霉菌，生产上以酵母菌和细菌较常用。以石油或石蜡为原料时主要接种解脂假丝酵母、热带假丝酵母等酵母菌；以天然气为原料时接种嗜甲基微生物。在适宜条件下，选择适宜的培养方法进行培养，分离、干燥后得到石油蛋白饲料。

(4)藻体饲料。藻类是泛指生活在水域或湿地的一类光能自养型低等生物，单细胞或多细胞，无根茎叶，胞体多带有色素。藻类细胞中蛋白质占干重的 50%～70%，脂肪含量达干重的 10%～20%，营养比其他任何未浓缩的植物蛋白都高。生产藻体饲料的藻类主要是体积较大的螺旋藻，比如极大螺旋藻和钝顶螺旋藻。生产螺旋藻饲料与普通微生物培养不同，一般在阳光及二氧化碳充足的露天水池中进行，温度 30 ℃左右，pH 为 8～10，通入二氧化碳则产量更高。得到的螺旋藻经过简单过滤、洗涤、干燥和粉碎，即可成为藻体饲料。水池养殖藻类既充分利用了淡水资源，又能美化环境。

任务二　畜产品中微生物的应用

一、乳及乳制品中的微生物

乳中含有蛋白质、乳糖、脂肪、无机盐、维生素等多种营养物质，是微生物的天然培养基。有益微生物可以将鲜乳转化成多种乳制品，但有些微生物可以引起鲜乳或乳制品变质，甚至使食用者感染发病。

(一)鲜乳中的微生物的来源、种类及作用

1. 鲜乳中微生物的来源

鲜乳中的微生物来自乳房内部或外界环境。健康动物的乳头处常常含有微生物，随着挤奶而进入鲜乳。另外，空气、水源、动物体表、挤奶用具及牧场人员等所带的微生物，都会直接或间接地进入鲜乳，使鲜乳中含有病原微生物。

2. 鲜乳中微生物的种类及作用

(1)发酵产酸的细菌。主要包括乳酸链球菌和乳酸杆菌等乳酸菌，它们能在鲜乳中迅速繁

殖，分解乳糖产生大量乳酸。乳酸既能使乳中的蛋白质均匀凝固，又可抑制腐败菌的生长。有的乳酸菌还能产生气体和芳香物质。因此，乳酸菌被广泛用于乳品加工。

(2)产酸产气的细菌。产酸产气的细菌使乳糖转化为乳酸、醋酸、丙酸、二氧化碳和氢等。丙酸菌能使乳品产酸产气，使干酪形成孔眼和芳香气味，对干酪的品质形成有利；大肠杆菌和产气杆菌的产酸产气作用最强，能分解蛋白质而产生异味；厌氧性丁酸梭菌能产生大量气体和丁酸，使凝固的牛乳裂成碎块形成暴裂发酵现象，并出现恶臭。

(3)胨化细菌。胨化细菌有枯草杆菌、液化链球菌、蜡样芽孢杆菌、假单胞菌等。它们能产生蛋白酶，使已经凝固的蛋白质溶解液化，并产生不良气味。

(4)嗜热菌与嗜冷菌。乳中的嗜热菌包括多种需氧菌和兼性厌氧菌，它们能耐过巴氏消毒，甚至 80～90 ℃ 10 min 也杀不死；乳中有以革兰氏阴性杆菌为主的嗜冷菌。嗜热菌和嗜冷菌常生长在鲜乳消毒和加工设备中，能增加乳中的细菌数量并产生不良气味，降低鲜乳的品质。

(5)其他微生物。酵母菌、霉菌、细菌和放线菌会使鲜乳变稠或凝固，有的细菌和酵母菌还能使鲜乳变色，从而降低了乳的品质。

(6)致病微生物。动物患传染病时，乳中常有病原微生物，比如大肠杆菌、葡萄球菌、链球菌、牛结核分枝杆菌、布鲁氏菌等。患有沙门菌病和结核病的工作人员也会将病原菌带到鲜乳中。饲料中的李氏杆菌、霉菌及其毒素也可能污染鲜乳。

3. 微生物在鲜乳贮藏过程中的变化

(1)抗菌期。鲜乳中含有溶酶体、抗体、补体等具有杀菌作用的物质，可使乳中的微生物总数减少，这个时期为细菌减数期。此期长短与乳汁温度、最初含菌量及乳中抗菌物质的多少有关。

(2)发酵产酸期。随着抗菌作用的减弱，各种微生物开始生长。最初腐败菌占优势，但很快乳酸菌就占优势，乳酸菌繁殖并大量产酸，最后乳酸菌也被抑制。此期为数小时到几天。

(3)中和期。酸性环境中，多数微生物都被抑制，但霉菌和酵母菌大量增殖。它们不但利用乳酸及其他酸类，而且分解蛋白质产生碱性物质，中和乳的酸性。此期为数天到几周。

(4)胨化期。当乳被中和至微碱性时，乳中的胨化细菌生长繁殖，分解酪蛋白；霉菌和酵母菌继续活动，分解乳中固形营养物质，最后使乳变成澄清而有毒性的液体。

4. 乳的卫生标准

为了保证乳的卫生质量，鲜乳挤出后应该立即冷藏和消毒，并进行微生物检验。

按照国家标准，鲜乳及消毒乳中均不得检出致病菌；每毫升鲜乳(供消毒乳用)中菌落总数不得超过 500 000 个；每毫升巴氏消毒乳中菌落总数不得超过 30 000 个；每 100 mL 消毒乳的大肠菌群不得超过 90 个。

(二)微生物与乳制品

1. 在乳品中的微生物作用

(1)酸乳酪。酸乳酪又称酸性奶油，是稀奶油经乳酸发酵而制成的。在制备酸乳酪过程中，乳酸链球菌和乳酪链球菌有产酸作用，而柠檬酸链球菌和副柠檬酸链球菌能产生芳香物质。

(2)酸奶制品。嗜热链球菌、保加利亚乳酸杆菌与乳酸链球菌在适当温度下，共同作用可使原料产酸而形成酸奶。乳酸菌与酵母菌协同发酵后，还会形成含酒精的酸奶酒、马奶酒等酸乳制品。

（3）干酪。在乳酸菌的作用下，使原料乳经过发酵、凝乳、乳清分离而制得的固体乳制品称干酪。干酪中的乳酸链球菌、嗜热链球菌等有产酸作用，而丁二酮乳酸链球菌和乳酪串珠菌兼有产香和产气作用，使干酪带上孔眼和香味。在“成熟”过程中，干酪内残留的乳糖及蛋白质被充分降解，并形成特殊的风味和香味。

2. 乳制品的变质

（1）奶油变质。霉菌可引起奶油发霉；鱼杆菌和乳卵孢霉分解奶油中的卵磷脂而产生带鱼腥味的三甲胺；一些酵母、霉菌、假单胞菌、灵杆菌等能产生脂肪酶，使奶油中的脂肪分解为酪酸、己酸，使之散发酸臭味。

（2）干酪变质。大肠菌群和产气杆菌分解残留的乳糖，引起干酪成熟初期的膨胀现象；酵母菌和厌氧性丁酸梭菌可导致成熟后期发生膨胀，使干酪组织变软呈海绵状，并带上丁酸味和油腻味；酵母菌、细菌和霉菌还可使干酪表面变色、发霉或带上苦味；乳酸菌、胨化细菌及厌氧的丁酸梭菌等使干酪表面湿润、液化，并产生腐败气味。

（3）甜炼乳变质。液态的甜炼乳含蔗糖40%～50%，一般微生物在其中难以生长，但耐高渗的酵母菌和丁酸菌繁殖后产气，造成膨胀；耐高渗的芽孢杆菌、球菌及乳酸菌可产生有机酸和凝乳酶，使炼乳变稠，不易倒出；霉菌生长后还会在炼乳表面形成褐色和淡棕色纽扣状菌落。

炼乳灭菌不彻底时，耐热的芽孢杆菌会引起结块、胀罐及变味；球菌、芽孢杆菌、大肠菌群、霉菌等微生物常污染冰激凌；而嗜热性链球菌等可能污染奶粉。

二、肉及肉制品中的微生物

（一）鲜肉中的微生物的来源及作用

（1）鲜肉中微生物的来源。鲜肉中微生物的来源分内源性和外源性两种。外源性是动物在屠宰、加工、运输等过程中，微生物从外界环境中进入肌肉，这是主要污染来源。内源性主要指动物屠宰后，体内或体表的微生物进入肌肉。

（2）鲜肉的成熟与腐败。动物屠宰后一段时间内，肌肉在酶的作用下发生复杂的生物和物理化学变化，称肉的“成熟”。在成熟过程中，肌肉中的糖原分解，乳酸增高，ATP转化为磷酸，使肌肉由弱碱性变为酸性，抑制肉中的腐败菌和病原微生物的生长繁殖；蛋白质初步降解，肌肉、筋腱等变松软，并形成明显的气味和味道，有利于改善肉的风味和可消化性。成熟肉表面形成一层干燥膜，有羊皮纸样的感觉，可防止微生物的侵入。成熟后，在环境适宜时，肉中污染的细菌、酵母菌、霉菌等开始繁殖，引起蛋白质、脂肪、糖类等分解，使肉腐败变质。

（3）鲜肉中的病原微生物。鲜肉中污染的微生物主要有细菌和霉菌，有时还出现酵母菌和致病菌。芽孢杆菌、假单胞菌及某些酵母菌能使鲜肉发黏和变色；变形杆菌、枯草杆菌及霉菌能使肌肉发霉和腐败。病原微生物可经内源性和外源性途径进入肉内。

鲜肉中可能的病原微生物有结核分枝杆菌、布鲁氏菌、沙门菌、炭疽杆菌、鼻疽杆菌、钩端螺旋体、口蹄疫病毒等人畜共患传染病的病原，这些病原微生物可导致传染病的发生和流行，被人畜食用，或者在运输、加工过程中可感染健康人畜；当肉制品被沙门菌、致病性大肠杆菌、变形杆菌、副溶血弧菌、葡萄球菌或肉毒梭菌的毒素污染时，能引起细菌性食物中毒。少数真菌也能通过肉品引起食物中毒。

(二)肉制品中的微生物

(1)冷藏肉和冰冻肉中的微生物。肉类的低温冷藏和冰冻,在肉品工业中占有重要地位。低温虽能抑制微生物的生长繁殖,但不被灭活。比如结核分枝杆菌在－10 ℃可存活 2 d,沙门菌在－165 ℃可存活 3 d,口蹄疫病毒在冻肉骨髓中可存活 144 d,炭疽杆菌在低温也可存活,因此,不能以冷冻作为带病肉尸无害化处理的手段。

(2)熟肉中的微生物。熟肉制品包括酱卤肉、烧烤肉、肉松、肉干等,经加热处理后,一般不含有细菌的繁殖体,但可能含少量细菌的芽孢。引起熟肉变质的微生物主要是根霉、青霉及酵母菌等真菌,它们的孢子广泛分布于加工厂的环境中,很容易污染熟肉表面并导致变质,因此,加工好的熟肉制品应在冷藏条件下运输、贮存和销售。

(3)香肠和灌肠中的微生物。与生肠类变质有关的微生物有酵母菌、微杆菌及一些革兰氏阴性杆菌,这些菌类可引起灌肠制品变色、发霉、腐败、变质,一般不会危害熟肠类产品质量。

(4)腌腊肉制品中的微生物。腌制是肉类的一种加工方法,也是一种防腐的方法。肉的腌制可分为干腌法和湿腌法。腌制的防腐作用,主要是依靠一定浓度的盐水形成高渗环境,使微生物处于生理干燥状态而不能繁殖。

三、蛋及蛋制品中的微生物

(一)鲜蛋中的微生物及其来源

正常情况下,鲜蛋内部是无菌的。蛋清内的溶菌酶、抗体等有杀菌作用,壳膜、蛋壳及壳外黏液层能阻止微生物侵入蛋内。但是,病原微生物感染禽类后会随着血液循环到卵巢、输卵管,在蛋的形成过程中侵入蛋黄和蛋清;产蛋时附着在蛋壳上的黏液和空气中的微生物会侵入蛋内;蛋产出后在运输、贮藏及加工中壳外黏液层被破坏,微生物经蛋壳上的气孔侵入蛋内。因此鲜蛋内部及蛋制品中就会含有微生物。

鲜蛋内的微生物主要有细菌、病毒和真菌,其中大部分是腐生菌,也有致病菌。比如枯草杆菌、沙门菌、大肠杆菌、链球菌、鸡毒支原体、减蛋综合征病毒、霉菌等。

(二)微生物与禽蛋的变质

(1)细菌性腐败。鲜蛋的腐败主要是腐败性细菌所引起,变形杆菌、产气杆菌、大肠杆菌、葡萄球菌等产生蛋白分解酶分解蛋白质,从而出现“散黄蛋”“泻黄蛋”,产生氨、酰胺、硫化氢等毒性代谢物质,使外壳呈暗灰色,并散发臭气,照蛋时呈黑色,称黑腐蛋。

(2)霉菌性腐败。霉菌孢子污染蛋壳表面后,在相对湿度高于 85%的条件下,萌发为菌丝,菌丝通过气孔或裂纹进入蛋壳内侧,形成霉斑,菌丝大量繁殖,伸入深部的蛋白及蛋黄,分泌大量的酶分解蛋白呈水样,卵黄膜破裂,蛋清蛋黄混合,照蛋时可见褐色或黑色斑块,蛋壳外表面有丝状霉斑,内容物有明显霉变味,称霉变蛋。

(三)蛋制品中的微生物

(1)皮蛋、咸蛋、糟蛋。皮蛋又称松花蛋,加工过程料液中的氢氧化钠具有强大的杀菌作用,盐也能抑菌防腐,故松花蛋能很好地保存。咸蛋是将清洁、无破裂的鲜蛋浸于 20%盐水中,或在壳上包一层含盐 50%的泥浆或含盐 20%的草木灰浆,高浓度的盐溶液有强大的抑菌作用,所以咸蛋能在常温中保存而不腐败。糟蛋加工过程中有优质酒糟、适量食盐,糟料中的醇和盐具有消毒和抑菌作用，所以糟蛋不但气味芳香，而且也能很好地保存。

(2)液蛋和冰冻蛋。液蛋和冰冻蛋是将经过光照检查、水洗、消毒、晾干的鲜蛋，打出蛋内容物搅拌均匀，或分开蛋白、蛋黄各自混匀，必要时在蛋黄中加一定量的盐或糖，然后进行巴氏消毒、装桶冷冻而成。液蛋极易受微生物的污染，污染的主要来源是蛋壳、腐败蛋和打蛋用具。故打蛋前要照蛋，剔除黏壳蛋、散黄蛋、霉变蛋和已发育蛋。所有用具在用前用后要清洁、干燥、消毒。

(3)干蛋粉、干蛋白片。干蛋粉分为全蛋粉、蛋黄粉和蛋白粉，是各类液蛋经充分搅拌、过滤，除去碎蛋壳、蛋黄膜、系带等，经巴氏消毒、喷雾、干燥而制成的含水量仅4.5%左右的粉状制品。干蛋粉的微生物来源及其控制措施除与液蛋相同外，必须严格按照干蛋粉制作的操作规程并对所用器具作清洁消毒。干蛋白片是在蛋白液经搅拌、过滤、发酵除糖后不使蛋白凝固的条件下，蒸发其水分，烘干而成的透明亮晶片。干蛋白片的微生物污染及其控制措施与液蛋、冰蛋和干蛋粉基本相同。

任务三　生物消毒灭菌剂的应用

一、抗生素的应用

抗生素是由微生物(包括细菌、真菌、放线菌属)或高等动植物在生活过程中所产生的具有抗病原体或其他活性物质的一类次级代谢产物，能干扰其他活细胞发育功能的化学物质。现临床常用的抗生素有从微生物培养液中提取物以及用化学方法合成或半合成的化合物。目前已知天然抗生素不下万种。

(一)作用机理

抗生素等抗菌剂的抑菌或杀菌作用，主要是针对“细菌有而人(或其他高等动植物)没有”的机制进行杀伤，有五大类作用机理。

(1)阻碍细菌细胞壁的合成，导致细菌在低渗透压环境下膨胀破裂死亡，以这种方式作用的抗生素主要是β-内酰胺类抗生素。哺乳动物的细胞没有细胞壁，不受这类药物的影响。

(2)与细菌细胞膜相互作用，增强细菌细胞膜的通透性，打开膜上的离子通道，让细菌内部的有用物质漏出菌体或电解质平衡失调而死。以这种方式作用的抗生素有多黏菌素和短杆菌肽等。

(3)与细菌核糖体或其反应底物(比如tRNA、mRNA)相互作用，抑制蛋白质的合成，这意味着细胞存活所必需的结构蛋白和酶不能被合成。以这种方式作用的抗生素包括四环素类抗生素、大环内酯类抗生素、氨基糖苷类抗生素、氯霉素等。

(4)阻碍细菌DNA的复制和转录，阻碍DNA复制将导致细菌细胞分裂繁殖受阻，阻碍DNA转录成mRNA则导致后续的mRNA翻译合成蛋白的过程受阻。以这种方式作用的主要是人工合成的抗菌剂喹诺酮类(比如氧氟沙星)。

(5)影响叶酸代谢，抑制细菌叶酸代谢过程中的二氢叶酸合成酶和二氢叶酸还原酶，妨碍叶酸代谢。因为叶酸是合成核酸的前体物质，叶酸缺乏导致核酸合成受阻，从而抑制细菌生长繁殖，主要是磺胺类和甲氧苄啶。

(二)抗生素的种类

由细菌、霉菌或其他微生物在生活过程中所产生的具有抗病原体不同的抗生素药物或其他活性的一类物质。自1943年以来，青霉素应用于临床，现抗生素的种类已达几千种。在临床上常用的也有几百种，其主要是从微生物的培养液中提取的或者用合成、半合成方法制造。其分类有以下几种。

(1)β-内酰胺类。青霉素类和头孢菌素类的分子结构中含有β-内酰胺环。近年来又有较大发展，比如甲砜霉素类、单内酰环类，β-内嗪酶抑制剂、甲氧西林类等。

(2)氨基糖苷类。包括链霉素、庆大霉素、卡那霉素、妥布霉素、阿米卡星素、新霉素、核糖霉素、小诺米星、阿斯霉素等。

(3)喹诺酮类。诺氟沙星、氧氟沙星、培氟沙星、依诺沙星、环丙沙星等。

(4)氯霉素类。包括氯霉素、甲砜霉素等。

(5)大环内酯类。临床常用的有红霉素、吉他霉素、乙酰螺旋霉素、麦迪霉素、交沙霉素、阿奇霉素等。

(6)糖肽类抗生素。万古霉素、去甲万古霉素、替考拉宁，后者在抗菌活性、药代特性及安全性方面均优于前两者。

(7)作用于G^-细菌的其他抗生素。比如多黏菌素、磷霉素、卷曲霉素、环丝氨酸、利福平等。

(8)作用于G^+细菌的其他抗生素。比如林可霉素、克林霉素、杆菌肽等。

(9)抗真菌抗生素。分为棘白霉素类、多烯类、嘧啶类，作用于真菌细胞膜上麦角甾醇的抗真菌药物、烯丙胺类、氮唑类。

(10)抗肿瘤抗生素。比如丝裂霉素、放线菌素D、博来霉素、阿霉素等。

(11)抗结核菌类。利福平、异烟肼、吡嗪酰胺等。

(12)具有免疫抑制作用的抗生素。比如环孢霉素。

(13)四环素类。包括四环素、土霉素、金霉素及多西霉素等。

二、植物杀菌素的应用

植物杀菌素是高等植物体内含有的对病菌有杀害作用的化学物质。有的作物对某些病害具有抗病性，是由于其体内含有植物杀菌素，通过人工提炼合成，可制成植物性杀菌剂。

1. 细菌性疾病的治疗

抗菌中草药是直接作用于细菌结构和干扰其代谢而达到抑菌效果的，比如小檗碱(黄连的有效成分)的作用机理就是抑制细菌的呼吸、糖代谢及糖代谢中间产物的氧化和脱氢过程，以及蛋白质、核酸的合成。许多研究结果发现，板蓝根、连翘、野菊花、蒲公英、金银花、鱼腥草等均对畜禽的一些病原体有直接抑制和杀灭作用。在临床上，用石榴皮、黄芩、苦参中药煎液针对患禽大肠杆菌的病鸭进行治疗及预防保护实验，都取得了良好的效果。黄连、板蓝根、连翘等组成的复方制剂可抑制病原菌的繁殖、拮抗外毒素的毒性作用，对仔猪红痢的治疗有一定的疗效。李双亮等用茜草、苦参等13味中药组方对人工感染大肠杆菌引起的腹泻均有较好的治疗作用，其治愈率达90%。

2. 病毒性疾病的治疗

中药抗病毒的主要途径可以分为对病毒的直接抑制和损伤作用，以及通过调节机体免系统功能（比如提高细胞免疫、体液免疫或增强巨噬细胞的吞噬作用）而起到抗病毒作用。有研究表明，板蓝根具有直接抗病毒活性的作用，板蓝根的提取物对流感病毒有一定的抑制作用，板蓝根的水提物体外对猪蓝耳病病毒具有明显的阻断和抑制作用。鸡的传染性法氏囊病（IBD）用大青叶、板蓝根等加吗啉胍（盐酸吗啉呱）制成的复方中草药煎剂以饮服方法治疗取得了较好的效果。中药的免疫调节作用表现为促进机体细胞免疫和体液免疫功能的作用，牛膝多糖在适宜的浓度下能促进鸡淋巴细胞的体外增殖。

3.真菌性疾病的治疗

近几年来，各种真菌引起的疾病呈上升趋势，真菌感染和条件致病菌感染逐渐增多，首先是各种皮类真菌病，其次还有因免疫缺陷或抑制所致的真菌病等，由于真菌属于真核生物，找一种药物仅对病原真菌起抑制或杀灭作用而不累及宿主细胞是比较困难的，目前临床上的抗真菌药主要是唑类抗生素，但是唑类抗生素容易出现耐药性，所以，寻找开发低毒高效、不易产生耐药性的药物是抗真菌药物的研发方向，而中草药就具有天然的优势。比如大蒜的抑菌作用为大蒜辣素分子中的氧原子与细菌生长繁殖所必需的半胱氨酸分子中的巯基结合，竞争性或非竞争性地抑制某些酶而影响真菌的代谢，从而抑制真菌的生长繁殖而达到抑制真菌目的。

三、细菌素的应用

1.细菌素

细菌素由细菌产生的有杀菌或抑菌作用的物质。主要含有具生物活性的蛋白质部分，对同种近缘菌株呈现狭窄的活性抑制谱，附着在敏感细胞特异性受点上。

细菌素的产生和寄主细胞对细菌素的免疫性都由质粒控制。细菌产生细菌素是细胞的致死过程。致死物质按其性质可分为两类：一类是低分子质量的蛋白质或肽，很难在电子显微镜下观察到这类物质的结构，对胰蛋白酶多不稳定；另一类是具有复杂结构的蛋白质颗粒，有噬菌体部分形态结构，易于在电子显微镜下观察，对胰蛋白酶稳定。

2.细菌素抑菌范围

细菌素通常由革兰氏阳性菌产生并可以抑制其他的革兰氏阳性菌，比如乳球菌、李斯特氏杆菌等，对大多数的革兰氏阴性菌、真菌等均没有抑制作用。细菌素可以抑制许多革兰氏阳性菌，比如抑制葡萄球菌属、链球菌属、小球菌属和乳杆菌属的某些菌种，抑制大部分梭菌属和芽孢杆菌属的孢子；嗜酸乳杆菌和发酵乳杆菌产生的细菌素对乳杆菌、片球菌、乳球菌和嗜热链球菌有抑制作用。

3.细菌素的应用

部分细菌素已广泛地应用于肉类工业、奶制品工业、酿酒和粮食加工等领域。目前，在食品应用中研究得最透彻的细菌素是乳链菌素，美国已将此用于食品添加剂。硝酸盐被广泛地应用在肉类食品中，以防止使食品很容易变质的梭菌存在。使用乳链菌素可以抑制梭菌的生长，以减少硝酸盐含量。在西方国家，细菌素已用于奶制食品中，已成为巴氏灭菌精制奶和糊状食品最有效的防腐剂。添加乳链菌素可防止牛乳及乳制品的腐败，延长其货架期。由于乳链菌素在偏酸性下较稳定且易溶解，所以比较适宜在酸性罐头食品中添加，同时还可降低罐头的灭菌强度，提高内在品质。乳链菌素在酒精饮料中应用也比较广泛，由于乳链菌素对酵母菌没有抑制作用，所以对发酵没有任何影响，并还可以很好地抑制革兰氏阳性菌，保证产品质量。

目前，乳链菌素在全世界范围内的各种食品中得到普遍应用。现在许多研究证明，产生细菌素的发酵剂在发酵过程中可以防止或抑制不良菌的污染，因而将产细菌素的乳酸菌加入食品中比直接加细菌素好。但细菌素抗菌谱有一定的范围。为扩大其抑菌范围，可将几种细菌素或将其他来自动植物（如抗菌肽）等天然食品防腐剂配合使用，利用它们的协同作用，增强抑菌范围及强度，或与部分化学防腐剂络合使用，既可增加抑菌范围又可减少化学防腐剂的使用。

任务四　微生物制剂的应用

在动物生产中发现，非致病性微生物本身及其产生的酶对动物具有多种生物学作用，尤其在改变饲料的理化性状、提高动物的消化功能和防治疾病方面有多种有益作用，由它们制成的制剂统称为微生物活性制剂，主要包括微生物酶制剂和微生态制剂。

一、微生物酶制剂

微生物酶制剂是由非致病性微生物产生的酶制成的制剂。在饲料添加剂、饲料的辅助原料、饲料脱毒和防病保健等多个方面发挥重要的作用。

（一）微生物酶制剂的种类及作用

动物生产中所使用的微生物酶制剂主要为水解酶。应用价值较高的微生物酶制剂有以下几种。

（1）聚糖酶。包括纤维素酶、木聚糖酶、β-葡聚糖酶、β-半乳糖苷酶、果胶酶等。聚糖酶能摧毁植物细胞的细胞壁，有利于细胞内淀粉、蛋白质和脂肪的释放，促进消化吸收。聚糖酶能分解可溶性非淀粉多糖，降低食糜的黏性，提高肠道微环境对食糜的消化分解及吸收利用效率。甘露聚糖酶能和某些致病细菌结合，减少畜禽腹泻类传染病的发生。聚糖酶能分解非淀粉多糖，不仅能减少畜禽饮水量和粪便的含水量，而且能减少粪便中及肠道后段的不良分解产物，使环境中氨气和硫化氢浓度降低，有利于净化环境。

（2）植酸酶。所有植物性饲料都含有1%～5%的植酸盐，它们含有占饲料总磷量60%～80%的磷。植酸盐非常稳定，而单胃动物不分泌植酸酶，难以直接利用饲料中的植酸盐。植酸酶能催化饲料中植酸盐的水解反应，一方面使其中的磷以无机磷的形式释放出来，被单胃动物所吸收；另一方面能使与植酸盐结合的锌、铜、铁等微量元素及蛋白质的释放，从而提高动物对植物性饲料的利用率。植酸酶还能降低粪便含磷量约30%，减少磷对环境的污染。

（3）淀粉酶（包括α-淀粉酶、脱支酶）和蛋白酶。幼龄动物消化机能尚不健全，淀粉酶和蛋白酶分泌量不足，脱支酶可降解饲料加工中形成的结晶化淀粉。枯草杆菌蛋白酶能促进豆科饲料中蛋白质的消化吸收。

（4）酯酶和环氧酶。霉菌毒素（如玉米赤霉烯酮）、细菌毒素（如单孢菌素）是饲料在潮湿环境下易产生的微生物毒素。酯酶能破坏玉米赤霉烯酮，环氧酶能分解单孢菌素，生成无毒降解产物。

（二）微生物酶制剂的生产

酶是微生物的重要代谢产物之一。微生物酶制剂一般来源于霉菌、细菌的发酵培养物。

不同的菌种产生的酶种类不同，比如木霉分泌纤维素酶、木聚糖酶、β-葡聚糖酶；曲霉分泌α-淀粉酶、蛋白酶、植酸酶。酶制剂可以只含一种酶，也可以是多种酶的复合制剂。

生产酶制剂时，首先要选育菌种，然后在液态基质中发酵培养，经过过滤、提取、浓缩、干燥、粉碎等处理而成。

（三）微生物酶制剂的应用

（1）作为饲料添加剂。由于单胃动物不分泌聚糖酶，幼龄动物产生的消化酶不足，所以植物性饲料中有的成分不能被动物消化吸收。多种动物饲喂实践表明，饲料中加入微生物酶制剂能弥补动物消化酶的不足，促进动物对饲料的充分消化和利用，能明显提高动物的生产性能。淀粉酶、蛋白酶适用于肉食动物、仔猪、肉鸡等，纤维素酶主要用于肥育猪；植酸酶常用于多种草食动物，但反刍类瘤胃中能产生植物酸，可以不用。

（2）微生物类饲料的辅助原料。用含糖量低的豆科植物制作青贮饲料时，加入淀粉酶或纤维素酶制剂，能将部分多糖分解为单糖，促进乳酸菌的活动，同时降低果胶含量，提高青贮饲料的质量。

（3）用于饲料脱毒。应用酶法可以除去棉籽饼中的毒素，酯酶和环氧酶制剂还能分解饲料中的霉菌毒素和单孢菌素。

（4）防病保健和保护环境。纤维素酶对反刍类前胃迟缓和马属动物消化不良等症具有一定防治效果。酶制剂改善了动物肠道微环境，减少了有害物质的吸收和排泄，降低了空气中氨、硫化氢等有害物质的浓度，有利于保护人和动物的生存环境，增进健康。

二、微生态制剂

（一）微生态制剂的概念

微生态制剂是利用对宿主有益无害的益生菌或益生菌的促生长物质，经特殊工艺加工而成的活菌制剂。微生态制剂可以直接饲喂动物，并能有效促进动物体调节肠道微生态平衡，具有无副作用、无残留、无污染以及不产生抗药性等特点。目前，微生态制剂已被公认为有希望取代抗生素的饲料添加剂。

（二）微生态制剂的种类

根据不同的分类依据可有不同的划分方法，但常根据微生态制剂的物质组成划分为益生素、益生元和合生元3种类型。

（1）益生素。益生素是指应用于动物饲养的微生态制剂，也称微生物活菌制剂，比如乳酸杆菌、双歧杆菌等。益生素能改善宿主微生态平衡而发挥有益作用，达到提高宿主健康水平和健康状态。

（2）益生元。益生元是指不被动物吸收，但能选择性地促进宿主消化道内的有益微生物生长，或促进益生素的生长和活性，从而对宿主有益的饲料或食品中的一些功能制剂，比如寡果糖、低聚木糖、甘露寡糖等。益生元能选择性地促进肠内有益菌群的活性或生长繁殖，起到增进宿主健康和促进生长的作用。

（3）合生元。它又称合生素，是益生菌和益生元按一定比例结合的生物制剂，或再加入维生素、微量元素等。其既可发挥益生菌的生理性细菌活性，又可选择性地增加这种菌的数量，使益生的作用更显著、更持久，如低聚糖合生元、中草药合生元等。

(三)微生态制剂的生产菌种

用于制造微生态制剂的微生物菌种可以来源于动物体内的正常微生物群，也可以是自然界的非致病微生物；可以是细菌，也可以是放线菌或藻类。一般先分析已知微生物菌种对致病微生物的体外抑菌效果，然后确定微生态制剂所需的菌种。比如从健康母鸡肠道分离到正常菌群中的乳酸细菌，发现它对一些致病性大肠杆菌(O_{78}：K_{80})有明显抑制作用，就把它作为微生态制剂的菌种。

对微生态制剂菌种的要求是对致病菌有较强的抑制作用，营养要求低，对胃肠道酸碱环境有较强耐受力，对磺胺有一定的耐药性；用于家禽的菌种还应能耐受41～43 ℃的培养条件。目前应用较多的菌种有嗜酸乳杆菌、枯草芽孢杆菌、蕈状芽孢杆菌、需氧性放线菌、酵母菌等。

(四)微生态制剂的作用

动物微生态制剂发挥作用的确切机理尚未完全知晓，对其作用机理研究的难度较大，这也是限制微生态制剂广泛使用的主要原因。一般认为，动物微生态制剂进入畜禽肠道内，与其中极其复杂的微生态环境中的正常菌群会合，出现栖生、互生、偏生、竞争或吞噬等复杂关系。

(1)巩固或重建正常菌群。动物保持健康的奥妙之一就是维持肠道微生物的种类和相对数量的稳定。通过对发病与健康畜禽肠道微生物区系的比较研究，以及对鸡、猪等动物肠道多种正常微生物群进行的定位、定性和定量研究表明，动物肠道正常微生物群是由需氧性和厌氧性微生物组成的复杂体系，正常微生物群落各成员间出现比例失调，或者需氧菌与厌氧菌之间比例不当，动物就会出现疾病。利用健康动物肠道的正常微生物制成微生态制剂，并处理未患病的幼小动物，能使小动物迅速建立合理的微生物群落，降低对某些致病微生物的易感性，达到防病目的。这在鸡白痢、仔猪白痢的预防中已得到证实。

(2)拮抗病原菌。给患病动物服用微生态制剂，还能抑制致病性微生物的进一步活动，加速动物恢复健康。微生态制剂与致病微生物之间的微生态竞争分为结构竞争和营养竞争。

致病性微生物，特别是致病性大肠杆菌，通过菌体表面的菌毛吸附于肠黏膜上皮，从而侵入上皮细胞，引起仔猪白痢、鸡白痢传染性腹泻症状。如果服用微生态制剂，使具有相同结构的非致病细菌先于致病菌吸附于肠上皮细胞，则致病菌进入肠道后无法定居，只能被排出体外，这就是微生态制剂对致病微生物的结构竞争作用。

微生态制剂中的微生物一般有较强的耗氧能力。它们进入肠道后能消耗氧气而妨碍致病微生物的需氧呼吸，因此发挥抗病作用，这就是微生态制剂的营养竞争作用。

(3)产生多种酶类。益生素在动物体内能产生各种消化酶，提高饲料转化率。比如芽孢杆菌有很强的蛋白酶、脂肪酶活性，还能降解饲料中复杂的碳水化合物。

(4)营养和促生长作用。乳酸菌能合成多种维生素供动物吸收，并产生有机酸加强肠道的蠕动，促进常量及微量元素比如钙、铁、锌等的吸收。一些酵母菌有富集微量元素的作用，并使之由无机态变成动物易消化吸收的有机态。用芽孢杆菌和乳杆菌等产酸型益生菌饲喂动物后，发现动物小肠黏膜皱襞增多，绒毛加长，黏膜陷窝加深，小肠吸收面积增大，从而促进增重和饲料的利用率。电镜扫描证实，益生素能够保持动物小肠绒毛的结构和强化其功能，从而促进营养物质的消化吸收。

(5)增强机体免疫功能。益生素能提高抗体的数量和巨噬细胞的活力。乳酸菌可诱导机体产生干扰素、白细胞介素等细胞因子，通过淋巴循环活化全身的免疫防御系统，提高机体抑制癌细胞增殖的能力。

(五)微生态制剂的安全性和条件

微生态制剂的安全性必须考虑以下几个方面:应用于动物的益生菌最好来源于同种动物,益生菌必须从健康的动物中分离,益生菌必须经过一定的时间来证明其无致病性,益生菌不能有与疾病相联系的历史,益生菌不能携带可以转移的耐药基因。

用于制备微生态制剂的益生菌还必须具备以下条件:不能产生任何内外毒素,即无毒、无害、安全、无副作用;有利于促进体内菌群平衡;为了具有较好的黏附性能,最好采用来源于动物的益生菌;对于必须以活菌体形式才能发挥作用的益生菌,比如双歧杆菌、乳杆菌类,还需要耐酸、耐胆盐;为了实际生产需要,益生菌株应有生长速度快、存活期长、易保存等特性。

【知识拓展】

微生态制剂使用注意事项

1. 选用合适的菌株

理想的微生态制剂应对人、畜无毒害作用,能耐受强酸和胆汁环境,有较高的生产性能,体内外易于繁殖,室温下有较高的稳定性,对所用动物应该是特异性的。

2. 考虑用药程序

要考虑到饲料中应用的抗生素种类、浓度对微生态制剂效果的影响。使用微生态制剂前后应停止使用抗生素,以免降低效果或失效。

3. 正确使用

确保已经加入饲料或饮水中的制剂充分混匀,并有足够的活菌量。微生态制剂是活菌制剂,应保存于阴凉避光处,以确保微生物的活性。保存时间不宜过长,以防失效。

【考核评价】

微生物在饲料生产和畜产品加工中的应用越来越广泛,试举例说明微生物在其中的具体应用主要表现在哪些方面。

【知识链接】

1. GB 4789.2—2022 食品微生物学检验　菌落总数测定。

2. GB/T 4789.19—2003 食品卫生微生物学检验　蛋与蛋制品检验。

数字资源索引

参考文献

[1] 李舫，沈美艳. 动物微生物 [M]. 3 版. 北京：中国农业出版社，2019.

[2] 裴春生，张进隆. 动物微生物免疫及应用[M]. 北京，中国农业大学出版社，2014.

[3] 陆承平，兽医微生物学[M]. 5 版. 北京：中国农业出版社，2013.

[4] 马兴树. 禽传染病实验诊断技术[M]. 北京：化学工业出版社，2006.

[5] 陆承平. 兽医微生物学[M]. 3 版. 北京：中国农业出版社，2001.

[6] 杨汉春. 动物免疫学[M]. 3 版. 北京：中国农业大学出版社，2020.

[7] 姚火春. 兽医微生物学实验指导[M]. 2 版. 北京：中国农业出版社，2002.

[8] 周德庆. 微生物学教程[M]. 3 版. 北京：高等教育出版社，2011.

[9] 羊建平，梁学勇. 动物微生物[M]. 3 版. 北京：中国农业大学出版社，2023.